高职高专规划教材

空调技术

● 申小中 主 编
● 祁小波 孙万富 副主编

第二版

KONGTIAO
JISHU

化学工业出版社
·北京·

内容提要

本书以空气调节原理、常见空调设备、空气调节系统和工程实践应用为主线，重点介绍了空气热湿调节技术，强化了空气净化处理的内容。全书内容共包括空气与焓湿图、空调负荷与送风状态、空气调节设备、空气调节系统、空调工程技术、空调工程的质量验收及调试、空调系统的节能和空调工程实例8个章节。在内容上紧跟行业发展的新标准新规范，融合一线工程实践中的新技术新设备，在形式上力求图文并茂，每章后均配有思考题与习题，便于自学和实践。

本书有配套的电子教案和课件，可登录化学工业出版社教学资源网 www.cipedu.com.cn 免费下载。

本书适合作为高职高专制冷与空调类专业的教学用书，或作为制冷空调系统安装维修人员和中央空调系统运行操作人员的工作手册，也可作为空调工程设计、施工与维护人员的培训教材，供相关技术人员和管理人员参考。

图书在版编目（CIP）数据

空调技术/申小中主编．—2版．—北京：化学工业出版社，2021.1（2025.2重印）
高职高专规划教材
ISBN 978-7-122-38099-9

Ⅰ.①空…　Ⅱ.①申…　Ⅲ.①空调技术-高等职业教育-教材　Ⅳ.①TB657.2

中国版本图书馆CIP数据核字（2020）第243679号

责任编辑：高　钰　　文字编辑：林　丹　蔡晓雅
责任校对：宋　夏　　装帧设计：刘丽华

出版发行：化学工业出版社（北京市东城区青年湖南街13号　邮政编码100011）
印　　装：北京科印技术咨询服务有限公司数码印刷分部
787mm×1092mm　1/16　印张17¾　字数438千字　2025年2月北京第2版第3次印刷

购书咨询：010-64518888　　售后服务：010-64518899
网　　址：http://www.cip.com.cn
凡购买本书，如有缺损质量问题，本社销售中心负责调换。

定　　价：58.00元

前言

从日常生活到国防科技，从传统产业到高新技术产业，空调技术的应用越来越广泛，也直接带来了对空调类专业人才需求的持续增长。高职教育旨在培养在生产、服务、管理第一线工作的高等技术应用型专门人才，其显著特征为具有应用多种知识和技能解决现场实际问题的能力。

本书在编写过程中，力求贴合空调行业所需人才的知识、能力和素质结构要求，充分体现高职教育的培养特色。基本理论和基础知识以“必需、够用”为准则，专业知识突出实用性和新成果，与国家最新标准、规范保持一致。内容组织上突出层次性，对基本原理、常见设备、主流系统、一线工程技术做了比较深入的分析和全面的介绍，略去烦琐的理论负荷计算，有利于读者对空调技术内容的系统把握。适当增加了多联机、热泵热水器、冷凝燃气炉、净化空调等新设备介绍，融合了计算机辅助负荷计算、变风量/变水量、温湿度独立控制、节能知识、室内空气品质等新技术，内容选择精炼实用，文字追求深入浅出。本书不仅可以作为高职高专的教学用书，还可以作为相关专业人员的专业参考书。

本书的内容已制作成用于多媒体教学的PPT课件，并将免费提供给采用本书作为教材的院校使用。如有需要，请发电子邮件至cipedu@163.com获取，或登录www.cipedu.com.cn免费下载。

本书由申小中担任主编并编写了绪论和第1、4章，祁小波、孙万富担任副主编并编写了第2、3章，陈武编写了第5章，林永进和韩贤贵编写了第6章，李广鹏和王晓燕编写了第7章，夏如杰和叶小芳编写了第8章。全书由申小中统稿，由邵长波、周皞、胡桂秋主审。施红平、周毅、何森、陆红军、魏龙、沈学明、林勇、陈利军在编写过程中提供了大力帮助，中国电子系统工程第二建设有限公司、江苏锦东暖通设备有限公司提供了大量工程素材，在此一并表示感谢。

本书编写过程中，参考了众多教材、专著、规范、标准、论文及国内外其他有关文献，引用了许多相关的资料、图表、例题和习题，同时汇集了参编人员多年的教学改革成果，在此，本书编者谨向有关文献的原作者表示衷心的感谢！

由于编者水平有限，书中难免有错漏之处，恳请读者批评指正！

编　者

2020年8月

目录

绪论 / 1

第 1 章 空气与焓湿图 / 8

第 2 章 空调负荷与送风状态 / 27

第4章 空气调节系统 / 88

第5章 空调工程技术 / 124

第 7 章 空调系统的节能 / 225

第 8 章 空调工程实例 / 238

附录 / 262

参考文献 / 274

绪 论

0.1 空气调节的概念

《采暖通风与空气调节术语标准》（GB/T 50155—2015）中，空气调节（air conditioning）被定义为：使服务空间内的空气温度、湿度、清洁度、气流速度和空气压力梯度等参数达到给定要求的技术，简称空调。

(1) 空调的任务

经过一个多世纪的发展，空调已成为一个独立的，以热力学、传热学、流体力学为主要理论基础，综合建筑、机械、电工电子、自动控制、互联网、人工智能等学科成果的现代工程技术学科分支，专门研究和解决各类生产、工作、生活和科学实验所要求的特定空间内空气质量问题。所以，空调的任务就是用人工方法调节空气的温度、湿度、清洁度、气流速度和空气压力梯度（简称“五度”）等，使某一特定空间内的空气参数达到满足人体舒适或生产工艺过程的要求。

特定空间内的空气参数，一般既受到来自空间内部产生的热湿量和其他有害物的干扰，又受到来自空间外部的气候变化、太阳辐射和外部空气中有害物的干扰。为了保证特定空间内的空气参数处于限定的变化范围内，必须对这些干扰采取技术手段，以消除它们的影响。通常采用的空调技术手段主要有：采用热湿交换技术以保证特定空间内空气的温湿度；采用气流组织技术以保证特定空间内的空气合理流动并有合适的流速；采用净化技术以保证特定空间内空气的清洁度等。

(2) 空调技术的内容

从具体工作内容而言，空调技术主要涉及以下7个方面：

① 内外部空气环境各项参数控制指标的确定；

② 特定空间的内外干扰量（通常主要为热湿负荷）的确定与计算；

③ 各种空气的处理方法（加热、加湿、冷却、减湿、净化等）及设备的选择；

④ 空调系统形式的确定与设计；

⑤ 特定空间的内部气流组织设计与风口选择；

⑥ 空调工程的消声、隔振、防火、防排烟；

⑦ 空调工程的检验、测试、调整、运行调节。

空调技术可对特定空间内空气环境多个参数进行调节和控制。在工程实践中，一般将只能对特定空间内空气温度进行调节和控制的技术手段称为供暖或降温；将只能把特定空间内空气中的有害物含量控制在一定卫生要求范围内的技术手段称为工业通风；将把特定空间内空气中的有害物含量控制在生产工艺需求范围内的技术手段称为净化。实质上，供暖、降温、工业通风以及净化等都是控制特定空间内空气参数的技术手段，只是在调节和控制的要求上及全面性方面与空调技术有差别。

(3) 空调的分类

为满足人员工作与生活需要而设置的空调称为舒适性空调（comfort air conditioning），为满足生产工艺过程对空气参数的要求而设置的空调称为工艺性空调（industrial air conditioning）。舒适性空调是应用于以人为主的环境的空调设备，其作用是维持良好的室内空气状态，为人们提供适宜的工作或生活环境，以利于保证工作质量和提高工作效率，以及维持良好的健康水平。工艺性空调可应用于工农业生产及科学实验过程，其作用是维持生产工艺过程或科学实验要求的空气状态，以保证生产正常进行和产品质量达到标准。

舒适性空调的主要应用是民用建筑。舒适性空调虽然较工艺性空调起步晚，但发展快、起点高且应用范围广，主要用于公共建筑和居住建筑等民用建筑。公共建筑包括办公建筑（包括写字楼、政府部门办公楼等）、商业建筑（如商场、金融建筑等）、旅游建筑（如旅馆饭店、娱乐场所等）、科教文卫建筑（包括文化、教育、科研、医疗、卫生、体育建筑等）、通信建筑（如邮电、通信、广播用房）以及交通运输用房（如机场、车站建筑等）。居住建筑主要指住宅。舒适性空调以人对特定空间内空气环境的舒适性要求为主要目的，舒适的环境将使人精神愉快、精力充沛，工作和学习效率提高。

工艺性空调的工程应用历史先于舒适性空调，主要是服务于工业生产工艺。工艺性空调可进一步分为普通降温空调、恒温恒湿空调、净化空调等类型。

① 普通降温空调对室内空气的温、湿度要求是夏季工人操作时手不出汗，不使产品受潮，因此一般只规定温度或湿度的上限，无精度要求。如纺织工业、印刷工业、胶片工业、橡胶工业、食品工业、卷烟工业、地下建筑、水下隧道、粮食仓库、农业温室、禽畜养殖场等对室内空气的温、湿度都有一定的要求。

② 恒温恒湿空调对室内空气温、湿度和空调精度都有严格要求。如电子工业、仪表工业、精密机械工业、合成纤维工业，以及有关工业生产过程和有关科学研究中的控制室、计量室、检验室等，一般除对温、湿度有要求外，同时还规定温、湿度的允许波动范围，规定气流速度的上下限，规定含尘浓度的上限等。

③ 净化空调不仅对室内空气的温、湿度和空调精度有一定要求，而且对空气中所含尘粒的大小和数量有严格要求。如制药工业、医院的手术室、烧伤病房、精密电子工业等，不但要求室内空气具有一定的温、湿度，一般还要求不超过一定的含尘浓度，部分场合规定其所含细菌数的最大限度。

从空调作用区域来区分，还可分为局部区域空调（local air conditioning）、分层空调（stratified air conditioning）和工位空调（task air conditioning）等。仅使封闭空间中一部分区域的空气参数满足要求的空调方式称为局部区域空调。分层空调特指仅使高大空间下部工作区域的空气参数满足要求的空调方式。工位空调的末端设置于工作岗位附近，并且可以由工作人员自行调节送风速度、方向及温度等参数。

除上述工业与民用建筑方面应用的空调类型外，还有广泛应用于交通运输工具（如汽车、火车、飞机及轮船等)、核能、国防工业中的空调类型。像航天飞行中的座舱，它的周围气候环境瞬息万变，而仍须规定舱内温、湿度在一定范围，这就要用空调技术来解决。

0.2 空调系统的组成

以空调为目的而对空气进行处理、输送、分配，并控制其参数的所有设备、管道及附件、仪器仪表的总和，总称空调系统。一个典型的空调系统可由冷热源、空气处理设备、空调风系统、空调水系统及空调控制调节装置五大部分组成。图 0-1 为典型空调系统的组成示意图。

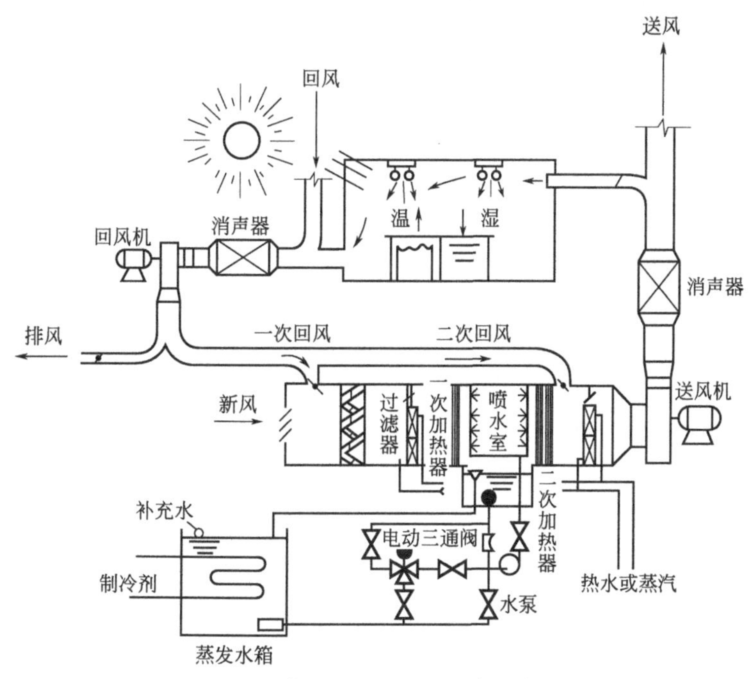

图 0-1 典型空调系统的组成示意图

(1) 空调冷源和热源

冷源为空气处理设备提供冷量以冷却送风空气。常用的空调冷源是各类冷水机组，它们提供低温水（如 7℃）给空气冷却设备，也有用制冷系统的蒸发器来直接冷却空气的。热源提供加热空气所需的热量。常用的空调热源有热泵型冷热水机组、各类锅炉、电加热器等。

(2) 空气处理设备

其作用是将送风空气处理到规定的状态。空气处理设备可以集中于一处，为整幢建筑物服务，也可以分散设置在建筑物各层面。常用的空气处理设备有空气过滤器、空气冷却器、空气加热器、空气加湿器和喷水室等。

(3) 空调风系统

包括送风系统和排风系统。送风系统的作用是将处理过的空气送到空调区，其基本组成部分是风机、风管和室内送风口。排风系统的作用是将空气从室内排出，并将排风输送到规定地点。可将排风排放至室外，也可将部分排风送至空气处理设备与新风混合后再次处理，作为送风。重复使用的这一部分排风称为回风。排风系统的基本组成是室内排风口、风管和风机。在小型空调系统中，有时送排风系统合用一个风机。

(4) 空调水系统

空调水系统的基本组成是水泵和水管。空调水系统可分为冷（热）水系统、冷却水系统和冷凝水系统三大类。冷（热）水系统作用是将冷媒水（简称冷水）或热媒水（简称热水）从冷源或热源输送至空气处理设备。

(5) 空调控制装置

由于各种因素，空调系统的各种负荷是多变的，这就要求空调系统的工作运行也要有变化。所以，空调系统应装备必要的控制和调节装置，借助它们可以人工（或自动）调节送风参数、送排风量、供水量和供水参数等，以维持所要求的室内空气状态。

0.3 空调技术发展史

(1)“空调之父”开利博士

1901 年，威利斯·开利（Willis H. Carrier）博士在美国建立了世界上第一所空调试验研究室。1902 年，美国纽约布鲁克林的一家印刷厂在印刷过程中遇到了困难，由于温度和湿度不恒定，裁剪纸张和调色的工作都受到了影响，画面模糊。1902 年 7 月，开利博士为该印刷厂设计了世界公认的第一套科学空调系统，实现了对空气湿度的控制。空调行业将这项发明视为空调业诞生的标志。空调的发明曾被列入“20 世纪全球十大发明”之一，它首次证明了人类对环境温度、湿度和空气品质的控制能力。

1906 年，开利博士发明了世界上第一台喷水室（它可以加湿或干燥空气），并获得了“空气处理装置”的专利权。这一装置改善了温湿度控制的效果，使全年性空调系统能够有效应用于 200 种以上不同类型的工厂。1911 年 12 月，开利博士得出了空气干球、湿球和露点温度间的关系，以及空气显热、潜热和比焓值间关系的计算公式，绘制了湿空气焓湿图。他将自己提出的“温湿度基本原理”递交给美国机械工程师协会（American Society of Mechanical Engineer，ASME），得到了广泛认可并随后被翻译成多种语言，成为空调行业最基本的理论。湿空气的焓湿图成为今日所有空调理论的基础，是空调技术史上的重要里程碑。

1922 年，开利博士还发明了世界上第一台离心式冷水机组，如今该机组陈列于华盛顿国立博物馆。1937 年，开利博士又发明了空气-水系统的诱导器装置，是目前常见的风机盘管的前身。开利博士个人拥有超过 80 项发明专利，以其一生在空调科技方面的卓越成就，被誉为“空调之父”。开利的名字更被列入美国国家伟大发明家纪念馆，与爱迪生、贝尔等杰出发明家齐名，备受世人景仰，并被美国“时代”杂志评为 20 世纪最有影响力的 100 位名人之一。

纺织工程师克勒谋（Stuart W. Cramer）是与开利博士同时期并也对空调技术发展产生重大影响的人。1904 年起，克勒谋负责设计和安装了美国南部约 1/3 纺织厂的空调系统。系统开始采用集中处理空气的喷水室，装置了洁净空气的过滤设备，共包括 60 项专利，都达到了能够调节空气的温度、湿度和使空气具有一定的流动速度及洁净程度的要求。为了描述自己所做的工作，克勒谋 1906 年将水调节（water conditioning）和通风调节结合，定义为“空气调节”(air conditioning)，并于同年申请专利。

(2) 国际近现代空调技术的发展历程

美国舒适性空调的发展，远迟于工艺性空调。第一座空调电影院在芝加哥（1911 年），1925～1931 年间美国约 400 家电影院和剧场配备了舒适性空调。1919 年出现第一座大型空调商店、1920 年出现第一座空调教堂，随后旅馆和餐厅也是空调首批常用客户。1927 年得克萨斯州出现第一座空调办公大楼，1930 年费城出现一幢 34 层空调摩天大楼，1938 年华盛顿市府大厦配备了当时最大的空调（20930kW）。火车、公共汽车和大客车先开始采用空调，1945 年后才大规模地实现私人小汽车的空调。至 1946 年，美国空调大客车共计有 3500 辆左右，空调列车的数量已增至 1.3 万辆。

在美国之外，空调技术也得到了迅速发展。在南非，1920 年就有一座深矿井采用一套 510kW 的装置进行降温。在法国，1927 年巴黎附近的一座医院、1932 年一家电话交换局实现了空调。在德国，1927～1928 年，各类工厂尤其是卷烟厂和纺织厂、一些电影制片厂及电影院已采用了空调；1938 年，慕尼黑美术馆实现了空调。除北美和欧洲之外，日本在当时是关注空调较多的国家，1917 年一家私人住宅实现了空调，1920 年一家糖果厂实现了空调，1927 年一家剧场实现了空调。

可以看出，舒适性空调被首先用于电影院、剧场、大型商店、大型办公楼等公共场所。1930 年后，由于小型制冷机的发展以及可靠性的提高，舒适性空调才扩大到各类商店、旅馆、餐厅以及交通运输工具（火车、大客车、轮船）等。在 1945 年后，舒适性空调开始大规模进入私人住宅。

(3) 我国近现代空调技术的发展历程

我国空调技术的发展并不太迟，工艺性和舒适性空调几乎同时起步，在 20 世纪 30 年代，曾有过一个高峰时期。1931 年，首先在上海的许多纺织厂安装了带喷水室的空调系统，其冷源为深水井。随后，几座高层建筑的大旅馆和几家所谓“首轮”电影院，先后设置了全空气式空调系统，有一家电影院和一家银行安装了离心式制冷机。当时，高层建筑装有空调装置，上海居全亚洲之冠。但到 1937 年，我国遭受日本侵略，空调事业的发展被迫中断。

新中国成立后，国内从事空调专业工程设计、施工安装的技术人员极少。一批来自其他专业的技术人员根据需要转行，以苏联技术为依托按照苏联标准制作空调系统设备和配件，逐步掌握空调专业技术。1952 年，我国高等学校开始创办“供热供煤气及通风”专业，最早设立该专业的学校有哈尔滨工业大学、清华大学、同济大学、西安冶金建筑学院（现西安建筑科技大学)、天津大学、太原工学院（现太原理工大学)、重庆建筑工程学院（现重庆大学)、湖南大学，号称暖通专业老八校。中国建筑科学研究院开始设置空调技术研究室（后空调研究所、建筑环境与节能研究院)，有专门人员从事空调方面的研究开发工作。

改革开放以来，我国社会经济飞速发展，带动了空调的普及和升级，配备中央空调的建筑工程项目显著增多。经过多年的不断发展，目前我国在空调技术方面，高精度恒温技术可保证连续保持静态偏差小于±0.01℃，高精度恒湿偏差小于±2%RH，超高性能洁净室的洁净度达到国际 1 级标准，已经掌握各种等级的生物洁净整套技术，从而为 IT、医药等高新产业发展提供了环境技术保障。研究出谐波反应法和冷负荷系数法两种新的空调冷负荷计算方法，大大方便了工程设计计算。为配合调试而自主研制的空调自控产品、空调系统仿真分析软件等，在功能及技术性能上达到国际先进水平。我国已经完成了全国 270 个气象台站的建筑热环境分析专用气象数据集的编制工作，整理出暖通空调设计用室外气象参数，开发出具有自主知识产权的建筑环境模拟软件 DeST，为建筑节能工作的开展做出了应有的贡献。

目前我国各类空调设备的提供厂商众多，用户在进行空调设备的选择时，有极大的挑选空间。国内，自主品牌厂家主要有：青岛海尔、江苏春兰、珠海格力、广东美的、四川长虹、上海双鹿、广东华凌、常州新科、江阴双良、长沙远大、清华同方、南京天加、滁州扬子、江苏雅静、浙江盾安、广东际高、澳柯玛、奥克斯等。进入我国的国外品牌则包括了约克、特灵、麦克维尔、霍尼维尔、艾默森、三菱、大金、松下、日立、三洋等几乎所有国际名牌的产品。

我国国内中央空调市场设备销售的回款金额（含税）在 2014 年自然年度就逾 700 亿元人民币（《2015 年度中国中央空调行业发展报告》，包括离心机组、风冷螺杆机组、水冷螺杆机组、溴化锂机组、水/地源热泵、变频与数码多联机组、模块机组、单元机、末端等 9 类产品），为全球首位。我国的房间空调器产量也连续多年居世界第一位，格力、美的、海尔等品牌的房间空调器已走向世界，成为国际名牌。同时，我国也是世界上最大的冷水机组市场，风机盘管和空气处理机组的性能和质量达到了国际领先水平。此外，我国相关企业和工程技术人员已经掌握了转轮式、板式、热管式等各种能量交换及回收设备的生产和设计使用技术。

(4) 空调技术的发展目标

展望 21 世纪，“节约能源、保护环境和获取趋于自然条件的舒适健康环境”必将是空调技术发展的总目标。因此，以下四个方面为目前空调行业的重点：

① 合理利用能源。一方面要不断提高空调产品性能，降低能耗；同时，要促进利用余热、自然能源和可再生能源的产品的开发与应用；优先采用蒸发冷却和溶液除湿空调等自然冷却方式。另一方面，要认真研究空调的能源消耗结构。民用/商用空调目前得到大量使用，负荷的不均衡性对电力供应带来严重影响。当下，不但要大力提倡蓄能空调产品的应用，也要大力推进天然气等一次能源在空调工程中的合理利用。热泵具有合理利用高品位能量，综合能源效率高；供暖区无污染，环保效益好；夏季可以供冷，冬季可以供暖，一机两用，设备利用率高；使用灵活，调节方便等特点。因此，鉴于在我国使用热泵对节能与环保方面带来的明显效果，仍应继续大力发展热泵技术。

② 改善室内空气品质。工业的发展，使危害人体健康的各种微粒与气体不断增长，尤其是 21 世纪以来 SARS 疫情、新冠疫情的爆发，使得发展保证人类健康所需的空气净化技术迫在眉睫。因此，国际上加强对纤维过滤技术、静电过滤技术、吸附技术、光催化技术、负离子技术、臭氧技术、低温等离子技术等空气品质处理技术的研究，大力开发捕集效率高、价廉且便于自净的设备成为趋势。随着我国经济和社会的快速发展和人民生活质量的不断提高，改善室内空气品质也已经成为国内社会关注的热点。关注室内空气品质的改善，结合关注城市、特别是小区空气环境的改善，均是空调行业的未来发展方向。

③ 加强计算机技术、网络技术、自动控制技术在空调行业的应用。空调技术的发展离不开电子信息、物联网、人工智能（AI）等新兴技术的支撑。计算机辅助设计（CAD）和智能控制技术一直是行业研究和应用的重点。今后，一方面应继续促进包括分析计算、设计、制图、施工、运维管理一体化的 BIM 技术的有效实施，服务于空调工程设计，包括设备制造、方案设计和系统施工等；另一方面，推进物联网、人工智能等新兴技术在空调系统

控制管理方面发挥良好作用，逐步提高和完善空调集中控制系统、智能园区（小区）管理系统以及智慧城市冷热能量供应与管理系统等，保障人居环境品质、防火安全、设备智能化以及节能降耗等发展目标。

自动控制技术与变频技术相结合，已在空调领域产生不可忽视的影响，变风量、变水量和变制冷剂流量系统就此得到广泛应用。神经网络控制空调系统、模糊控制家用空调器实现用神经网络技术、模糊控制技术等对冷热负荷的大小、特征及变化规律进行预测。机器学习、语音识别、认知科学等人工智能技术在空调系统中的应用，极大提升系统运行效率、降低管理成本、促进环保节能目标的实现。自动控制技术、人工智能技术等新兴技术正给空调发展不断带来新的活力。

④ 加强标准化建设。我国加入世界贸易组织（WTO），在外贸出口的扩大和外商直接投资的进一步增加等方面带来了积极影响。对于空调行业来说，虽然已经制定了相当数量的产品标准、测试标准和设计及施工验收规范，在标准化工作上取得了很大成绩，但因种种原因，标准水平参差不齐，标准体系也有待进一步与时俱进。因此，加强标准化建设也是空调行业的重要任务。我们应积极采用国际标准，我国制定的标准必须符合国情，要有利于提高产品质量、促进国际贸易并保护国家利益。

空调技术的应用不仅意味着对提高劳动生产率、保护人体健康、创造舒适的工作和生活环境有重大的意义，而且受控的空气环境对各种生产过程的稳定进行和保证产品的质量也有重要的作用。随着社会经济的继续发展、科学技术的不断进步、生活水平的持续提高，对空调工程的要求日益提高，空调技术应用的普及率也日益提高，这些都将使空调行业的发展前景越来越广阔。

思考题与习题

0-1. 空气调节的任务是什么？

0-2. 空气调节可以分为哪些类别？划分的主要依据是什么？

0-3. 试举出身边一些应用空调系统的具体场景实例，并说明它们属于哪一类别的空调系统？

第1章

空气与焓湿图

空气是利用空调技术对特定空间环境进行调节控制的主体和对象，故此，我们首先必须了解空气的组成成分及物理性质。焓湿图是反映空气的状态参数及相互之间关系的二维线算图，会熟练运用焓湿图是学习和掌握空调技术的必需基础。

1.1 空气的概念

空调技术中所研究的空气，就是人们口中常称呼的、无所不在的、时刻要呼吸的“空气”，不过，作为一门专门学科的研究对象，需要从独特的角度去研究其组成、性质、状态、变化规律等。

1.1.1 空气的组成

环绕地球的空气层称为大气。由于地球表面3/4是海洋、江河和湖泊，必然有大量的水分蒸发成水蒸气进入大气中。从空调技术的角度看，自然界中的干空气和水蒸气的混合物即称为空气（或相对于干空气而言，称为湿空气），其组成成分如表1-1所示。

表1-1 空气的组成

组成成分		质量分数/%	体积分数/%
干空气	氮气(N_2)	≤75.06	≤78.03
	氧气(O_2)	≤23.11	≤20.93
	二氧化碳(CO_2)	0.05左右	0.03左右
	稀有气体	≤1.29	≤0.94
水蒸气(0℃,饱和状态下)		0.38	0.60

空气是由氮气、氧气、二氧化碳、水蒸气和其他一些稀有气体所组成的混合气体。从空气中除去全部水蒸气和杂质时，所剩即为干空气。广泛的测定结果表明，干空气中除二氧化碳外，其余组成比较稳定。空气中二氧化碳的含量随动植物生长状态、气象条件、海水表面温度、污染状态等有较大的变化，但由于其平均含量非常小，故其含量的变化对干空气物理性质的影响，可以忽略不计。

因此，在研究空气调节技术时，允许将干空气作为一个整体，并看作是理想气体。为统一干空气的热工性质，便于热工计算，一般以海平面高度附近的清洁空气作为干空气的标准。从空调技术的角度看，干空气有以下基本特征：

① 在常温常压下不会发生相变，即不会液化也不会凝固；

② 各个组成成分及比例基本固定不变；

③ 在通常的空气处理过程中，空气的压力变化的范围不大，在这个范围内，干空气可近似看作不可压缩。

绝对干燥的空气在自然界中几乎是不存在的。“干空气”的概念，主要用于空调技术的理论分析过程中。

1.1.2　空气中的水蒸气及其影响

空气中的水蒸气来源于地球上的江、河、湖、海表面水分的蒸发，各种生物的新陈代谢过程以及生产工艺过程，但其含量很少。从表1-1可以看出，按体积比计算，水蒸气在空气中几乎可以忽略不计；按质量比计算，水蒸气在空气中通常只占0.01%～0.40%，而且其质量百分比是经常变化的。

空气中水蒸气含量的变化对空气的干燥或潮湿程度会产生重要影响，从而影响人的舒适感甚至身体健康、影响某些产品的质量和成品率、影响设备的状况及生产工艺过程、影响处理空气设备的能耗等。所以平时可以忽略的空气中的水蒸气，在空调范畴内不仅不能忽略，而且还放在非常重要的地位来对待。

在空气处理的过程中，虽然水蒸气含量的变化较大，但干空气的成分和数量却保持了相对稳定，可以作为一个整体来看待。所以实际空调技术中，往往以干空气为基数，既简化了计算的烦琐程度，又保证了计算的精度。

1.2　空气的状态参数

空气的物理性质除和其组成成分有关外，还决定于它所处的状态。对空气的状态进行定量分析和描述的物理量称为空气的状态参数。在空调技术中，常用的空气的状态参数包括压力、温度、含湿量、相对湿度、焓等。

1.2.1　绝对压力、大气压力与水蒸气分压力

在空调工程上往往习惯于把物理学中的“压强”称为压力，其国际单位是帕（Pa）。

(1) 大气压力

围绕地球表面的空气层在单位面积上所形成的压力称大气压力 P_a，常用单位包括有帕（Pa）、千帕（kPa）或兆帕（MPa）等。

大气压力不是一个定值，它随各地海拔高度不同而存在差异，同时还随着季节、天气的变化而稍有高低。通常以北纬45°处海平面的全年平均气压作为一个标准大气压力或物理大气压，其数值为101325Pa（760mmHg），用atm表示，$1atm=1.01325\times10^5Pa$。

我国幅员广阔，沿海与高原地区大气压力相差很大，海拔高度越高的地方大气压力越低。例如，我国北部沿海城市天津，夏季大气压力为100480Pa；西藏高原上的拉萨市，夏季的大气压力为65230Pa。因此，在空调系统设计和运行中，一定要考虑当地大气压力的大

小，及时进行修正调整。

(2) 绝对压力

在空调系统中，空气的压力值是用仪表测出的，但仪表指示的数值往往不是空气压力的绝对值，而是绝对压力与当地大气压力的差值，称为表压力或真空度。表压力或真空度与绝对压力的关系为：

绝对压力＞当地大气压，绝对压力＝当地大气压＋表压力；

绝对压力＜当地大气压，绝对压力＝当地大气压－真空度。

应当指出，表压力或真空度不能代表空气压力的真正大小，只有空气的绝对压力才是空气的一个基本状态参数。一般情况下，凡涉及空气压力而未指明是表压力或真空度时，均应理解为绝对压力。

(3) 水蒸气的分压力

空气中的水蒸气单独占有空气的容积，并具有与空气相同的温度时所产生的压力，称为水蒸气的分压力，可用 P_q 表示。同理，可得到干空气的分压力 P_g。正如空气是由干空气和水蒸气两部分组成一样，根据道尔顿分压定律，空气的压力 P_a 也是由干空气的分压力 P_g 和水蒸气的分压力 P_q 两部分组成的，即：

$$P_a = P_g + P_q \tag{1-1}$$

从分子运动论的角度看，压力是由于气体分子撞击产生的宏观效应。所以水蒸气分压力的大小，反映了空气中水蒸气含量的多少。

在一定温度下，空气中水蒸气含量越多，水蒸气的分压力就越大，空气也就越潮湿。如果空气中水蒸气的数目超过某一限量时，多余的水蒸气就会凝结成水从空气中析出。这说明，干空气具有吸收和容纳水蒸气的能力，并且在一定温度下只能容纳一定量的水蒸气。我们把在一定温度下水蒸气的含量达到最大值时的空气，称为饱和空气。此时空气的状态就是干空气和饱和水蒸气的混合物，其所对应的温度称为空气的饱和温度，其所对应的水蒸气分压力，称为该温度时的饱和分压力 P_{qb}。

当空气中的水蒸气含量和水蒸气分压力都没有达到最大值，空气还具有吸收水蒸气的能力时，这样的空气称为未饱和空气。一般情况下，我们周围的空气都属于未饱和空气。水蒸气含量达到饱和的条件与空气的温度有关。空气温度越高，饱和空气中所能容纳的水蒸气含量就越大。因此，如果降低饱和空气的温度，饱和空气中能容纳的水蒸气含量也会随之降低，多余的水蒸气就会冷凝成液体而析出，自然界中的结露现象就是这个道理。根据这一原理，人们可以利用空调装置对空气进行冷却去湿处理。

1.2.2 干球温度、湿球温度与露点温度

(1) 干球温度

干球温度就是生活中通常所说的温度，用 t 或 t_g 表示，单位为℃。在空调技术中，为区别于湿球温度，特别称之为干球温度。

(2) 湿球温度

湿球温度一般可以由干湿球温度计测出。干湿球温度计可由两支相同的普通水银玻璃棒温度计组成，其中一支的感温包裹上脱脂棉纱布，并将纱布的下端放入水槽中，水槽里盛满

蒸馏水，在毛细作用下纱布经常处于润湿状态，如图 1-1 所示。使用时在室内通风处，其中一只在空气中直接进行测量，所测得的温度称为干球温度 t_g；另一只包裹上脱脂棉纱布的温度计，在热湿交换达到平衡的稳定情况下，所测得的温度称为湿球温度，用符号 t_s 表示。

通常空气处于未饱和状态，还可以继续容纳水蒸气，因此湿球温度计上包裹的湿纱布上的水有一部分要蒸发到空气中。水蒸发时吸收的汽化潜热，由纱布中的水温下降所放出的显热就近提供；湿纱布的水温下降后，与周围空气形成温差，会有热量从空气向湿纱布传递；当空气传给湿纱布的显热刚好等于水分蒸发所需要的汽化潜热时，水温就不再下降，达到热湿交换的动态平衡稳定状况。此时湿球温度计读出的温度值就是湿球温度 t_s，实质上也就是湿纱布上的水的温度。

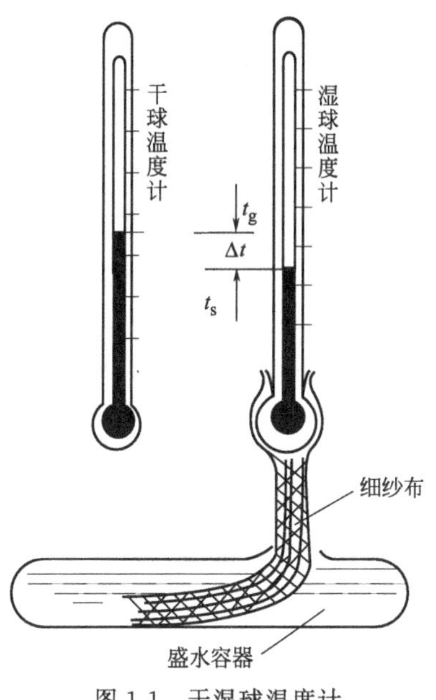

图 1-1 干湿球温度计

值得注意的是，并不是湿球温度计读出的任一读数都可以认为是湿球温度 t_s，只有在热湿交换达到平衡，即稳定条件下的读数才称为湿球温度 t_s。同时测量时风速大小会对所测湿球温度的准确性产生很大影响，这是由于水与空气之间的传热过程及水的蒸发过程都与湿球周围的空气流速有关。因此，在相同的空气条件下，空气流经湿球表面的流速不同，所测得的湿球温度也会产生差异。空气的流速愈大，传热与蒸发进行得愈充分，湿球温度愈准确。实验证明，当流经湿球表面的风速为 2.5～4m/s 以上时，所测得的湿球温度 t_s 几乎不变，数据最准确。

当空气处于饱和状态时，$t_g=t_s$。当空气处于未饱和状态时，两只温度计的读数总会有差别，总存在 $t_g>t_s$。在空调技术中，可根据 t_g-t_s 的差值，来确定空气的潮湿程度（详见本章 1.2.3 相对湿度部分）。

(3) 露点温度

空气中能容纳的水蒸气量的限值与温度有关。空气温度愈高，其限值愈大；空气温度愈低，其限值愈小。由此可推知：某一温度下的饱和空气，若在水蒸气分压力不变的条件下，将其温度提高，它就变成未饱和空气；相反某一温度的未饱和空气，如在水蒸气分压力不变的条件下，将其温度下降到某一临界温度时，它就可变成饱和空气，继续降低温度低于这一临界温度，将有空气中的水蒸气凝结成水析出，这个临界温度称为这个状态下的未饱和空气的露点温度 t_L，单位为℃。

空气中的水蒸气在温度低于露点温度 t_L 后凝结成水析出的实例自然界中很容易看到，如“雾”的形成；室内外温差较大时室内玻璃窗上的“水膜”；室内的自来水管上有时附着的水珠；秋天的早晨，草木、禾苗的枝叶上出现的“露水”等。

需要指出的是，不同状态的未饱和空气，经过一定的降温都会有“露水”析出，但开始结露的露点温度 t_L 却不一定相同。露点温度 t_L 在空调技术中十分重要，对空气的冷却除湿处理，就是利用空调设备将空气的温度降至露点温度 t_L 以下，从而除去空气中多余的水蒸气。

1.2.3 含湿量与相对湿度

空气中水蒸气的含量可用含湿量来表示，而相对湿度则是表示某一状态空气吸收水蒸气的能力的状态参数。

(1) 含湿量

含湿量 d 是指 1kg 干空气中所容纳的水蒸气的质量，单位是 $g/kg_{干}$（或 $kg/kg_{干}$）：

$$d=\frac{m_q}{m_g} \tag{1-2}$$

式中 m_q——湿空气中水蒸气的质量，g 或 kg；

m_g——湿空气中干空气的质量，kg。

在含湿量 d 的定义中，使用干空气的质量而不是空气的质量作为分母，可以准确、直观、方便地表示出空气中水蒸气的含量情况。在对空气进行处理的过程中，经常会有水蒸气的加入或析出，因此空气的质量会因为水蒸气的变化而变化，而在此过程中干空气的质量则基本保持不变。

含湿量 d 的单位取 $g/kg_{干}$，常温常压下将干空气和水蒸气都当作理想气体，由理想气体状态方程式可得：

$$d=\frac{m_q}{m_g}=622\frac{P_q}{P_g}=622\frac{P_q}{P_a-P_q} \tag{1-3}$$

可以看出，当大气压力 P_a 一定时，含湿量 d 仅与水蒸气分压力 P_q 有关。水蒸气分压力 P_q 愈大，含湿量 d 也就愈大。

(2) 绝对湿度

表示空气中水蒸气的含量也可用绝对湿度 Z（kg/m^3），即单位容积空气中含有水蒸气的质量：

$$Z=\frac{m_q}{V} \tag{1-4}$$

式中 V——水蒸气占有的容积，即湿空气的容积，m^3。

空气的绝对湿度只能表示在某一温度下每立方米空气中水蒸气的实际含量，不能准确地说明空气的干湿程度。当温度不同时，空气的容积会发生变化，由此带来绝对湿度的变化，所以用绝对湿度作为衡量湿空气水蒸气量的参数会带来诸多不变。

(3) 相对湿度

一定温度下，空气中的水蒸气达到最大限度的水蒸气量时的空气称为饱和空气，此时水蒸气分压力和含湿量称为该温度下的饱和水蒸气分压力 P_{qb} 和饱和含湿量 d_b，超过此限度后多余的水蒸气会凝结成水析出。表 1-2 为空气温度与对应的饱和状态参数值。

表 1-2 空气温度与对应的饱和状态参数（$P_a=101325Pa$）

空气温度 t/℃	饱和空气的水蒸气分压力 $P_{qb}/\times10^2Pa$	饱和空气的含湿量 $d_b/(g/kg_{干})$	饱和空气的焓 $h_b/(kJ/kg)$
−20	1.02	0.63	−18.55
−10	2.59	1.60	−6.07

续表

空气温度 t/℃	饱和空气的水蒸气分压力 $P_{qb}/\times10^2$Pa	饱和空气的含湿量 d_b/(g/kg$_干$)	饱和空气的焓 h_b/(kJ/kg)
0	6.09	3.78	9.42
10	12.25	7.63	29.18
20	23.31	14.70	57.78
30	42.32	27.20	99.65
40	73.58	48.80	165.80
50	123.04	86.20	273.40
60	198.70	152.00	456.36
70	310.82	276.00	795.50
80	472.28	545.00	1519.81
90	699.31	1400.00	3818.36
100	1013.00	—	—

从表1-2中可以看出，饱和空气的水蒸气分压力和饱和空气的含湿量都随着温度的升高而增加。若饱和空气从30℃降至20℃，以每千克干空气计，会有27.2－14.7＝12.5（g）的水蒸气从空气中凝结成水析出。

但是，含湿量（包括绝对湿度）只能表示空气中所含水蒸气绝对含量的多少，不能反映空气的吸湿能力。为了能准确说明空气的吸湿能力，在空调中采用了相对湿度这个参数。相对湿度 φ 是指空气中水蒸气分压力 P_q 与同温度下饱和空气的水蒸气分压力 P_{qb} 之比，一般用百分比表示，写作：

$$\varphi=\frac{P_q}{P_{qb}}\times100\% \tag{1-5}$$

由式（1-5）可知，相对湿度 φ 表明了空气中水蒸气的含量接近于饱和状态的程度。显然，φ 值越小，空气距离饱和空气状态越远，空气越干燥，同时表明空气吸收水分的能力越强；φ 值越大，空气距离饱和空气状态越近，空气越潮湿，同时表明空气吸收水分的能力越弱。如果 $\varphi=0$，表示空气中不含水蒸气，就是干空气；如果 $\varphi=100\%$，表示空气中的水蒸气含量达到最大值，这种空气就是饱和空气。

结合前一部分1.2.2所讲干球温度和湿球温度还可以看出，干、湿球温度计的差值越大，φ 越小；差值越小，φ 越大。这是因为空气吸收水蒸气的能力取决于空气的相对湿度 φ 的大小。当空气相对湿度较低时，湿球纱布上的水分蒸发快，蒸发需要的热量多，水温下降的也越多，因而干、湿球温差大。反之，如空气相对湿度大，则干、湿球温差小。当 $\varphi=100\%$ 时，湿纱布上的水分不再蒸发，干、湿球温度也就相等了。由此可见，干、湿球温度的差值反映了空气相对湿度 φ 的大小。

应该注意的是相对湿度和含湿量虽然都是表示空气湿度的参数，但意义却不同：φ 能够表示空气接近饱和的程度，却不能表示水蒸气含量的多少；而含湿量 d 恰与之相反，能表示水蒸气的含量，却不能表示空气接近饱和的程度。

1.2.4 空气的焓值

空气的焓值 h 是指空气本身所包含的总能量。在空调工程中，湿空气的状态经常发生变化，也经常需要确定变化过程中的热交换量 Q。由于一般空气处理过程中压力的变化很小，空气的状态变化过程可看成定压过程，所以根据工程热力学理论，对于质量流量为 G 的空气而言，可用状态变化前后的焓差值 Δh 表示空气热量的变化 ΔQ，即：

$$G\Delta h=\Delta Q \tag{1-6}$$

在空调的参数计算中，焓值以 1kg 干空气为计算基准。空气的焓 h（kJ/kg）为 1kg 干空气的焓 h_g 与 d_g 水蒸气的焓 dh_q 的总和，即（$1+0.001d$）kg 的空气的焓为：

$$h=hg+dh_q=c_{pg}t+d(r+c_{pq}t) \tag{1-7}$$

式中　c_{pg}——干空气的比定压热容，在常温下取 1.01kJ/(kg・℃)；

c_{pq}——水蒸气的比定压热容，在常温下取 1.84kJ/(kg・℃)；

r——0℃时水的汽化潜热，取 2500kJ/kg；

t——空气的温度，℃。

所以，将上述取值带入式（1-7）可得：

$$h=(1.01+1.84d)t+2500d \tag{1-8}$$

从式（1-8）中可以看出，空气的焓值不仅与温度有关，还与所含水蒸气的量有关。温度和含湿量均增加时，空气的焓值一定增加；温度和含湿量均减少时，空气的焓值一定减少；温度升高而含湿量减少时，焓值不一定增加。

以上空气的焓值计算是以 0℃为基准点，即规定 0℃时干空气的焓和 0℃时水的焓均为零。实际应用中不同温度下饱和空气的焓值可以查表 1-2 或参考类似文献得出。在空调工程中，根据一定质量的空气在处理过程中焓的变化，可计算出空气得到热量或失去热量的多少。空气的焓增加，表示空气得到热量；空气的焓减少，表示空气失去热量。

1.2.5　特性参数之间的关系

一般空调技术中进行计算时，大气压力 P_a 可视作常数，常用的空气状态参数包括干球温度 t_g、湿球温度 t_s、露点温度 t_L、焓值 h、含湿量 d、水蒸气分压力 P_q、水蒸气饱和分压力 P_{qb} 和空气相对湿度 φ 等 8 个参数。其中的干球温度 t_g 与水蒸气饱和分压力 P_{qb} 为非独立参数，两者任知其一就可查出另一参数（见表 1-2）；含湿量 d、水蒸气分压力 P_q 和露点温度 t_L 三者之间也为非独立参数。所以干球温度 t_g、湿球温度 t_s、焓值 h、含湿量 d 和空气相对湿度 φ 这五组参数已知其中任意两组，就可以求出其余各个参数。

实际使用中，除干球温度 t_g 和湿球温度 t_s 比较容易测量外，其余的空气参数都不太容易测量。以下给出常用的空气状态参数之间的关系式，具体推导过程读者可自行查阅相关参考文献，严密的数理论证可参考工程热力学方面的书籍。

① 已知相对湿度 φ 和干球温度 t_g（水蒸气饱和分压力 P_{qb}）求含湿量 d（g/kg$_干$）：

$$d=622\frac{\varphi P_{qb}}{P_a-\varphi P_{qb}} \tag{1-9}$$

② 已知干球温度 t_g 和湿球温度 t_s 求相对湿度 φ：

$$\varphi=\frac{P'_{qb}-0.00065(t_g-t_s)P_a}{P_{qb}} \tag{1-10}$$

式中　P'_{qb}——湿球温度 t_s 所对应的饱和水蒸气分压力，Pa。

【例 1-1】 已知大气压力为 101325Pa，试求出温度 $t=20$℃，相对湿度 φ 为 70%时，空气的含湿量及焓值。

【解】 由表1-2查得20℃时，饱和水蒸气分压力 $P_{qb}=2331$Pa，由式（1-9）得：

$$d=622\frac{\varphi P_{qb}}{P_a-\varphi P_{qb}}=622\frac{0.7\times2331}{101325-0.7\times2331}\approx10 \quad (g/kg_{干})$$

按式（1-8）计算空气焓值：

$$\begin{aligned}h&=(1.01+1.84d)t+2500d\\&=(1.01+1.84\times10\times10^{-3})20+2500\times10\times10^{-3}\\&\approx45.57\ (kJ/kg)\end{aligned}$$

应当指出，用公式计算或查湿空气物理性质表的方法来确定湿空气的状态参数，显然是相当烦琐的。为了简化计算，便于工程上应用，通常将计算所获得的状态参数数据绘制成焓湿图以供查用，参阅本书1.3湿空气的焓湿图部分。

1.2.6 室内空气品质及主要影响因素

室内空气品质（indoor air quality，IAQ）也称为室内空气质量。空气中若含有悬浮微粒等固态污染物、有害气体等气态污染物以及细菌等微生物，会对人的正常工作和生活产生不利影响，严重时会对身体健康造成极大危害。可以把影响室内空气品质的污染物分为固态污染物、气态污染物、生化污染物三大类。

在空调技术已经从温湿度工程发展至包含温湿度和洁净度的人工环境工程的今天，掌握污染物的组成成分、分布特性、浓度等与室内空气品质有密切关系的知识，对选用合理的空气处理方式和设备有重要意义。

(1) 空气中的固态污染物

空气中固态污染物就是指空气中的悬浮微粒，主要有以下类型：

① 按微粒的形成方式可分为分散性微粒和凝集性微粒。分散性微粒是固体或液体在分裂、破碎、气流、振荡等作用下，变成悬浮状态而形成的。其中固态分散性微粒是形状完全不规则的粒子，或是由它们组合后形成的球形粒子。凝集性微粒是通过燃烧、升华和蒸汽凝结以及气体反应而形成的。其中固态凝集性微粒一般由数目很多的有着规则结晶形状或者球状的原生粒子结成的松散集合体组成；液态凝集性微粒是比液态分散性微粒小得多的粒子。

② 按微粒的性质可分为无机性微粒（如矿物尘粒、建材尘粒和金属尘粒）、有机性微粒（如植物纤维，动物的毛、发、角质、皮屑，化学染料和塑料等）和有生命微粒（如单细胞藻类、菌类、原生动物、细菌和病毒等）。

③ 按微粒的大小可分为可见微粒（肉眼可见，微粒直径大于10μm）、显微微粒（在普通显微镜下可以看见，微粒直径0.25～10μm）和超显微微粒（在超显微镜或电子显微镜下可以看见，微粒直径小于0.25μm）。

④ 通俗称呼上又可分为灰尘、烟、雾等。灰尘（也称为粉尘），包括所有固态分散性微粒，这类微粒在空气中的运动受到重力、扩散等多种因素的作用，是空气洁净技术中接触最多的一种微粒；烟包括所有固态凝集性微粒，以及液态粒子和固态粒子因凝集作用而产生的微粒，还有从液态粒子过渡到结晶态粒子而产生的微粒；雾包括所有液态分散性微粒和液态凝集性微粒；烟雾则包括液态和固态，既含有分散性微粒又含有凝集性微粒，微粒的大小从几百纳米到几十微米，例如工业区空气中由煤粉尘、二氧化硫、一氧化碳和水蒸气形成的结合体就是这种烟雾型微粒，与雾略有差异。

城市和城市附近空气中的悬浮微粒也被称为大气尘，其组成一般如表1-3所列。

表 1-3 城市和城市附近大气尘的一般组成

组成	含有率/%
矿物碎片、燃烧物渣滓	10～90
烟、花粉	0～20
棉等植物纤维	5～40
煤、炭、水泥、混凝土等细粉	0～40
腐败植物、皮屑	0～10
金属	0～0.5
微生物	极微

大气尘的粒径分布具有表 1-4 所示的分布规律。从表中数据可看出，在所分组的粒径区间内，大颗粒微粒按质量计在微粒总量中所占比例很高；按个数计则所占比例很小。而 1μm 以下的微粒所占质量百分比极低（约 3%），而其计数百分比却很高（达 98%），这就是在净化空调工程中应重视计数浓度的原因之一。

表 1-4 大气尘的粒径分布

粒径区间/μm	平均粒径/μm	数量/%		质量/%	
		全部	0.5μm 以上为 100	全部	0.5μm 以上为 100
0～0.5	0.25	91.68	—	1	—
0.5～1	0.75	6.78	81.49	2	2.02
1～3	2	1.07	12.86	6	6.06
3～5	4	0.25	3	11	11.11
5～10	7.5	0.17	2	52	52.53
10～30	20	0.05	0.65	28	28.28

单位体积空气中所含有的悬浮微粒量称为大气含尘浓度。根据室内空气净化的要求不同，通常采用以下三种表示方法：

① 质量浓度，又称计重浓度，是以单位体积空气中含有悬浮微粒的质量来表示，其单位为 mg/m^3。

② 计数浓度，是单位体积空气中含有各种粒径悬浮微粒的总数，单位为粒/m^3 或粒/L。

③ 粒径计数浓度，是单位体积空气中含有某一粒径范围内的悬浮微粒的颗粒数，其单位与计数浓度的单位相同，为粒/m^3 或粒/L。

大气中的含尘浓度在不同地区是不同的，它与大气污染程度、气候、时间、风速等因素有关。即使在同一地区的不同时间，其大气含尘浓度也有很大差别。因此，确定大气含尘浓度要比确定空气温湿度困难得多，一般只能按典型地区确定大致的大气含尘浓度。表 1-5 给出了大气含尘计数浓度和质量浓度的大致数据，可供参考。

表 1-5 大气的含尘浓度

浓度	工业城市（污染地区）	工业城市郊区（中间地区）	非工业区或农村（清洁地区）
计数浓度/(粒/L)	$\leqslant 3\times10^5$	$\leqslant 2\times10^5$	$\leqslant 10^5$
质量浓度/(mg/m^3)	0.3～1.0	0.1～0.3	<0.1

(2) 空气中的气态污染物

空气中除了悬浮微粒外，还含有种类繁多的气态污染物和生化污染物。虽然这两类污染物在空气中的含量较少，但往往导致空气质量恶化，从而影响人们的正常工作和生活。在SARS疫情和新冠疫情期间，通过空气传播的病毒对人体健康造成了严重危害，令全社会刻骨铭心。因此，对空气中的各种气态污染物和生化污染物进行处理也是空气净化处理的重要任务。除病毒、细菌等生化污染物以外，影响室内空气品质的气态污染物主要有：

1）甲醛：甲醛具有刺激性气味，密度比空气略大，存在于板材黏合剂、劣质胶、化纤地毯、油漆、涂料、贴墙布和贴墙纸中。采用了黏合剂的木地板、木质家具中含量最高。甲醛的释放速率除与家具等物品中甲醛的含量有关外，还与室内空气温度有关，气温越高，甲醛释放越快。甲醛对皮肤和黏膜有强烈的刺激作用，当浓度为1mg/m^3时，可被人嗅到。甲醛对人体健康的影响主要表现在嗅觉异常、刺激、过敏、肺功能异常、肝功能异常及免疫功能异常，特别是对视网膜有较强的损害作用。

2）苯：苯具有特殊芳香气味，存在于油漆的添加剂和稀释剂中，还被用作黏合剂的溶剂。苯于1993年被世界卫生组织（WHO）确定为致癌物。长期接触低浓度苯蒸气会引起神经衰弱、白细胞减少，严重时可发生再生障碍性贫血。

3）甲苯和二甲苯：甲苯有类似苯的气味，有毒、有麻醉性，对皮肤有刺激性和脱脂作用。二甲苯有芳香气味，有毒，但毒性比苯和甲苯小。甲苯和二甲苯常被用作建筑材料、装饰材料及人造板家具的黏合剂。

4）氨：氨具有强烈刺激性臭味，存在于建筑施工中使用的含氨防冻剂和家具涂饰时所有的添加剂及增白剂中。低浓度氨气对眼睛和上呼吸道黏膜有刺激作用，引起流泪、流涕、咽喉充血并疼痛。

5）氡：氡是由镭衰变产生的自然界唯一的天然放射性气体，它没有颜色，也没有任何气味，主要含在石头、砖、沙、水泥、石膏等建筑装饰材料和陶瓷制品中。氡很容易被呼吸系统截留，并在局部区域不断积累，长期吸入高含量氡最终可诱发肺癌。研究表明，氡是除吸烟以外引起肺癌的第二大因素。

6）总挥发性有机化合物：总挥发性有机化合物（TVOC）对人体健康的影响主要表现在感官效应和超敏感效应方面。室内总挥发性有机化合物的主要来源有以下几个方面：

① 有机溶剂，如油漆、含水涂料、黏合剂、化妆品、洗涤剂、捻缝胶等；

② 建筑材料，如人造板、泡沫隔热材料、塑料板材等；

③ 室内装饰材料，如壁纸、其他装饰品等；

④ 纤维材料，如地毯、挂毯、化纤窗帘等；

⑤ 办公用品及设备，如油墨、复印机、打印机等；

⑥ 来自室外的工业废气、汽车尾气、光化学烟雾等。

《民用建筑工程室内环境污染控制标准》（GB 50325—2020）中，对上述气态污染物做了更严格的控制（如表1-6所示），且明确了幼儿园、学校教室、学生宿舍、老年人照料房屋等装修后的验收细则为强制性条文。

表1-6　民用建筑工程的室内气态污染物控制标准

气态污染物	Ⅰ类民用建筑工程	Ⅱ类民用建筑工程
氡/(Bq/ m^3)	≤150	≤150
甲醛/(mg/m^3)	≤0.07	≤0.08

续表

气态污染物	Ⅰ类民用建筑工程	Ⅱ类民用建筑工程
苯/(mg/m^3)	≤0.06	≤0.09
氨/(mg/m^3)	≤0.15	≤0.20
TVOC/(mg/m^3)	≤0.45	≤0.50
甲苯/(mg/m^3)	≤0.15	≤0.20
二甲苯/(mg/m^3)	≤0.20	≤0.20

1.3 湿空气的焓湿图

在实际空调工程中，很少直接使用烦琐的公式对空气的状态参数进行计算。将各种状态参数以二维线算图的方式表示出来，以便工程查找应用是最常见的方法。

我国目前采用的是以焓为纵坐标，以含湿量为横坐标的焓湿图（h-d 图），其最基本的应用是查找参数，还可以判断空气的状态、表示空气状态的变化过程和处理过程等。

1.3.1 焓湿图的组成

作为进行空调过程设计和系统工况分析的一种十分重要的工具，h-d 图（如图 1-2 所示）看上去比较复杂，实际上只有五组线条：45°的等焓线、垂直的等含湿量线、近似水平的等温线、弧形的等相对湿度线以及与等焓线几乎平行的等湿球温度线。由于等湿球温度线与等焓线基本平行，为了避免两种线条在图面上的重叠混淆，大部分 h-d 图中没有画出等湿球温度线，即过某一点的等湿球温度线就是过该点的等焓线。

图中相对湿度 $\varphi=100\%$ 的弧线即为其中一条等相对湿度线，该线上各点所代表的空气的相对湿度均为 100%，所以也称为饱和空气线（简称饱和线），其上每一点对应的状态都是空气的饱和状态。本书附录 1 为 $P_a=101325$Pa 的焓湿图。

1.3.2 焓湿图的绘制特点

以上所述 h-d 图，是选定焓 h 为纵坐标，以含湿量 d 为横坐标建立坐标系。为使图面展开，线条清晰，两坐标轴之间的夹角由常用的 90°扩展为等于或大于 135°。坐标夹角大小不影响空气状态参数之间的对应关系，只是改变了图形的形状和位置。在实际使用中，为避免图面过长，又常取一水平线画在图的上方代替实际的含湿量 d 轴。

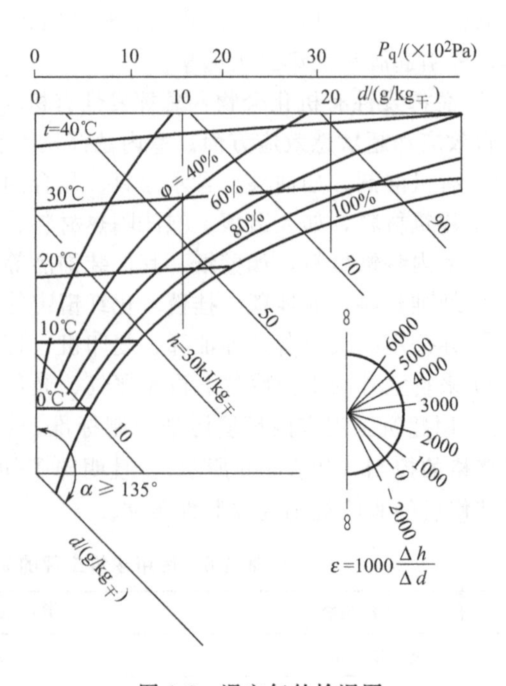

图 1-2 湿空气的焓湿图

h-d 图依据空气的状态参数值绘制而成，而空气的状态参数值取决于当地的大气压力值。所以使用 h-d 图时，首先需要注意该图对应的大气压力值是多少。如果差别不大，工程计算中可近似使用；如果差别较大，就需要按照相关公式进行修正。在空调工程的一般情况下，使用标准大气压下的 h-d 图能够满足精度要求。

h-d 图中没有等露点温度线，但等含湿量线就是等露点温度线。因为露点温度的定义已经说明，含湿量相同的状态点，露点温度均相同。

需要指出的是，我国、俄罗斯和东欧国家所采用的线算图是 h-d 图，而美、英、日等国家采用的则是温湿图。温湿图是以温度为横坐标，以含湿量为纵坐标的直角坐标系，其形式与 h-d 图不同，但实质内容是一样的。需要了解温湿图相关知识的读者可自行查阅相关参考资料。

在这样作出的 h-d 图中，完全包含了干球温度 t_g、湿球温度 t_s、焓值 h、含湿量 d 和空气相对湿度 φ 这五组参数。当大气压力一定时，上面五个参数中知道任意两个，则湿空气的状态就确定，在 h-d 图上对应有一确定的点，其他参数均可由此点查出。

h-d 图上未标出空气密度（或比体积）的等值线。这是因为在空调技术范围内，空气的密度变化不大，一般在 1.1～1.3kg/m^3 之间，在计算中常取为 1.2kg/m^3，因而在 h-d 图上不再绘出。

1.3.3 热湿比与热湿比线

在空调过程中，被处理的空气是由一个状态变为另一个状态。在整个空调过程中，空气的热、湿变化同时、均匀地进行，如图 1-3 所示。那么，在 h-d 图上由状态 A 到状态 B 的直线连接，就代表空气状态的变化过程。

为了说明空气状态变化的方向和特征，常用状态变化前后焓差（$\Delta h=h_B-h_A$）和含湿量差（$\Delta d=d_B-d_A$）的比值来表示，称为热湿比 ε（kJ/kg），即：

$$\varepsilon=\frac{\Delta h}{\Delta d}=\frac{h_B-h_A}{d_B-d_A} \tag{1-11}$$

考虑空气的热量 Q 变化（或正或负，kJ/s）和湿量变化 W（或正或负，kg/s），得：

$$\varepsilon=\frac{\Delta h}{\Delta d}=\frac{G\Delta h}{G\Delta d}=\frac{Q}{W} \tag{1-12}$$

式中 G——空气质量流量，kg/s。

热湿比 ε 值反映了空气从状态 A 到状态 B 的过程线的斜率，即该过程线与水平线的倾斜角度，故又称热湿比 ε 值为“角系数”。该斜率与起始位置无关，因此，起始状态不同的空气只要斜率相同，其变化过程线必定互相平行。根据这一特性，一般在 h-d 图右下角处作出一系列不同值的 ε 标尺线，如图 1-4 所示。实际应用时，只要过初始状态点作平行于 ε

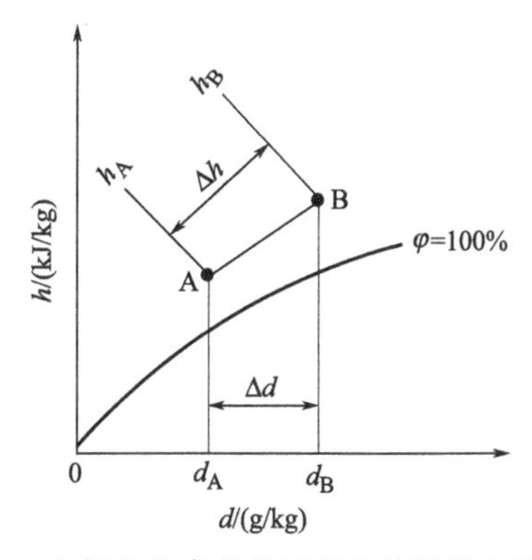

图 1-3 空气的状态变化过程在焓湿图上的表示

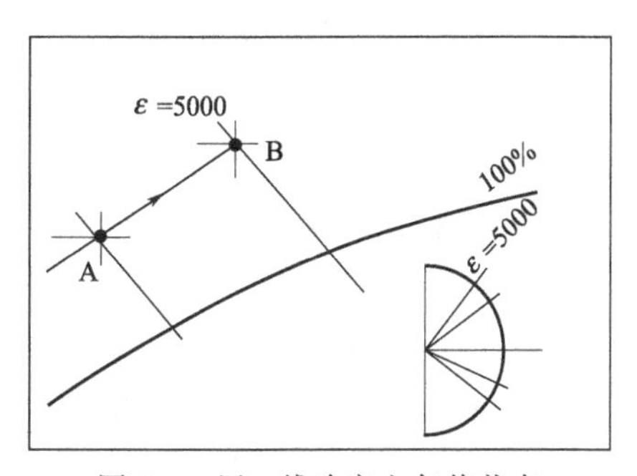

图 1-4 用 ε 线确定空气终状态

等值线的直线，这一直线（假定为 A→B 的方向）就代表 A 状态的空气在一定的热湿作用下的变化方向。

【例 1-2】 已知大气压力为 101325Pa，空气的初状态参数 $t_A=25℃$，$\varphi_A=60\%$，当空气吸收 $Q=10000$kJ/h 的热量和 $W=2$kg/h 的湿量后，温度 $t_B=32℃$，求湿空气的终状态。

【解】 方法一：平行线法

在大气压力为 101325Pa 的 h-d 图上，按 $t_A=25℃$，$\varphi_A=60\%$确定出空气初状态点 A。已知空气所吸收的热量与湿量，则热湿比：

$$\varepsilon=Q/W=10000/2=5000\text{kJ/kg}$$

根据此值，在 h-d 图的热湿比标尺上找到相应的 ε 线。然后过 A 点作该线的平行线，即为空气状态变化过程线。此线与 $t_B=32℃$等温线的交点即为空气的终状态 B（图 1-5）。由 B 点可查出 $\varphi_B=50\%$，$d_B=14.8\text{g/kg}_{干}$，$h_B=71$kJ/kg。

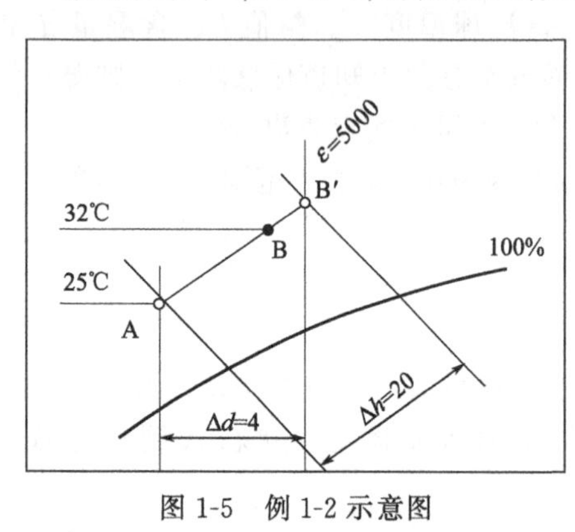

图 1-5 例 1-2 示意图

方法二：辅助点法

由已知条件求得 ε=5000kJ/kg=5kJ/g 后，即按照 $\Delta h/\Delta d=5:1$，过 A 点任选一 Δd（或 Δh）线段长度，按 5∶1 的比例求出 Δh（或 Δd）的值，按 $h_A+\Delta h$ 的等焓线与 $d_A+\Delta d$ 的等含湿量线的交点与 A 点的连线即为 ε=5kJ/g 的空气状态变化过程线，如图 1-5 所示。AB′线与 $t_B=32℃$的等温线的交点 B 就是所求空气的终状态点。B′点即称为辅助点。

1.4 焓湿图的常见应用

焓湿图上的每一个点都代表一种空气状态；每一种空气状态参数，都可以在焓湿图上找到其对应位置；每一条有向线段都代表一种空气状态变化过程。因此，焓湿图不仅可以用来确定空气的状态及相应特性参数，还可以表明空气的状态在热湿交换作用下的变换过程。实际空调工程中，专业技术人员使用其作为设计空调系统和分析空调设备运行工况等的一个重要工具。

1.4.1 确定空气状态及相应特性参数

（1）确定空气的状态参数

已知干球温度 t_g、湿球温度 t_s、焓值 h、含湿量 d 和空气相对湿度 φ 这五个参数中的任意两个独立参数，就可以在焓湿图上确定该空气的状态点，并查出其余的参数。

【例 1-3】 在 101325Pa 的大气压下，室内空气的温度 $t=22℃$，相对湿度 $\varphi=60\%$，求空气的其余参数。

【解】 在焓湿图上，首先根据温度 $t=22℃$的等温线和相对湿度 $\varphi=60\%$的等相对湿度的交点，确定出空气的状态点 A，即为所求的空气状态点，如图 1-6 所示。查出该点的其余状态参数为 $d_A=9.90\text{g/kg}_{干}$，$h_A=47.0$kJ/kg，$P_{qA}=1580$Pa。

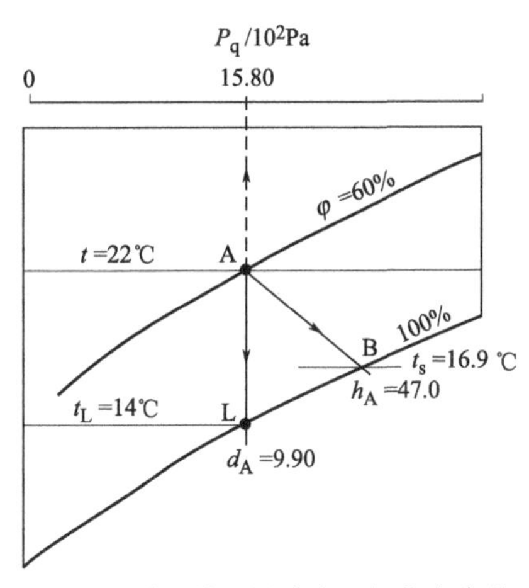

图 1-6 利用焓湿图确定空气状态参数

(2) **确定空气的露点温度**

在一定的水蒸气分压力下的未饱和空气，在含湿量 d 不变的情况下，冷却到相对湿度 $\varphi=100\%$（饱和状态）时所对应的温度，称为空气的露点温度 t_L。它就是空气开始结露时的临界温度。在空调技术中，有时要利用结露的规律，例如用低于空气露点温度的水去喷淋热湿空气，或者让热湿空气流过其表面温度低于露点温度的表面冷却器，从而使该空气达到冷却减湿的处理。

【例 1-4】 在 101325Pa 的大气压下，空气的温度 $t=32℃$，相对湿度 $\varphi=40\%$，求空气的露点温度。

【解】 如图 1-7 所示，在 h-d 图上，首先根据 $t=32℃$，$\varphi=40\%$的交点，确定出空气的状态点 A，过 A 点沿等含湿量线向下与 $\varphi=100\%$相交于 L 点，L 点所对应的温度即为 A 点空气的露点温度 $t_L=17℃$。

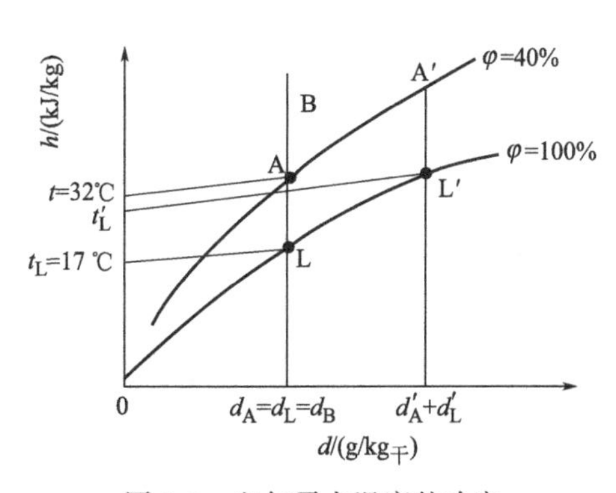

图 1-7 空气露点温度的确定

从图 1-7 可以看出：与含湿量 d 相等的任何的空气状态（如 A、B 点），都会拥有相同的露点温度。含湿量越大的空气（如 A′点），露点温度就越高。而且，若空气处于饱和状态，露点温度与干球温度一定相等。

(3) **确定空气的湿球温度**

在空调工程中，通常利用干湿球温度计，测出空气的干球温度和湿球温度，进而确定空气的状态参数。而在 h-d 图上（例如图 1-8），先定出空气的初状态点 A，从状态点沿等焓线下行，与 $\varphi=100\%$的相交，交点 S 所对应的温度即为湿球温度 t_s。

若已经测得空气的干球温度和湿球温度，在 h-d 图上，也可先确定空气的状态点，从而求得其余的参数。

【例 1-5】 在 101325Pa 的大气压下，空气的温度 $t=33.5℃$，相对湿度 $\varphi=40\%$，求空气的湿球温度 t_s。

【解】 如图 1-8 所示，在 h-d 图上，首先根据 $t=33.5℃$，$\varphi=40\%$的交点，确定出空

气的状态点A，过A点沿等焓线下行与$\varphi=100\%$相交于S点，S点所对应的温度即为A点空气的湿球温度，得$t_s=22.8℃$。

从图可以看到，如果干、湿球温度计处于饱和空气的环境中（即空气的$\varphi=100\%$），由于此时湿纱布上的水分不再蒸发，则空气的干、湿球温度相等。

【例1-6】 在101325Pa的大气压下，测得某地区夏季室外干球温度$t_g=45℃$，湿球温度$t_s=30℃$，求该处空气的各状态参数。

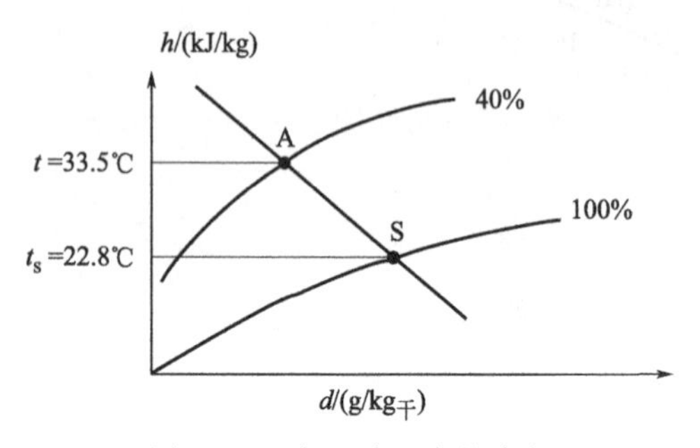

图1-8 空气湿球温度的确定

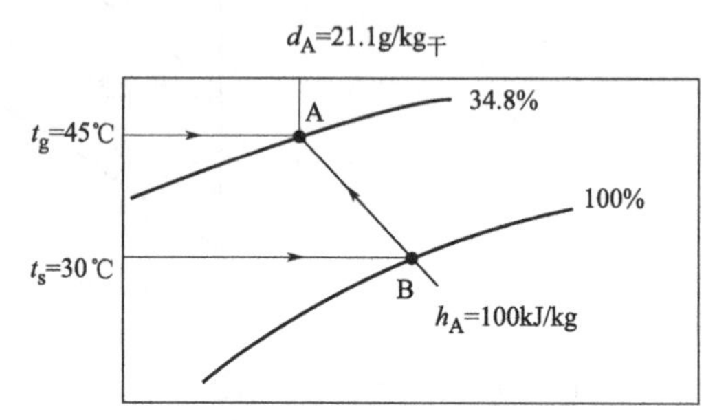

图1-9 根据干、湿球温度确定空气状态

【解】 在h-d图上，用$t_s=30℃$的等温线与$\varphi=100\%$的饱和线相交得B点，过B点作等焓线与$t_g=45℃$的等温线交于A点，如图1-9所示。该点即是所求的空气状态点。在h-d图上可查得：$\varphi_A=34.8\%$，$h_A=100\text{kJ/kg}$，$d_A=21.1\text{g/kg}_{干}$。

1.4.2 表示空气处理中的状态变化过程

h-d图不仅能确定空气的状态和参数，而且当空气经加热、加湿、冷却、去湿等处理时，其变化过程及变化方向可借助焓湿图进行查询。图1-10绘制了空调工程中空气状态变化的六种典型过程及相应的空气处理设备简图，现分述如下：

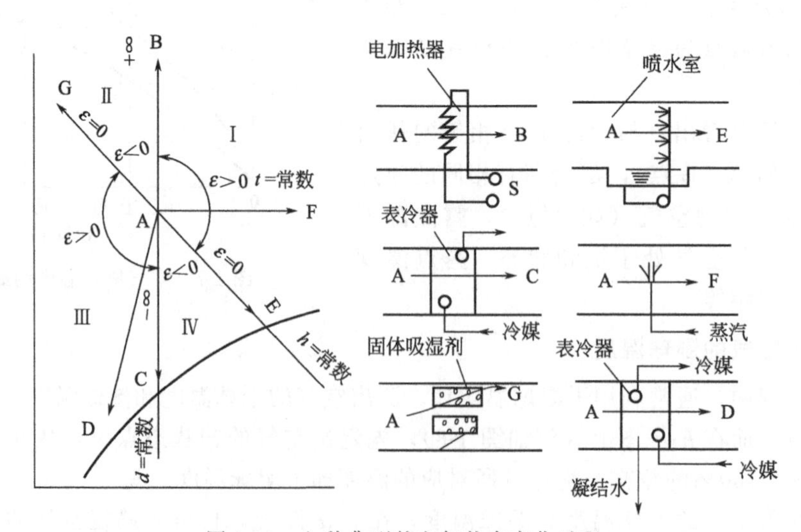

图1-10 六种典型的空气状态变化过程

(1) 等湿（干式）加热过程

空调中常用电加热器来处理空气。空气通过加热器获得热量、提高温度，但含湿量并没有变化。在图1-10中的过程线为A→B，状态变化过程中，$d_A=d_B$，$h_B>h_A$，故其热湿比ε为：

$$\varepsilon=\frac{h_B-h_A}{d_B-d_A}=\frac{h_B-h_A}{0}=+\infty$$

因此，其空气状态变化过程是等湿、焓增、温升、相对湿度降低的过程。

(2) 等湿（干式）冷却过程

如果用表面式冷却器处理空气，且其表面温度比空气露点温度高时，则空气将在含湿量不变的情况下冷却，其焓值必相应减少。在图1-10中的过程线为A→C，由于$d_A=d_C$，$h_C<h_A$，故其热湿比ε为：

$$\varepsilon=\frac{h_C-h_A}{d_C-d_A}=\frac{h_C-h_A}{0}=-\infty$$

因此，其空气状态为等湿、减焓、降温、相对湿度升高的过程。

(3) 减湿冷却过程

如果用表面温度低于空气露点温度的表面冷却器处理空气时，空气中的水蒸气将在冷却器表面凝结，空气被冷却减湿（所谓干燥）。在图1-10中的过程线为A→D，因为空气的焓值及含湿量均减少，故热湿比ε为：

$$\varepsilon=\frac{h_D-h_A}{d_D-d_A}>0$$

空气的状态变化过程为冷却减湿过程或冷却干燥过程。如果用水温低于空气露点温度的水去喷淋空气，也能达到同样的效果。

(4) 等焓减湿过程

用固体吸湿剂（例如硅胶）处理空气时，空气中水蒸气被吸附，空气的含湿量降低，吸附时放出的汽化热又重新返回到空气中，使空气温度增高，但焓值基本没变。其过程线用图1-10中的A→G表示，其热湿比ε为：

$$\varepsilon=\frac{h_G-h_A}{d_G-d_A}=\frac{0}{d_G-d_A}=0$$

该过程中，焓值近似相等，含湿量与相对湿度减少，温度升高。

(5) 等焓加湿过程

用喷水室喷循环水（即湿球温度的水）处理空气时，水吸收空气的热量而蒸发为水蒸气，空气失掉显热量，温度降低，水蒸气到空气中使含湿量增加，潜热量也增加。由于空气失掉显热，得到潜热，因而空气焓值基本不变，所以称此过程为等焓加湿过程。由于此过程与外界没有热量交换，故又称为绝热加湿过程。此时，循环水将稳定在空气的湿球温度上。如图1-10中的A→E所示。由于状态变化前后空气焓值相等，因而ε为：

$$\varepsilon=\frac{h_E-h_A}{d_E-d_A}=\frac{0}{d_E-d_A}=0$$

该过程为近似等焓、加湿、降温过程。此过程和湿球温度计表面空气的状态变化过程相似。严格地讲，空气的焓值也是略有增加的，其增加值为蒸发到空气中的水的液体热。但因这部分热量很少，因而近似认为绝热加湿过程是一等焓过程。

(6) 等温加湿过程

用干式蒸汽加湿器或电加湿器等，可将蒸汽直接喷入被处理的空气中，达到加湿的效果。空气增加的焓值为加入空气的水蒸气的全热量，$\Delta h=\Delta d(2500+1.84t)$，其中 Δd 为每千克干空气所增加的含湿量 $kg/kg_{干}$。此过程的热湿比 ε 为：

$$\varepsilon=\frac{\Delta h}{\Delta d}=2500+1.84t$$

如果喷入蒸汽温度为100℃左右，则 $\varepsilon\approx2690$，在 h-d 图上，这样的热湿比大致与等温线平行。所以一般认为，向空气中喷蒸汽，其状态变化可近似认为是沿等温线进行，在图 1-10 中的过程线为 A→F，也称为等温加湿过程。

以上为空调中常用的六种典型空气处理的状态变化过程。从图 1-10 可以看出，代表四种过程的 $\varepsilon=\pm\infty$ 和 $\varepsilon=0$ 的两条线，以任意湿空气状态点 A 为原点将 h-d 图分为四个象限。每个象限内的空气状态变化过程都有各自的特征，其相互比较见表 1-7。

表 1-7 空气状态变化的四个象限及特征表

象限	热湿比	状态参数变化规律			状态变化的特征
		h	d	t	
Ⅰ	$\varepsilon>0$	+	+	±	增焓加湿(喷蒸气时近似等温)
Ⅱ	$\varepsilon<0$	+	−	+	增焓减湿升温
Ⅲ	$\varepsilon>0$	−	−	±	减焓减湿
Ⅳ	$\varepsilon<0$	−	+	−	减焓加湿降温

1.4.3 确定不同状态空气相互混合后的状态点

在空调工程中，为了节省冷量（或热量），通常利用从空调房间抽回的一部分室内空气（称为回风），与经过处理的一定数量的室外空气（称为新风）相混合，再进入空调房间内，此时需要计算混合后空气的状态参数。两种不同状态空气混合后的参数可以按计算方法确定，也可利用 h-d 图来确定。相比之下，h-d 图显得更方便，而且比较直观。

假设回风的质量流量为 G_N（kg/s），其状态在 h-d 图上用 N 点表示，参数分别为 t_N、d_N、h_N；新风的质量流量为 G_W（kg/s），其状态在 h-d 图上用 W 点表示，参数分别为 t_W、d_W、h_W，如图 1-11 所示。现在需要确定混合后混合点 C 的位置，并求出混合后的状态参数 t_C、d_C 和 h_C。

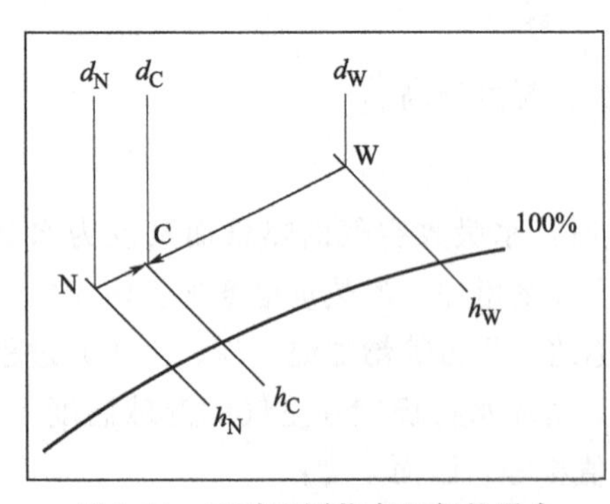

图 1-11 两种不同状态空气的混合

根据能量守恒定律和质量守恒定律，混合前后空气的能量不变，水蒸气的含量也不变，于是有：

$$G_N h_N+G_W h_W=(G_N+G_W)h_C \quad (1\text{-}13)$$

$$G_N d_N+G_W d_W=(G_N+G_W)d_C \quad (1\text{-}14)$$

由式（1-13）可得：

$$\frac{G_N}{G_W}=\frac{h_C-h_W}{h_N-h_C} \quad (1\text{-}15)$$

由式（1-14）可得：
$$\frac{G_N}{G_W}=\frac{d_C-d_W}{d_N-d_C} \tag{1-16}$$

所以：
$$\frac{G_N}{G_W}=\frac{h_C-h_W}{h_N-h_C}=\frac{d_C-d_W}{d_N-d_C} \tag{1-17}$$

即：
$$\frac{h_C-h_W}{d_C-d_W}=\frac{h_N-h_C}{d_N-d_C} \tag{1-18}$$

上式说明线段CW与线段NC的斜率相等，也说明N点、W点、C点处于同一直线上，如图1-11所示。所以混合点C将线段NW分成两段，两段的长度之比与参与混合的两种空气的质量成反比，即混合点靠近质量大的空气状态的一端。

若混合后的C点处于$\varphi=100\%$以下的“结雾区”，此时空气处于一种极不稳定的状态，会有多余的水蒸气凝结出来。当空调风口送冷风时，有时在风口附近出现的“雾气”，就是这种情况的实际表现。

【例1-7】 某空调系统采用新风与室内循环回风混合进行处理。已知回风量$G_N=1000$kg/h，状态为$t_N=20$℃，$\varphi_N=60\%$，新风量$G_W=250$kg/h，状态为$t_W=35$℃，$\varphi_W=80\%$，求混合空气状态（所在地区大气压力为101325Pa）。

【解】

（1）计算法

① 在h-d图上，找到状态点N、W，并以直线相连（图1-12）。

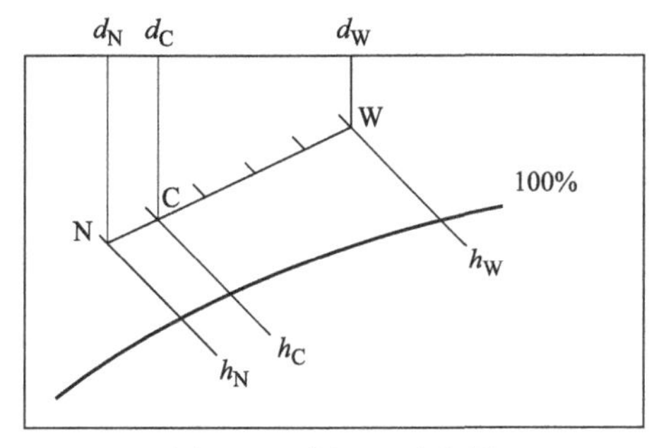

图1-12　例1-7示意图

② 从图上可以查出$h_N=42.5$kJ/kg，$d_N=8.8$g/kg$_干$；$h_W=109.44$kJ/kg，$d_W=29.0$g/kg$_干$。

③ 利用式（1-13）和式（1-14），可求出混合空气的焓值h_C和含湿量d_C：

$$h_C=\frac{G_Nh_N+G_Wh_W}{G_N+G_W}=\frac{1000\times42.5+250\times109.4}{1000+250}\approx56\quad(\text{kJ/kg})$$

$$d_C=\frac{G_Nd_N+G_Wd_W}{G_N+G_W}=\frac{1000\times8.8+250\times29}{1000+250}=12.8\quad(\text{g/kg}_干)$$

h_C、d_C已知，于是混合点C及其余参数也就确定了。

（2）图解法

① 在h-d图上分别标出新风和回风状态N点、W点，并连成直线。

② 设混合点为C，根据空气混合性质可得：

$$\frac{\overline{WC}}{\overline{CN}}=\frac{G_N}{G_W}=\frac{1000}{250}=\frac{4}{1}$$

③ 将线段$\overline{NW}$分为五等分，则C点位于靠近N点的1/5处。

④ 查h-d图得$t_C=23.1$℃、$\varphi_C=73\%$、$h_C=56$kJ/kg，$d_C=12.8$g/kg$_干$。

由本例可知，用图解法求得的结果与计算法基本上是吻合的，说明在工程计算中用图解法完全可满足要求。

思考题与习题

1-1. 什么是空气？空气中的水蒸气从何而来，会对什么有影响？

1-2. 什么是干空气？其基本性质是什么？从空调的角度如何对待？

1-3. 什么是干球温度？什么是湿球温度？什么是露点温度？在h-d图上表示出空气某状态点下的干球温度、湿球温度与露点温度，并解释三者之间的规律。

1-4. 含湿量与相对湿度有何异同。

1-5. 焓湿图上有哪几组主要参数线？分别表示哪些物理量？一般焓湿图有哪些作用？

1-6. 空气的温度$t=22$℃，相对湿度$\varphi=55\%$，大气压力为$P_a=101.325$kPa，试查焓湿图求其水蒸气分压力、干空气分压力、含湿量和焓值。

1-7. 已知空气的干球温度$t_g=20$℃，湿球温度$t_s=15$℃，查焓湿图求其水蒸气分压力、含湿量、相对湿度及露点温度（大气压力为$P_a=101325$Pa）。

1-8. 用加热器将状态为$t=10$℃、$\varphi=40\%$、$P_a=101.325$kPa的室外空气加热至30℃，求加热后空气的相对湿度。若被加热的空气量为1000kg/h，求每小时需提供多少热量，并在焓湿图上画出空气的状态变化过程。

1-9. 表面温度为18℃的壁面，在室温为20℃，$\varphi=70\%$的室内会结露吗？在室温为40℃，$\varphi=30\%$的室内会结露吗？

1-10. 已知空调系统的新风量$G_W=200$kg/h，状态为$t_W=30$℃，$\varphi_W=80\%$；回风量为$G_N=1400$kg/h，状态为$t_N=22$℃，$\varphi_N=50\%$，求出新风、回风混合后的空气状态参数t_C、d_C和h_C。

第2章

空调负荷与送风状态

在空调室内外热、湿扰量作用下，某一时刻进入一个恒温、恒湿房间内的总热量和总湿量称为该时刻的得热量和得湿量。得热量通常包括围护结构的传热、太阳辐射热、室内设备及人员的散热等，而得湿量主要是室内人体散湿量和室内设备散湿量。当得热量为负值时称为耗（失）热量。在某一时刻为保持一定温湿条件，需向室内提供的冷（热）量称为冷（热）负荷；为维持室内相对湿度所需由房间除去或增加的湿量则被称为湿负荷。

空调负荷是空调设计中最基本的也是最重要的数据之一，它的数值直接影响到空调方案的选择、空调冷热源等设备容量的大小，以及空调的实际使用效果。要定量计算空调的负荷就需要用到室内外空气计算参数。由于室内空气环境的控制是通过送一定量的不同状态的空气来实现的，因此送入的空气量多少及其参数如何至关重要。

2.1 空调负荷的计算方法

空调负荷按性质分为冷负荷、热负荷和湿负荷三种；按对象分为房间负荷和系统负荷两类。空调房间冷（热）、湿负荷的计算是确定空调系统送风量和空调设备容量的基本依据，目前工程实践中常见的空调负荷计算方法有概算法和软件辅助计算法两类。

2.1.1 空调负荷相关的基本概念

(1) 得热量与冷负荷

在进行空调负荷计算时，首先需对得热量和冷负荷这两个含义不同但又相互关联的术语有正确的认识。

得热量是指某一时刻由外界进入空调房间的热量和空调房间内部所产生的热量的总和；冷负荷是指为使空调房间保持所要求的空气温度，在某一时刻应从室内除去的热量或需要向房间供给的冷量。得热量是引起冷负荷的根源，但它们之间并非时刻都相等，这是由围护结构和房间内部物体的蓄热特性以及得热量的种类决定的。

得热量包括外围护结构的传入热量、经门窗进入的太阳辐射热、人体散热、照明散热、机器设备散热等。其中以对流形式传递的显热和潜热得热部分，直接放散到房间的空气中，立刻构成房间的冷负荷。而显热得热的另一部分是以辐射热的形式投射到室内物体的表面上，先被物体所吸收，物体在吸收了辐射热后，温度升高，一部分以对流的形式传给周围的空气，成为瞬时冷负荷，另一部分热量则流入物体内部蓄存起来，这时得热量不等于冷负荷。但是当物体的蓄热能力达到饱和后，即不能再蓄存更多的热量时所接收的辐射热就全部以对流传热的方式传给周围的空气，全部变为瞬时冷负荷，这时，得热量等于冷负荷。如当照明用的荧光灯一直开启时，它所产生的辐射热最初大部分被围护结构和室内物体所吸收并流入物体内部蓄存起来，随着照明时间的持续，蓄存的热量越来越少，成为瞬时冷负荷的部分则越来越大，最终使得热量等于冷负荷，如图 2-1 所示。

图 2-2 是经围护结构进入空调房间的太阳辐射热与空调房间实际冷负荷的关系。可以看出，空调房间实际冷负荷的峰值比瞬时太阳辐射热的峰值要低 40%左右。因此，要是按照瞬时太阳辐射热的峰值来选择设备，势必会造成很大的浪费。

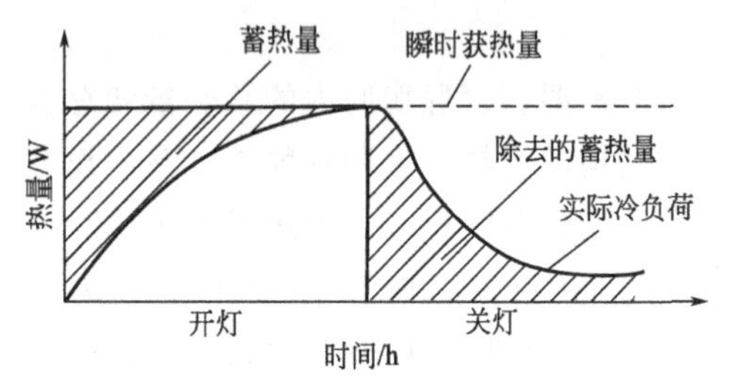

图 2-1　荧光灯瞬时得热与实际冷负荷的关系

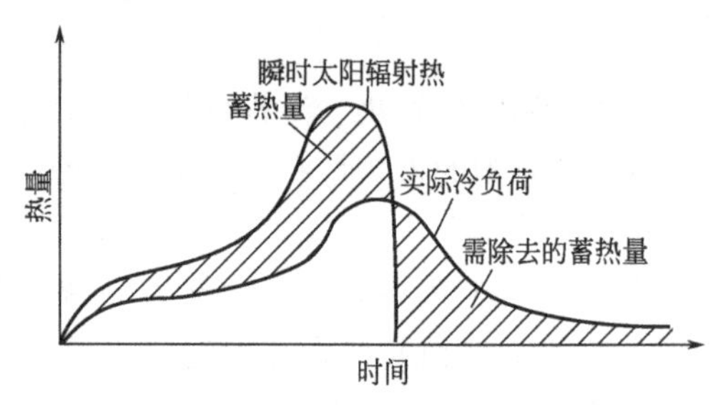

图 2-2　瞬时太阳辐射热与实际冷负荷的关系

围护结构的蓄热能力与其热容量有关，建筑材料的热容量等于其质量与比热容的乘积。热容量愈大，蓄热能力也愈大，反之愈小。一般建筑结构材料的比热容值大致相等，故材料质量就单一的与蓄热能力成正比。图 2-3 为不同质量围护结构的蓄热能力对冷负荷的影响。从图中可以看到，重型结构的蓄热能力比轻型结构的蓄热能力大得多，其冷负荷的峰值比较小，延迟时间也比较长。

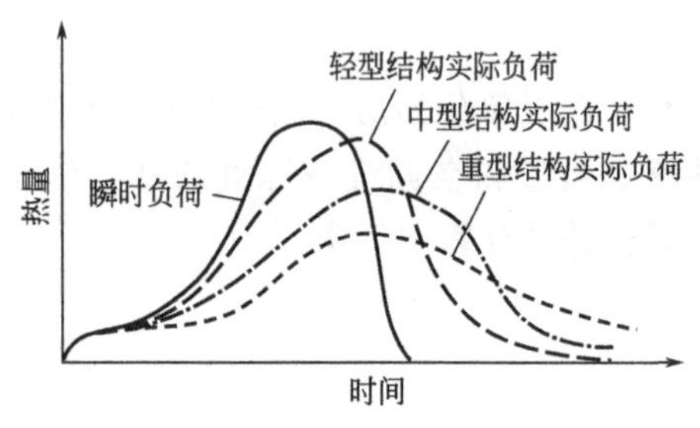

图 2-3　瞬时日射得热与轻、中、重型建筑实际冷负荷的关系

由以上分析可知，在计算空调冷负荷时，除了必须考虑围护结构的吸热、蓄热和放热效应外，还应注意不同性质的得热量所形成的室内逐时冷负荷是不同步的。在确定房间冷负荷时，必须按不同的性质对得热量分别计算，然后取逐时各冷负荷分量之和。

(2) 冷负荷计算方法介绍

冷负荷的计算是在得热量计算的基础上，再考虑太阳辐射和室外温度变化，以及围护结构等物体的蓄热效应条件下进行的，因此十分烦琐。因为不同地区和不同季节的太阳辐射强度及室外温度变化的规律是不同的，不同围护结构的蓄热能力也不相同，各类房间得热量和冷负荷的关系也不尽相同，使得即使一个最简单的房间负荷计算也需要通过求解一组庞大的偏微分方程组才能完成。采用有限差分法可对偏微分方程直接求得数值解，但计算量大，且方法非一般工程设计人员所能掌握，因此就给冷负荷的计算带来了极大的不便。

为了达到能够在实际中应用的目的，研究人员在开发可供空调工程师设计中使用的负荷求解方法方面进行了不懈的努力。建筑物空调负荷计算迄今已经历了定常（亦称稳定或稳态）计算法、周期热作用下的不定常计算法和不定常传热计算方法三个历史时期。在 20 世纪 40～50 年代以前，空调技术尚处于发展时期，人们对建筑物空调负荷的认识也比较简单，是按稳定的传热过程来确定空调负荷。美国 Mackey 等人提出的当量温差法和苏联弗拉索夫等人提出的谐波（分解）法，均用周期性变化外扰作用下的不稳定传热来考虑通过围护结构的传热负荷，但其共同的缺点是对得热量和冷负荷不加区分，致使计算出的空调冷负荷往往比实际大。

20 世纪 60 年代中期，美国的 Carrier 公司提出了蓄热负荷系数法，同一时期日本也提出了一些成果。当加拿大学者 Stephenson 和 Mitalas 将工程控制理论引入负荷计算，于 1968 年提出反应系数法之后，更是掀起了革新负荷计算方法的研究热潮。其基本特点是，把得热量和冷负荷的区别在计算方法中体现出来。1971 年，两人又提出 Z 传递函数法，用以改进反应系数法，并提出了适合于手算的冷负荷系数法，即可以不需要迭代或回溯，可以从得热一步直接求解冷负荷。其后，美、欧、日等国均有一些成果问世，其中还包括美国学者在 1975 年提出的一种简化的冷负荷系数法。我国在借鉴国外研究成果的基础上，提出了符合我国国情的两种空调设计冷负荷计算法：谐波反应法和冷负荷系数法，并于 1982 年通过了原城乡建设环境保护部主持的评议。

新的空调负荷计算方法有着共同的前提：一是所研究的传热过程是非稳定过程，应从原理上对得热量和冷负荷加以区别；二是将所研究的对象近似看作常系数线性热力系统，因而求解过程可以应用叠加原理，并认为系统的特性不随时间的变化而变化。新方法将空调房间围护结构或连同室内设计、空气等视为一个热力系统，将室内外空气温度、室外空气综合温度或壁面热流等作为该系统的扰量或输入，而将因之产生的内壁面热流或房间冷负荷等视为该系统的响应（亦称反应）或输出，二者之间则通过由系统特性决定的传递函数联系起来。

冷负荷系数法是目前较常使用的一种方法，它是在传递函数法的基础上，为便于在工程中进行手算而建立起来的一种简化方法。由于传递函数法在计算由墙体、屋顶、窗户、照明、人体和设备的得热量或冷负荷时，需要知道计算时刻 τ 以前的得热量或冷负荷，是一个传递过程，需要用计算机计算。为了便于手工计算，引入瞬时冷负荷计算温度和冷负荷系数的方法来简化。但即使是进行了简化，实际的计算过程中，工作量依旧十分浩大。

(3) 热负荷的计算

在冬季，影响房间内空气温度的因素是房间的得热量与失热量，当房间的得热量小于失热量时房间内空气温度会降低。当温度低于设计值时，为保持室内的温度，系统向房间提供的热量称为空调房间的热负荷。一般来说，空调冬季的经济性对空调系统的影响比夏季小。因此，空调热负荷一般是按稳定传热理论来计算的，其计算方法与供暖系统热负荷计算方法基本一样。

进行空调房间热负荷计算时应该注意以下几点：

① 计算围护结构的基本耗热量时，围护结构的传热系数应该用冬季围护结构传热系数；室外温度应该采用冬季室外空调计算干球温度。

② 空调建筑室内通常保持正压，因而在一般情况下，不计算由门窗缝隙渗入室内的冷空气和由门、孔洞等侵入室内的冷空气引起的热负荷。

③ 室内人员、灯光和设备产生的热量会抵消部分热负荷，设计时如何扣除这部分室内热量要仔细研究。当室内发热量大（如办公建筑及室内灯光发热量为 $30W/m^2$ 以上）时，可以扣除该发热量的 50%，作为空调的热负荷。

④ 建筑物内区的空调热负荷过去都简单看作零来考虑。但随着现代建筑内部热量的不

断增加，使内区在冬季里仍有余热，需要空调系统常年供冷。

(4) 湿负荷的计算

空调房间的散湿量包括室内湿源散发的湿量和室外空气渗入带进的湿量两部分，主要包括以下几项：

① 人体散湿量，包括呼吸和出汗向空气散发的湿量。

② 渗入空气带进的湿量。

③ 化学反应过程产生的散湿量。

④ 各种潮湿表面、液面或液流的散湿量。

⑤ 食品或其他物料的散湿量。

⑥ 设备散湿量。

大多情况下，对于空调房间来说，上述湿源的散湿量不一定都有，人体散湿量和敞开水槽表面的散湿量为主要散湿量来源。实际欲达到房间设计空气参数有可能有多余的湿量，也可能湿量不足。为此，为保持房间的空气参数要求，必须从房间除去的多余湿量或向房间补充的不足湿量均被称为房间湿负荷。具体计算取值可查阅相关设计手册。

2.1.2 空调负荷的工程概算方法

我国空调负荷的准确计算按冷负荷系数法、谐波反应法等进行，具体步骤可查阅相关参考文献。当计算条件不具备时（例如建筑设计尚未定局，无详尽的建筑结构和房间用途资料作参考等），或者为了预先估计空调工程的设备费用而时间上不允许做详细的负荷计算时，可以采用简化的计算方法。

目前简化算法有两种。一种是把整个建筑物看成一个大空间，进行简约计算。另一种是根据在实际工作中积累的空调负荷概算指标做粗略估算。简化算法一般只用于做方案设计或初步设计，在做施工图设计时必须进行逐项逐时的冷负荷计算，否则易造成负荷偏大，导致装机容量偏大、水泵配置偏大、末端设备偏大、管道直径偏大的“四大”现象，结果使工程的初投资增高、运行费用增加和能源消耗量增大。

(1) 简约计算法

① 冷负荷的简约计算。建筑物总冷负荷的简约计算以外围护结构和室内人员两部分为基础，把整个建筑物看成一个大空间，按照各朝向计算冷负荷，再加上人体散热（按116W/人计算），然后将计算结果乘以新风负荷系数1.5，如下式所示：

$$CL=(\Sigma CL_W+116n)\times 1.5 \tag{2-1}$$

$$\Sigma CL_W=\Sigma F_i K_i[(t_{w1}+t_d)-t_{Nx}] \tag{2-2}$$

式中 CL——建筑物空调系统总冷负荷，W；

ΣCL_W——围护结构（外墙和屋顶）引起的总冷负荷，W；

n——建筑物内总人数；

F_i——外墙或屋顶的传热面积，m^2；

K_i——外墙或屋顶的传热系数，W/(m^2·℃)，根据外墙和屋顶构造，从附录3和附录4中查取；

t_{w1}——以北京地区的气象条件为依据计算出来的外墙和屋顶冷负荷计算温度的逐时值，℃，根据外墙和屋顶构造，从附录5和附录6中查取；

t_d——地点修正值，℃，根据不同的设计地点在附录7中查取；

t_{Nx}——夏季空调室内计算温度，℃。

【例2-1】 广州地区某医院住院部主楼，其南向外墙和北向外墙面积均为（33×12）m^2，东西外墙面积各为（15×12）m^2。墙厚一砖半，内表面采用20mm厚白灰粉刷，屋顶为预制细石混凝土板，壁厚70mm，水泥膨胀珍珠岩保温层厚度100mm。室内设计空气温度为26℃，病人和医护人员总数为352人，试计算下午3时该楼的总冷负荷。

【解】 查附录3，得该楼外墙传热系数 $K_1=1.55W/(m^2 \cdot ℃)$。

查附录4，得该楼屋顶传热系数 $K_2=0.63W/(m^2 \cdot ℃)$。

查附录5、附录6和附录7，得到下午3时各向外墙和屋顶的冷负荷计算温度和修正值，如表2-1所示。

表2-1　外墙及屋顶的冷负荷计算温度值及修正值

项目	东墙	西墙	南墙	北墙	屋顶
t_{wl}/℃	36.1	34.9	32.9	31.2	38.4
t_d/℃	0.0	0.0	−1.9	1.7	−0.5

将表中数据代入式（2-1）、式（2-2），得

$$\begin{aligned}\Sigma CL_W =&\{1.55\times15\times12\times[(36.1+0.0)-26]+1.55\times15\times12\times[(34.9+0.0)-26]\\&+1.55\times33\times12\times[(32.9-1.9)-26]+1.55\times33\times12\times[(31.2+1.7)-26]\\&+0.63\times33\times15\times[(38.4-0.5)-26]\}\\\approx&16316.2(W)\end{aligned}$$

$$\begin{aligned}CL&=[(16316.2+116\times352)\times1.5]\\&=85722.3(W)\end{aligned}$$

故该住院部主楼夏季空调系统下午3时的总冷负荷为85.7kW。同理，可以计算出该楼每一个时刻的总负荷，然后选择其中最大值作为该楼夏季的总冷负荷值。

② 热负荷的简约计算（窗墙比法）。当已知外墙面积、窗墙比及建筑面积时，民用建筑空调系统冬季热负荷可按下式进行简约计算：

$$q=1.163\alpha\frac{(6\beta+1.5)A}{F}(t_{Nd}-t_{Wd}) \tag{2-3}$$

式中　q——建筑物单位面积热负荷，W/m^2；

α——新风系数，一般取1.3～1.5；

β——外窗面积与外墙面积（包括窗）之比；

A——外墙总面积（包括窗），m^2；

F——总建筑面积，m^2；

t_{Nd}——冬季空调室内计算温度，℃；

t_{Wd}——冬季空调室外计算温度，℃。

（2）估算法

在项目报审、招标等活动中，需要预先对设备容量、机房面积以及投资费用等方面进行估算，大致得出空调系统的供冷量、供热量、用水量，以及空调机房、制冷机房、锅炉房等设备用房的面积。此时，可根据在实际工作中积累的空调负荷概算指标做粗略估算。所谓空

调负荷概算指标，是指折算到建筑物中每 $1m^2$ 空调面积上所需提供的冷负荷值。表 2-2 是国内部分典型民用建筑和房间的空调负荷设计指标的统计值，可供概算空调负荷时参考。

表 2-2 民用建筑和房间空调负荷概算指标

建筑类型	房间名称	冷负荷/(W/m^2)	热负荷/(W/m^2)
旅馆、宾馆、饭店	客房(标准层)	80～110	60～70
	酒吧、咖啡厅	100～180	
	西餐厅	160～200	
	中餐厅、宴会厅	180～350	
	商店、小卖部	100～160	
	中庭、接待室	90～120	
	小会议厅(允许少量吸烟)	200～300	
	大会议厅(不允许吸烟)	180～280	
	理发馆、美容院	120～180	
	健身房、保龄球馆	100～200	
	游戏房	90～120	
	室内游泳池	200～350	
	舞厅(交谊舞)	200～250	
	舞厅(迪斯科)	250～350	
	办公室	90～120	
办公楼(全部)	—	90～115	60～80
超高层办公楼		105～145	70～85
百货大楼、商场	底层	250～300	60～80
	二层或以上	200～250	
	超级市场	150～200	60～80
医院	高级病房	80～110	65～80
	一般手术室	100～150	
	洁净手术室	300～450	
	X 光、CT、B 超诊断室	120～150	
影剧院	舞台(剧院)	250～350	80～90
	观众厅	180～350	
	休息厅(允许吸烟)	300～350	
	化妆室	90～120	
体育馆	比赛馆	120～300	120～150
	观众休息厅(允许吸烟)	300～350	
	贵宾室	100～120	
展览馆、博物馆	展览厅、陈列室	130～200	90～120
会堂	报告厅	150～200	120～150
图书馆	阅览室	75～100	50～75
公寓、住宅	—	80～90	45～70

上述指标中的上下限差别过大，合理选取负荷指标只能依赖于设计人员的经验。中国建筑科学研究院空调研究所针对这一缺陷，对旅馆、商场、办公楼、影剧院等四类建筑的设计冷负荷计算进行了研究，给出了较为详细的设计冷负荷概算表，感兴趣的读者可自行查阅相关参考资料。

空调负荷的计算相当烦琐，而且计算方法本身的依据基本上都是特定情况下的经验估计，同时还做了大量的简化。随着新的建筑材料、玻璃、灯具的大量使用，新的建筑构造和建筑形式的出现，使得各种负荷计算法所约定的假设条件均相应发生变化，所以即使按照某种负荷计算法进行了精确计算，其结果也会存在一定的误差。此外，还可能因缺乏很多基本计算数据而无法按照某种负荷计算法进行精确计算。

还需引起注意的是，在计算空调房间冷负荷时，应针对不同的空调对象（工艺性空调还是舒适性空调）仔细分析冷负荷的组成，看哪些负荷占主要地位，哪些负荷占次要地位。对于主要负荷应从调查了解、收集原始数据入手，力求准确计算；对于次要负荷，可以稍微粗略一些。例如，对于工艺性空调，工艺设备（电动与电热设备）散热和照明灯具散热所引起的冷负荷一般为主要负荷，而围护结构冷负荷（建筑围护结构传热和透过玻璃窗的太阳辐射热引起的冷负荷）和人体散热冷负荷，相对来说所占的份额要小得多。又如影剧院、体育馆和百货商场这一类公共建筑的舒适性空调，人体散热和照明灯具散热引起的冷负荷占主要地位，而围护结构冷负荷相对来说所占的比例就较小，因此准确地掌握空调房间的人员数量是在这类建筑中进行冷负荷计算的前提。

2.1.3　空调负荷的软件辅助计算法

随着计算机技术的发展及广泛应用，空调行业中计算机的使用也越来越广泛。目前在负荷计算中已出现了多种计算机软件，每种软件的使用方法大致相同，其所采用的计算逐时冷负荷的原理也基本相同，主要为谐波法或冷负荷系数法，如美国的 DOE-2、BLAST、EnergyPlus，英国的 ESP-r，日本的 HASP，中国的 DeST 等。这些软件正越来越多地被广泛用在围护结构的热性能、空调系统的热性能、空调设备的热性能的模拟计算中。

Block Load 是开利公司开发的专用建筑物负荷计算软件，使用简便、计算精确。它可以帮助空调工程师计算出楼宇的设计冷热负荷，并提供制冷采暖设备的型号和规格的有关数据，被 ASHRAE 推荐为计算逐时负荷的首选。

我国自主知识产权的空调负荷计算软件天正 THvac 运行于 Windows 平台，根据用户输入的建筑物各房间的传热面数据和房间内人员、灯光、设备等热源的数据，计算各房间和整个建筑物的逐时空调冷负荷。所有房间数据采用数据库结构进行保存，因此非常便于数据的编辑、修改。北京鸿业同行科技有限公司的暖通空调软件 ACS 中含有自主知识产权的负荷计算模块 ACS-Load。ACS 软件率先提出计算绘图一体化的概念，经过多年不断的完善和发展，目前融合 BIM 功能的版本以贴近设计施工管理实际、智能化、自动化而广泛受到暖通空调工程师的好评。

在本教材 2.4 部分，以晨光 CLC 负荷计算软件为例，详细讲解空调负荷的软件辅助计算方法。

2.2　空调负荷计算用室内空气计算参数

室内空气计算参数主要是指作为空调工程设计与运行控制标准而采用的空气温度、相对湿度和流速等室内空气的控制参数。这些参数可分为舒适性环境空气参数和工艺性环境空气参数。

2.2.1 室内空气计算参数的确定原则和方法

空调区域内温度、湿度通常用两组指标来规定，即温湿度基数和空调精度。温、湿度基数是指空调区域内的空气，按设计规定所需保持的基准温度和基准相对湿度；空调精度是指在空调区域内温度和相对湿度允许的波动范围。例如，$t_N=22℃\pm1℃$和$\varphi_N=55\%\pm5\%$。其中，温度22℃和相对湿度55%为空调基数，温度波动范围±1℃和相对湿度波动范围±5%称为空调精度。

根据空调建造的目的和所服务的对象的不同，可分为舒适性空调和工艺性空调两种。前者主要从人体舒适感出发，确定室内温、湿度设计标准，一般不提空调精度要求。后者主要满足工艺过程对温湿度基数和空调精度的特殊要求，并兼顾人体卫生要求。

(1) 人体热平衡与热舒适感

人在活动过程中，体内经常会产生一定的热量和湿量。这些热量与周围空气及环境表面之间以对流、辐射等方式进行热交换，同时也通过汗液和肺部呼出的水分蒸发而散热。如果周围气象条件与人体扩散的热量相当，即保持稳定的热平衡，人体就感到舒适，体温保持在36.5～37℃。在人体生理机能已无能力取得热平衡时，人就会感到热或冷。人体与环境之间的热交换可以用以下简单的公式表述：

$$M-W-E-R-C=Q \tag{2-4}$$

式中 Q——人体蓄热的变化量，即人体舒适感所必要的热平衡；

M——人体新陈代谢所产生的热量；

W——人体所作的机械功；

R、C、E——分别为人体与环境之间通过辐射、对流及蒸发方式产生的热交换。

在稳定的环境条件下，Q为零，这时，人体保持了能量平衡。如果周围环境温度升高，则人体的对流和辐射散热量将减少。为了保持热平衡，人体会运用自身的自动调节机能来加强汗腺分泌。这时，由于排汗量和消耗在汗液蒸发上的热量的增加，在一定程度上会补偿人体对流和辐射散热的减少。当人体余热量难以全部散出时，余热量就会在体内蓄存起来，于是Q变为正值，导致体温上升，人体会感到很不适。体温增到40℃时，出汗停止。如不采取措施，则体温将迅速上升，当体温增到43.5℃时，人会死亡。

应该注意，人在空调环境下的舒适感和热平衡是两个含义不同的概念。热平衡是人体舒适的基本条件，但在不同的气候条件下通过人体热调节作用达到了热平衡，而人并不一定感到舒适。由此可见，舒适是人体对综合参数的总体反应。不同的人有不同的舒适感。空调室内气候因素对人生理反应和主观舒适感的反应最重要的是空气温度、湿度、流速。通过卫生学、生理学等多方面的研究，目前国内外普遍认为夏季空气温度在22～26℃的环境下，人的生理和主观感觉较舒适。而人对高温的适应性一般为28～29℃，这是人感觉舒适与热的分界点，也是人体生理活动由正常转向恶化的开始。

人对生活环境的适应性，在不同的气候参数及其综合作用下，得到不同的反应，如冷、热或舒适等，而其舒适度又有高、低。为此，在空调技术中，有时把各因素进行一定的组合，并用单一的参数，即所谓的热指标表示。建立在稳态热环境下人体热反应的PMV-PPD指标，或美国提出的等效温度等指标已成为制定空调房间室内空气计算参数和检查实际室内空调效果的依据。

(2) 等效温度图和舒适区

图 2-4 是美国供暖、制冷、空调工程师学会（ASHRAE）在 1977 年版手册基础篇里给出的等效温度图。图中斜画的一组线即为等效温度线，它们的数值是在 $\varphi=50\%$ 的相对湿度曲线上标注的。例如，通过 $t=25℃$、$\varphi=50\%$ 两线交点的斜线即为 25℃等效温度线，该线上各个点所表示的空气状态的实际干球温度均不相等，相对湿度也不相同，但各点空气状态给人体的冷热感却相同，都相当于 $t=25℃$、$\varphi=50\%$ 时的感觉。这些等效温度是室内空气流速为 $v=0.15\text{m/s}$ 时，通过对身着 0.6clo 的服装，静坐着的被试验人员实测所得到的。

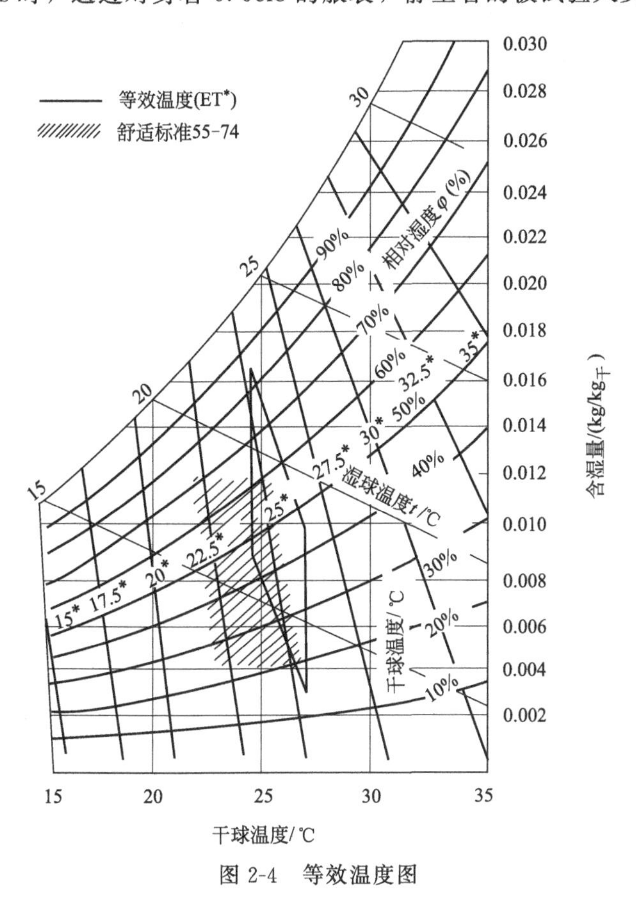

图 2-4　等效温度图

所谓 clo，是衣服的热阻单位，$1\text{clo}=0.155\ (\text{m}^2\cdot\text{K})/\text{W}$。一般，内穿衬衣外套普通衣服，其热阻为 1clo；正常冬服（室外穿）为 1.5～2.0clo；在北极地区的服装为 4.0clo。

在该图中还画出了两块舒适区，一块是菱形面积，它是由美国堪萨斯州立大学通过实验所得到的；另一块平行四边形阴影面积是 ASHRAE 推荐的舒适标准 55-74 所绘出的舒适区。两者实验条件不同，前者适用于身着 0.6～0.8clo 服装坐着的人，后者适用于身着 0.8～1.0clo 服装坐着但活动量稍大的人。两块舒适区重叠处则是推荐的室内空气设计条件。25℃等效温度线正好穿过重叠区的中心。

(3) 人体热平衡方程和 PMV-PPD 指标

等效温度虽然简单明了，但没有对室内热环境的舒适度作全面考虑。由于人体与外界的换热量中，有一部分是通过人体与周围物体的辐射传热来进行的，辐射传热量的大小和方向取决于人体与物体表面的温度和二者间的温差。因此人体周围物体表面的温度高低同样会影响人体的热舒适性。例如，某房间内的空气等效温度是25℃，但房间内的物体温度很高，对人体存在较大的热辐射，这时人会感到不舒适。

丹麦工业大学的P. O. Franger提出了PMV-PPD评价方法，该方法是用PMV（预期平均评价）和PPD（预期不满意百分率）两个指标来描述和评价热环境的。该指标综合考虑了人体活动情况、衣着情况、空气温度、湿度、流速、平均辐射温度等六个因素。

人对热环境的满意程度也就是热舒适度用数值进行量化的评价见表2-3。

表2-3　人的热感觉与PMV值

热感觉	热	暖	稍暖	舒适	稍凉	凉	冷
PMV	+3	+2	+1	0	−1	−2	−3

PMV指标代表了绝大多数人对同一热环境的冷热感觉，但由于人与人个体间的生理差异，PMV指标并不能代表所有人的感觉，还需要用PPD指标来表示人群对热环境不满意的百分数，PMV与PPD之间的关系见图2-5。从图中可以看出，在PMV=0处，PPD≈5%，这意味着即使室内环境为最佳热舒适状态，由于人体间的生理差异，仍有5%的人感觉不满意。

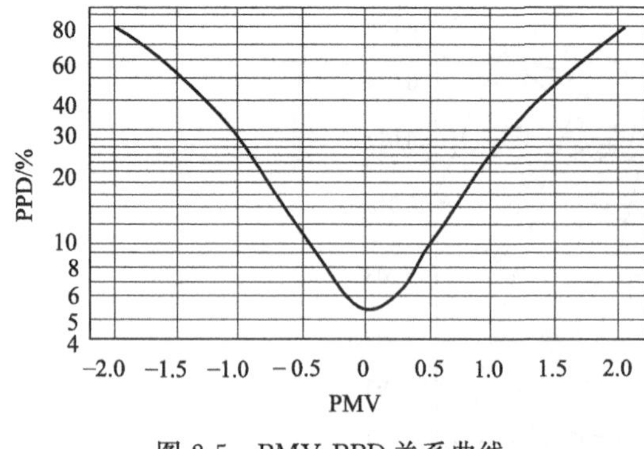

图2-5　PMV-PPD关系曲线

国际标准化组织早在1984年就提出了标准化方法ISO 7730，通过计算PMV和PPD指标，对局部热舒适度作分析性预测和解释。我国对中等热环境PMV和PPD指数的测定及热舒适条件进行了规定，采用PMV-PPD指标来描述和评价热环境。参照国际通用标准ISO 7730和ASHRAE55，对PMV-PPD指标的推荐值为PPD<10%，即允许有10%的人感觉不满意。从图2-5可以看出，相应的PMV值在−0.5～0.5之间。

我国国家标准《民用建筑供暖通风与空气调节设计规范》（GB 50736—2012）规定，供暖与空调的室内热舒适度划分为两个等级，如表2-4所示。

表2-4　不同热舒适度等级对应的PMV、PPD值

热舒适度等级	PMV	PPD
Ⅰ级	−0.5≤PMV≤0.5	PPD≤10%
Ⅱ级	−1≤PMV<−0.5,0.5<PMV≤1	PPD≤27%

其中，如果考虑建筑节能的需求，要求冬季室内环境在满足舒适的条件下偏冷，夏季在满足舒适的条件下偏热，具体的建筑热舒适等级划分如表2-5所示。

表2-5　不同热舒适度等级所对应的PMV值

热舒适度等级	冬季	夏季
Ⅰ级	−0.5≤PMV≤0	0≤PMV≤0.5
Ⅱ级	−1≤PMV<−0.5	0.5<PMV≤1

2.2.2　舒适性空调室内空气计算参数

舒适性空调室内空气设计计算参数的确定，除了要参考室内参数综合作用下的舒适条件外，还应根据室外气象条件、经济条件和节能要求等综合考虑。这就决定了舒适性空调室内计算参数应有一个范围，以适应不同的需要。其中，涉及热舒适标准与卫生要求的室内设计计算参数有6项：温度、湿度、风速、新风量、噪声声级、室内空气含尘浓度。以上6项参数设计标准的高低，不但从使用功能上体现了该工程的等级，而且是空调区冷热负荷计算和空调设备选择的根据，是估算全年能耗、考核与评价建筑物能量管理的基础，同时又是空调管理人员进行节能运行和设备维修的依据。

《工业建筑供暖通风与空气调节设计规范》(GB 50019—2015) 规定，在工业建筑供暖、通风与空调设计中采用先进技术，合理利用和节约能源与资源，保护环境，最终为工业企业改善劳动条件，提高劳动生产率，保证产品质量和人身安全。工业建筑中舒适性空调的室内设计主要参数宜符合表2-6的规定（新风量、噪声、含尘浓度等参数详见本教材后续章节)。

表2-6　舒适性空调室内空气设计主要参数

参数	冬季	夏季
温度/℃	18～24	25～28
风速/(m/s)	≤0.2	≤0.3
相对湿度/%	—	40～70

此外，确定室内空气计算参数时还需要综合考虑空调房间的用途和节能，即既要满足室内热舒适环境的需要，又应符合节能的原则。近年来在工程设计中，有一种错误倾向：建筑物的档次越高，室内设计温度在冬季就应该越高，在夏季就应该越低。这导致业主、设计人员在取用室内设计参数时往往选用过高的标准。但是，室内温、湿度取值的高低，与能耗多少有密切关系。在冬季工况下，室内计算温度每降低1℃，能耗可减少5%～10%；在夏季工况下，室内计算温度每升高1℃，能耗可减少8%～10%。

2005年7月6日，我国国务院发布了建设节约型社会重点工作的通知，通知中指出在全社会倡导夏季用电高峰期间室内空调温度提高1～2℃，夏季空调温度不低于26℃。为了节省能源，全社会应共同避免冬季采用过高的室内温度，夏季采用过低的室内温度。

根据我国国家标准《公共建筑节能设计标准》(GB 50189—2015) 的规定，对于甲类公共建筑，必须进行热负荷计算和逐项逐时的冷负荷计算。公共建筑内空调系统的室内空气计算参数可以按照表2-7规定的数值选用。

表2-7　公共建筑内空调系统的室内空气参数

参数		冬季	夏季
温度/℃	一般房间	20	25
	大堂、过厅	18	室内外温差≤10
风速 v/(m/s)		$0.10 \leqslant v \leqslant 0.20$	$0.15 \leqslant v \leqslant 0.30$
相对湿度/%		30～60	40～65

2.2.3　工艺性空调室内空气计算参数

工艺性空调室内空气计算参数应根据工艺过程的要求并考虑必要的卫生条件确定，同时在有人操作时，亦应兼顾人体热舒适的需要。由于工艺过程的千差万别，工艺性空调可分为一般降温性空调、恒温恒湿空调和净化空调等类型。

降温性空调如电子工业的某些车间，只规定夏季室温不大于28℃，相对湿度不大于60%，对空调精度没有要求。恒温恒湿空调如某些计量室，室温要求全年保持(20±0.1)℃，相对湿度保持(50±5)%。也有的工艺过程仅对温度或相对湿度一项有严格要求，如纺织工业某些工艺对相对湿度有严格要求，而空气温度则以劳动保护为主。净化空调不仅对空气温、湿度有一定要求，而且对空气中所含尘粒的大小和数量也有严格要求。

夏季当室内温度过低时（如20℃），由于室内外温差太大，易造成人员的不舒适，并诱发各种“空调病”。在工艺条件许可的前提下，夏季应尽量提高室内温度和相对湿度，这样不仅可以节省设备投资和运行费用，而且还有利于操作人员的健康。对于夏季温度和相对湿度低于舒适性空调的工艺性空调场所，应尽量减小室内空气的流速。

工艺性空调的室内空气计算参数中，活动区的风速应按《工业建筑供暖通风与空气调节设计规范》(GB 50019—2015)的规定取值，即冬季不宜大于0.3m/s，夏季宜采用0.2～0.5m/s，当室内温度高于30℃时，可大于0.5m/s。

随着科学的发展、技术的进步，生产的工艺过程会不断改进，产品的质量要求会日益提高，品种也会逐渐增多，相应地在空气环境参数的控制要求方面也会有所变化，因此工艺性空调的室内空气计算参数需要与工艺人员慎重研究后不断更新。表2-8给出某些生产工艺过程所需的室内空气计算参数。

表2-8 某些生产工艺过程所需的室内空气计算参数

工艺过程	夏季		冬季		备注
	温度/℃	相对湿度/%	温度/℃	相对湿度/%	
机械加工：					
一级坐标镗床	20±1	40～65	20±1	40～65	
二级坐标镗床	23±1	40～65	17±1	40～65	
高精度刻线机(机械法)	20±(0.1～0.2)	40～65	20±(0.1～0.2)	40～65	
各种计量：					
标准热电偶	20±(1～2)	<70	20±(1～2)	<70	
检定一、二等标准电池	20±2	<70	20±2	<70	
检定直流高、低阻电位计	20±1	<70	20±1	<70	
检定精密电桥	20±1	<70	20±1	<70	
检定一等量块	20±0.2	50～60	20±0.2	50～60	
检定三等量块	20±1	50～60	20±1	50～60	
光学仪器加工：					
抛光、细磨、镀膜、装配	24±2	<65	22±2	<65	较高空气净化要求
精密刻划	20±(0.1～0.5)	<65	20±(0.1～0.5)	<65	
电子器件：					
电容器	26～28	40～60	16～18	40～60	
精缩、制版、光刻	22±1	50～60	22±1	50～60	高空气净化要求
扩散、蒸发、纯化、外延	23±5	60～70	23±5	60～70	
显像管涂屏	25±1	60～70	25±1	60～70	有空气净化要求
阴极、热丝涂敷	24±2	50～60	22±2	50～60	

续表

工艺过程	夏季		冬季		备注
	温度/℃	相对湿度/%	温度/℃	相对湿度/%	
纺织：					
(纯棉)梳棉	29～31	55～60	22～24	55～60	
细纱	30～32	55～60	24～26	55～60	
织布	28～30	70～75	22～25	70～75	
(混纺)梳棉	28～30	55～60	22～25	55～60	
细纱	30～32	55～60	24～27	55～60	
织布	28～30	70～75	23～26	70～75	
(锦纶)卷绕	22.5±0.5	71±1	22.5±0.5	71±1	
纺丝	30～32	50～60	30～32	50～60	
牵伸、备拈、络筒	25±1	65±2	23±1	65±2	
实验室	23±1	65±2	23±1	65±2	
(涤纶)卷线	27±1	70±5	27±1	70±5	
纺丝	<35	—	<32	—	
牵伸	25±1.5	70±10	23±1.5	70±10	
实验室	21±0.5	65±2	21±0.5	65±2	
(腈纶)纺丝、聚合	<33	—	>18	—	
毛条	28±1	65±5	22±1	65±5	
实验室	20±1	65±2	20±1	65±2	
(羊毛)前纺	28～30	65～75	26～28	65～75	
精纺	30～32	65～80	26～30	65～80	
织布	28～30	75～85	26～28	75～85	
制药：					
(片剂)制片	26±2	50±5	22±2	50±5	
片剂干燥	26～28	50±5	24～26	50±5	
(针剂)混合	28±2	<60	28±2	<60	
粉剂充装	26±1	10～25	26±1	10～25	
造纸：					
薄页纸完成(分切)	25±1	65±5	20±1	65±5	
高级纸完成	26±2	65±5	26±2	65±5	
实验室	20±(0.5～2)	60～65±(2～3)	20±(0.5～2)	60～65±(2～3)	
印刷：					
电子制版	(20～23)±1.5	55±5		55±5	冬季可取 20℃
照相凹版制版	(20～23)±1	(55～60)±2.5		(55～60)±2.5	冬季可取 20℃
胶版印刷	(24～27)±4	(46～48)±2		(46～48)±2	冬季可取 24℃
照相凹版印刷	(24～27)±4	(46～48)±2		(46～48)±2	冬季可取 24℃
凸版印刷	(24～27)±4	(40～50)±5		(40～50)±5	冬季可取 24℃
胶片：					
底片贮存	21～25	55～65		55～65	冬季可取 21℃
胶卷生产	22～25	50～60		50～60	冬季可取 22℃
卷烟：					
原料加工	27	60～80	20	60～80	
烟丝贮存	26	50～70	20	50～70	
橡胶：					
钢丝锭子室	25±1	<40	25±1	<40	
高压胶管钢丝编织室	23±2	62.5±2.5	23±2	62.5±2.5	
实验室	20±1	～60	20±1	～60	

2.3 空调负荷计算用室外空气计算参数

空调系统设计与运行中所要用到的一些室外气象参数被称为“室外空气计算参数”。室外空气计算参数对空调而言，主要从两个方面影响系统容量：一是由于室内外存在温差通过围护结构的传热量；二是空调系统采用的新鲜空气，在其状态不同于室内空气状态时，需要花费一定的能量将其处理到室内空气状态。因此确定室外空气计算参数时，既不应选择多年不遇的极端值，也不应任意降低空调系统对服务对象的保证率。

2.3.1 室外空气计算参数的确定原则和方法

在空调设计中，计算通过围护结构传入室内或由室内传至室外的热量时，需首先确定室外空气设计温度。而在计算加热或冷却室外新风所需热、冷量，以及确定室外新风状态时，也需已知室外空气干、湿球温度。

室外空气干、湿球温度随季节、昼夜和时刻变化，如全国各地大多在 7～8 月气温最高，而 1 月气温最低。而空气的相对湿度取决于空气干球温度和含湿量。如果空气的含湿量保持不变，干球温度增高，则相对湿度变小；干球温度降低，则相对湿度加大。就一昼夜内的大气而论，含湿量变化不大（可看作定值），则大气的相对湿度变化规律正好与干球温度的变化规律相反，即中午相对湿度低，早晚相对湿度高，见图 2-6。

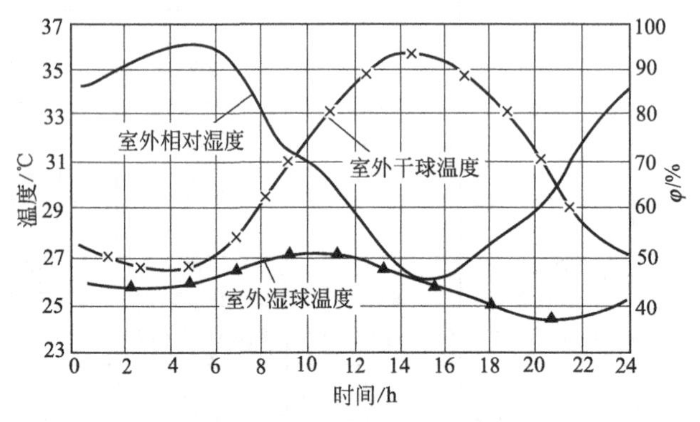

图 2-6 室外空气干湿球温度、相对湿度 24h 变化曲线

不论是一昼夜还是一年，室外空气温、湿度等参数的变化都非常大，室外空气计算参数的取值，直接影响室内空气状态的保证程度和设备投资。若夏季取很多年才出现一次，而且持续时间较短（几小时或几昼夜）的当地室外空气最高干、湿球温度作为室外空气计算参数时，就会因配置的设备和相关装置容量过大，长期不能全部投入使用而形成投资浪费。因此，设计规范中规定的室外空气计算参数是按照全年少数时间不保证室内温、湿度标准而制定的。我国《工业建筑供暖通风与空气调节设计规范》（GB 50019—2015）规定选择下列统计值作为空调室外空气计算参数：

① 供暖室外计算温度应采用累年平均每年不保证 5d 的日平均温度。

② 冬季通风室外计算温度应采用历年最冷月月平均温度的平均值。

③ 冬季空调室外计算温度应采用累年平均每年不保证 1d 的日平均温度。

④ 冬季空调室外计算相对湿度应采用历年最冷月月平均相对湿度的平均值。

⑤ 夏季空调室外计算干球温度应采用累年平均每年不保证 50h 的干球温度。

⑥ 夏季空调室外计算湿球温度应采用累年平均每年不保证 50h 的湿球温度。

⑦ 夏季通风室外计算温度应采用历年最热月 14 时平均温度的平均值。

⑧ 夏季通风室外计算相对湿度应采用历年最热月 14 时平均相对湿度的平均值。

⑨ 夏季空调室外计算日平均温度应采用累年平均每年不保证 5d 的日平均温度。

⑩ 夏季计算空调室外空气逐时温度可按下式确定：

$$t_{sh}=t_{WP}+\beta\Delta t_r \tag{2-5}$$

式中　t_{sh}——室外计算日的逐时温度，℃；

t_{WP}——夏季空调室外计算日平均温度，℃；

β——室外温度逐时变化系数（见表 2-9）；

Δt_r——夏季室外计算平均日较差，℃。应按下式计算：

$$\Delta t_r=\frac{t_{Wg}-t_{WP}}{0.52} \tag{2-6}$$

式中　t_{Wg}——夏季空调室外计算干球温度，℃（t_{WP}、t_{Wg} 取值见附录 2）。

表 2-9　室外温度逐时变化系数

时刻	1	2	3	4	5	6	7	8	9	10	11	12
β	−0.35	−0.38	−0.42	−0.45	−0.47	−0.41	−0.28	−0.12	0.03	0.16	0.29	0.40
时刻	13	14	15	16	17	18	19	20	21	22	23	24
β	0.48	0.52	0.51	0.43	0.39	0.28	0.14	0	−0.1	−0.17	−0.23	−0.26

2.3.2　我国冬夏季室外空气计算参数

由于地球上各个地方的纬度和海拔高度不同，其室外空气计算参数也不尽相同。中国气象局与清华大学合作，以全国气象台站实测气象数据为基础，根据遍布全国各个气候区的具有代表性的 270 个台站的观测资料整理出空调设计用室外气象参数。附录 2 摘录了其中的部分主要城市的室外计算参数。

【例 2-2】 求夏季北京市 13 时的室外计算温度。

【解】 由式（2-5）　$t_{sh}=t_{WP}+\beta\Delta t_r$

查附录 2，得北京市　$t_{WP}=29.1℃$，$t_{Wg}=33.6℃$

所以　$\Delta t_r\approx 8.7℃$

由表 2-9 查得　$\beta=0.48$

则　$t_{sh13}=29.1+0.48\times 8.7\approx 33.3℃$

需要说明的是，按照《工业建筑供暖通风与空气调节设计规范》（GB 50019—2015）确定的室外计算参数设计的空调系统，运行时会出现个别空调时间达不到设计温、湿度要求的现象，但其保证率相当高。特殊情况下技术上要求保证全年达到预定的室内温、湿度要求（这种情况较少），必须另行确定适宜的室外计算参数，甚至采用累年极端最高或者极端最低干、湿球温度等，但它对空调系统的初投资影响极大，必须采取极为谨慎的态度。仅在部分时间工作（如夜间）的空调系统，如仍旧按照常规设计参数计算，将会使设备富裕能力过大，造成浪费，设计时也应根据具体情况另行确定合适的室外计算参数。

2.3.3 太阳辐射热引起的冷负荷

太阳辐射热有利于冬季室内采暖，但在夏季它又使室内产生大量余热，因此，了解和掌握太阳辐射的基本性质及对建筑物的热作用，对合理地选择室外空气参数进行空调负荷计算有着重要的意义。

(1) 太阳热辐射

太阳的表面温度高达6000℃，并不断地向外辐射出巨大的能量。当太阳辐射线通过地球表面的大气层时，其中一部分辐射能量被大气层中的臭氧、水蒸气、二氧化碳和尘埃等吸收，另一部分则被云层中的尘埃、冰晶、微小水珠以及各种气体分子等折射或反射，形成没有一定方向的散射辐射。这些散射辐射大部分返回了宇宙空间，小部分到达了地面。那些没有被吸收和散射的辐射能则透过大气层到达地面，这部分辐射能称为直射辐射。因此，地球表面所接受的太阳辐射由直射辐射和散射辐射两部分组成。

太阳直射辐射是太阳光线直接投射到地球表面的能量，有方向性。散射辐射可以认为没有方向性，但是它只占辐射能中的很少部分，所以影响直射辐射的因素即可以认为是影响太阳总辐射的因素。

太阳辐射强度指 $1m^2$ 黑体表面在太阳照射下所获得的热量值，单位为 W/m^2，可用仪器直接测量。而到达地面的太阳辐射强度的大小，主要取决于地球对太阳的相对运动，也就是取决于被照射地点与太阳射线形成的高度角 β（图 2-7）和太阳光线通过大气层的厚度（图 2-8）。

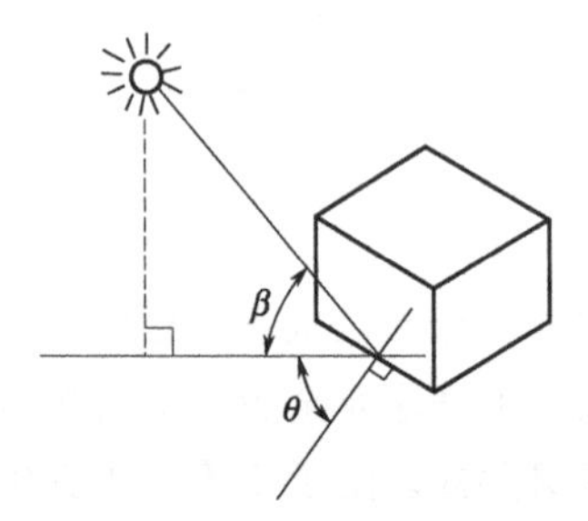

图 2-7 太阳高度角示意图

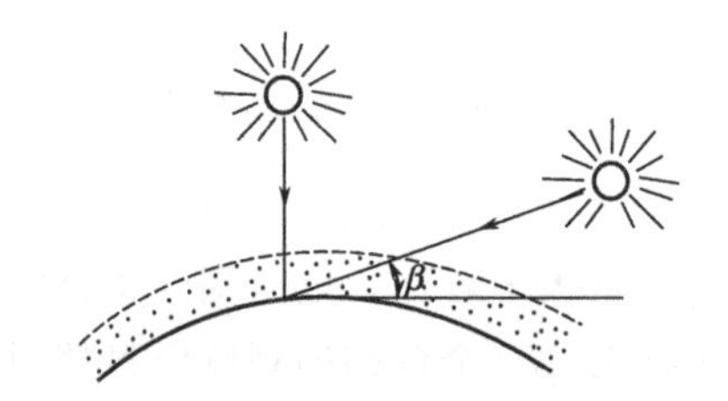

图 2-8 太阳光线穿越大气层厚度示意图

此外，地理纬度不同、季节不同、昼夜不同，太阳辐射强度也不同。如纬度高的南极和北极，太阳高度角小，太阳通过大气层的路程长，太阳辐射强度小；而纬度低的赤道太阳辐射强度大，如图 2-8 所示。同一地区由于地球公转，夏季太阳高度角高于冬季，且日照时间比冬季长。图 2-9 为北纬 40°地区的夏、冬两季日出、日落相对位置。

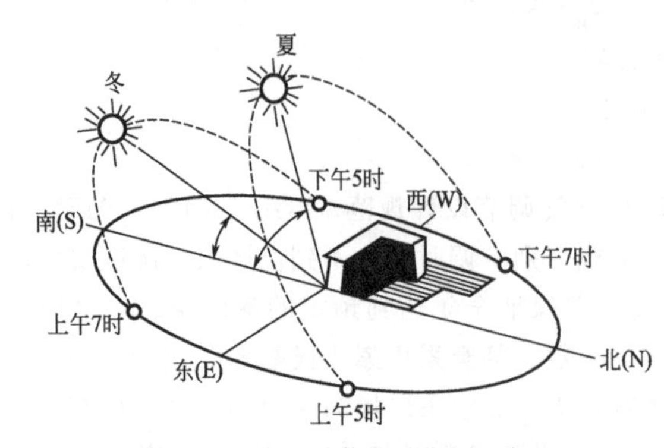

图 2-9 日出、日落相对位置示意图

同理，由于地球自转，同一地点的太阳高度角逐时在变化，中午太阳高度角大，太阳辐射强度高于早晨和黄昏。

当太阳辐射照射到非透明的围护结构外表面时，一部分会被反射，另一部分会被吸收，反射和吸收二者的比例取决于围护结构外表面材料的粗糙度和颜色。表面愈粗糙，颜色愈深，吸收的太阳辐射热就愈多，反之就愈少。同一材料对于不同波长辐射的吸收率是不同的，黑色表面对各种波长的辐射几乎全部吸收，而白色表面对不同波长的辐射则吸收率不同，对于可见光几乎 90%都反射回去。所以，在围护结构上刷白或玻璃窗上挂白色窗帘可减少进入室内的太阳辐射热。表 2-10 为部分围护结构外表面的太阳辐射热吸收系数 ρ。

表 2-10　围护结构外表面的太阳辐射热吸收系数 ρ

面层类别		表面性质	表面颜色	吸收系数 ρ
石棉材料	石棉水泥板	—	浅灰色	0.72～0.78
墙面	拉毛水泥墙面	粗糙，旧	灰色或米黄色	0.63～0.65
	石灰粉刷墙面	光滑，新	白色	0.48
	陶石子墙面	粗糙，旧	浅灰色	0.68
	水泥粉刷墙面	光滑，新	浅蓝色	0.56
	砂石粉刷墙面	—	深色	0.57
	红砖墙	旧	红色	0.72～0.73
	硅酸盐砖墙	不光滑	青灰色	0.41～0.60
	混凝土块墙	—	灰色	0.65
屋面	白铁屋面	光滑，旧	灰黑色	0.86
	红瓦屋面	旧	红色	0.56
	红褐色屋面	旧	红褐色	0.65～0.74
	灰瓦屋面	旧	浅灰色	0.52
	石板瓦屋面	旧	银灰色	0.75
	水泥屋面	旧	青灰色	0.74
	浅色油毛毡	粗糙，新	浅黑色	0.72
	黑色油毛毡	粗糙，新	深黑色	0.86

(2) 室外空气综合温度

存在太阳辐射时，室外空气环境传给建筑物外表面的热量包括对流换热和太阳辐射热两部分，所以建筑物外表面得到的热量可以表示为：

$$Q=\alpha_w F(t_w-\tau_w)+\rho IF=\alpha_w F[(t_w+\rho I/\alpha_w)-\tau_w]=\alpha_w F(t_z-\tau_w) \tag{2-7}$$

式中　α_w——建筑外表面与室外空气之间的换热系数，W/(m^2·℃)；

F——建筑外表面面积，m^2；

t_w、τ_w——室外空气温度、建筑物外表面温度，℃；

ρ——围护结构材料对太阳辐射的吸收系数，见表 2-10；

I——太阳总辐射强度，W/m^2，根据纬度、时刻、朝向等按暖通规范查取；

t_z——室外空气综合温度，$t_z=t_w+\rho I/\alpha_w$，℃。

所以，所谓综合温度 t_z，就是在室外空气温度 t_w 的基础上增加一个由太阳辐射热引起的附加温度值，附加项 $\rho I/\alpha_w$ 称为太阳辐射当量温度。

式 (2-7) 中没有考虑围护结构外表面与天空和周围物体之间的长波辐射，t_z 计算值偏大。实际计算 t_z 时，对于垂直面忽略长波辐射作用，仍按 $t_z=t_w+\rho I/\alpha_w$ 计算；对于水平面则按式（2-8）计算：

$$t_z=t_w+\rho I/\alpha_w-3.5 \tag{2-8}$$

【例 2-3】 夏季北京市（接近北纬 40°，大气透明度取 4）某建筑物，中午 13 时屋顶太阳总辐射强度为 919W/m²，吸收系数 $\rho=0.90$；东墙太阳总辐射强度为 158W/m²，吸收系数取 0.75；西墙太阳总辐射强度为 365W/m²，吸收系数也取 0.75。空气与围护结构外表面的对流换热系数取 18.6 W/(m²·℃)，试计算此时屋顶（水平面）和东西墙的室外空气综合温度。

【解】 由例 2-2 计算得到，$t_{sh13}=33.3$℃

所以，屋顶：$t_z=33.3+\dfrac{0.9\times919}{18.6}-3.5\approx74.3$℃

东墙：$t_z=33.3+\dfrac{0.75\times158}{18.6}\approx39.7$℃

西墙：$t_z=33.3+\dfrac{0.75\times365}{18.6}\approx48.0$℃

2.4 空调负荷的软件辅助计算

图 2-10 为使用晨光 CLCAL 6.0 进行软件辅助空调负荷计算的流程图。不同版本的计算流程大致一致，更详细的具体注意事项和解释，读者可自行查阅软件自带的说明、帮助或相关参考文献。

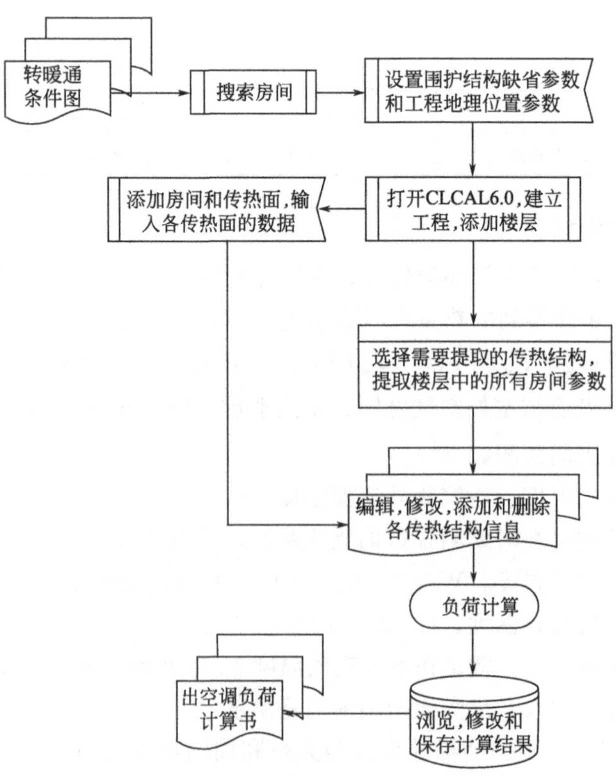

图 2-10 计算机模拟空调负荷计算流程图

2.4.1 建筑图转暖通条件图

在菜单上【计算】→【转条件图】处点取该命令，出现图 2-11 对话框。

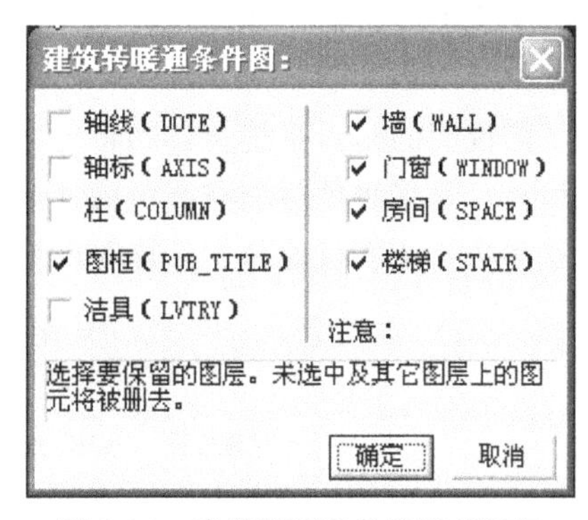

图 2-11 建筑转暖通条件图对话框

将需要删除的建筑底图内容的对应选择标志清除，然后点击【确定】按钮，再选择转换范围，可将建筑条件图转换为暖通条件图。需指出的是，在计算空调冷负荷和采暖热负荷时，建议将【柱】删除，这样在自动提取房间数据时会按照墙中心线的净面积进行计算，这样算出的负荷会更趋于安全；同时在进行负荷计算时，墙、门窗和房间的底图信息必须保留。

2.4.2 区分内外

如果建筑底图中的墙体没有区分内外，则此时需要用户进行内外墙区分。在用户指定了内外墙之后，在进行楼层数据提取时，软件会自动区分内墙和外墙，这样会明显地减少用户的输入操作。【区分内外】菜单下提供了三个功能：

(1) 识别内外

在菜单上点取【计算】→【区分内外】→【识别内外】命令，命令行提示："请选择一栋建筑物的所有墙体（或门窗）：" 后，框选要识别的墙体范围。该命令用于自动识别内、外墙。自动识别出的外墙用红色的虚线示意。

(2) 指定外墙

如果自动识别的内外墙不是十分准确，则可点击【计算】→【区分内外】→【指定外墙】，选择指定为外墙的墙体，自行指定外墙。

(3) 指定内墙

如果自动识别的内墙不是十分准确，也可点击【计算】→【区分内外】→【指定内墙】，来选择指定为内墙的墙体，自行指定内墙，如图 2-12 所示。

图 2-12 区分内外菜单

2.4.3 搜索房间

进行负荷计算前，需要进行房间搜索，用于识别房间及给房间编号。在菜单上点取【计算】→【搜索房间】命令，命令行提示："请选择构成一完整建筑物的所有墙体（或门窗）： "，在 command 区同时提示"房间起始编号<1001>： "以提醒用户输入起始房间编号。用户首先输入房间的起始号，然后回车，框选要搜索房间的楼层。程序会自动识别房间，并标出编号和面积。需注意，不同的 CAD 软件版本绘制的建筑底图，应用此功能时会有差异。

2.4.4 参数设置

在菜单上点取【计算】→【缺省设置】命令，出现"围护结构默认参数设置"对话框，如图 2-13 所示。此对话框中列出了所有围护结构的缺省名称和传热系数，点击要进行设置的围护结构类型按钮，选择相应的围护结构参数，可进行地理位置参数和围护结构参数的缺省设置。

需说明的是：系统会自动将上次围护结构的传热系数、名称和类型设为缺省值，用于负荷计算，且采暖负荷和空调负荷通用。所以在进行负荷计算前，预先设置好各种围护结构的缺省参数，会明显地减少计算时的数据输入操作。

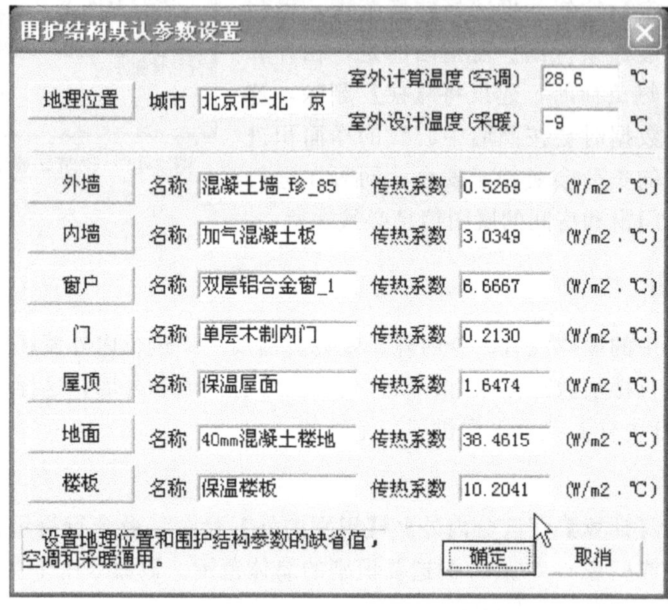

图 2-13 围护结构默认参数设置对话框

(1) 气象参数

点击【地理位置】按钮，或在菜单上点取【计算】→【气象参数】命令，将出现“查询气象参数”对话框（图 2-14），可进行气象资料查询和编辑。

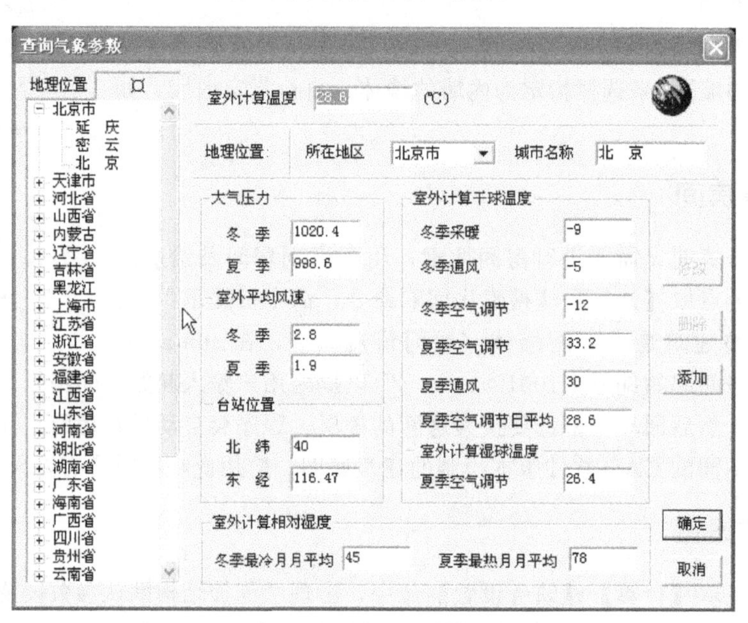

图 2-14 查询气象参数对话框

此对话框列出了全国各地的冬季采暖和夏季制冷的气象资料（参照《实用供暖空调设计手册》陆耀庆主编），左边的树中列出了全国的各个省份和地区，右边是其气象资料。选择对应的地区条目，右边就会显示出该地区采暖和空调的气象资料。如果工程所在地不在列表中，或设计气象参数与软件中的参数有出入，则用户可以通过右边的【修改】、【删除】和【添加】按钮，添加新的地区气象参数或修改已有地区的气象参数。其中的【删除】操作只适用于用户自行添加的项目，程序自带的资料不会被删除。

(2) 外墙

点击【外墙】按钮，出现“建筑外墙传热系数”对话框，如图 2-15 所示。对话框左边的树中分类列出了各种类型的墙体，选择对应的墙体类型，程序会自动提取出该墙体的传热系数、导热热阻、类型、名称等参数，同时右边的预览窗口会绘制出该墙体的断面结构示意图。点击【确定】，就可以确认选择。

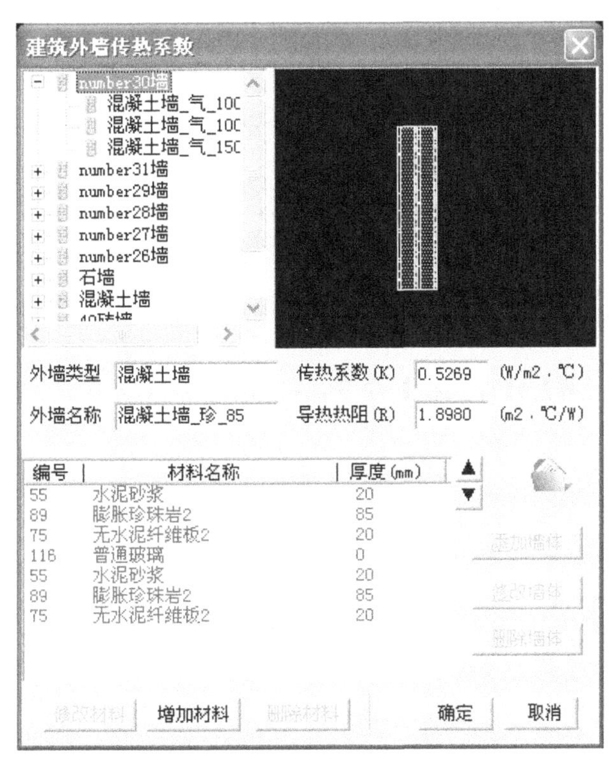

图 2-15　建筑外墙传热系数对话框

如果墙体类型不在系统的数据库中或者与数据库中的参数有出入，此时，用户可以自行构造墙体。

通过选择对话框左下角的【修改材料】、【删除材料】和【增加材料】按钮，用户可以方便地构造和修改墙体的材料参数，然后通过对话框右边的【添加墙体】、【删除墙体】、【修改墙体】保留和删除操作。

图 2-16 为普通材料库对话框，其中列出了各种材料的制图颜色、剖面表示样式、导热系数、材料厚度等参数，用户可以根据需要选择和构造材料。构造方法同前述。

【内墙】、【窗户】、【门】、【屋顶】、【地面】、【楼板】等其余各个传热结构的操作方法同外墙。

图 2-16 普通材料库对话框

2.4.5 冷负荷计算

在菜单上点取【计算】→【冷负荷】命令，将出现“CLCAL6.0 空调冷负荷计算”对话框（图 2-17）。

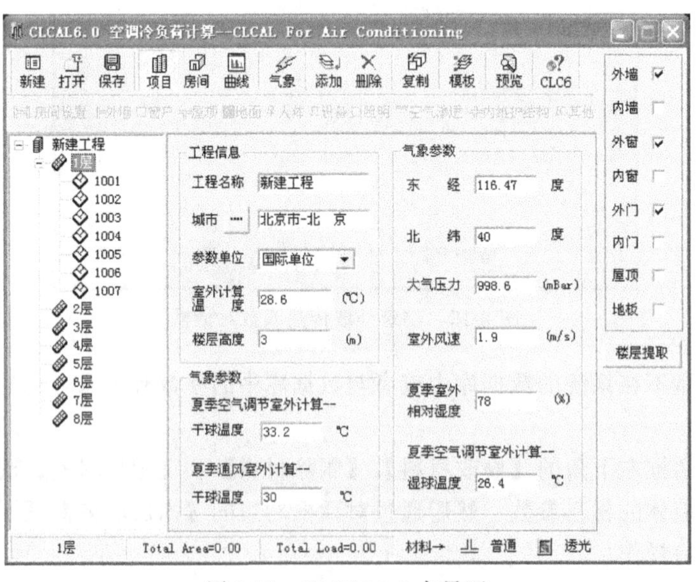

图 2-17 CLCAL6.0 主界面

(1) 菜单介绍

图 2-17 的 CLCAL6.0 菜单栏中，【项目】可显示当前空调冷负荷计算工程的项目界面

(图 2-18)，界面中列出了项目名称、地理位置、地区气象资料等参数。

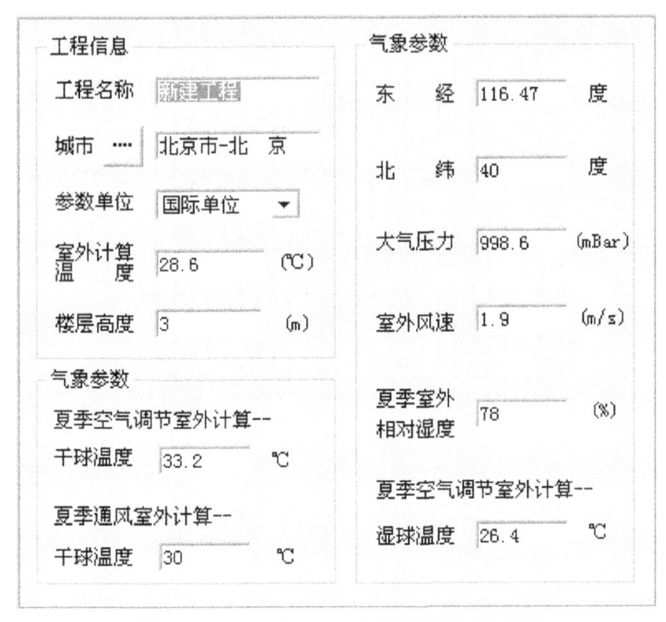

图 2-18　CLCAL6.0 主要参数设置界面

【房间】项用于显示和修改某一确定的房间的各个传热面参数（图 2-19）。

房间设置 外墙 窗户 屋顶 地面 人体 设备 照明 空气渗透 内维护结构 其他

新建工程 1层 1001 1002 1003 1004 1005 1006 1007 2层 3层 4层 5层 6层 7层 8层

房间参数设置(1021)　计算原理 ?

房间面积m^2	0.0
房间高度m	3.00
空调设计温度℃	18
设计相对湿度	50%

冷负荷系数法是利用冷负荷温差CLTD和冷负荷系数CLF来分别计算墙、屋顶和窗户的传热冷负荷及窗户的日射得热冷负荷、内部热源(人员、灯光、设备)引起的冷负荷。

传热面	冷负荷max(W)	湿负荷(kg/h)

添加项目 修改项目 删除项目 保存模板 读取模板

1021　Total Area=0.00　Total Load=0.00　材料→　普通　透光

图 2-19　房间参数界面

【曲线】项可显示房间、楼层或者整个建筑的逐时空调冷负荷分布曲线（图 2-20）。

【气象】用于各个地区的气象资料库的维护，【添加】用于添加楼层、房间，【删除】用于删除楼层、房间，【复制】用于房间或者楼层的复制，【模板】用于显示当前保存的房间模板，【预览】用于预览和输出计算结果。

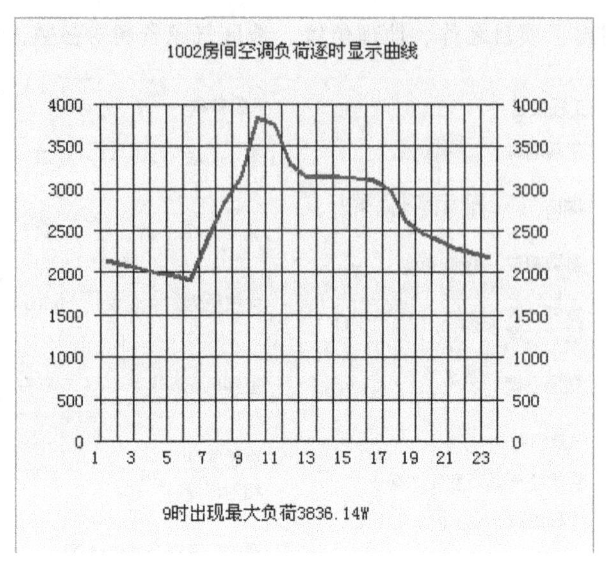

图 2-20 房间空调冷负荷分布曲线界面

(2) 计算示意

步骤一：点击【新建】菜单，新建空调冷负荷计算工程。输入“项目名称”，选择“项目所在地区”，设置该地区空调冷负荷计算所需的气象资料。

步骤二：选中树中的【XX工程】，点击【添加】菜单，添加楼层。

步骤三：选中树中要提取楼层数据的楼层号，此时，【提取楼层】按钮被激活，选择其上方要提取的传热结构类型（如：选中外墙、外窗、外门等），点击【提取楼层】按钮，然后框选要提取数据的楼层，右键回车，出现“楼层房间信息”对话框（图 2-21）。

名称	内/外	墙体类型	朝向	面积(m2)	高度(m)	长度(m)	厚度(mm)	左侧墙
南外墙	外	砖墙	南	24	3	6	240	
东外墙	外	砖墙	东	24	3	6	240	
西外墙	外	砖墙	西	24	3	6	240	
南外窗	外	窗	南	4	1	1	3	
东外窗	外	窗	东	4	1	1	3	
西外窗	外	窗	西	4	1	1	3	

确定 取消

图 2-21 楼层房间信息对话框

“楼层房间信息”对话框中列出了当前选择楼层的所有房间信息。左边的列表中列出的是当前楼层的所有房间，选择房间，右边的列表中会显示该房间数据。点击【确定】按钮，程序会自动将该层的房间添加到工程。

步骤四：点击【房间号】出现房间参数设置界面（图 2-22），图 2-23 为已输入的传热面列表，点击列表中的项目，就会显示其参数设置列表。修改、添加及删除各个房间的传热面数据。

房间参数设置(1003)	
房间面积m^2	0.0
房间高度m	3.00
空调设计温度℃	18
设计相对湿度	50%

图 2-22 房间全局参数界面

传热面	冷负荷max(W)	湿负荷(kg/h)
东面外墙	109.4	0.00
西面外墙	110.5	0.00
南面外墙	96.4	0.00
东面窗户	2440.2	0.00
屋面	884.3	0.00
地面	16307.7	0.00
人体冷负荷	432.8	0.15
设备冷负荷	0.0	0.00

添加项目 修改项目 删除项目 保存模板 读取模板

图 2-23 传热面数据界面

在进行整个房间的全局参数设置时，点击【空调设计温度】栏的按钮，将出现“空调设计温度”对话框（图 2-24），其中列出了各种类型房间的空调设计温度，数值参照《实用供热空调设计手册》（主编陆耀庆）。

点击【室内空调设计相对湿度】栏的按钮，出现“室内空调设计相对湿度”对话框（图 2-25），其中列出了各种类型房间的空调设计相对湿度，数值也参照《实用供热空调设计手册》（主编陆耀庆）。

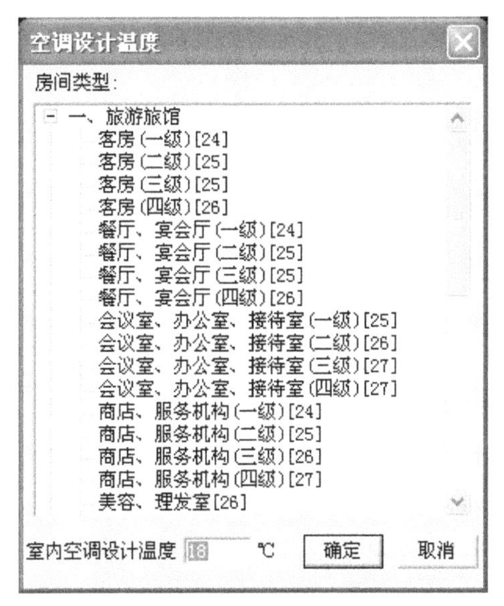

图 2-24 空调设计温度对话框

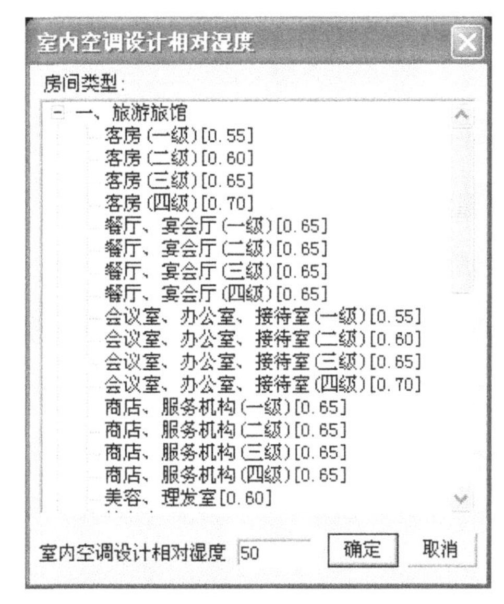

图 2-25 室内空调设计相对湿度对话框

图 2-26 为房间外墙参数设置界面，图 2-27 为房间窗户参数设置界面，图 2-28 为房间屋

房间参数设置(1001)	
外墙面积m^2	10
K W/(m^2.℃)	0.5269
朝向	西
围护结构类型	I
墙体颜色	中色0.97

图 2-26 房间外墙参数设置界面

房间参数设置(1001)	
窗户面积m^2	10
K W/(m^2.℃)	6.6667
朝向	东
窗户种类	单层钢窗
窗玻璃遮挡系数	1.0
窗户内遮阳系数	1.0
窗阴影面积m^2	0

图 2-27 房间窗户参数设置界面

顶参数设置界面，图 2-29 为房间地面参数设置界面，图 2-30 为房间人员参数设置界面，图 2-31、图 2-32 为房间设备参数设置界面，图 2-33 为房间照明参数设置界面，图 2-34 为房间空气渗透参数设置界面，图 2-35 为相邻房间围护结构参数设置界面，图 2-36 为其他热湿负荷参数设置界面。

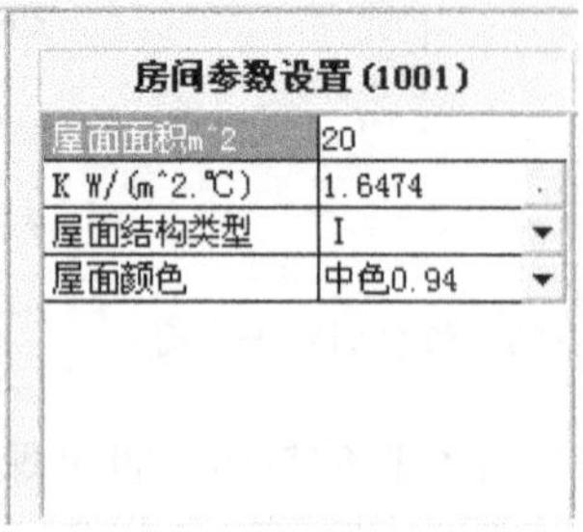

房间参数设置(1001)
屋面面积m^2
20
K W/(m^2.℃)
1.6474
屋面结构类型
I
屋面颜色
中色0.94

图 2-28　房间屋顶参数设置界面

房间参数设置(1001)
K W/(m^2.℃)
38.4615

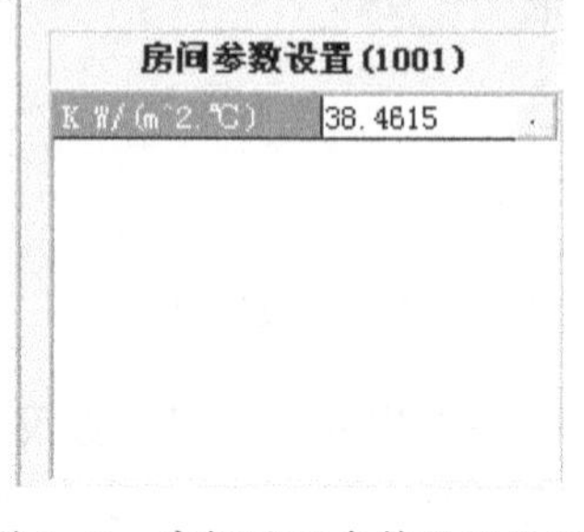

图 2-29　房间地面参数设置界面

房间参数设置(1001)
室内人数
5
劳动强度
静坐
群集系数
0.89
进入房间时间
9
连续工作时数
8

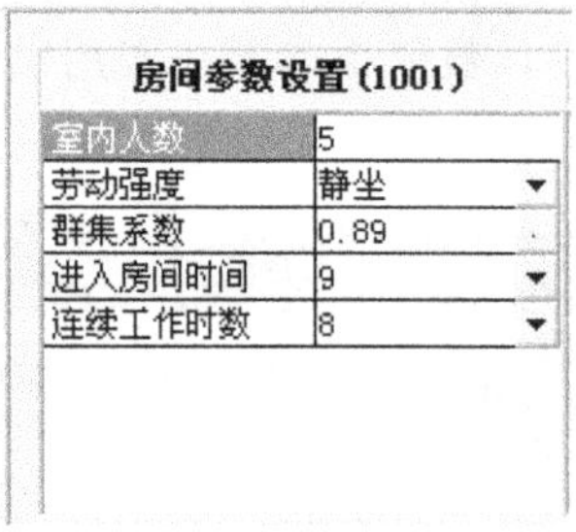

图 2-30　室内人员参数设置界面

房间参数设置(1001)
运行起始时刻
2
连续运行时数
18
设备类型
电热设备

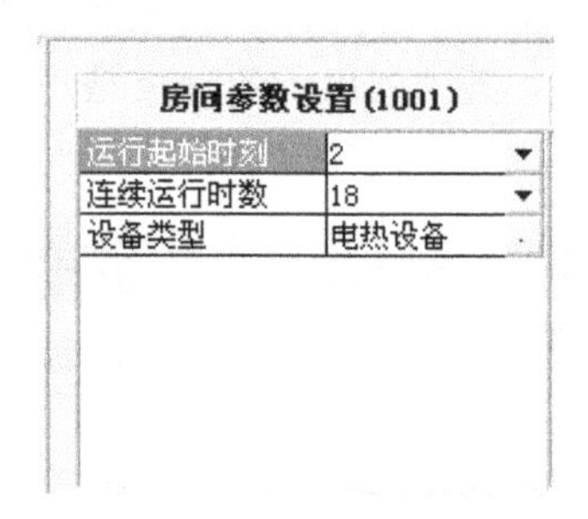

图 2-31　设备参数设置界面

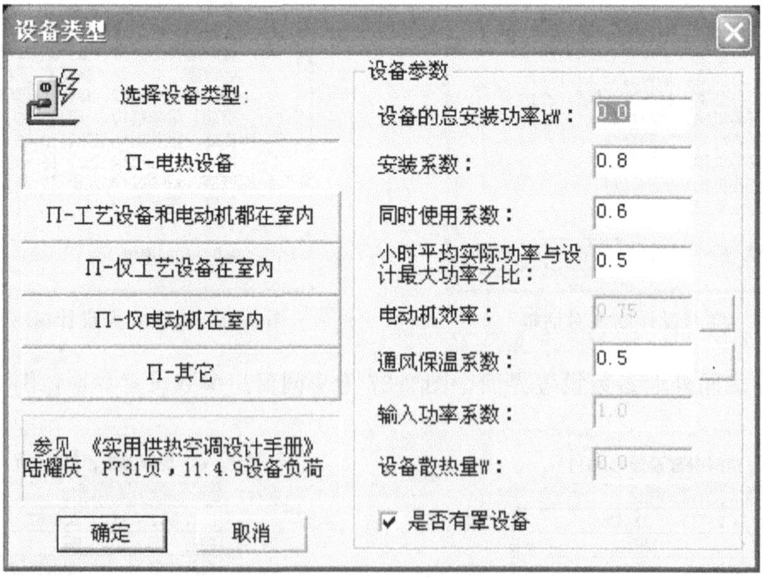

设备类型
选择设备类型:
Π-电热设备
Π-工艺设备和电动机都在室内
Π-仅工艺设备在室内
Π-仅电动机在室内
Π-其它
参见 《实用供热空调设计手册》
陆耀庆 P731页，11.4.9设备负荷
确定
取消
设备参数
设备的总安装功率kW：
0.0
安装系数：
0.8
同时使用系数：
0.6
小时平均实际功率与设计最大功率之比：
0.5
电动机效率：
0.75
通风保温系数：
0.5
输入功率系数：
1.0
设备散热量W：
0.0
是否有罩设备

图 2-32　设备类型对话框

步骤五：依据同样方法添加其余楼层的数据，数据添加的同时，软件会自动计算各个传热面、房间及楼层的负荷。

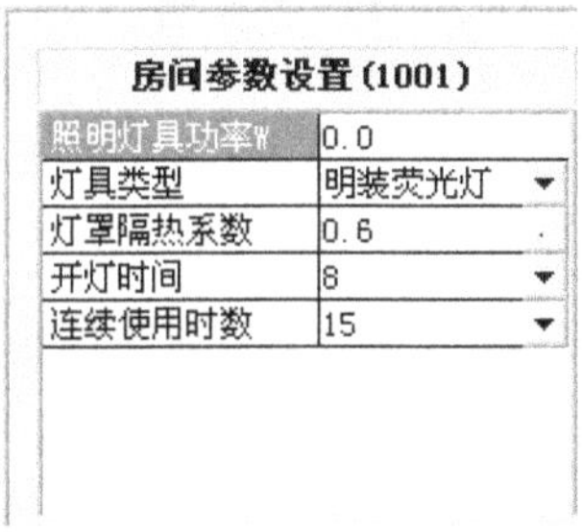

房间参数设置(1001)	
照明灯具功率W	0.0
灯具类型	明装荧光灯
灯罩隔热系数	0.6
开灯时间	8
连续使用时数	15

图 2-33　房间照明参数设置界面

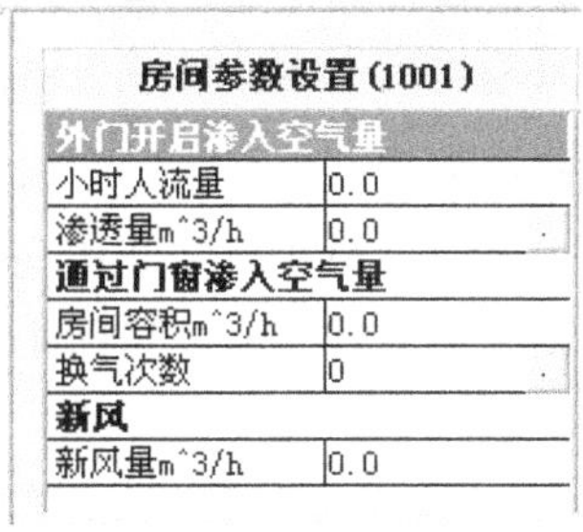

房间参数设置(1001)	
外门开启渗入空气量	
小时人流量	0.0
渗透量m^3/h	0.0
通过门窗渗入空气量	
房间容积m^3/h	0.0
换气次数	0
新风	
新风量m^3/h	0.0

图 2-34　房间空气渗透参数设置界面

房间参数设置(1001)	
内围护面积m^2	0.0
K W/(m^2.℃)	3.0349
邻室温升℃	0

图 2-35　相邻房间围护结构参数设置界面

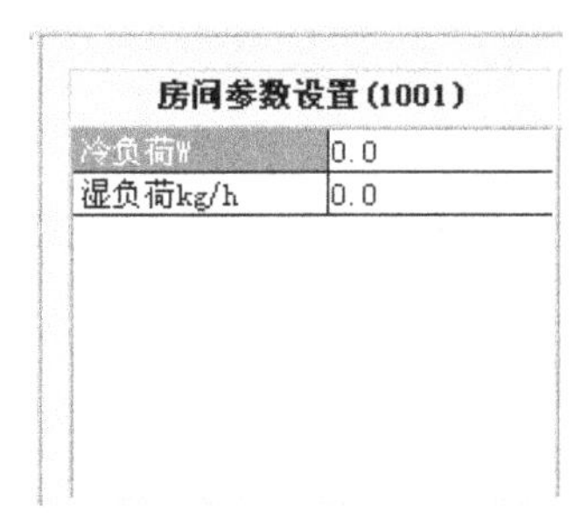

图 2-36　房间其他热湿负荷参数设置界面

步骤六：选择要查看负荷的房间或楼层，在主对话框左下角显示的是所选对象的面积和最大负荷，点击【曲线】菜单，可以查看该对象的逐时负荷分布曲线。

步骤七：点击【预览】菜单，出现“CLCAL6.0 空调冷负荷计算结果”对话框（图 2-37），可预览和输出结果。

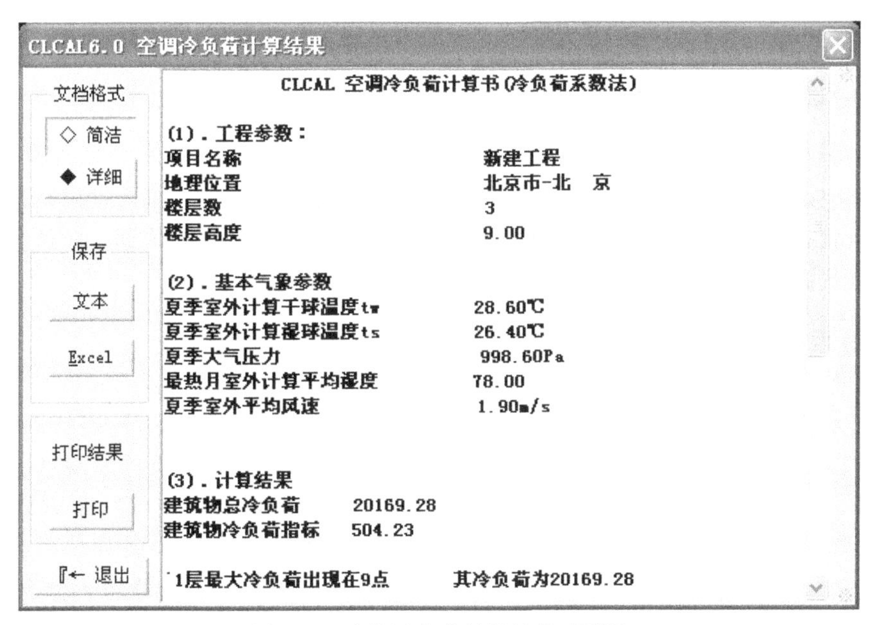

图 2-37　空调冷负荷计算结果对话框

负荷计算的结果有两种形式：简略计算结果、详细计算结果。简略计算结果包括工程参数、基本气象参数、各房间负荷计算结果；详细计算结果包括设计工程参数、设计气象参数、各房间负荷计算结果、各个房间各传热面参数。点击框中的【文本】或【Excel】按钮，可以将结果输出到文本文件或 Excel 文件中。

(3) 复制功能

当两个房间各项参数完全相同时，用房间复制中的完全复制功能（图 2-38），可简化操作。镜像复制和旋转复制，当两个房间只有朝向不同时才采用。图 2-39 则为楼层复制操作对话框。

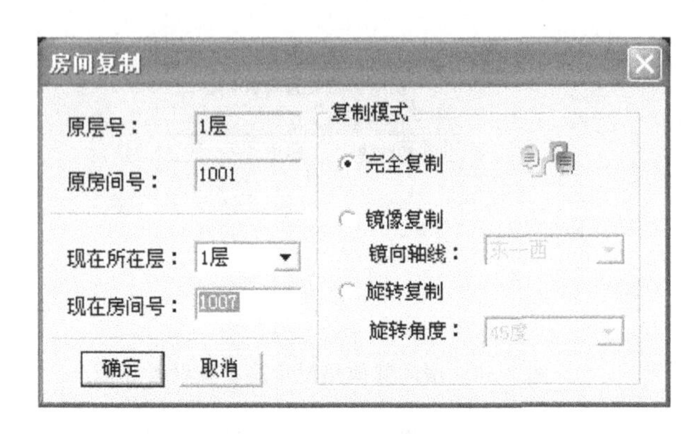

图 2-38　房间复制对话框

图 2-39　楼层复制对话框

根据具体的室内外参数，得出空调负荷的准确数值后，即可进行冷热源设备容量的大小选型。在工艺性空调系统中，可以根据空调负荷进行送风量及送风状态参数的确定。

2.5 空调房间送风状态及送风量的确定

在已知空调负荷的基础上，确定消除空调房间内的余热、余湿，维持室内空气设计参数所需的送风状态及送风量，是选择风机、风管等空气处理设备的重要依据。输送多少空气量和输送什么状态下的空气才能满足要求，是本节讨论和解决的问题。

2.5.1 夏季空调房间送风状态和送风量的确定

(1) 空调房间送风过程与状态变化

图 2-40 表示一个空调房间的送风示意图。已知该空调房间的冷负荷为 Q（kW），湿负荷为 W（kg/s）。为保证室内空气状态参数维持在设定值，需消除房间的余热 Q、余湿 W，因此送入数量为 q_m（kg/s）、状态为 O 的低焓值、低含湿量的空气。当送入的干冷空气吸收室内余热余湿后，由状态 O（h_O，d_O）变为状态 N（h_N，d_N），再从排风口等量排出，如此即可保证室内空气状态维持在设定的 N 点。

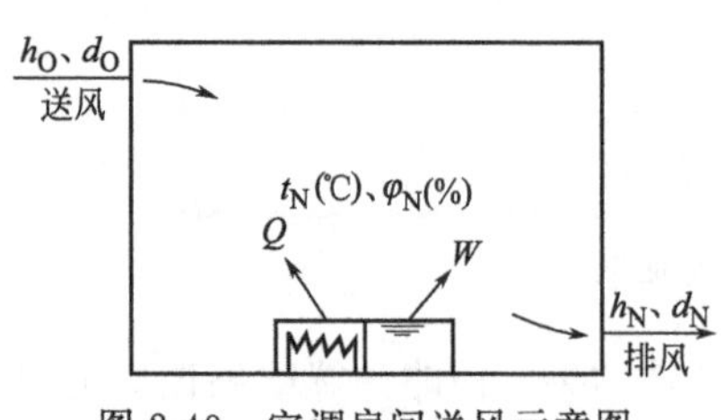

图 2-40　空调房间送风示意图

当系统达到平衡后，空调房间内的热量、湿量变化均达到平衡，所以有：

$$q_m h_O + Q = q_m h_N \tag{2-9}$$

$$q_m d_O + W = q_m d_N \tag{2-10}$$

式中　h_O——送入空调房间的空气的焓，单位为 $kJ/kg_{干}$；

d_O——送入空调房间的空气的含湿量，单位为 $kg/kg_{干}$；

h_N——排出空调房间的空气的焓，单位为 $kJ/kg_{干}$；

d_N——排出空调房间的空气的含湿量，单位为 $kg/kg_{干}$。

送入空气同时吸收余热量 Q 和余湿量 W，其状态由送入状态点 O（h_O，d_O）变换为室内设定值对应状态点 N（h_N，d_N），显然由式（2-9）和式（2-10），即可得送入房间空气由 O 点变为 N 点过程中的热湿比 ε：

$$\varepsilon = \frac{Q}{W} = \frac{h_N - h_O}{d_N - d_O} \tag{2-11}$$

图 2-41 为送风吸收室内热湿负荷的状态变化过程在 h-d 图中的表示。在图中，热湿比 ε 的过程线即表示送入房间内空气状态变化过程的方向。这就是说，只要送风状态点位于通过室内空气状态点 N 的热湿比线上，将一定数量 O 点状态的空气送入室内，就能吸收余热余湿，进而保证室内要求的空气状态 N。

(2) 送风量的确定

根据式（2-9）和式（2-10）可知，送风量应满足以下等式：

$$q_m = \frac{Q}{h_N - h_O} = \frac{W}{d_N - d_O} \tag{2-12}$$

对特定空调房间，其冷负荷 Q、湿负荷 W 已知，室内空气状态点 N 也已知，因此，只要通过 N 点作出 $\varepsilon = Q/W$ 的热湿比过程线，又在该线上确定可行的送风状态 O 点，就能进一步计算出所需空气量 q_m。

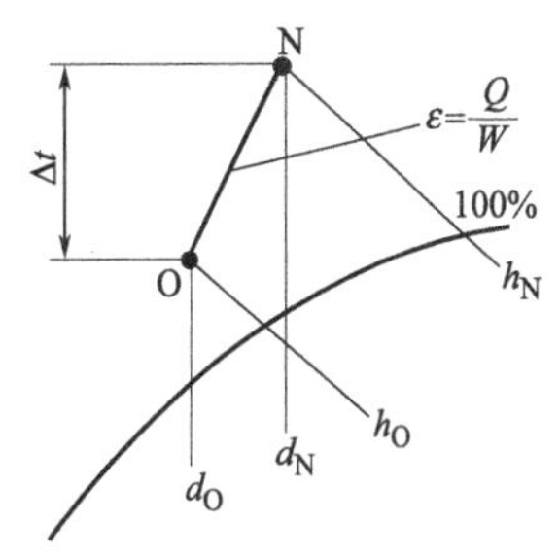

图 2-41　送风量与送风状态点分析图

(3) 送风状态点的确定

1）送风温差和换气次数：由图 2-41 可知，空调房间送风状态点 O 不是唯一的一个确定点。凡是位于 N 点以下在过程线上的任意一点，均可作为送风状态点。O 点的选取决定了送风量 q_m 的大小。很明显，在确定的余热状况下，送风状态点 O 与室内状态点 N 愈远，送风焓差（或温差）就愈大，则送风量就愈小；反之，送风焓差（或温差）会愈小，送风量则会愈大。一般把室内空气状态点 N 与送风状态点 O 的温度差称为“送风温差”，$\Delta t_O = t_N - t_O$。

送风温差 Δt_O 的大小直接关系到空调工程投资和运行费用大小，同时关系到室内温、湿度分布的均匀性及稳定性，所以，在空调工程设计中，正确选用送风温差是一个相当重要的问题。以空调系统的夏季工况为例，送风温差 Δt_O 是决定系统经济性的主要因素之一。在保证满足需求前提下，加大送风温差有其经济意义。送风温差加大一倍，送风量可减少一半，送风动力消耗减少 50%，如此空调系统的材料消耗和投资亦可随之减少。有研究表明，送风温差在 4～8℃之间时，每增加 1℃送风量可以减少 10%～15%。

但考虑经济意义的大送风温差设计直接导致送风量减小，过小的送风量会影响室内空气的气流组织，使室内空气的温湿度分布均匀性和稳定性受到影响，最终也影响空调效果。此外，在夏季室温一定的条件下，送风量减小、送风温差加大，必然会使送风温度降低，而过低的送风温度会使部分人群感到不适、甚至引起疾病，应用中还很容易产生风口结露、滴水等不良现象并导致其他工程投诉问题。

按照《工业建筑供暖通风与空气调节设计规范》(GB 50019—2015)、《民用建筑供暖通风与空气调节设计规范》(GB 50736—2012) 和《公共建筑节能设计标准》(GB 50189—2015) 等规定，应根据送风口的类型、安装高度和气流射程长度以及是否贴附等因素确定送风温差。另外，确定送风温差 Δt_O 时还要与拟采用的送风方式联系起来考虑，因为不同的送风方式有不同的合适送风温差。对混合式通风可以加大送风温差，对置换式通风送风温差则不受限制。在满足舒适和工艺要求的条件下，宜加大送风温差。

一般，舒适性空调送风高度小于或等于 5m 时，5℃ $\leqslant \Delta t_O \leqslant$ 10℃；送风高度大于 5m 时，10℃ $\leqslant \Delta t_O \leqslant$ 15℃。工艺性空调，按表 2-11 采用送风温差。

表 2-11 工艺性空调的送风温差和换气次数

室温允许波动范围/℃	送风温差 Δt_O/℃	每小时换气次数 n/(次/h)
>±1.0	≤15	—
±1.0	6～9	5(高大空间除外)
±0.5	3～6	8
±0.2	2～3	12(工作时间不送风的除外)

空调中通常把由送风温差所确定的送风量折合成“换气次数”，用以表示送风的合理性。所谓换气次数 n，即房间送风量 q_v (m^3/h) 对房间容积 V (m^3) 的比值，即 $n=q_v/V$ (次/h)。舒适性空调的房间换气次数，每小时不宜小于 5 次，但高大空间的换气次数应按其冷负荷通过计算确定。工艺性空调的房间换气次数，不宜小于表 2-11 所列的数值。

2) 送风状态点的确定步骤：通常，在已知空调房间冷负荷 Q、湿负荷 W 和室内控制状态点 N 时，可按下述步骤确定送风状态和计算送风量。

① 在湿空气 h-d 图上确定室内空气状态点 N；

② 根据室内的热湿负荷，计算热湿比 $\varepsilon=Q/W$，并通过 N 点绘出热湿比的过程线；

③ 按照规范要求选取送风温差 Δt_O，求出送风温度 t_O，并进行校核（为防止送风口产生结露滴水现象，一般要求夏季送风温度要高于室内空气的露点温度 2～3℃）；

④ 在 h-d 图上找到 t_O 等温线，其与热湿比 ε 线的交点就是送风状态点 O，查出 h_O 和 d_O 的数值；

⑤ 根据式 (2-12) 计算送风量，并按规范要求校核换气次数。

【例 2-4】 某空调房间的夏季冷负荷 $Q=3314$W，湿负荷 $W=0.264$g/s，要求室内全年保持空气状态为 $t_N=22℃\pm1℃$ 和 $\varphi_N=55\%\pm5\%$，当地大气压为 101325Pa，求送风状态参数和送风量。

【解】 ① 求热湿比：

$$\varepsilon=\frac{Q}{W}=\frac{3314}{0.264}=12553\approx12600\text{kJ/kg}_{干}$$

② h-d 图上（见图 2-42）确定室内空气控制状态点 N ($t_N=22℃$，$\varphi_N=55\%$)，通过该点画出 $\varepsilon=12600$ 的

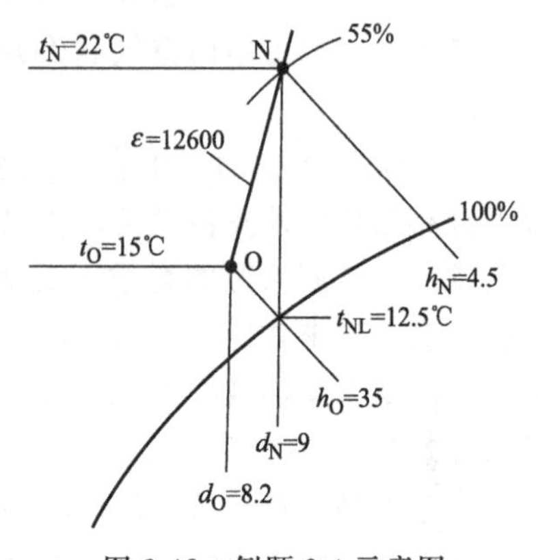

图 2-42 例题 2-4 示意图

热湿比线。

③ 在取送风温差 $\Delta t_O=8℃$，则送风温度 $t_O=22-8=14℃$。查 h-d 图，当地室内空气的露点温度 $t_{NL}=12.5℃$，则 $t_O-t_{NL}=14-12.5=1.5℃<2\sim3℃$，说明送风温差取得过大，使送风温度偏低，不合适。将 Δt_O 减小为 7℃，显然就可满足防止送风口结露的要求，此时的送风温度 $t_O=15℃$。

④ 在 h-d 图上，$t_O=15℃$等温线与 ε 过程线的交点即为送风状态点 O。由图可查得：$h_O=35\text{kJ/kg}_干$，$d_O=8.2\text{g/kg}_干$。

⑤ 计算送风量：　$q_m=\dfrac{Q}{h_N-h_O}=\dfrac{3314\times10^{-3}}{45-35}\approx0.33\text{kg/s}$

或　$q_m=\dfrac{W}{d_N-d_O}=\dfrac{0.264}{9-8.2}=0.33\text{kg/s}$

⑥ 若给出该空调房间的体积 V，就能进行换气次数的校核。

2.5.2 冬季空调房间送风状态及送风量的确定

冬季空调房间内热湿负荷的特点是：除室内热源如人体、照明灯具和用电设备向房间散热外，通过围护结构的传热是从室内传向室外。因此，冬季室内余热量比夏季少得多，甚至余热量为负值，说明需要向房间补充热量。冬季的散湿量与夏季时基本相同，这样冬季房间的热湿比小于夏季，而且一般是负值。

由于送的是热风，送风温度允许比室温高很多，所以冬季送风量一般可比夏季小。提高送风温度可减少送风量，但冬季减少送风量也有其限度。首先必须满足最少换气量的要求；其次是送风温度也不宜过高，一般不超过 40～50℃。

空调送风量设计一般是先确定夏季送风量，冬季可采取与夏季送风量相同，也可以低于夏季送风量。冬季采取相同风量，即全年采用固定送风量，在运行中比较方便，全年只调节送风参数即可。而冬季减少送风量可节省电能，尤其对较大的空调系统减少风量的经济意义更突出。

【例 2-5】 仍按上题基本条件，如冬季热负荷 $Q'=-1105\text{W}$，湿负荷 W'与夏季相同仍为 0.264g/s，试确定冬季送风状态及送风量。

【解】 ① 求冬季热湿比：　$\varepsilon=\dfrac{Q'}{W'}=\dfrac{-1105}{0.264}\approx-4190\text{kJ/kg}_干$

② 在 h-d 图上确定室内空气的状态点 N，通过该点画出 $\varepsilon=-4190\text{kJ/kg}_干$ 的热湿比线。如图 2-43 所示。

③ 采用全年送风量不变的设计来计算送风参数。

由于冬夏季室内湿负荷相同，所以冬季送风含湿量应与夏季相同，即：

$$d'_O=d_O=8.2\text{g/kg}_干$$

在 h-d 图上作 $d'_O=8.2\text{g/kg}_干$ 的等含湿量线，该线与 $\varepsilon=-4190$ 的过程线的交点即为冬季送风状态点 O′。由 h-d 图查得：　$h'_O=48.2\text{kJ/kg}_干$，$t'_O=27℃$。

此时送风温差为：

$$\Delta t'_O=t'_O-t_N=27-22=5℃$$

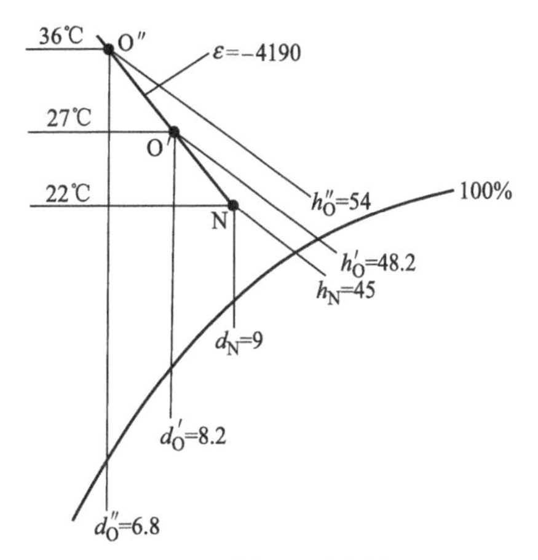

图 2-43　例 2-5 示意图

④ 若冬季希望减少送风量，则需提高送风温度。例如取送风温度 $t''_O=36℃$（送风温差为 14℃），则 $t''_O=36℃$ 的等温线与 $\varepsilon=-4190$ 过程线的交点 O″即为新的送风状态点。

查 h-d 图可得：
$$h''_O=54\text{kJ/kg}_{干}，d''_O=6.8\text{g/kg}_{干}$$

此时送风量：
$$q_m=\frac{Q'}{h_N-h''_O}=\frac{-1105\times10^{-3}}{45-54}\approx0.12\text{kg/s}$$

或
$$q_m=\frac{W}{d_N-d''_O}=\frac{0.264}{9-6.8}=0.12\text{kg/s}$$

若知道该空调房间的体积 V，提高送风温度、加大送风温差后算得的上述送风量是否满足房间最小换气次数要求就能校核。

思考题与习题

2-1. 空调基数和空调精度分别表示什么意思？±1℃和±0.1℃哪个空调精度高？为什么？

2-2. 为什么不采用当地室外最高空气温度作为设计计算依据？当室外空气温度超过设计计算温度，空调系统不能满足使用要求时，可采用哪些临时措施来保证室内温湿度在控制范围内？

2-3. 什么是得热量？什么是冷负荷？简述得热量与冷负荷的区别，并解释何时得热量与冷负荷不等。

2-4. 冷负荷计算主要包括哪些内容？

2-5. 哪些因素限制了夏季送风温差不能任意取值？

2-6. 试说明在热湿比 ε 一定的条件下，送风量与送风温差是何关系？在夏季是否送风量越小越好？为什么？

2-7. 规定换气次数的目的是什么？换气次数如何取值？

2-8. 某房间的尺寸为长×宽×高=15m×10m×3.5m，室内余热量为 $Q=100\text{kW}$，无余湿量，室内空气设计参数为 $t=28℃$ 和 $\varphi=50\%$，允许送风温差为 $\Delta t_O=7℃$，试确定送风状态参数和送风量。

2-9. 某恒温恒湿空调房间的空气参数，要求全年控制在 $t_N=(23\pm0.5)℃$ 和 $\varphi_N=(50\pm5)\%$ 范围内，当地大气压力为 101325Pa，房间夏季冷负荷为 20kW，湿负荷为 0.2g/s，求送风状态参数和送风量。如果房间冬季热负荷为 3kW，其他条件与夏季相同，且采用与夏季相同的送风量时，求冬季的送风状态参数。

2-10. 某空调房间要求控制的空气参数为：干球温度 $t=26℃$，含湿量 $d=9.4\text{g/kg}_{干}$，计算出的冷负荷 $Q=4500\text{W}$，湿负荷 $W=2.5\text{kg/h}$，当地大气压力 $P_a=101325\text{Pa}$。如采用 7℃的送风温差送风，试求：

① 送风状态点的干球温度、相对湿度和含湿量。

② 保持室内要求的空气状态所需要的送风量。

2-11. 试用某种暖通空调辅助设计软件，对身边某建筑物进行空调负荷计算，并把计算结果与估算结果进行比较分析。

第3章

空气调节设备

为满足空调房间对温度、湿度、洁净度、气流速度和空气压力梯度等参数的要求，在空调系统中常采用相应的空气处理技术、选择相应的空气处理设备，使得调节后的空气参数达到所要求的送风状态。

3.1 空气热湿处理常见技术

对空气进行热湿处理，即对空气进行加热、冷却或加湿、除湿。根据能量守恒和质量守恒原理，要达到上述目的，就要借助某些介质和设备，对空气进行放热、吸热或加入水蒸气、除去水蒸气等处理。

3.1.1 常见热湿处理设备的分类

在空调系统中，实现不同的热湿处理过程需要不同的空气处理设备，空气的加热、冷却、加湿、减湿等均需要相应的设备。有时一种空气处理设备能同时实现空气的加热加湿、冷却干燥或者升温干燥等多个功能。

尽管空气的热湿处理设备名目繁多、构造多样，但它们大多是利用空气与其他介质进行热、湿交换的设备。与空气进行热湿交换的介质主要有水、水蒸气、冰、各种盐类及其水溶液、制冷剂等物质。

根据各种热湿交换设备与空气的接触方式，可将这些设备分成两大类：接触式热湿交换设备和表面式热湿交换设备。前者包括喷水室、蒸汽加湿器、局部补充加湿装置以及使用液体吸湿剂的装置，后者包括光管式和肋管式空气加热（冷却）器等。

接触式热湿交换设备的特点是与空气进行热湿交换的介质直接与空气接触。通常是使被处理的空气流过热湿交换介质表面，通过含有热湿交换介质的填料层或将热湿交换介质喷洒到空气中去，形成具有许多液滴的空间，使液滴与流过的空气直接接触。

表面式热湿交换设备的特点是与空气进行热湿交换的介质不与空气接触，二者之间的热湿交换是通过起分隔作用的壁面进行的。根据热湿交换介质的温度不同，靠近壁面的空气侧可能产生水膜（湿表面），也可能不产生水膜（干表面）。分隔壁面有平表面和带肋表面两种。

利用电热元件来加热空气的电加热器是最简单的空气加热设备，其作用原理与接触式热湿交换设备、表面式热湿交换设备有所不同。而喷水式表面冷却器则兼有上述两类设备的特点。

3.1.2 电加热器

电加热器是利用电流流过电阻丝发热来加热空气的设备。它具有结构紧凑、加热均匀、热量稳定、控制方便等优点，因此在日常生活及中小型空调系统中应用较广。在恒温精度控制要求较高的大型全空气空调系统中，也经常在送风支管上设置电加热器来控制局部区域升温。由于电加热器耗电量较大，在电费较贵、加热量较大的场合不宜采用。

电加热器有两种基本结构形式，一种是裸线式，一种是管式（套管式）。

(1) 裸线式

如图 3-1 所示的裸线式电加热器，电阻丝裸露在空气中，空气与灼热的电阻丝直接接触而被加热。根据需要，电阻丝可布置成单排或多排；为方便检修，定型产品也可做成抽屉式［如图 3-1（b）所示］。

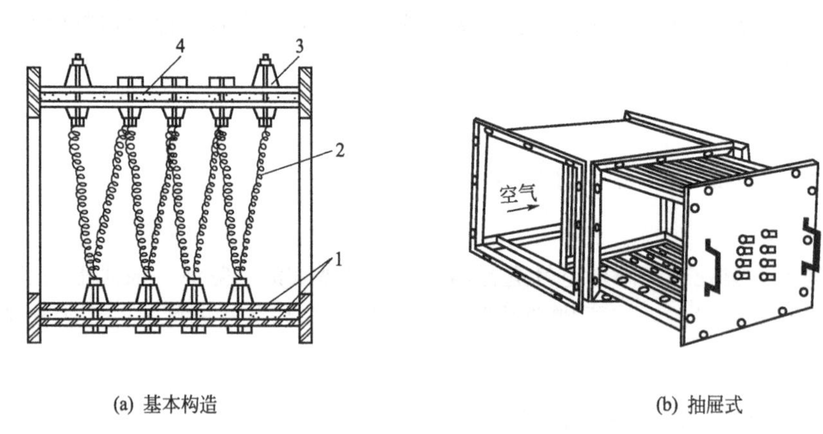

图 3-1 裸线式电加热器

1—钢板；2—电阻丝；3—瓷绝缘子；4—隔热层

裸线式电加热器由工厂批量生产外，也可自己按图纸加工。其优点是结构简单，热惰性小，加热速度快。其缺点是电阻丝在高温下易断丝漏电，安全性差，所以使用时必须有可靠的接地装置，并应与风机联锁运行，以免发生安全事故。另外电阻丝表面温度高，黏附其上的杂质经烘烤后会产生异味，影响空气质量。

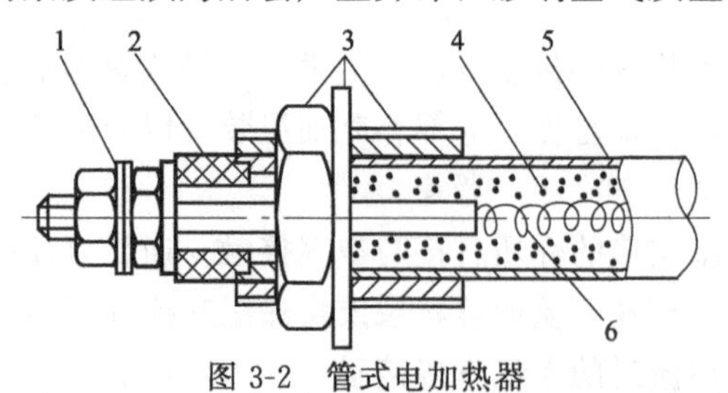

图 3-2 管式电加热器

1—线端子；2—瓷接绝缘子；3—紧固装置；4—绝缘材料；5—金属套管；6—电阻丝

(2) 管式电加热器

管式电加热器由管状电热元件组成，其结构如图 3-2 所示。这种电热元件是将绕成螺旋形的电阻丝装在特制的金属套管中，中间填充导热性能好的电绝缘材料，如结晶氧化镁等。管式电加热器的金属套管除棒状的之外，还有 M 形、W 形等其他形状，具体尺寸和功率可参看产品样本。

管式电加热器的优点是加热均匀、加热量稳定、使用安全，缺点是热惰性大、结构也比较复杂。近些年出现的带螺旋翅片的管式电加热器具有尺寸更小而加热能力更大的优点。

在空调系统中选用电加热器时，一般先根据使用要求和控制精度要求确定加热器类型，然后再根据加热量大小确定电加热器负担的加热量。总功率可以进行分级，最后再根据每级功率累加得到总功率。

3.2 喷水室

喷水室是用喷嘴将一定温度的水喷成雾珠，使空气与水直接接触进行热湿交换，从而达到特定的结果。喷水室又称为喷淋室、淋水室、喷雾室等，是工艺性空调系统中常见的空气处理设备之一。喷水室的水温可以任意调节，因此可以在较广泛的范围内改变空气的状态，而且还具有一定的空气净化能力，夏冬季可以共用，加工制作容易，在空调发展历程中得到广泛使用，其主要缺点是对水质要求高、占地面积大、水系统复杂、需要配备专用水泵等。目前大多在纺织厂、卷烟厂等以空气湿度为主要调控对象的空调系统中采用。

3.2.1 喷水室结构及分类

(1) 喷水室的结构

在喷水室工作过程中，被处理的空气以一定的速度经过前挡水板进入喷水室，在喷水室内空气与喷嘴喷出来的雾状水滴直接接触，由喷水室出来的空气经挡水板分离出所携带的水滴，再经其他处理后由通风机送入空调房间。

在喷水室内，由于水滴与空气的温度不同，以及水滴周围饱和空气层的水蒸气分压力不同，它们之间进行着复杂的热湿交换过程，空气的温度、相对湿度和含湿量都发生着变化。图 3-3 所示为卧式、单级、低速的常见喷水室构造，主要由喷水排管、挡水板、底池、附属管道及外壳组成。

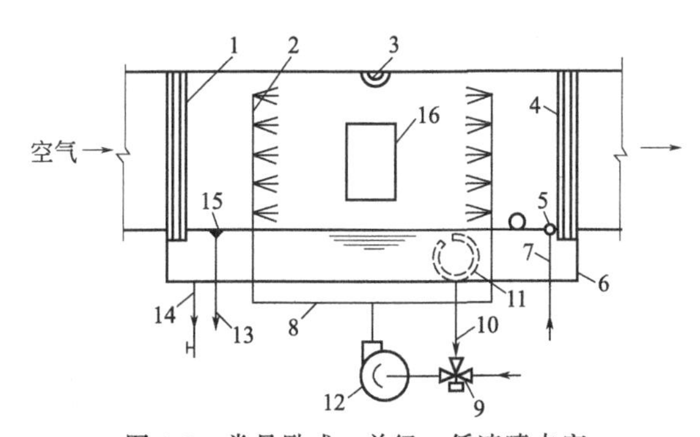

图 3-3　常见卧式、单级、低速喷水室

1—前挡水板；2—喷水排管；3—防水灯；4—后挡水板；5—浮球阀；6—底池；
7—补水管；8—供水管；9—三通混合阀；10—回水管；11—滤水器；
12—水泵；13—溢水管；14—泄水管；15—溢水器；16—检查门

① 喷水排管。喷水排管（又称为喷淋排管）结构如图 3-4 所示，根据空气处理的需要，在喷水室中可设置二到四排。喷嘴的喷水方向相对于空气流动方向顺喷，当采用二排喷水排管时均为对喷。

② 喷嘴。喷嘴安装在喷水排管上，用来将水变成小水滴，扩大空气与水直接接触进行热湿交换的面积。喷嘴喷出的水滴大小、多少、喷射角度和喷射距离与喷嘴的构造、喷口孔径以及水压大小有关。图 3-5 是常用的离心式喷嘴构造图，图 3-6 是双螺旋喷嘴。制作喷嘴

的材料一般采用黄铜、尼龙、塑料和陶瓷。

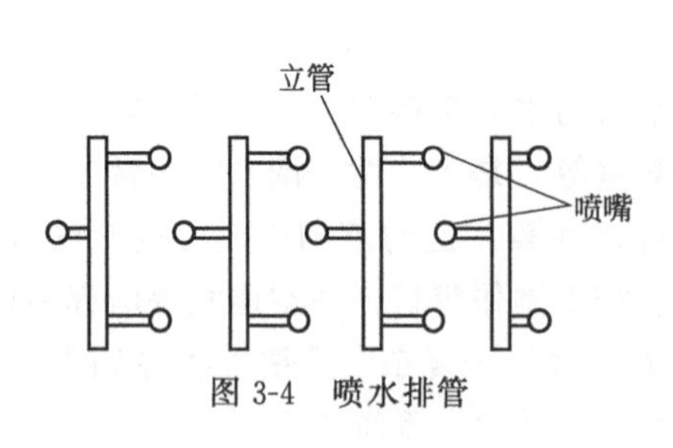

图 3-4 喷水排管

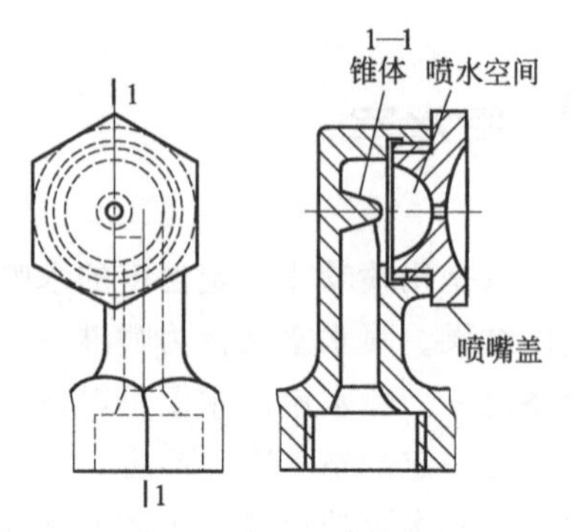

图 3-5 离心式喷嘴

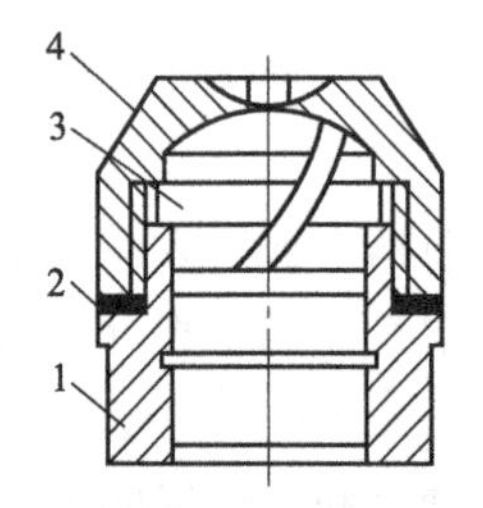

图 3-6 双螺旋喷嘴

1—喷嘴座；2—橡胶垫；3—螺旋体；4—喷嘴帽

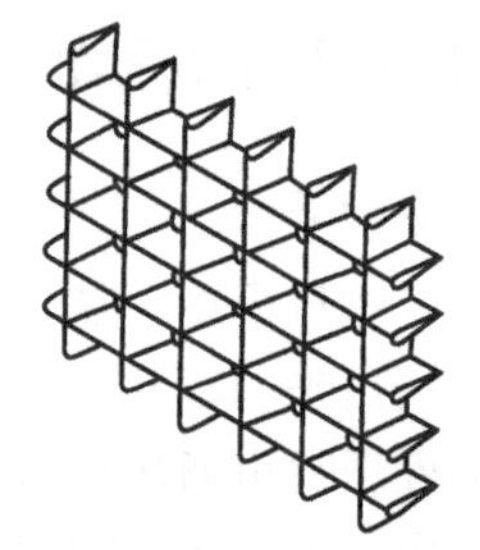

图 3-7 流线形格栅整流器

③ 挡水板。挡水板一般用厚度为 0.75～1.0mm 的镀锌钢板制作，也可以用铝板、玻璃钢、塑料或塑料复合钢板制作。前挡水板的作用有两个：一是挡住水滴不飞溅出喷水室；二是使进入喷水室的空气在整个喷水室横截面上能尽量均匀分布。目前前挡水板已很少使用，取而代之的是流线形格栅整流器（又称为导流板），参见图 3-7。后挡水板形式如图 3-8 所示，主要有折板形和波纹形两种。当夹带着水滴的空气在挡水板片与片之间的流道曲折通过时，因流动方向的改变而使水滴在惯性作用下与挡水板发生碰撞，将水滴阻留并聚集在板面上，并沿板面流到底池。

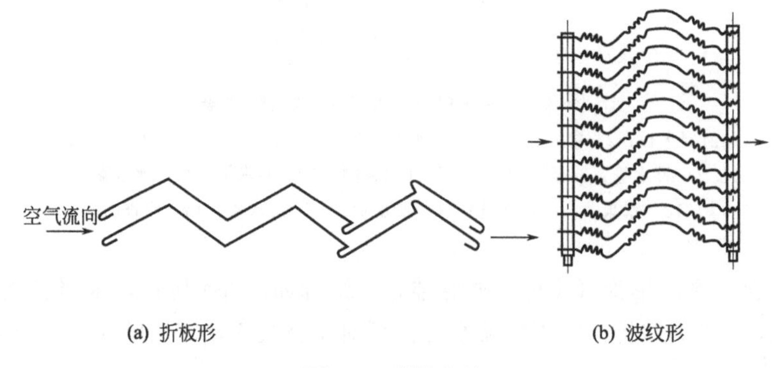

(a) 折板形 (b) 波纹形

图 3-8 后挡水板

④ 底池。喷水室的底池是用来容纳喷淋用水和喷淋落水的，其上接有回水管、溢水管、补水管和泄水管四种管道及其附属装置。当需要使用部分回水调节喷水温度和需要对空气进

行等焓加湿处理时，就要使用回水管（又称为循环水管）将底池中的水通过滤水器过滤后供给水泵。当夏季对空气进行冷却干燥处理时，底池中的水将增多，为维持底池一定的水位，需借助溢水管通过溢水器将多余的水从底池中排出；当冬季对空气进行喷循环水加湿时，底池中的水将会减少，为维持底池一定的水位，需要通过浮球阀控制补水管向底池自动补水。在需要将底池的水排除干净以便清洗底池或检修设备时，就要用到泄水管。

⑤ 外壳。喷水室的外壳一般用 2～3mm 厚的钢板加工，也可以用砖砌墙、预制板盖顶或用 80～100mm 厚的钢筋混凝土浇制。

(2) 喷水室的类型

喷水室有卧式和立式、单级和双级、低速和高速之分。此外，还有带旁通的和带填料层的喷水室等。

① 立式喷水室。立式喷水室（如图 3-9）占地面积小，空气自下而上，水自上而下喷洒，因而热湿交换效果更好，一般用于处理风量较小或空调机房层高较高的场合。

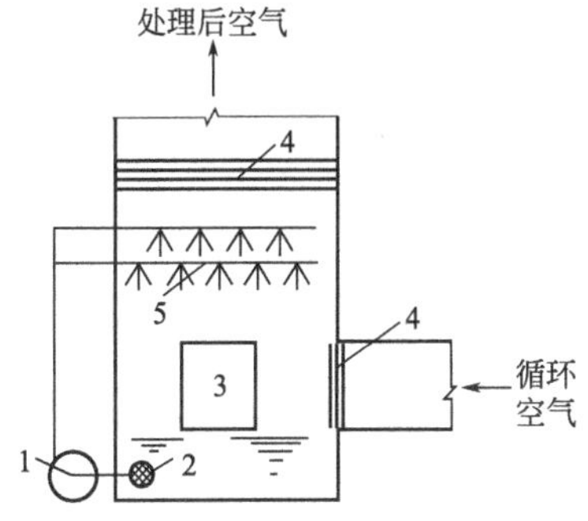

图 3-9　立式喷水室
1—水泵；2—滤水器；3—检查门；4—挡水板；5—喷水管

② 双级喷水室。为了充分应用天然冷源，节约用水量，尽量做到一水多用，使空气和水的接触时间增长，常将两个喷水室串联起来，组成双级喷水室（图 3-10）。在双级喷水室内，空气与不同温度的喷淋水接触两次，连续进行两次热湿交换，其处理效果更加充分。目前工程上常用的主要有两种形式：应用同一水源的双级喷水室和应用不同水源的双级喷水室。

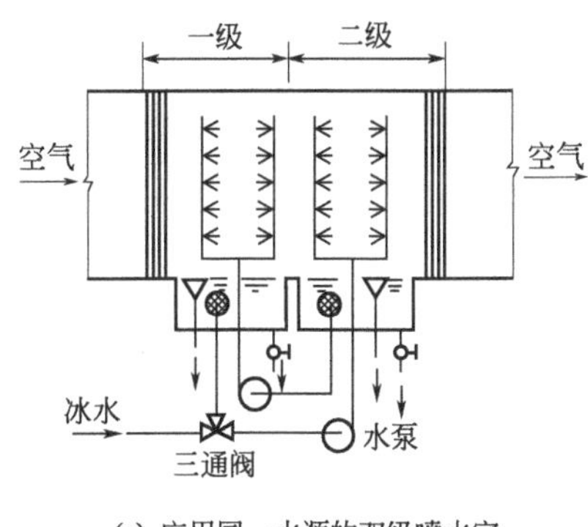

(a) 应用同一水源的双级喷水室

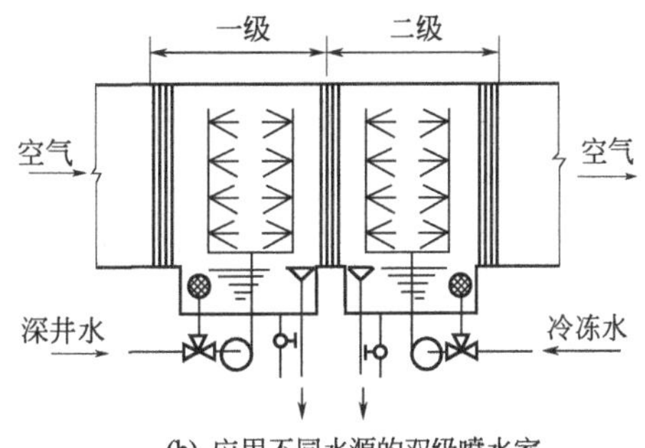

(b) 应用不同水源的双级喷水室

图 3-10　双级喷水室

双级喷水室的主要特点是空气的温降（升）、焓降（升）都较大，被处理空气的终状态相对湿度较高，一般可达 100%。由于在双级喷水室里水被重复使用，所以水的温升（降）大，用水量小。因此，双级喷水室常被用于使用天然冷（热）水的场合。

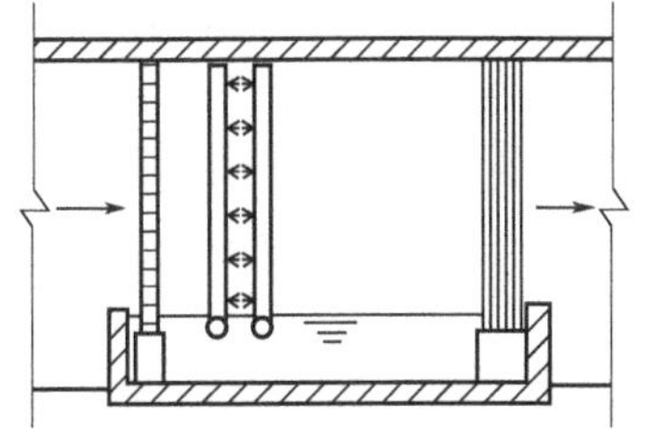
图 3-11　高速喷水室

③ 高速喷水室。一般低速喷水室内空气流速仅为 2～3m/s，图 3-11 所示高速喷水室内的空气流速则为 3.5～6.5m/s，这种喷水室在纺织行业曾得到广泛使用。

④ 带旁通的喷水室。与一般的喷水室不同，带旁通的喷水室是在喷水室的侧面或上面增加一条旁通风道，它可

以使处理的和未处理的空气按一定比例混合而得到要求的空气终参数，通常用于二次回风空调系统。

⑤ 带填料层的喷水室。带填料层的喷水室是在喷水室内倾斜地排列玻璃纤维填料盒，盒上均匀地喷水（图 3-12），空气穿过玻璃纤维层时，与水可以充分接触进行热湿交换，它适用于空气的加湿或蒸发式冷却。

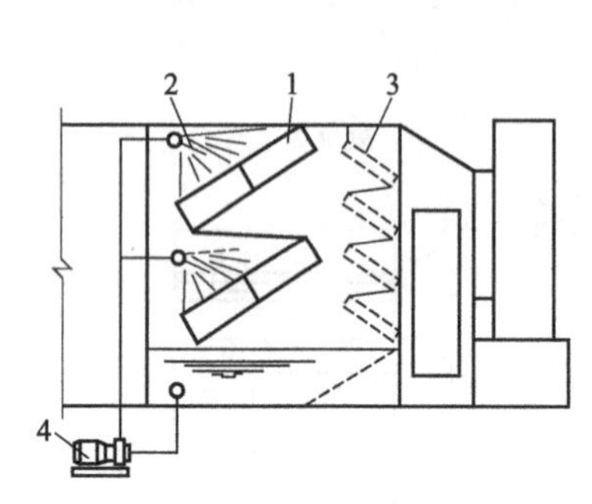

图 3-12 带填料层的喷水室

1—布水填料层；2—喷嘴；3—挡水板；4—水泵

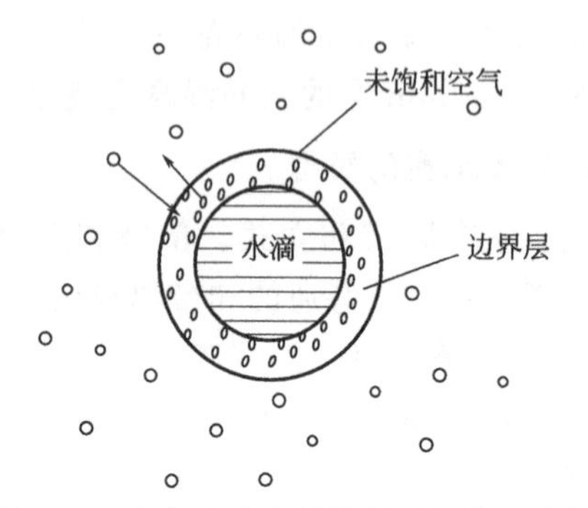

图 3-13 空气与水直接接触时的热湿交换

3.2.2 喷水室的工作原理

(1) 热湿交换

空气与水直接接触时，当空气温度与水温不同时，必然发生显热交换。如果在显热交换的同时，又有潜热交换（即同时伴有水滴与水蒸气的相变过程），那就同时存在了湿交换（也就是质量的交换）。

显热交换是空气与水之间存在温差时，由导热、对流和辐射作用引起的热量交换。潜热交换是空气中的水蒸气分子凝结（或蒸发）而放出（或吸收）汽化热。热湿交换是显热交换和潜热交换的总代数和。

如图 3-13 所示，悬浮在未饱和空气中的水滴由于水的自然蒸发作用，会有极小部分水由液态转变为气态，但其温度不发生变化，从而在水滴的表面形成一个温度等于水滴表面温度的饱和空气薄层，称为边界层。由热力学知识可知，该边界层水蒸气分压力（即饱和水蒸气分压力）的大小取决于水滴表面温度。

由于未饱和空气与水滴之间存在一个饱和空气边界层，因此空气与水滴直接接触时的热湿交换实质上是空气与水滴表面饱和空气边界层的热湿交换。如果边界层的温度高于周围空气的温度，则边界层向周围空气传热。反之则周围空气向边界层传热。如果边界层的水蒸气分压力大于周围空气的水蒸气分压力，则水蒸气分子将由边界层向周围空气迁移，即发生“蒸发”现象。此时空气中的水蒸气含量增加，即得到加湿，同时边界层中减少了的水蒸气分子由水滴表面跃出的水分子补充；反之，水蒸气分子由周围空气向边界层迁移，发生“凝结”现象。此时空气中的水蒸气含量减少，边界层容纳不了的过多水蒸气分子将回到水滴中。由于不论是蒸发还是凝结都有潜热交换，因此当空气与边界层之间存在水蒸气分压力差时，既有湿交换（又称为质交换），也有热交换。

以上现象说明，温差是显热交换的推动力，与此类似的湿（质）交换的推动力则是不同区域的水蒸气分压力差。

(2) 空气在喷水室内的状态变化过程

当未饱和空气流经水滴周围时，会把边界层中的饱和空气带走一部分，而补充的未饱和空气在水的蒸发或水蒸气凝结的自然作用下很快又会达到饱和。因此，边界层的饱和空气将不断地与流过水滴周围的那部分未饱和空气相混合，从而使空气状态发生变化。这种现象实际上就是两种空气的混合过程。所以，空气与水的热湿交换过程也可以按两种空气的混合过程来对待。

根据两种不同状态空气的混合规律，在 h-d 图上，混合后的状态点应位于连接空气初状态和该水温下饱和状态点的直线上。显然，达到饱和时空气愈多，空气的终状态点就愈接近饱和状态点。由此可见，如果和空气接触的水量无限大，接触时间又无限长，即在所谓的理想状态下，全部空气都能达到饱和状态，并具有水的温度，也就是说，空气的终状态点将位于 h-d 图的饱和线上并且空气的终温将等于水温。与空气接触的水温不同，空气的状态变化过程也将不同。所以，在上述不同水温条件下，可以得到图 3-14 及表 3-1 所示的七种典型的空气状态变化过程。

表 3-1　空气与水直接接触时各个过程的特点

过程线	水温特点	t	d	h	过程名称
A-1	$t_w<t_1$	减	减	减	减湿冷却
A-2	$t_w=t_1$	减	不变	减	等湿冷却
A-3	$t_1<t_w<t_s$	减	增	减	减焓加湿
A-4	$t_w=t_s$	减	增	不变	等焓加湿
A-5	$t_s<t_w<t_A$	减	增	增	增焓加湿
A-6	$t_w=t_A$	不变	增	增	等温加湿
A-7	$t_w>t_A$	增	增	增	增温加湿

从图 3-14 所示的七种过程中可以看出；A-2 是空气加湿与减湿的分界线，A-4 是空气增焓和减焓的分界线，而 A-6 是空气升温和降温的分界线。

在空调系统中，温度高于被处理空气初态湿球温度的水一般称为热水，反之称为冷水，等于该湿球温度的水则称为循环水。据此，上述七种过程中，要实现前三种过程需喷冷水，实现后三种过程要喷热水，而中间的第四种过程则要喷循环水才能实现。

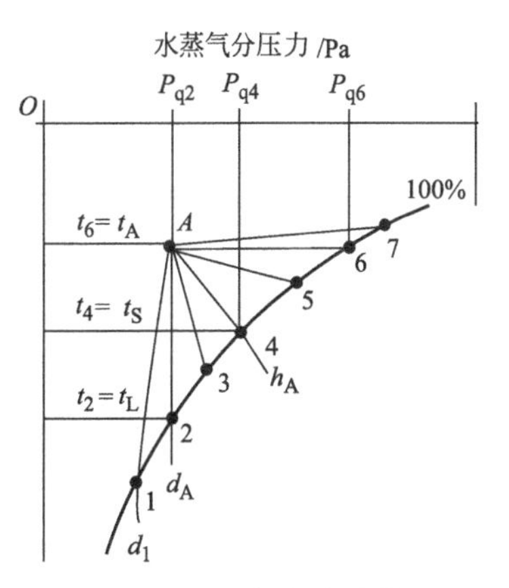

图 3-14　空气与水直接接触时的状态变化过程

3.2.3 喷水室处理空气的实际应用

用喷水室可以实现的七种空气处理过程，是基于两个假设条件：①与空气接触的水量无限大（水温可始终保持不变，“水”的状态点也不变）；②空气与水接触的时间无限长（使与水滴接触的空气可以达到饱和）。显然只有上述这七种理想的热湿交换过程，才能使全部被处理空气达到饱和状态，即空气的最终状态点在 $\varphi=100\%$ 的饱和线上，且空气的终温与喷水温度相等。

实际用喷水室处理空气时，由于受到各种客观条件的限制，与空气接触的水量是有限的，空气与水接触的时间也很短。因此，除了用循环水处理空气时水温不会改变外，在其他六种空气处理过程中，水温都将发生变化，从而使得空气状态变化过程不成直线，而是曲线；空气的最终状态也很难达到饱和。

以水的初温低于被处理空气露点温度，水滴与空气的运动方向相同（顺流，相反时为逆流）的情况为例，分析喷水室处理空气的实际过程，顺流时如图 3-15（a）所示。由于空气与水滴同向而行，因此在开始阶段状态 A 的空气与具有初温 t_{W1} 的水接触，使一小部分空气达到饱和状态，且温度等于 t_{W1}（即边界层空气温度）。这一小部分空气与其余空气混合达到状态点 1，1 点位于 A 点与“t_{W1}”点连线上。在第二阶段，水温已升高到 t_W'，此时具有 1 点状态的空气与温度为 t_W'的水接触，又有一小部分空气大致饱和。这一小部分空气与其余空气混合达到状态点 2，2 点位于 1 点和“t_W'”点的连线上。如此继续下去，最后可得到一条表示空气状态变化过程的折线 A123…。间隔划分愈细，则所得过程线愈接近一条曲线，而且在热湿交换充分完善的条件下空气状态变化的终点将在饱和曲线上，温度将等于水的终温 t_{W2}。

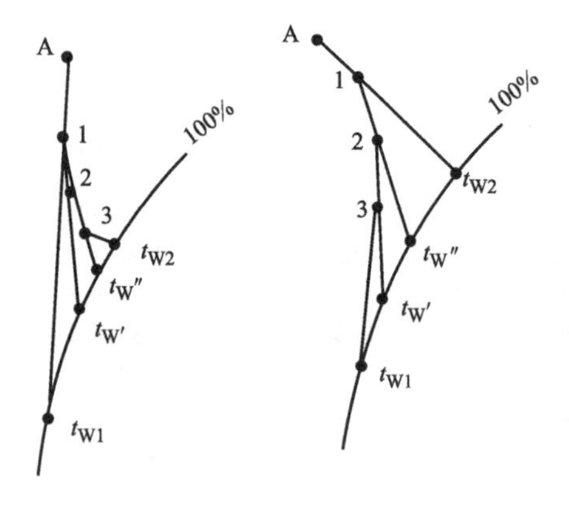

(a) 顺流　　(b) 逆流

图 3-15　用喷水室处理空气的实际过程

逆流时如图 3-15（b）所示，空气状态和水温的实际变化过程分析和顺流时相同，只是由于空气与水滴的运动方向相反，因此在开始阶段，空气首先与终状态温度 t_{W2} 的水滴接触，然后依次与水温越来越低的不同水滴接触，空气状态变化的过程是折线 A123…，其弯曲方向与顺流时相反，而且空气如能达到饱和，其温度也将与水的初温 t_{W1} 相等。

需要注意的是，只有在立式喷水室才能实现比较单纯的顺流和逆流，在卧式喷水室中，空气与水滴的运动方向既不是顺流，也不是逆流，而是复杂的交叉流。由于在工程实际中关心的只是空气经喷水室处理后的状态，而不是空气状态变化的轨迹，所以在分析计算时就直接采用连接空气初、终状态点的直线来表示喷水室中空气状态的实际变化过程。

此外，用喷水室处理空气时，空气的终状态往往达不到饱和，只能接近饱和，相对湿度一般为 90%～95%。这种最终状态接近结露状态，故而常把空气经喷水室处理后接近饱和状态时的最终状态点称为“机器露点”。

3.3 表面式换热器

在空调系统中，另一类广泛使用的热湿交换设备是表面式换热器。与喷水室相比，表面式换热器构造简单、体积小、使用灵活、用途广，还可以使用多种热湿交换介质。表面式换热器的“别名”很多：在组合式空调机和柜式风机盘管中用于空气冷却除湿处理时称为表面式冷却器，简称表冷器；当用来对空气进行加热处理时，叫作空气加热器；作为风机盘管的部件使用时，又叫作盘管；用作各种空调器或空调机的四大件时，分别成为蒸发器（或表面式蒸发器、直接蒸发式表冷器）和冷凝器。

3.3.1　常见表面式换热器的结构及分类

由于表面式换热器是借助管内的冷热媒介质经金属分隔面与空气间接进行热湿交换，而空气侧的对流换热系数一般远小于管内液态的冷却介质或加热介质的表面传热系数，为了增强表面式换热器的换热效果，降低金属耗量和减小换热器的尺寸，通常采用肋片管来增大空气一侧的传热面积，以达到增强传热的目的。空调系统中使用的表面式换热器主要是各种光管和金属肋片的组合体。

肋片管由光管和肋片构成。根据加工方法的不同，肋片管分为绕片管、串片管和轧片管等，如图 3-16 所示。

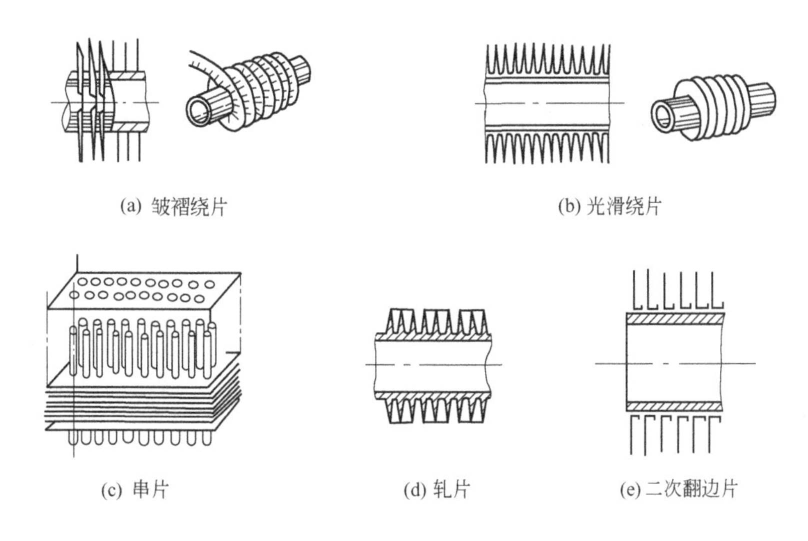

图 3-16　各种肋片管的构造

① 绕片管。绕片管是用绕片机把铜带或钢带紧紧地缠绕在铜管或钢管上制成，主要有皱褶式绕片管和光滑绕片管两种。图 3-16（a）所示的皱褶绕片既增加了肋片与管子之间的接触面积，又可以使空气流过时的扰动增强，从而提高肋片管的传热系数。但是，皱褶会使空气流过肋片管的阻力增加，而且容易积灰，不便清理。为了消除肋片与管子接触时的间隙，可将这种换热器进行浸镀锌、锡处理，经过浸镀锌、锡处理后还能够防止金属生锈。图 3-16（b）所示的绕片没有皱褶，称为光滑绕片，用延展性更好的铝带缠绕在钢管上制成。

② 串片管。串片管是把事先冲好管孔的肋片与管束串在一起，通过胀管处理使管壁与肋片紧密结合［图 3-16（c）］，常用的肋片为铝片，管子则用铜管。

③ 轧片管。轧片管是用轧片机在光滑的铜管或铝管表面轧制出肋片［图 3-16（d）］，由于轧片和管子是一个整体，没有因存在缝隙而产生的接触热阻，所以轧片管的传热性能更好。但是，轧片管的肋片不能太高，管壁也不能太薄。

④ 二次翻边片管。图 3-16（e）所示的二次翻边片由于翻了二次边，既保证了肋片的间距，又增加了肋片与管壁的接触强度，从而增加了肋片管的传热效果。

⑤ 新型肋片管。为了进一步提高肋片管的传热性能，新型肋片管的片形多采用波纹形、条缝形和波形冲缝等（见图 3-17），以增加气流的扰动性，提高管子外表面的传热系数。此外，新型肋片管的管子也通过采用各种内螺纹管来强化管内侧的换热。

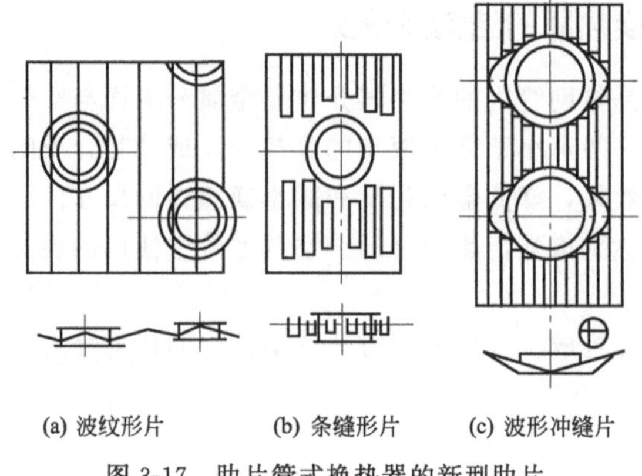

(a) 波纹形片　　(b) 条缝形片　　(c) 波形冲缝片

图 3-17　肋片管式换热器的新型肋片

3.3.2 表面式换热器处理空气的实际应用

与喷水室相比，用表面式换热器处理空气只能实现等湿加热、等湿冷却和减湿冷却（又称为冷却干燥）三种过程，如图 3-18 所示。

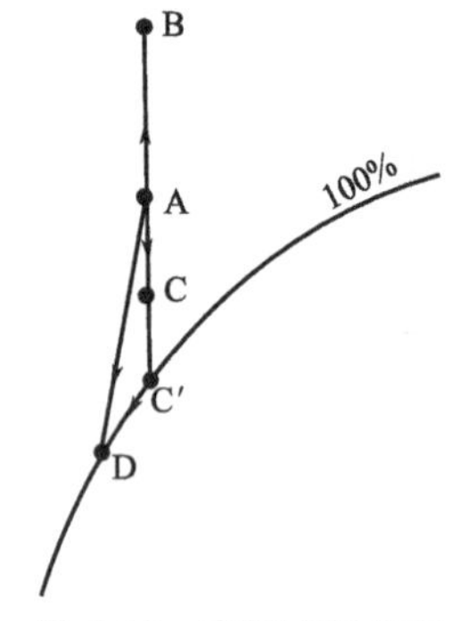

图 3-18　表面式换热器处理空气的过程

① 当表面式换热器用作加热器处理空气时。由于其表面温度高于被处理空气的温度，因此二者之间只有显热交换，空气的温度将会升高而含湿量不变，空气状态的变化过程为 A→B，称为等湿加热过程或简称加热过程，B 点的温度由空气得到的热量多少决定。

② 当表面式换热器作为冷却器处理空气，其表面温度低于被处理空气的干球温度、高于或等于空气的露点温度，表面式换热器与被处理空气间也只存在显热交换，空气的温度将会降低而含湿量仍然不变，空气的状态变化过程为 A→C，称为等湿冷却过程或干冷过程，此时表冷器的工作状况称为干工况。C 点的温度由空气失去的热量多少决定。

③ 当表面式换热器仍作为冷却器处理空气，但其表面温度低于被处理空气的露点温度时，空气首先被等湿降温到饱和线上（达到饱和状态）空气的状态变化过程为 A→C→C′，然后沿饱和线进一步降温减湿到接近表冷器的表面温度（需维持一定的传热温差），其状态变化过程为 C′→D。这时，空气中将有部分水分凝结出来。由于在实际工程中关心的是空气处理的结果，而不是空气状态变化的轨迹（即过程），所以在 h-d 图上通常用 A→D 来表示空气经表冷器冷却干燥处理后的状态变化过程。在这个过程中，由于空气不但温度要降低，含湿量也要减少，因此称为减湿冷却过程或湿冷过程，此时表冷器的工作状况称为湿工况。D 点的温度要由空气失去的水蒸气量多少决定。

在对空气进行冷却干燥处理过程中，由于有凝结水析出，并附着在表冷器的壁面上形成一层凝结水膜，因此与水滴表面存在一个饱和空气边界层的原理相同，在表冷器凝结水膜的表面也存在一个饱和空气边界层。此时，表冷器与空气的热湿交换实质上也就是这个饱和空气边界层与空气间的热湿交换，它们之间由于不但存在温差，而且还存在水蒸气的分压力差，所以二者之间不仅有显热交换，还有伴随着湿交换的潜热交换。由此可知，湿工况下工作的表面式换热器比干工况下工作时有更大的热交换能力。

表面式换热器是作为空调设备中的一个部件来发挥作用的，它既可以单个使用，也可以多个组合使用。当需要处理的空气量较大时，一般采用并联形式；当需要处理的空气要求温升或温降较大时一般采用串联形式；当需要处理的空气量较大，而且温升或温降也较大时则采用并、串联组合形式。

表面式换热器在空调设备中的安装形式有垂直式、水平式和倾斜式。当作为表冷器使用时，不论安装和组合形式如何，其肋片一定要处于垂直位置，以利于表冷器外表面凝结的水分及时下流，避免增大空气阻力和带水；对于采用蒸汽为加热介质的空气加热器，一般管束为垂直安装，以利于排除管束内的凝结水，如果水平安装则一定要有不小于1/100的坡度。

3.4 空气加湿设备

在空调系统中，对空气的加湿既可以在空调设备或送风管道内对送入空调房间的空气集中加湿，也可以在空调房间内直接对空气进行局部补充加湿。

加湿设备的种类繁多，按与空气接触的是水还是水蒸气分为水加湿设备和蒸汽加湿设备两大类。用水加湿设备对空气进行加湿处理，空气的状态变化过程为近似等焓加湿过程；用蒸汽加湿装置对空气进行加湿处理，空气的状态变化过程为近似等温加湿过程。

3.4.1 水加湿设备

这类加湿设备都是用液态水来与空气进行热湿交换，空气的状态变化过程可按等焓加湿过程对待，因此又称为等焓加湿设备。根据与空气接触的是否为微小水滴，这类加湿设备还可以分为雾化式和自然蒸发式两种。

(1) 雾化式加湿设备

雾化式加湿设备又称为强化蒸发加湿设备，是将水变成无数微小水滴，并散发到被处理的空气中，依靠水滴的汽化来给空气加湿的设备。属于这种加湿设备的主要有压缩空气喷雾器、电动喷雾机、喷雾轴流风机、高压水喷雾加湿器和超声波加湿器。

① 压缩空气喷雾器。压缩空气喷雾器是利用一定压力的压缩空气通过特制的喷嘴腔时，形成负压区而将供水管提供的无压水吸进喷嘴，两股流体混合后从喷嘴出口高速喷出，达到喷出的是微小水滴的“雾化”效果，因此又称为压缩空气诱导型喷雾加湿器或气水混合型气雾加湿器。通常安装在空调房间内直接对空气进行加湿，有固定式和移动式两种形式。

针对不同使用环境和用户要求，某些新型压缩空气加湿器设计有单向、双向、三向、四向及八向喷射等不同类型结构，既有一个喷头体上可多个方向喷射的形式，也有一体多喷嘴的形式，并可实现喷嘴自洁和加湿量自动控制，使得加湿器的能耗不仅大大降低，还提高了其运行性能和加湿效率。

② 电动喷雾机。图3-19所示的电动喷雾机又称为回转式喷雾机或离心式加湿器，主要由电动机、风扇、甩水盘、集水盘等部件组成。常温自来水通过上水管供给到甩水盘中心，水成膜状随甩水盘高速回转，在离心力的作用下流向甩水盘的四周并甩出，飞脱的水膜块与水盘四周的分水牙齿圈发生冲撞，被粉碎成微小的水滴在风扇的气流作用下吹向加湿区域。那些没有被吹出去的较大水滴则落入集水盘中，经排水管排出。

电动喷雾机有固定式和转动式两种形式，转动式又可根据旋转角度分为360°旋转式和180°摆动式两种。电动喷雾机也是属于安装在空调房间内使用的加湿设备。

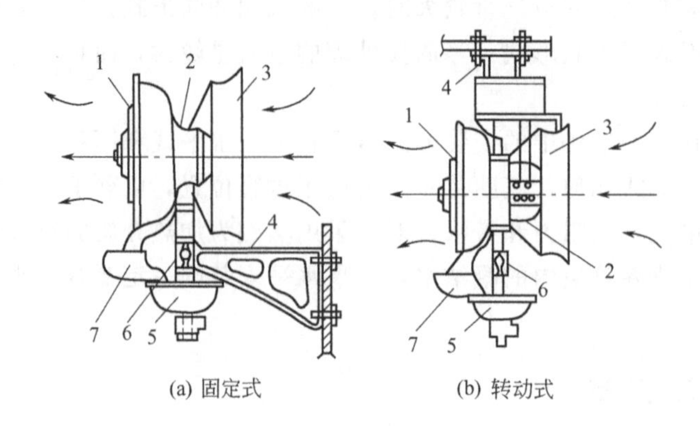

图 3-19 电动喷雾机

1—甩水盘；2—电动机；3—风扇；4—固定架；5—集水盘；6—喷水量调节阀；7—回水漏斗

③ 喷雾轴流风机。我国纺织行业曾部分采用喷雾轴流风机来替代喷水室，从而改变了传统空调系统用喷水排管对空气进行加湿处理的唯一方式。这种特制的轴流风机结构如图 3-20 所示。在电动机 6 的带动下，风机叶轮高速旋转，打开进水管道的阀门，水就通过进水管 3 进入存水套 2，并随叶轮作高速旋转运动，在离心力的作用下，通过轮壳上的通孔流入轮毂与挡水盘 4 组成的流道，并沿着轮毂的切线方向成水膜状甩出。随后与高速旋转的叶片 1 相撞，被叶片击打成微小颗粒，与风机吸入的空气混合形成“雾气”吹出。粗大的水滴则由疏水栅排走。

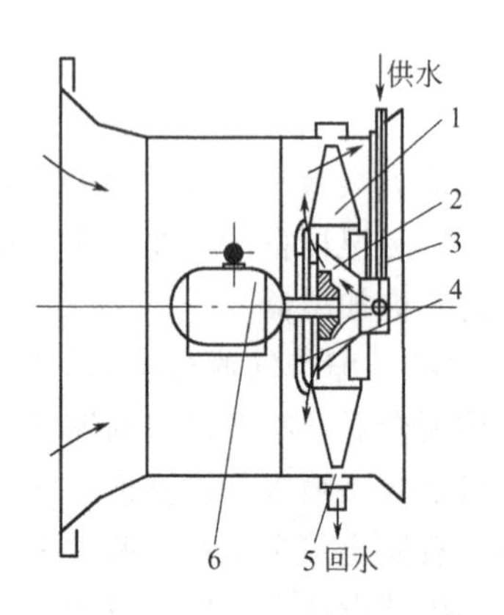

图 3-20 喷雾轴流风机

1—风机叶片；2—存水套；3—进水管；4—挡水盘；5—疏水栅；6—电动机

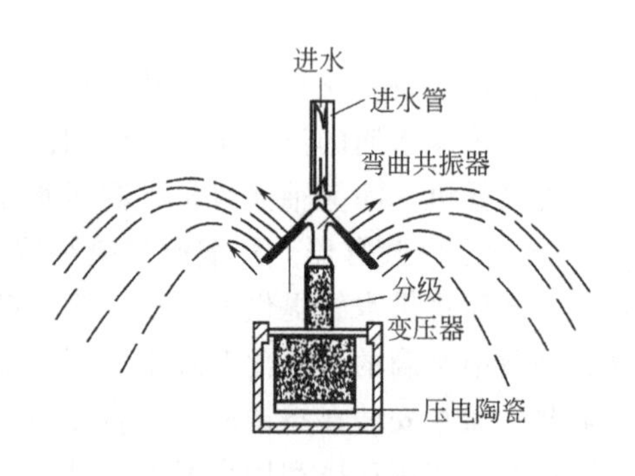

图 3-21 带锥形弯曲共振器的超声波加湿器

与喷水室相比，采用喷雾轴流风机雾化效果好，水耗用量少；不需加压喷淋和无喷淋水幕的阻力使水泵及风机的能耗降低；无喷淋排管及喷嘴，对水质的要求降低，又使维护保养更方便。

④ 高压水喷雾加湿器。高压水喷雾加湿器主要由水泵、喷杆及努嘴组成，自来水或软化水经水泵加压后通过特制的喷嘴喷出而“雾化”（水滴粒径大约为 13～30μm），因此又称为压力或高压喷雾加湿器。这种加湿器具有体积小、耗电少、加湿量大、水滴粒径小、容易汽化等优点，可以与各种空调设备配套使用。配套使用时，若加湿器的箱体放在空调设备箱

体外，喷杆及喷嘴则布置在空调箱体内。这种加湿器使用的水一定要过滤，否则喷嘴易堵塞。如果直接使用自来水会产生喷嘴结垢堵塞问题。

⑤ 超声波加湿器。超声波加湿器（见图 3-21）利用超声波振子的振动把水破碎成微小水滴（平均粒径 3～5μm），然后扩散到空气中。该装置的主要优点是体积小、加湿强度大、加湿迅速、耗电量小、控制性能好、水滴颗粒小而均匀、水的利用率高、耗电不多（约为电热式加湿器的 10%左右），而且即使在低温下也能对空气进行加湿。其主要缺点是价格较昂贵；对超声波振子的维护保养要求较高；必须使用软化水或去离子水，否则一旦振子上结垢，极有可能因负荷过大而烧毁。此外，如果不使用软化水或去离子水，雾化后的微小水滴蒸发后会形成白色粉末附着于风管管壁、室内地面、墙面及物体表面。

(2) 自然蒸发式加湿设备

自然蒸发式加湿设备（或称直接蒸发式加湿器）是利用空气与含（沾）水的填料直接接触，使水在空气中自然蒸发而实现对空气的加湿。根据填料是否吸水，这种加湿设备又有以下两种基本形式：

① 采用吸水填料（又称为湿膜、湿帘、透膜、透视膜等）的自然蒸发式加湿装置。这种加湿装置是利用空气流过含水填料时，吸收填料所含水自然蒸发来实现对空气的加湿。

按吸水填料在发挥作用时是运动状态还是静止状态，自然蒸发式加湿装置又分为运动式和固定式两种。运动式加湿装置使用时，特种吸水纤维织物制作的填料在电动机的驱动下做回转运动，其下半部分浸在水槽内吸水，以保证其在与空气进行热湿交换时的含水量。固定式吸水填料加湿装置的吸水填料是固定不动的，而且有一定的厚度或层数，通过另外配置的供水和淋水装置使填料在工作时保持一定的含水量（见图 3-22）。

② 采用不吸水填料的自然蒸发式加湿器如图 3-23 所示，水分配器将水淋在填料的上部，水在重力的作用下沿填料的曲折流道下流和下滴，当空气流过填料时与分散下流的水膜或水滴直接接触而发生湿交换，使空气得到加湿。此外，为了便于组合、清洗和更换，这种加湿器还有将填料做成块状，装在搁架上的形式，用另外配置的供水和淋水装置来保证填料的含水量。

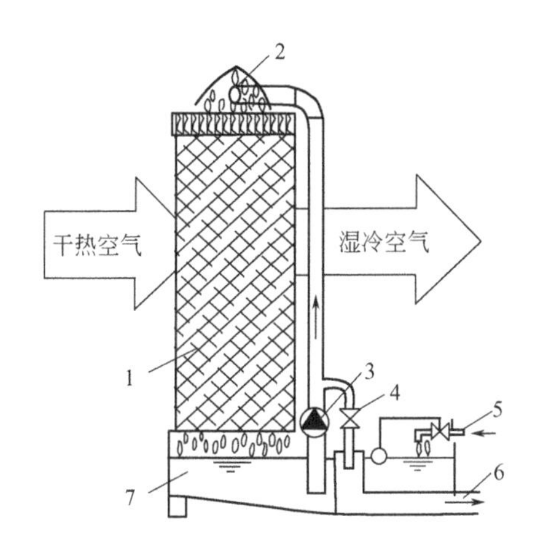

图 3-22 固定式吸水填料加湿器

1—填料；2—布水器；3—水泵；4—排水阀；5—补水管；6—排水管；7—蓄水池

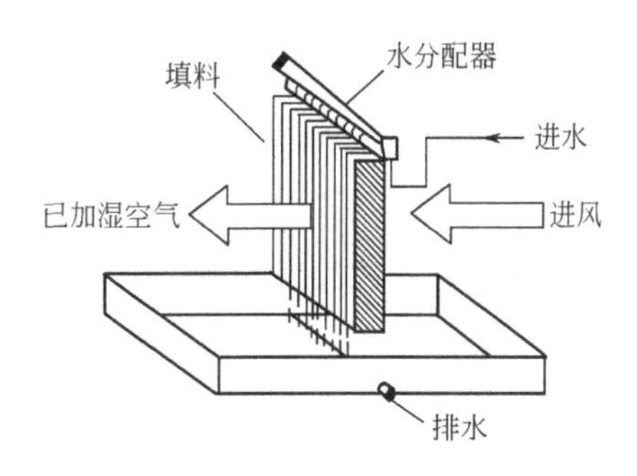

图 3-23 不吸水填料加湿器

自然蒸发式加湿装置常用填料的种类主要有：无机填料（如玻璃纤维）、有机填料（如植物纤维）、金属填料（如铝箔）、木丝填料（如白杨树纤维）和无纺布填料等。

不论填料是否吸水还是运动，自然蒸发式加湿装置一般均使用循环水，消耗的水另外补充。其加湿量与被处理空气的含湿量、流速以及填料的润湿性能有关；空气的流动阻力则与填料构造、厚度和空气流速有关。这种加湿装置构造简单，运行可靠，不需要进行水处理，初投资和运行费用都较低。但由于填料在工作时始终保持湿润状态，因此易产生微生物污染，会对送风的空气质量产生一定影响。

3.4.2 蒸汽加湿设备

蒸汽加湿设备是将水蒸气直接加入空气中的加湿设备，又称为直接加湿式加湿设备。由于往空气中加蒸汽加湿的过程在工程上是当作等温加湿过程对待，因此蒸汽加湿设备也称为等温加湿设备。根据水蒸气是加湿设备产生的还是由其他蒸汽源提供的，蒸汽加湿设备可分为蒸汽供给式和蒸汽发生式两种类型。

(1) 蒸汽供给式加湿设备

顾名思义，蒸汽供给式加湿设备需要另外的蒸汽源向蒸汽加湿设备提供加湿用的水蒸气，简称蒸汽加湿器。将蒸汽直接喷射到空气中去是一种最简单的加湿方法，属于这种加湿设备的有蒸汽加湿喷管和干式蒸汽加湿器。

蒸汽加湿喷管是一个直径略大于供气管、上面开有很多小孔的管段。它结构简单，加工制作容易，但喷出的蒸汽中往往带有凝结水滴，会影响空气的加湿效果。如图 3-24 所示的卧式干蒸汽加湿器主要由干蒸汽喷管、分离室、干燥室和电动或气动执行机构等部分组成。

为了防止蒸汽喷管中产生凝结水，蒸汽由接管 1 先进入套管 2，对喷管 3 中的蒸汽加热、保温以防止其冷凝。由于套管的外壁直接与被处理的空气接触，套管内将会产生部分凝结水并伴随着蒸汽一起进入分离室 6。由于分离室的断面较大，蒸汽的流速会减小，加上惯性作用和挡板 5 的阻挡，凝结水便被分离下来。分离出凝结水的蒸汽经分离室顶部的节流阀 10 减压后进入干燥室 7，使残存在蒸汽中的水滴在干燥室中全部汽化，最后进入喷管从喷汽孔 4 喷出的便是没有凝结水滴的干蒸汽。

为了适应不同场合的使用需要，干式蒸汽加湿器除了卧式形式外还有立式的，其构造如图 3-25 所示。干式蒸汽加湿器加湿迅速、均匀、稳定、不带水滴、加湿量易于控制，适宜于对湿度控制要求严格的场所。

尽管蒸汽供给式加湿器具有加湿迅速、加湿精度高、加湿量大、节省电能、布置方便、运行费用低等优点，但其需要有蒸汽源和输汽管网才能发挥作用的缺点，限制了它们的使用。

(2) 蒸汽发生式加湿设备

蒸汽发生式加湿设备是利用电能将水汽化的加湿设备，主要有电热式加湿器、电极式加湿器、PTC 蒸汽加湿器和红外线加湿器。

① 电热式加湿器。电热式加湿器（又称为电阻式加湿器）是把 M 形、蛇形或螺旋形的电热（阻）元件放在水槽或水箱内，通电后将水加热至沸腾，用产生出的蒸汽来加湿空气的设备。电热式加湿器分为开式和闭式两种。

图 3-26 所示的开式电热加湿器的盛水容器不是密闭的，因此产生的蒸汽压力与大气压

力相同。由于开式电热加湿器需要将容器内一定体积的水加热至沸腾才能产生大量蒸汽，显然从开始通电到产生蒸汽需要较长时间，因此开式电热加湿器的热惰性较大，不宜用在湿度控制要求严格的地方。

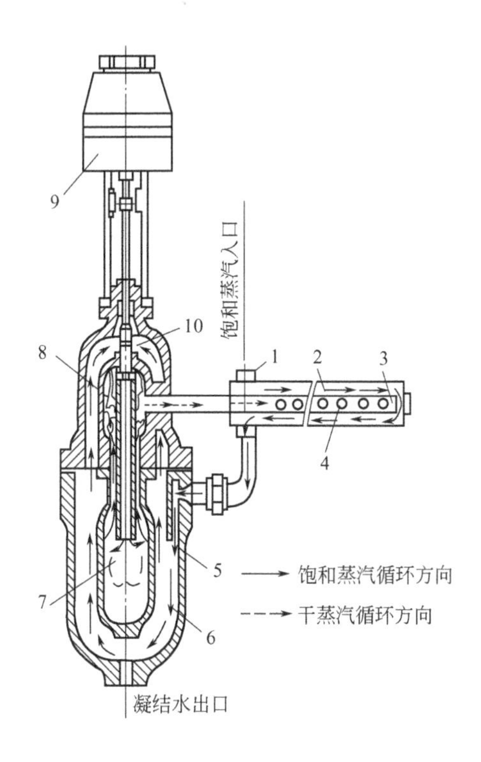

图 3-24 卧式干蒸汽加湿器

1— 接管；2—套管；3—喷管；4—喷汽孔；5—挡板；6—分离室；7—干燥室；8—消声材料；9—电动或气动执行结构；10—节流阀

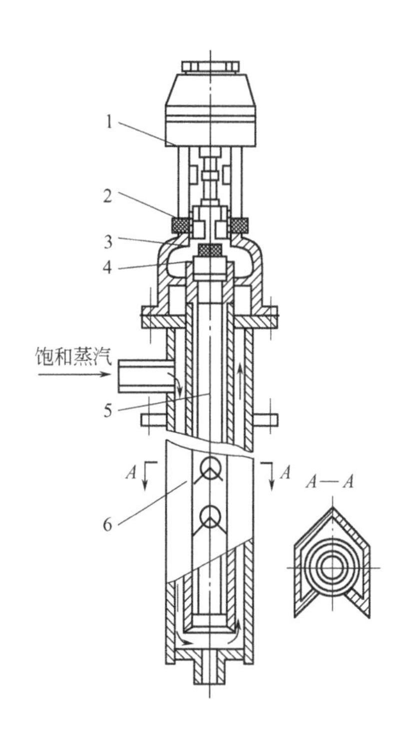

图 3-25 立式干蒸汽加湿器

1—电动执行器；2—阀体；3—上盖；4—阀芯；5—导管；6—套管

图 3-27 所示为闭式电热加湿器，其盛水容器不与大气直接相通，因此容器内所产生的蒸汽压力可以高于大气压力，而且还可以保持充满 0.01～0.03MPa 的低压蒸汽。当需要对空气进行加湿时，只要将蒸汽管道上的阀门打开即有蒸汽输出。与开式电热加湿器相比，显然闭式电热加湿器的热惰性要小得多，加湿量和空气湿度的调节精度也要高得多。

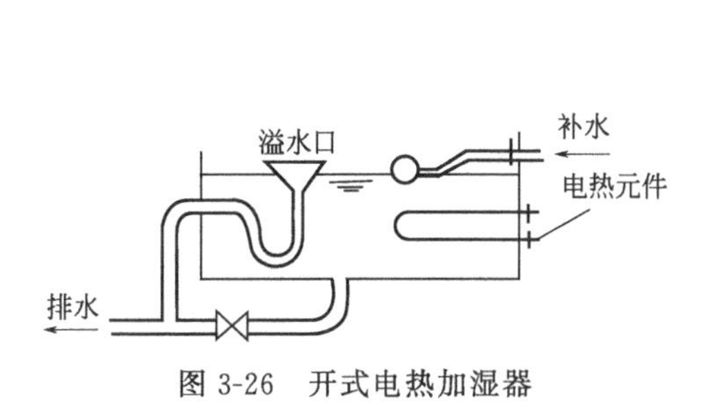

图 3-26 开式电热加湿器

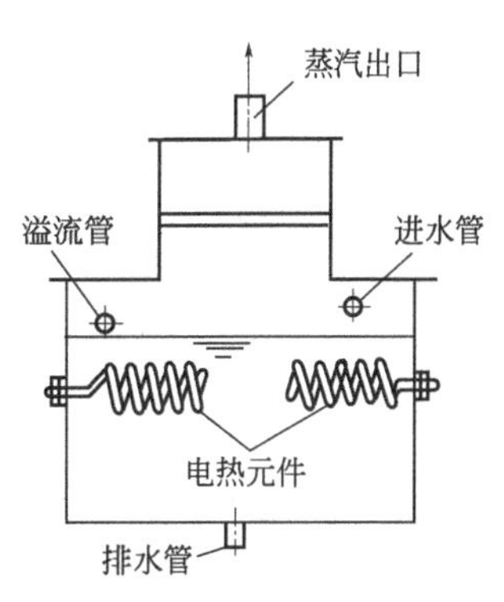

图 3-27 闭式电热加湿器

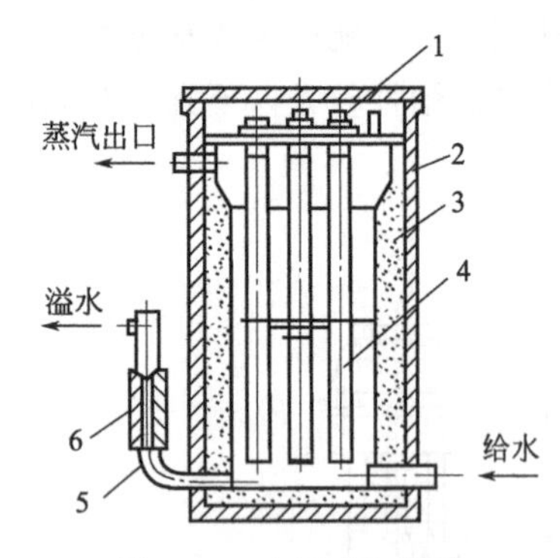

图 3-28 电极式加湿器
1—接线柱；2—外壳；3—保温层；4—电极；5—溢水管；6—橡胶短管

② 电极式加湿器。电极式加湿器的结构如图 3-28 所示，它是利用三根不锈钢棒或镀铬铜棒作为电极（必要时也可使用两根电极），将其插入盛水的容器中，以水作电阻。当电极与三相电源接通后，电流从水中通过，水被加热而产生蒸汽，蒸汽通过排汽管送到待加湿的空气中。

由于电极式加湿器水容器内的水位越高，导电面积越大，通过的电流越强，产生的蒸汽量就越多。因此，可以通过改变溢水管高低的办法来调节水位高度，从而调节加湿量。这种加湿器的优点是比较安全，容器中无水电流也就不能通过，可不必考虑防止断水空烧措施。为了避免蒸汽中夹带水滴，可在蒸汽出口后面再加一个电热式蒸汽加热器，通过电加热管对空气进行加热，可使其夹带的水滴蒸发，从而保证加湿用的全部是干蒸汽。

电热式加湿器和电极式加湿器直接用电加热水，使之产生出蒸汽来加湿空气，因此又统称为电加湿器。电加湿器结构简单、控制方便、无须蒸汽源；产生的蒸汽清洁，不含水垢、粉尘。但其耗电量大，加湿成本高；不使用软化水或蒸馏水时，电热元件和电极上以及盛水容器的内壁易结水垢，清洗较困难，而且易产生腐蚀。因此，电加湿器通常仅用于无蒸汽源、加湿量小和相对湿度控制精度要求较高的场合。

③ PTC 蒸汽加湿器。PTC 蒸汽加湿器也是一种电热式加湿器，不过它不使用电热元件而是将 PTC 热电变阻器（氧化陶瓷半导体）发热元件直接放入水中，通电后使水被加热而产生蒸汽。

PTC 氧化陶瓷半导体在一定电压下，电阻随温度升高而变大。加湿器开始运行时，由于水温较低，启动电流为额定电流的 3 倍，但水温上升很快，5s 后即可达到额定电流，并产生蒸汽。

PTC 加湿器由 PTC 发热元件、不锈钢水槽、给水装置、排水装置、防尘罩及控制系统组成。具有运行安全、加湿迅速、不结露、高绝缘电阻、使用寿命长、维修工作量少等优点，可用于湿度控制要求较严格的中、小型空调系统。

④ 红外线加湿器。红外线加湿器的结构如图 3-29 所示，主要由红外线灯管、反射器、水槽及水位自动控制阀等部件组成。通电后的红外线灯管对水槽内的水发出红外线，形成辐射热（其温度可达 2200℃左右），水表面经辐射加热而产生出蒸汽，并混入流过水面的空气使其加湿。

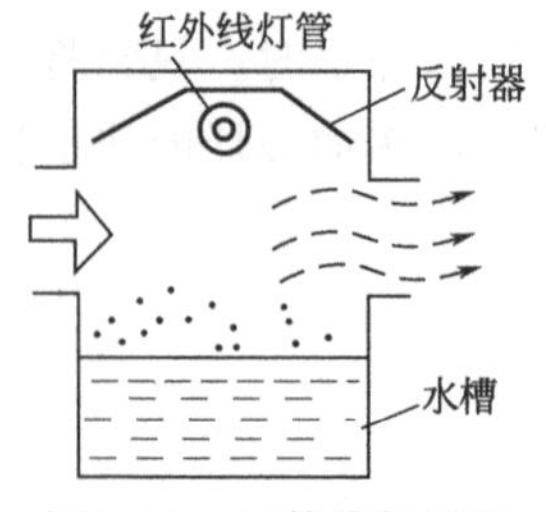

图 3-29 红外线加湿器

红外线加湿器的主要优点是结构简单、加湿迅速、产生的蒸汽中不夹带污染微粒；控制性能较好；加湿用的水可不进行处理。其主要缺点是耗电量大、运行费用高、红外线灯管的使用寿命较短。适用于湿度控制要求严格，加湿量较小的中、小型空调系统及洁净空调系统。

需要特别指出的是，在常温下采用简单的物理方法将水变成微小水滴和蒸汽的过程，水中的杂质也会随水滴和蒸汽进入空气及风管中。久而久之，这些杂质会污染风管、室内地面、墙面和器具。因此，在选用这些加湿方法时应对水质提出特别要求。

3.5 空气除湿设备

某些生产工艺过程、仪器设备使用过程或产品的储存要求空气环境的含湿量很低，为此要不断地排除空气中多余的水蒸气。此时，除湿设备就要承担起降低空气含湿量的主要任务。对空气进行除湿处理（或称减湿、去湿、降湿处理）的方式除了喷水室除湿和表面式换热器除湿外，还有冷冻除湿、固体吸湿剂除湿和液体吸湿剂除湿三种方式，通常采用的除湿设备主要是冷冻除湿机和转轮除湿机。

3.5.1 冷冻除湿机

冷冻除湿设备（简称除湿机、去湿机）是由制冷系统和风机等组成的除湿设备，其工作原理见图 3-30。空气经冷冻除湿机处理的状态变化如图 3-31 所示。

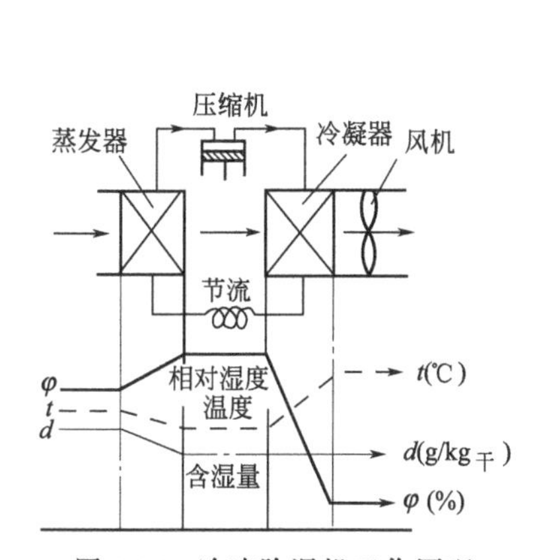

图 3-30　冷冻除湿机工作原理

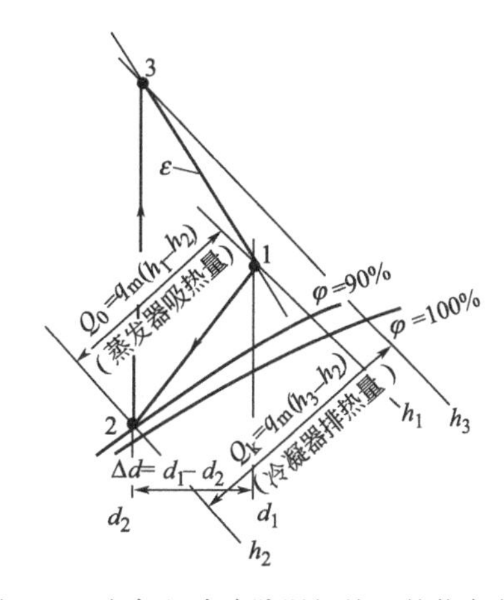

图 3-31　空气经冷冻除湿机处理的状态变化

需要除湿的空气由状态 1 经过制冷装置的蒸发器，由于蒸发器的表面温度低于空气的露点温度，空气被降温减湿到状态 2；经过冷却干燥后的空气离开蒸发器马上进入冷凝器，吸收热量后温度升高到状态 3。这时，虽然空气的温度比状态 1 时高，但含湿量却比状态 1 时小，达到了除湿的目的。

从上述冷冻除湿机的工作原理可知，冷冻除湿实质上也属于表面式换热器除湿，只是空气经冷冻除湿机处理后，含湿量虽然减少了，但温度却提高了，空气状态的变化过程为增焓减湿，因此冷冻除湿机只适用于既要减湿，又需要加热的场合。冷冻除湿机的优点是使用方便、效果可靠、缺点是使用条件受到一定限制、耗电多、运行费用较高。

由图 3-31 可看出，冷冻除湿机的制冷量为：

$$Q_0=q_m(h_1-h_2)\text{kW} \tag{3-1}$$

除湿量为：

$$W=q_m(d_1-d_2)\ \text{kg/s} \tag{3-2}$$

由式（3-1）求出风量　$q_m=Q_0/(h_1-h_2)$，代入式（3-2）则可得：

$$W=\frac{Q_0(d_1-d_2)}{h_1-h_2}=\frac{Q_0}{\varepsilon} \tag{3-3}$$

上式结果表明，冷冻除湿机的除湿量与其制冷量成正比，与除湿过程的热湿比成反比。

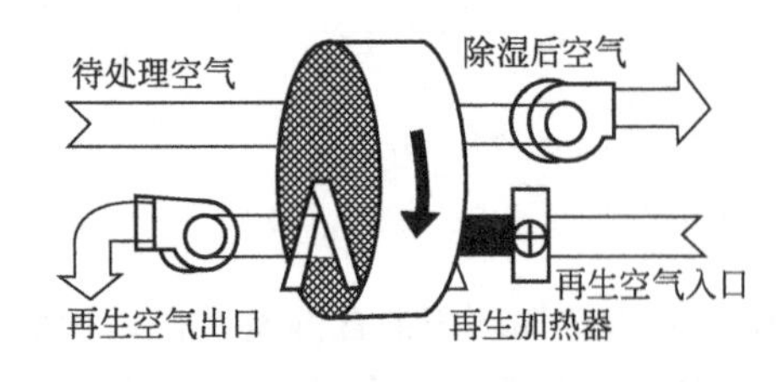

图 3-32 转轮除湿设备的工作原理

3.5.2 转轮除湿机

使除湿系统能连续工作，可以采用转轮除湿设备。转轮除湿设备的工作原理见图 3-32。这种除湿机由转轮、风机、再生加热器等组成。转轮由特殊复合耐热材料制成的波纹状介质构成，形成许多密集的蜂窝状小通道，波纹状介质中载有吸湿材料。转轮工作时被分为两个区域：一个是吸湿区，占转轮轴向圆面积的 3/4，为 270°扇形；另一个是再生区，占剩下的 1/4，为 90°扇形。当转轮在驱动装置的带动下，以每小时几转的速度缓慢旋转时，需要除湿处理的空气由转轮一侧进入吸湿区的蜂窝状通道，其所含水蒸气即被处于这个区域中的吸湿材料吸收或吸附，使空气得到干燥。与此同时，经过再生加热器加热的高温空气（再生空气）由转轮的另一侧进入转轮的再生区，将处于这个区域内的吸湿材料所含的水分吸出、带走。尽管吸湿和再生两个过程在不同的区域内同时进行，但由于转轮一直在转动，因此使得吸湿和再生能连续进行。

从上述分析可知，转轮除湿机的吸湿部件是蜂窝状转轮。由于采用的吸湿材料种类不同，转轮可分为氯化锂转轮、硅胶转轮和分子筛转轮三种，其中使用最多的是氯化锂转轮和硅胶转轮。

氯化锂转轮是将吸湿剂（氯化锂和氯化锰共晶体）和保护加强剂（无机胶料聚合铝）的混合物通过浸制式涂布均匀地嵌固在吸湿载体（石棉纸）的表面。由于转轮有许多密集的蜂窝状小通道，所以湿交换的面积大（每立方米体积约有 3000m^2），除湿能力很强。此外，由于转芯主要载体材料为无机纤维，不会老化、性能稳定、使用年限较长。但是氯化锂转轮的强度不如硅胶转轮。

硅胶转轮则是把硅胶以化学反应方式附着在波纹状介质上。与氯化锂转轮相比，硅胶转轮具有强度高、不会腐蚀、可以清洗等优点，但是价格较昂贵。

转轮除湿机按结构不同可分为整体式和组合式两种。整体式转轮除湿机的所有部件均装在一个箱体内，箱体外壳上只留有处理空气和再生空气的进出口。组合式转轮除湿机除了除湿段外，在除湿段前有过滤段与表冷器段，在除湿段后有表冷器段及风机段。前面的表冷器段起辅助冷却除湿作用，后面的表冷器段起降温作用。经过组合式转轮除湿机处理的空气能更好地满足空调房间的温湿度控制要求。

转轮除湿机的特点是结构简单、质量小、操作和维护管理方便；转动部件少、转速低、噪声小；转轮性能稳定、使用年限长；转轮芯呈蜂窝状，单位体积的吸收或吸附表面积大，吸湿量高，再生容易。

3.6 空气净化技术及设备

送入空调房间的空气，除了温、湿度应满足要求外，一般还应满足品质方面的要求，即应当洁净、无菌、无臭味及有足够的负离子含量。空调房间的空气中若含有悬浮微粒等固态污染物、有害气体等气态污染物以及生化污染物，会对人的正常工作和生活产生不利影响，严重时还会对人的身体健康造成极大危害。在一些生产过程中，还会影响产品的质量、精度、纯度和成品合格率。因此，需采取有效的技术措施，清除空气中的污染物。

空气净化处理就是通过空气过滤及净化设备，清除或尽量减少空调房间空气中的悬浮微粒等污染物。对空气进行除臭、杀菌、增加负离子等，可进一步改善室内空气品质。

3.6.1　空气中固态污染物的净化处理

对空气中固态污染物的净化处理是空气净化处理最基本、也是最广泛的要求，为此而采用的技术措施主要是过滤。利用过滤设备处理空气中的悬浮微粒，一方面将拟送入洁净空间的空气处理到所要求的洁净度，另一方面也可防止热交换器表面积尘后影响其热湿交换性能。可吸入颗粒物（particulate matter less than 10μm，PM_{10}）则是指悬浮在空气中的动力学当量直径小于等于 10μm 的固态颗粒物，对公众健康有严重威胁。

(1) 空气中悬浮微粒的净化标准

空气中悬浮微粒净化的标准通常用空气洁净度等级来衡量。空气洁净度是洁净空气环境中空气含悬浮微粒量多少的程度。空气含尘浓度高则其洁净度低，含尘浓度低则其空气洁净度高。

根据空调房间的用途不同，空气中悬浮微粒的净化要求可分为以下三类：

① 一般净化。对空气中的悬浮微粒没有具体要求，送入空调房间的空气只需进行一般的净化处理。大多数以温湿度控制为主的舒适性空调房间，均属于没有空气洁净度级别要求，但又有一定洁净度要求的房间，因此通常只设粗效过滤器对拟送入空调房间的空气进行一般的净化处理。

② 中等净化。对空气中悬浮微粒的质量浓度有一定要求，一般采用二级过滤（在初效过滤器的下游再设一个中效过滤器），适用于配备有空调系统的大型公共建筑。

③ 超净净化。对空气中悬浮微粒的大小和数量均有严格要求。在洁净工艺中，空气中悬浮微粒的大小和数量对生产工艺有直接影响，所以超净净化级别均以粒径计数浓度来划分。对要求无菌的生物洁净室，还要严格控制空气中微生物的粒子数。为此，超净净化一般要采用初、中、高效三种过滤器进行三级过滤。

超净净化的实现需要在洁净室内进行。所谓洁净室是指对空气的洁净度、温度、湿度、静压等参数，根据需要进行控制的密闭性较好的房间，该房间的各项参数均能满足“洁净室级别”的规定。

(2) 空气的洁净度等级

空气洁净度等级是评价空气洁净环境的核心指标，《洁净厂房设计规范》（GB 50073—2013）把洁净室（区）划分为如表 3-2 列出的九个洁净度等级。从表中可看出，空气洁净度主要控制两个对象：一是可能造成损害的空气中最小微粒直径；二是可能造成损害的空气中的微粒数量。

表 3-2　洁净室（区）空气洁净度等级

空气洁净度等级	大于或等于表中粒径的最大浓度限值/(粒/m^3)					
	0.1μm	0.2μm	0.3μm	0.5μm	1.0μm	5.0μm
1	10	2				
2	100	24	10	4		
3	1000	237	102	35	8	

续表

空气洁净度等级	大于或等于表中粒径的最大浓度限值/(粒/m^3)					
	0.1μm	0.2μm	0.3μm	0.5μm	1.0μm	5.0μm
4	10000	2370	1020	352	83	
5	100000	23700	10200	3520	832	29
6	1000000	237000	102000	35200	8320	293
7				352000	83200	2930
8				3520000	832000	29300
9				35200000	8320000	293000

此外，要求无菌的生物洁净室还需要对空气中的微生物含量进行严格控制，如国家药品监督管理局发布的《药品生产管理规范》(2010 年修订，good manufacture practice of medical products，简称药品 GMP) 中，对药品生产洁净室（区）的空气洁净度等级的划分就增加了微生物指标（表 3-3）。

表 3-3　医药工业洁净厂房空气洁净度等级

空气洁净度等级	尘粒最大允许数/(粒/m^3)		微生物最大允许数	
	≥0.5μm	≥5.0μm	浮游菌/(个/m^3)	沉降菌/(个/皿)
100	3500	0	5	1
10000	350000	2000	100	3
100000	3500000	20000	500	10
300000	10500000	60000	1000	15

室内空气环境洁净度等级应从保证生产过程和产品质量的可靠性及对人体的安全性出发，经过实验研究或长期地统计分析或根据经验确定。虽然空气中悬浮微粒数越少，对保证加工精度和产品质量越有利，但同时初投资与运行费用却要大大提高。因此，洁净等级的选择需要综合考虑多种因素。

(3) $PM_{2.5}$ 及其危害

$PM_{2.5}$ 也被称为细颗粒物或细微颗粒，是指环境空气中动力学当量直径小于等于 2.5 微米的颗粒物，其粒径小、比表面积大，在大气中的悬浮停留时间长、输送距离远。与 PM_{10} 通常沉积在人体上呼吸道部位不同，$PM_{2.5}$ 可深入细支气管及肺泡，直接影响人体的通气和补氧机能，比表面积大导致其更易于携带有毒有害物质，对人体健康危害大。

$PM_{2.5}$ 在大气中含量较少，但对空气能见度等空气质量指标影响重大。研究表明，每年全球有近 200 万的过早死亡病例与颗粒污染物有关，人类的平均寿命因空气污染很可能缩短 5 年以上。$PM_{2.5}$ 对多环芳烃等有机污染物和重金属的吸附，使长期暴露人群的致癌、致畸、致突变的概率明显上升。同时，$PM_{2.5}$ 能影响成云和降雨过程，间接影响着气候变化，使地球整体气候可能变得更糟糕。大气中雨水的凝结核，除了海水中的盐分，$PM_{2.5}$ 也是重要源。部分条件下，$PM_{2.5}$ 太多“分食”水分，使天空中的云滴无法成型长大，蓝天白云就将减少。另一些条件下，$PM_{2.5}$ 会增加凝结核的数量，使天空中的雨滴增多，极端时易发生暴雨。

目前，$PM_{2.5}$ 指数已经成为世界各国的重要空气污染程度测控指标。2016 年我国全面实施《环境空气质量标准》(GB 3095—2012)，增设 $PM_{2.5}$ 的浓度限值为年均值 35μg/m³(日均浓度限值为 75μg/m³)。部分植物叶片能够吸附 $PM_{2.5}$ 并产生对人体健康有益的气体，缺点是吸附效率低。室内雾化器、水池、鱼缸等能够吸收空气中的亲水性 $PM_{2.5}$，但缺点是增加湿度。过滤方式去除 $PM_{2.5}$ 能显著降低 $PM_{2.5}$ 浓度，但滤膜、滤芯等需要清洗或更换。

3.6.2 气态及生化污染物的净化处理

(1) 气态污染物的净化处理

空调系统常采用的气态污染物的净化处理方式有：

① 洗涤吸收。洗涤吸收是依靠水溶剂对可溶性气体的溶解作用，吸收并除去空气中的有害气体。如喷水室及前述的湿式过滤器等，都能对空气中的亲水性有害气体起到净化作用。特别是湿式过滤器，对亚硫酸和硫化氢等可溶性气体，具有较高的过滤效率。

② 活性炭吸附。活性炭主要是由某些有机物（如木材、硬果壳等）经炭化、活化等过程加工而成的。加工后的活性炭内部形成许多极细小的非封闭孔隙，大大增加了与空气接触的表面面积，具有很强的吸附能力。活性炭过滤器（属于化学过滤器的一种）可用于过滤某些有毒、有臭味的气体，在一个标准大气压、温度为 20℃的条件下，活性炭对一些有害气体或有味气体的吸附性能见表 3-4。

表 3-4 活性炭的吸附性能

物质名称	吸附保持量/%	物质名称	吸附保持量/%
二氧化硫	10	一氧化碳	少量
氯气	15	氨	少量
二硫化碳	15	吡啶(烟草燃烧产生)	25
苯	24	丁基酸(汗、体臭)	35
臭氧	能还原为 O_2	烹调味	约 30
二氧化碳	少量	浴厕味	约 30

在正常条件下，活性炭的吸附量可达本身质量的 15%～20%。当接近和达到吸附保持量时，其吸附能力下降直至失效。对失效的活性炭需要更换或进行再生，再生的方法有水蒸气蒸熏、阳光暴晒等。表 3-5 提供了不同用途时活性炭的使用量及其使用寿命。

表 3-5 活性炭使用量及使用寿命

用途	1000m³/h 风量所需活性炭量/kg	平均使用寿命
居住建筑	10	≥2 年
商业建筑	10～12	1.0～1.5 年
工业建筑	16	0.5～1.0 年

活性炭过滤器的前后均应设置普通过滤器，前置普通过滤器作保护，防止灰尘堵塞活性炭的微孔结构；后置普通过滤器作防护，防止活性炭粉末可能的泄漏而污染过滤后的空气。

③ 光触媒吸附。光触媒是经过光敏剂严格处理的活性炭。光触媒吸附就是利用涂敷了光敏剂的活性炭微孔来吸附（包括物理变化和化学变化）有害气体，能有限吸附空气中的氨、甲醛、苯和 H_2S 等有害气体。光触媒一般可连续使用 0.5～1 年，达到一定饱和后，只需将其放在太阳光下暴晒 6～8h，或者在室外晾晒 8～16h，就可利用大气中的紫外线通过光

敏剂将被吸附的有害气体进行催化和分解，成为无毒和无味的气体。也可将光触媒置于人工紫外线光源下，照射 4～6h，达到同样的效果，使其功能得到再生。光触媒除臭和除去有害成分的性能均大大超过单纯的活性炭，而且通常能够再生而重复使用 6～7 次。

④ 化学吸收。利用化学药品与某些有害气体发生化学反应，也可以除去某些气态污染物。如利用硫酸二铁、氧化铁等能够吸收空气中的臭气，起到除臭的目的。

臭氧也有除臭作用，特别是对一些气态有机化合物有显著效果。但过量的臭氧对人体有害，且对金属管道有强烈的腐蚀作用，故臭氧质量浓度必须小于 $1.0mg/m^3$。

此外，还可将清洁、无臭的空气送入室内冲淡或更换室内含有害气体或有臭味的空气，降低气态污染物的浓度。

(2) 生化污染物的净化处理

用于生物洁净室和医院手术室的净化空调系统，以及在发生 SARS、新冠肺炎等流行病疫情时，有可能通过空调系统传染扩散的空调系统，对其送风还需要进行过滤除菌或紫外线辐射灭菌等处理。

① 过滤除菌。细菌、立克次体、病菌这些微生物在空气中是不能单独存在的，总是附着在灰尘上，而且也不是以单体形式存在，而是以菌团或孢子的形式存在，因此可利用中效、亚高效和高效过滤器对悬浮微粒进行过滤，即可大量减少空气中细菌等微生物的含量。显然，这种方法只能滤除微生物，但不能杀灭它，要杀灭还需配备相关装置。

② 紫外线辐射灭菌。紫外线辐射灭菌属于电磁辐射灭菌方法，其灭菌原理主要是通过电磁波破坏细菌细胞内的蛋白质、核酸（DNA）以及吸收电磁波后的热反应。通常将 C 波段的无臭氧紫外线灯安装在空调设备的回风口处，让空气有组织地流过紫外线灯的有效照射区，且不应让紫外线外泄伤人，使其达到不关机（灯）使用的条件即可。

3.6.3 空气过滤器

空气过滤器是空调工程中广泛使用的、对空气进行净化处理的主要设备，也是创造室内优质空气环境质量不可缺少的重要设备，其主要作用是捕集空气中的悬浮微粒。

(1) 空气过滤器的工作机理

把悬浮微粒从空气中清除，一般有过滤分离、离心分离、重力分离、电力分离和洗涤分离等五种方法。相对于工业除尘来说，空调工程中需净化的空气中所含悬浮微粒的粒径小，质量轻，因此主要是采用过滤分离（又称为筛滤）的方法来清除空气中的悬浮微粒，相应的分离装置称为空气过滤器。

在对空气进行过滤时，利用滤料孔隙将大于孔隙尺寸的微粒阻留下来的现象称为过滤作用和筛滤作用。由于滤料的孔隙往往比微粒的粒径大得多，大部分的悬浮微粒是不能通过过滤去除掉的，可见过滤作用在空气过滤器中是很有限的。实际上，空气过滤器捕捉悬浮微粒的作用是比较复杂的，不是仅有上述筛滤作用（又称拦截作用）一种，而是至少还有以下四种：

① 惯性作用。当气流在滤料中穿行时，要不时地拐弯，随气流运动的微粒因受惯性力的作用，来不及拐弯而脱离流线仍直线前行，就会与滤料碰撞并沉附其上。惯性作用随微粒粒径和过滤风速增大而增强。

② 扩散作用。当微粒随气体分子作布朗运动时，会脱离流线与滤料碰撞并沉附其上。

微粒越小、流速越低，扩散作用越显著。

③ 重力作用。微粒通过滤料时，在重力作用下发生脱离流线的位移，即因重力沉降而沉积在滤料上。由于气流通过纤维过滤器特别是滤纸型过滤器的时间远远小于1s，因而对于粒径小于0.5μm的微粒，当它还没有沉降到纤维上时已通过了纤维层，所以重力沉降作用对于小于0.5μm的微粒可以忽略。

④ 静电作用。由于气流摩擦和其他原因，滤料和微粒都可能带上电荷，若滤料和微粒所带电荷相反，微粒就会吸附在滤料上。

上述各种微粒捕捉作用，对某一微粒来说并非同时有效，起主导作用的往往只是其中的某一种或两种。

(2) 空气过滤器的主要性能指标

空气过滤器常用四个性能指标，即面速或滤速、效率、阻力和容尘量。

1）面速和滤速：衡量空气过滤器通过风量的能力可用面速或滤速来表示。

① 面速。指过滤器断面上通过气流的速度，一般用 u（m/s）表示：

$$u=\frac{q_V}{3600F} \tag{3-4}$$

式中 q_V——风量，m^3/h；

F——过滤器断面积即迎风面积，m^2。

面速反映过滤器的通过能力和安装面积，面速越大，过滤器的占地面积越小。

② 滤速。指滤料面积上通过气流的速度，一般用 v（cm/s）表示：

$$v=\frac{10^2 q_V}{3600f} \tag{3-5}$$

式中 f——滤料的净面积，即除去黏结等占去的面积，m^2。

滤速反映滤料的通过能力，特别是反映滤料的过滤性能。采用的滤速越低，一般来说将获得较高的效率；而过滤器允许的滤速越低，则说明其滤料阻力越大。

2）效率和透过率：空气过滤器的过滤效果有效率和透过率两种表示方法。

① 效率 η。通常用额定风量下，经过滤器捕集的尘粒量与过滤器进口处空气含尘量的比值的百分比表示，即：

$$\eta=\frac{c_0-c_1}{c_0}\times 100\%=\left(1-\frac{c_1}{c_0}\right)\times 100\% \tag{3-6}$$

式中 c_0、c_1——分别为过滤器进出口气流中微粒的质量，单位为mg/h。

该效率称为计重效率，即采用计重法检测得的过滤器效率，其他常用的过滤器效率检测方法还有比色法和钠焰法等。

在净化要求较高的空气净化系统中，通常需要将不同类型的过滤器串联使用。如图3-33所示的过滤装置由粗效和中效两级过滤器串联组成，其单个过滤器的过滤效率分别为 η_1 和 η_2，空气过滤流程中的含尘浓度分别为 c_0、c_1 和 c_2。

根据效率的定义，两个过滤器的总效率为：

$$\eta_z=\frac{c_0-c_2}{c_0} \tag{3-7}$$

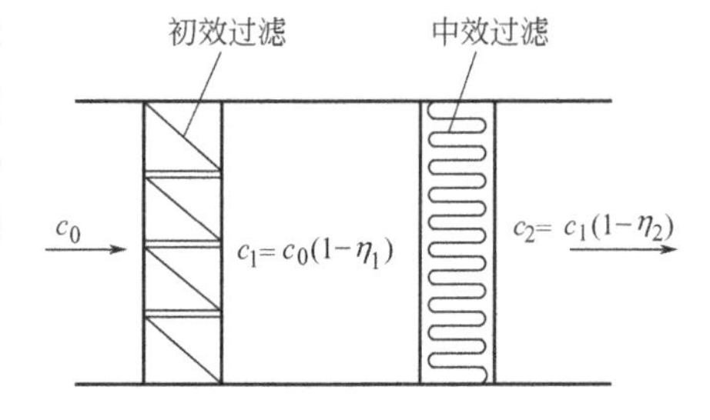

图3-33 多级过滤器串联的效率分析

由式（3-6）可得：　　$c_1=c_0(1-\eta_1)$，$c_2=c_1(1-\eta_2)$

所以：

$$\eta_z=\frac{c_0-c_2}{c_0}=\frac{c_0-c_0(1-\eta_1)(1-\eta_2)}{c_0}=1-(1-\eta_1)(1-\eta_2) \tag{3-8}$$

由此可得由 n 个过滤器串联组成的 n 级过滤装置，其总的过滤效率为：

$$\eta_z=1-(1-\eta_1)(1-\eta_2)\cdots(1-\eta_n) \tag{3-9}$$

式中　η_1，η_2，…，η_n——分别为第一级，第二级，…，第 n 级过滤器的过滤效率。

② 透过率 K。过滤器中穿透过去的悬浮微粒的多少即为透过率 K，又称为穿透率，其表达式为：

$$K=\frac{c_1}{c_0}\times100\%=(1-\eta)\times100\% \tag{3-10}$$

透过率可反映经过过滤后的空气含尘量的相对大小，而过滤效率反映的是被过滤器捕捉到的微粒量的相对大小。对于效率较高的过滤器，过滤效率相差不大，但其透过率则有可能相差几倍，故对于高效过滤器常用透过率来评价其性能。

3）阻力：气流通过空气过滤器的阻力称为过滤器阻力或全阻力，包括滤料的阻力和过滤器结构（如框架、分隔片、保护面层等）的阻力。

过滤器的阻力 Δp 可表示为：

$$\Delta p=Au+Bu^m \tag{3-11}$$

式中　Δp——过滤器阻力（即压力降），Pa；

u——过滤器迎面风速，m/s；

A——滤料结构系数；

B——过滤器结构阻力系数；

m——实验系数。

式（3-11）中第一项表示滤料阻力，第二项表示过滤器结构阻力。对于中、高效过滤器，其阻力主要是由滤料造成的。

此外，若以滤速 v 来统一表示，过滤器阻力还可写成以下形式：

$$\Delta p=Cv^n \tag{3-12}$$

式中　C——经验系数，国产过滤器约在 3～10 之间；

n——经验系数，$n=1.1\sim1.36$。

气流流速会影响过滤器的过滤效率和系统的正常运行。当气流速度和过滤面积确定后，过滤风量也就确定了。由生产厂家根据过滤器类型和规格，选择适宜的气流速度和过滤面积所确定的过滤风量，称为过滤器的额定风量。

空气过滤器的阻力与其积尘量的多少成正比。在额定风量下，尚未积尘的新过滤器的阻力称为初阻力。初阻力的大小由实验得出。随着过滤器使用时间的增加，非自动清理多滤器的积尘会越来越多，过滤器阻力会逐渐增大。过滤器上的积尘量达到一定值时的阻力称为终阻力。为了保证空气净化系统在要求的风量范围经济、正常地运行，一般将终阻力定为初阻力的两倍（过高的终阻力会导致系统风量锐减），并将此值作为过滤器的阻力来计算系统的总阻力。当过滤器的阻力达到终阻力时，就需要清洁或更换。

4）容尘量：空气过滤器的容尘量是与其使用期限（或清洁、更换周期）有直接关系的指标。通常将在额定风量下运行时，过滤器的阻力达到终阻力或过滤器的效率下降到初始效率的85%以下时，过滤器所容纳的积尘量作为该过滤器的标准容尘量，简称容尘量，也就是该过滤器允许的最大积尘量。由于滤料性质的不同，尘粒的组成、形状、粒径、密度、黏滞性及浓度不同，使得过滤器的容尘量也有较大的差别。

(3) 空气过滤器的滤料

空气过滤器采用的过滤材料简称滤料，又称为滤材，主要有金属丝网、纤维织物、无纺布和泡沫塑料，其中纤维织物和无纺布是使用最多的。

金属丝网通常由铝、不锈钢等金属丝编织而成，有单层和多层。

纤维织物可以分为三大类，一类是天然纤维织物，如羊毛和棉织物。另一类是化学纤维织物，即用化学方法改变原材料的性质，并织成纤维织物，纤维的化学性质与原材料的化学性质完全不同，如锦纶和丙纶织物。第三类是人造纤维织物，即用物理方法使原材料成型为纤维，纤维制成前后的化学性质不发生改变，如把玻璃熔融后喷丝制成的玻璃纤维再编织成织物。

无纺布又称为不织造布或不织布，作为滤料使用的无纺布通常是采用针刺喷粘法和热熔法工艺制成的一种毡状纤维层，这种纤维层的厚度可以从不到一毫米到几十毫米，有从粗效到接近亚高效的很宽的效率范围。

用作滤料的泡沫塑料必须有许多通孔，泡沫塑料有较好的柔性、弹性、耐油性和弱酸碱性，可以在较宽的温度范围内使用。

(4) 影响过滤器过滤效果的因素

下列因素对空气过滤器过滤效果有着直接影响：

① 尘粒直径。尘粒直径愈大，撞击作用愈大，过滤效果愈好。

② 滤料纤维的粗细和密实。一般在相同密实条件下，纤维直径愈细，则接触面积愈大，其过滤效果愈好。当然纤维愈密实，滤尘效率愈高，但气流阻力就愈大。因此，除特殊要求外，一般不宜采用过细的纤维滤料。

③ 过滤风速。风速高，惯性作用大，但气流阻力增大，多耗电能，而且还有可能将已经沉附于滤料上的微粒再次吹起，又削弱了过滤效率；对于高效过滤器，为了尽量发挥扩散作用，需要延长含尘气流通过滤料的时间，故要求较低的过滤风速，通常为每秒几厘米。

④ 附尘的影响。对于非自动清洁的过滤器，使用较长时间后，滤料表面积存的微粒逐渐增多，虽可提高过滤效率，但同时也加大了气流阻力。阻力过大时，会影响整个净化系统的运行，还可能使滤料被积尘挤破而失去过滤能力，所以过滤器要定期清洗或更换。

(5) 空气过滤器的类型

在《空气过滤器》(GB/T 14295—2019) 和《高效空气过滤器》(GB/T 13554—2008) 中，将空气过滤器按其过滤效率分为初效过滤器、中效过滤器、高中效过滤器、亚高效过滤器和高效过滤器五种。其中高效过滤器按效率高低和阻力大小又细分为A、B、C、D四类。空调工程常见的是初效、中效和高效过滤器，高中效和亚高效过滤器则属于国内较新的分类。

此外，根据结构形式的不同，空气过滤器还可分为平板式过滤器、折褶式过滤器、袋式过滤器和卷绕式过滤器；按滤料更换方式的不同，可分为可清洗式过滤器、可更换式过滤器与一次性使用式过滤器；按使用的滤料不同可分为滤纸过滤器、纤维（层）过滤器、无纺布过滤器、泡沫材料过滤器等。

① 初效过滤器。初效过滤器又称为粗效过滤器，主要用于过滤 5μm 以上的大微粒及各种异物，在空气净化系统中作为对含尘空气的第一级过滤，同时也作为中效过滤器前的预过滤，对后级过滤器起到一定的保护作用。

初效过滤器常用的滤料有金属丝网、玻璃纤维布、无纺布和粗、中孔聚氨酯泡沫塑料等，结构形式主要为板式和折叠式。

为了便于安装，初效过滤器大多做成 500mm×500mm×50mm 的扁平状，如图 3-34 所示，并布置成“人”字形排列或倾斜安装，以加大过滤面积，如图 3-35 所示。

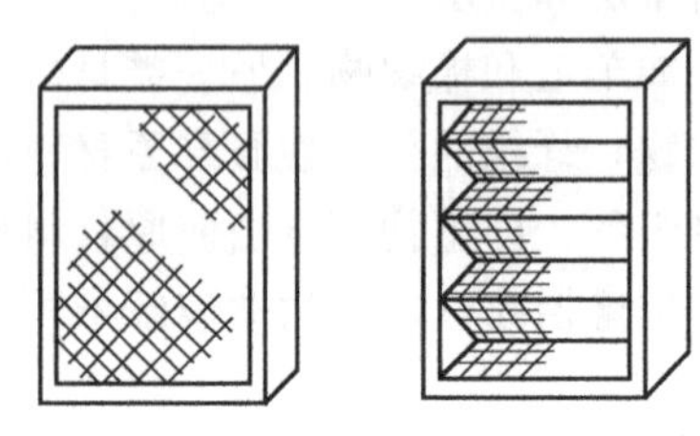

图 3-34 金属网式初效过滤器

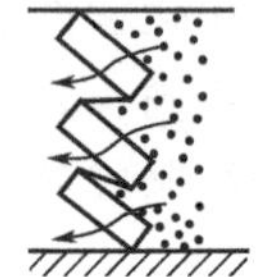

图 3-35 初效过滤器的安装方式

② 中效过滤器。中效过滤器（包括高中效过滤器）主要用于过滤 1μm 以上的微粒，在净化系统中用作高效过滤器的前级预过滤，对高效过滤器起到保护作用。也在一些要求较高的空调系统中单独使用，以提高空气的清洁度。

中效过滤器使用的滤料主要有玻璃纤维布（比初效过滤器采用的玻璃纤维直径小，约 10μm 左右）、无纺布和中细孔聚乙烯泡沫塑料等。结构形式主要为袋式、抽屉式、管式和折叠式等（图 3-36～图 3-39），成组地安装于空调设备内的支架上。无纺布和泡沫塑料滤料使用到一定程度可清洁后再用，玻璃纤维布和无纺布滤料则更需要更换。

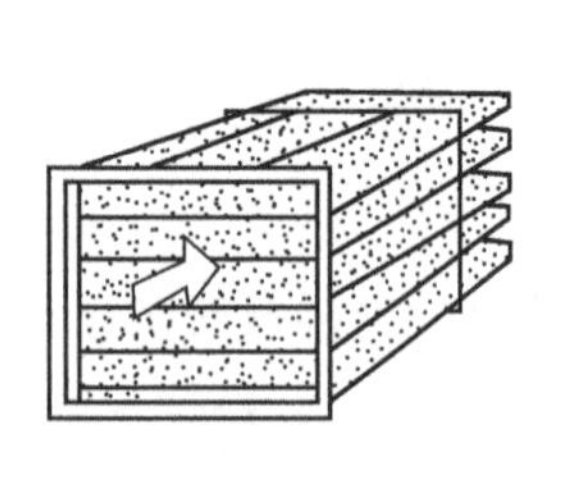

(a) 泡沫塑料

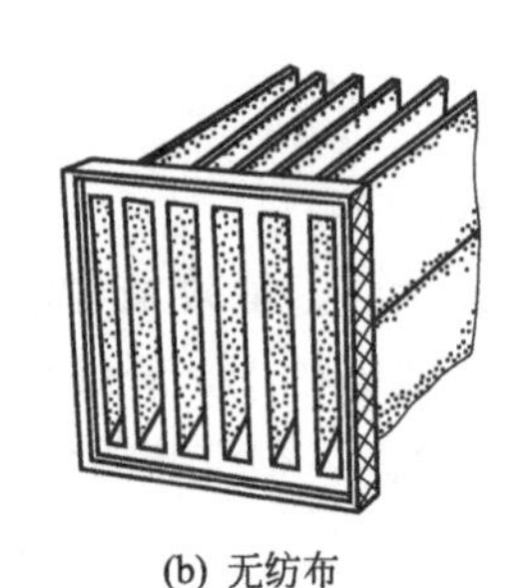

(b) 无纺布

图 3-36 袋式过滤器

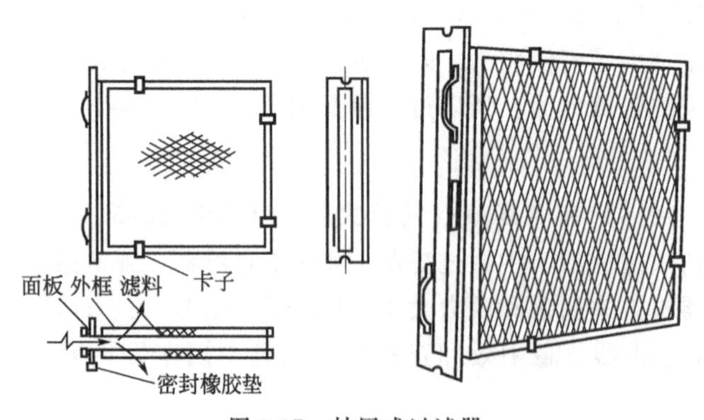

图 3-37 抽屉式过滤器

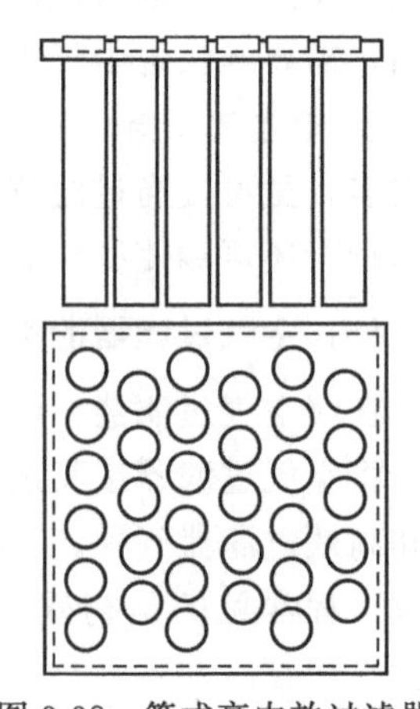

图 3-38 管式高中效过滤器

1—孔板；2—滤袋；3—空气进出口

③ 高效过滤器。高效过滤器（包括亚高效过滤器）主要用于过滤 0.1μm 以下的亚微米级微粒，同时还能有效地滤除细菌，以满足超净化和无菌净化的要求。高效过滤器在净化系

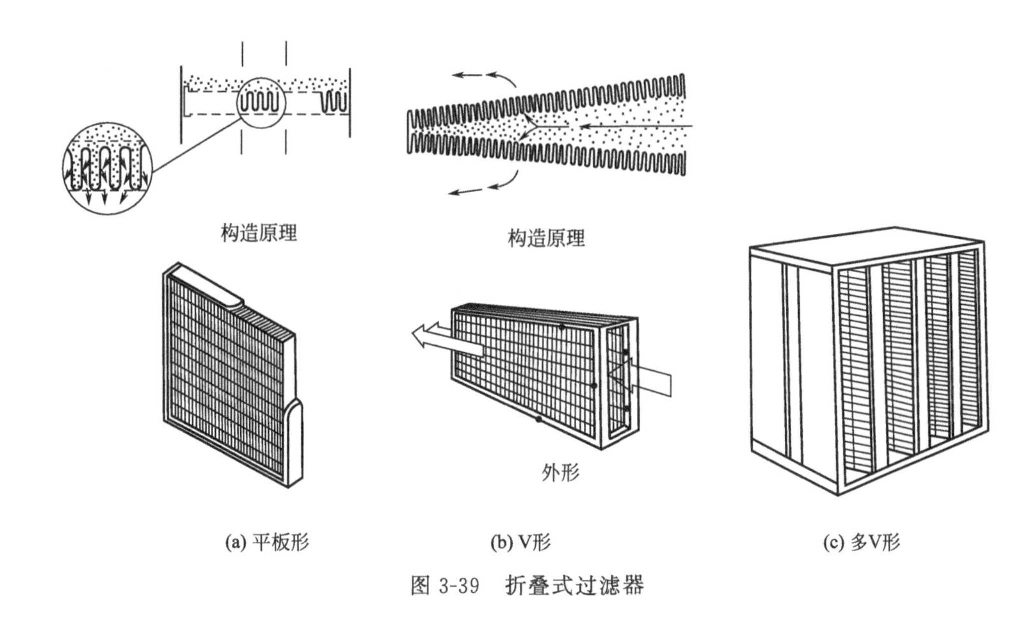

(a) 平板形　(b) V形　(c) 多V形

图 3-39　折叠式过滤器

统中作为三级过滤器的末级过滤器，当对 0.1μm 以上的粒子计数效率达到 99.999%以上时，亦称超高效过滤器。

高效过滤器的滤料一般是超细玻璃纤维或合成纤维加工而成的滤纸（图 3-40）。按过滤器滤芯结构分有分隔板（片）和无分隔板（片）两类。无分隔板（片）过滤器体积小，性能较有分隔板（片）过滤器有所提高。

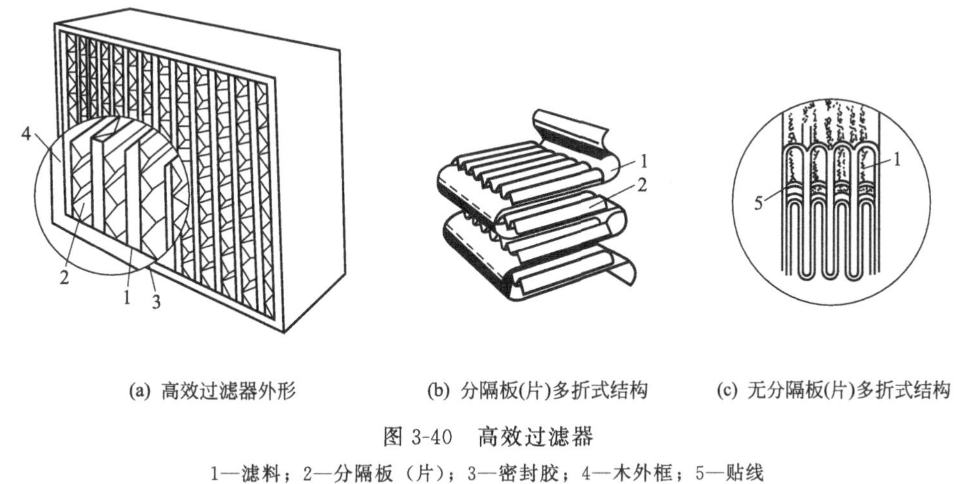

(a) 高效过滤器外形　(b) 分隔板(片)多折式结构　(c) 无分隔板(片)多折式结构

图 3-40　高效过滤器

1—滤料；2—分隔板（片）；3—密封胶；4—木外框；5—贴线

对于超细微粒，其扩散作用对提高过滤效率有重要影响。为了加强扩散作用，提高高效过滤器过滤效率，需要延长含尘气流通过滤料的时间，即采用低滤速（通常为每秒几厘米），需大大增加滤纸的面积。故高效过滤器的滤纸需经多次折叠，使其过滤面积达迎风面积的 50～60 倍。

高效过滤器送风口是净化空调系统的末端净化装置，它由内装高效过滤器的箱体、接管、扩散孔板组成，如图 3-41 所示。高效过滤器送风口与净化空调系统的风管可以顶接也可以侧接，箱体可以是不保温的，也可以是保温的。

④ 非筛滤过滤的过滤器。除上述空气过滤器外，在空调工程的空气净化中还偶有采用

湿式过滤器、静电过滤器等其他类型的过滤装置，它们的滤尘机理与空气过滤器完全不相同。

湿式过滤是依靠向滤料装置上喷淋水来除去空气中的尘粒，同时还能除去大气中的亚硫酸气体等，其过滤效率与中效、高中效过滤器相当。湿式过滤器为了避免水质污染，需经常补充和更换喷淋水。

静电过滤器利用电源产生的高压电，使空气电离而形成数量相等的正、负离子，通过过滤器的正、负电极将带电尘粒吸引并将其除去。静电过滤器的特点是对不同粒径的尘粒均可有效捕集，滤尘效率高，一般属于高中效或亚高效过滤器。由于静电过滤器积尘增加到一定程度会产生逆电离现象，或某种原因过滤器断电而系统仍在运行，都会使沉积的灰尘再次返回到气流中。因此，静电过滤器一般仅作为中间过滤器使用。

另外，UV/光电子净化也是采用静电过滤的原理实现对超细微粒的过滤（图 3-42）。这种方法与普通静电过滤器不同，它是利用紫外线照射在金属膜层上产生光电效应，在空气中产生电子和负离子，使流经的超细微粒带电而被集尘极捕集。

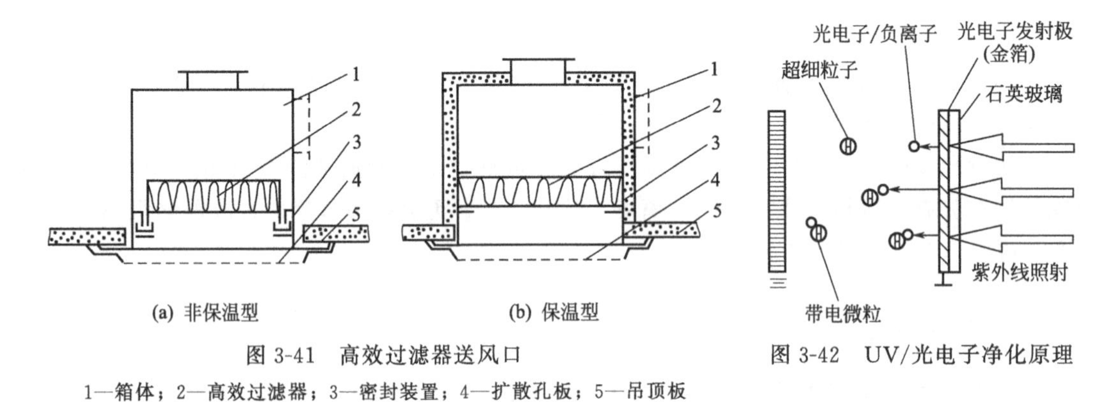

图 3-41 高效过滤器送风口

1—箱体；2—高效过滤器；3—密封装置；4—扩散孔板；5—吊顶板

图 3-42 UV/光电子净化原理

(6) 空气过滤器的工程应用

根据空调房间对悬浮微粒的净化要求，一般净化时，空调系统或装置通常设一道粗效过滤器将大微粒滤掉即可。大多数民用建筑与工业建筑空调以温湿度控制为主，其净化要求均属此类，最常见的为各类空调室内末端的进风滤网。

对于要求较高的空调房间，采用中等净化。在这类系统中可设置两道过滤器，即一道粗效过滤器和一道中效过滤器，便可满足要求。

对有超净净化要求的生产或实验工艺，至少需设置 3 级过滤，1、2 级为初、中效过滤器，用作预过滤，第 3 级设高效过滤器。为防止空调送风系统对处理过的空气造成再污染，高效过滤器应设置在送风系统的末端，经其处理后的空气直接送入洁净区内。工程实践中，实现超净净化要求的高效过滤器与末端风机盘管通常组装为一个整体设备，即风机过滤单元 FFU（fan filter unit），部分场合下被称为自净器或层流罩。采用 FFU 送风方式时，往往是数十台、甚至数百台并联布置在吊顶上，因此应慎重考虑噪声、使用控制和维护管理等多方面的工程实践实际需求。

在确定了过滤器的净化级别后，根据系统所需处理的风量和过滤器产品的额定风量，选择所需过滤器的个数。实际使用中，为了延长粗效过滤器的更换周期，常按小于额定风量选用。

思考题与习题

3-1. 直接接触式热湿交换与间接接触式热湿交换有什么不同?

3-2. 对空气进行加热有哪些常见方法?

3-3. 喷水室有什么优缺点? 主要由哪些构件组成? 各起什么作用?

3-4. 空气与水直接接触时的热湿交换原理是什么? 其状态变化的七种典型过程的各自特点是什么? 其相应的热湿比有什么特点?

3-5. 常用的除湿机有哪几种? 各适用于什么场合?

3-6. 用表面式换热器能实现哪三种空气热湿处理过程? 要分别使用何种介质?

3-7. 表征空气过滤器性能的主要指标有哪些? 影响空气过滤器效果的因素有哪些?

3-8. 空调工程中，选择空气过滤器要注意哪些问题?

第4章 空气调节系统

空气调节系统一般由空气处理设备、空气输送管道、空气分配装置及被调节对象等组成。根据不同场合需要，实践中形成的不同类型空调系统，各有其优点和不足。具体工程中，通常根据被调节对象的性质或用途、热湿负荷特点、室内外设计参数等要求，结合可能为空调系统提供的建筑空间和面积、初投资和运行费等，经过分析比较，选择合理的空调系统。

4.1 空调系统的常见类型

4.1.1 按空气处理设备的集中程度分类

(1) 集中式系统

集中式系统的所有空气处理设备（包括风机、冷却器、加湿器、过滤器等）都设在一个集中的空调机房内，通常把这种由空气处理设备及通风机组成的箱体称为空气处理箱或空气处理室。处理空气所需要的冷热量由另外专门配备的冷热源（如冷水机组、锅炉）供给。这种系统的优点是便于维护管理，是工业建筑中工艺性空调与民用建筑中舒适性空调所采用的最基本的空调方式，但应注意各房间温湿度的个别调控。

(2) 半集中式系统

半集中式系统除了集中空调机房外，还设有分散在被调房间内的空气处理设备（末端设备）。它们可以对室内空气进行就地处理或对来自集中处理设备的空气进行补充处理，如诱导器系统、风机盘管系统等。半集中式空调系统处理空气所需要的冷热量也是由另外专门配备的冷热源供给的，在目前各类建筑尤其是高层建筑中半集中式空调系统发展较快且应用最广。

(3) 分散式系统

分散式系统又称为局部机组系统。这种机组把冷热源、空气处理设备和输送设备（风机）集中设置在一个箱体内，形成一个紧凑的空调系统。因此分散式系统不需要集中的机房，可以按照需要，灵活而分散地设置在空调房间内，使用灵活方便，是家用空调以及车辆空调的主要形式。工程上，把空调机组安装在空调房间的邻室，使用少量风道与空调房间相连的系统也称为分散式系统。

4.1.2　按负担室内负荷所用的介质种类分类

(1) 全空气系统

全空气系统是指空调房间的室内负荷全部由经过处理的空气来负担的空调系统，如图 4-1 (a) 所示。空气经集中设备处理后，通过风管送入空调房间吸热吸湿或放热放湿后排出房间，也可通过回风管道，部分返回空调设备再处理使用。单风管系统、双风管系统、变风量系统、全空气诱导式系统都属于这类系统。

由于空气的比热容较小，需要向空调房间或区域送入较多的空气才能达到控制温湿度的目的。因此全空气系统具有较大断面的风管管网，占用建筑空间较多。

(2) 全水系统

全水系统中空调房间的热湿负荷全靠水作为冷热介质来负担，如图 4-1 (b) 所示。由于水的比热容比空气大得多，所以在相同条件下只需较小的水量，从而使管道所占的空间减小许多。但是，仅靠水来消除余热余湿，并不能解决房间的通风换气问题，无新风的风机盘管系统和冷辐射板系统等属于这类系统，但通常不单独采用这种系统。

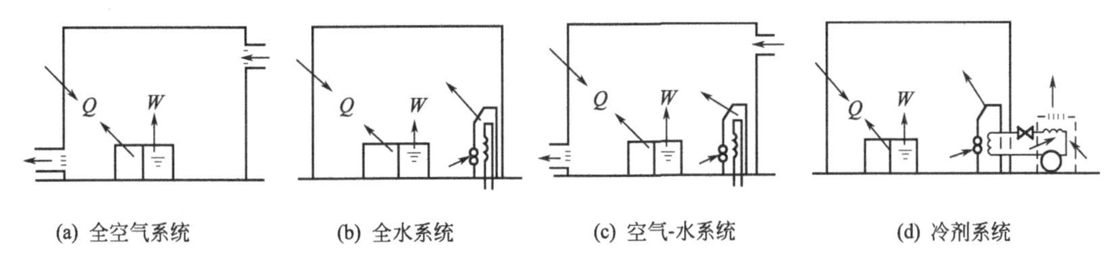

图 4-1　按负担室内负荷所用介质不同对空调系统的分类

(3) 空气-水系统

随着建筑物设置空调的场合越来越多，全靠空气负担热湿负荷将占用较多的建筑空间，全靠水负担热湿负荷又不能解决通风换气的问题。因此可同时采用空气和水来负担室内负荷，这就是空气-水系统，如图 4-1 (c) 所示。独立新风加风机盘管系统、置换通风加冷辐射板系统和再热器加诱导器系统均属于这类系统。

(4) 冷剂系统

冷剂系统是把制冷或热泵装置的蒸发器（冷凝器）直接放在室内，由制冷剂来负担空调房间或区域的热湿负荷，如图 4-1 (d) 所示。这种方式通常用于分散安装的局部空调机组，但由于冷剂管道不便于长距离输送，因此这种系统不宜作为集中式空调系统来使用。商用单元式空调器和家用房间式空调器属于这类系统。

4.1.3　按空调系统使用的空气来源分类

(1) 封闭式系统

封闭式系统所处理的空气全部来自空调房间本身，没有室外空气补充，全部为再循环空气，如图 4-2 (a) 所示。这种系统冷、热消耗量最省，但卫生效果差，只适合于无人或很少进人但又需保持一定温湿度的库房等场所。

(2) 直流式系统

直流式系统所处理的空气全部来自室外，室外空气经处理后送入室内，然后全部排出室外，如图 4-2（b）所示。这种系统耗能最多，但室内空气得到了百分之百的交换，卫生效果好，适用于不允许采用回风的场合，如放射性实验室、无菌手术室以及散发大量有害物的车间等。

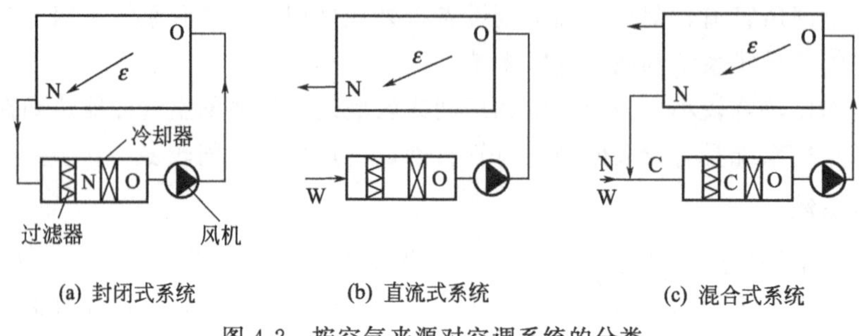

(a) 封闭式系统　　(b) 直流式系统　　(c) 混合式系统

图 4-2　按空气来源对空调系统的分类

(3) 混合式系统

封闭式系统不能满足卫生要求，直流式系统经济上不合理，所以对于绝大多数场合，往往需要综合这两者的利弊，采用混合一部分回风的系统，这就是混合式系统，如图 4-2（c）所示。根据使用回风次数的多少又分为一次回风系统和二次回风系统。在喷水室或空气冷却器前与新风进行混合的空调房间回风称为一次回风，具有一次回风的空调系统简称一次回风系统。与喷水室或空气冷却器处理过的空气进行混合的空调房间回风称为二次回风，具有一次回风和二次回风的空调系统称为一、二次回风系统，简称二次回风系统。

4.2 空调系统中的新风量确定

空调系统中的新风是指冬夏季设计工况下应向空调房间供给的室外新鲜空气。新风不同于室内的回风，新风量是衡量室内空气品质的一个重要参数。

4.2.1 新风量与换气次数

供给空调房间的新风量多少与室内空气质量和空调系统能量消耗有很大关系。多供新风则室内空气质量好，但空调系统处理新风的能量消耗大，运行费用高。新风越少系统越经济，但室内空气卫生条件下降，甚至成为“病态建筑”。

换气次数指单位时间内室内空气的更换次数，即送风量与房间体积的比值。对通风系统或者全新风系统而言，一间面积 $20m^2$、净高 3m 的舒适性空调普通房间，若通风或送入新风总量为每小时 $300m^3$，则通风或新风换气次数为每小时 5 次。

4.2.2 新风量的确定原则

长期以来，新风量的确定主要沿用每人每小时所需最小新风量这个概念。《民用建筑供暖通风与空气调节设计规范》（GB 50736—2012）中规定，在公共建筑主要房间中，办公室、客房的最小新风设计标准为 30m³/(h・人)，大堂、四季厅的最小新风设计标准为 10m³/(h・人)。

伴随着越来越多的新型建材、装潢材料、家具等进入建筑空间，并在室内散发了大量的污染物，因此确定新风量不能单一只考虑人造成的污染，而必须同时考虑室内其他污染源带来的污染。也就是说，室内所需新风量，应该是稀释人员污染和建筑物污染的两部分之和。与公共建筑不同的是，居住建筑和医院建筑的建筑污染部分比重一般要高于人员污染部分，按照人员新风量指标所确定的新风量无法体现建筑污染部分差异，从而不能保证始终完全满足室内卫生要求。因此，综合考虑居住建筑和医院建筑的建筑污染与人员污染的影响，《民用建筑供暖通风与空气调节设计规范》(GB 50736—2012) 中以换气次数的形式给出了所需最小新风量，如表 4-1 和表 4-2 所列。

表 4-1　居住建筑设计最小换气次数

人均居住面积 F_p	每小时换气次数
$F_p \leqslant 10m^2$	0.70
$10m^2 < F_p \leqslant 20m^2$	0.60
$20m^2 < F_p \leqslant 50m^2$	0.50
$F_p > 50m^2$	0.45

表 4-2　医院建筑设计最小换气次数

功能房间	每小时换气次数
门诊室	2
急诊室	2
配药室	5
放射室	2
病房	2

高密人群建筑，即人员污染所需新风量比重高于建筑污染所需新风量比重的建筑类型，常见有影剧院、会议室、商场、展厅、餐厅、体育馆、教室、图书馆等。按照目前我国现有新风量指标，计算得到的高密人群建筑新风量所形成的新风负荷在空调负荷中的比重一般高达 20%～40%。对于人员密度超高的建筑，新风能耗通常更高。在高密人群建筑中，一方面，人员污染和建筑污染的比例随人员密度的改变而变化；另一方面，高密人群建筑的人流量变化幅度大，出现高峰人流的持续时间短，受作息、节假日、季节、气候等因素影响明显。因此，该类建筑应该考虑不同人员密度条件下对新风量指标的具体要求；并且应重视室内人员的适应性等因素对新风量指标的影响。

我国《民用建筑供暖通风与空气调节设计规范》(GB 50736—2012) 中，对高密人群建筑不同人员密度条件下的人均最小新风量做出规定。通常，会议室在舒适度要求上要比展厅高，但只从健康要求角度考虑，对新风要求二者没有明显差别。会议室包括中小型会议室和大型会议室，在具体设计中，中小型会议室的人均新风量要大于大型会议室。

有特定工艺需求的物流建筑、综合医院建筑、工厂作业车间等的新风量，应按照相应的设计规范、卫生标准和节能要求标准等进行选取。在我国，不同省份出台的公共建筑节能设计标准中也有相应的地区规范，应该在工程设计和系统运行中遵照执行。

4.2.3　新风量的计算选择

不同建筑、不同用途下的新风，其作用可以分为以下四种类型：

(1) 满足人员卫生

CO_2 并非污染物，但可以作为评价室内空气品质的指标。如果欲稀释人群本身及活动产生的污染物，保证人群对空气品质的要求，可以用含 CO_2 少的室外新风来稀释室内空气中的 CO_2 浓度，使之合乎日平均值保持在 0.1%以内的卫生标准即可。

(2) 补偿局部排风或燃烧消耗

如果空调房间有局部排风设备（或者室内燃烧设备耗用空气），为了不使房间产生负压，至少应补充与局部排风量（或燃烧耗用空气量）相等的室外新风。

(3) 保持室内正压

使房间内的压力高于室外的压力，保持室内正压状态，可防止外界未经处理的空气渗入空调房间，干扰室内控制参数。一般舒适性空调室内外压差值宜取 5～10Pa，不应大于 50Pa；工艺性空调按工艺要求确定。过大的压差不但没有必要，而且还会使门的开关发生困难，并降低系统运行的经济性。

(4) 新风除湿需求新风量

传统中央空调系统中对湿度的控制一般通过再热来实现，因此能耗大。在新型温湿度独立控制空调系统中，新风负担空调区全部湿负荷，应根据夏季空调室外空气计算参数确定湿负荷所需新风量。

空调区人员所需新风量应根据人员的活动和工作性质，以及在室内的停留时间等确定。空调区的新风量，应按不小于人员所需新风量、补偿排风和保持空调区空气压力所需新风量之和以及新风除湿所需新风量中的最大值确定。全空气空调系统的新风量，当系统服务于多个不同新风比的空调区时，系统新风比应小于空调区新风比中的最大值。新风系统的总新风量，宜按所服务空调区域或系统的新风量累计值确定。

值得指出的是，无论舒适性空调系统还是工艺性空调系统，当可以用室外新风作为冷源时，应最大限度地使用新风，以提高空调区的空气品质。对于采用风机盘管或循环风空气处理机组的空调区，均应专设集中处理新风的系统。另外，存在下列情况时，应考虑采用全新风空调系统：

① 夏季空调系统的回风比焓值高于室外空气比焓值；

② 系统各空调区排风量大于按负荷计算出的送风量；

③ 室内散发有害物质或防火防爆要求不允许空气循环使用。

4.3 集中式空调系统

典型的集中式空调系统是全空气、定风量、低速、单风管系统，其主要特点是服务面积大、处理空气量多。按照回风的使用不同，全空气空调系统一般分为普通一次回风系统和工艺要求更高的二次回风系统。允许采用较大送风温差的场合可考虑一次回风系统，如夏季以降温为主的舒适性空调或工艺性空调。对于有恒温恒湿或洁净要求的工艺性场合，由于送风温差小，为避免再热形成“冷热抵消”，应采用二次回风系统。

普通集中式空调系统的主要优点有：空调设备大多集中在专门的空调机房内，因此管理、维修比较方便，消声、减振也比较容易；空调机房可以占用较差的建筑面积，如地下室、屋顶间等，甚至可以放在屋顶上或悬挂于车间上空；容易根据季节的变化调节系统的新风量，以节约运行费；寿命长，初投资和运行费也较便宜。

集中式空调系统的主要缺点有：风管道占用建筑空间过大，相应要求建筑层高较高；一般一个空调系统（使用一台空调设备）只能处理一种送风状态的空气，不能同时满足有较大温湿度控制差别的房间或区域的需要；系统作用范围内不同房间或区域负荷有变化或不需要空调时，不便于自动调节或不送风，难以满足不同房间或区域的控制要求并造成能量的浪费；各房间之间有风管道连通，不利于防火。

4.3.1　集中式空调系统的组成及分类

典型的普通集中式空调系统主要由以下装置组成（如图 4-3 所示）：

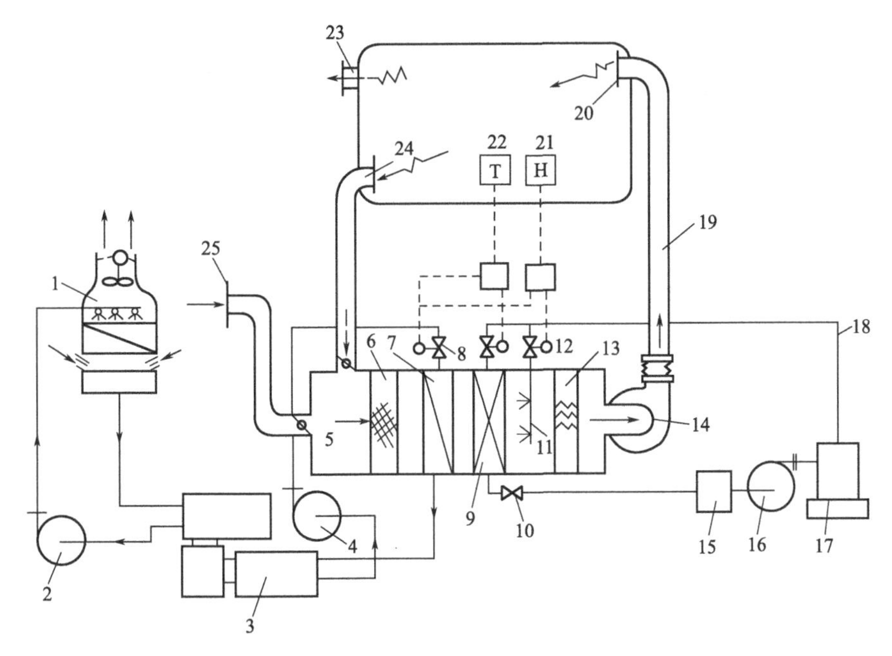

图 4-3　集中式空调系统示意图

1—冷却塔；2—冷却水泵；3—制冷机组；4—冷水循环泵；5—空气混合室；6—空气过滤器；7—空气冷却器；8—冷水调节阀；9—空气加热器；10—疏水器；11—喷水室；12—蒸汽调节阀；13—挡水板；14—风机；15—回水过滤器；16—锅炉给水泵；17—锅炉；18—蒸汽管；19—送风管；20—送风口；21,22—温、湿度感应控制元件；23—排风口；24—回风口；25—新风进口

(1) 空气处理装置

负责把空气处理成所需的送风状态，主要是包括各种处理设备的集中空气处理室，一般由空气过滤器 6、空气冷却器 7、空气加热器 9、喷水室 11 等组成。

(2) 空气输送装置

负责把处理到送风状态的空气有效地输送到空调房间内，并从房间里排出部分室内空气。主要包括风机 14、送风管 19、新风进口 25 等风道系统和必要的调节风量装置等。

(3) 气流组织装置

负责合理地组织室内的气流，保证房间内空调区域的空气状态均匀及合理的气流速度等。主要包括设置在不同位置的各种类型的送风口 20、排风口 23、回风口 24 等。

(4) 其余装置

包括图 4-3 中的冷热源、冷热媒管道系统及自动控制系统等。

按照风量调节方式，集中式空调系统还可以分为定风量空调系统和变风量空调系统（详见4.5小节）；按照系统风管内风速的不同，还可以分为低速空调系统（民用建筑10m/s以下，工业建筑15m/s以下）和高速空调系统；按照风管个数（或送风参数的个数）的不同，还可以分为单风管系统和双风管系统（同时送冷热风，在各个房间按一定比例混合后送入室内）等。

4.3.2 一次回风空调系统的理论分析及计算

(1) 夏季

如图4-4（a）所示，一次回风系统中，夏季室外新风W和部分室内回风N混合后的空气C经喷水室（或表冷器）冷却减湿到L点（L点为机器露点，一般位于90%～95%的相对湿度线上），再从L加热到O点，送往室内吸收房间余热、余湿后变为室内状态N，一部分排到室外，另一部分回到空调箱再和新风混合。整个空调处理过程在h-d图上的表示如图4-4（b）所示。

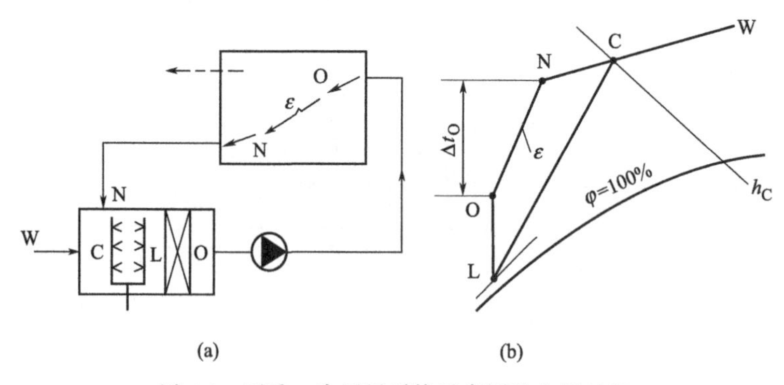

图4-4　夏季一次回风系统示意图及空调过程

① 一次回风系统夏季处理空气需要的冷量。图4-4（b）中，将Gkg/s的空气从C点降温减湿、减焓处理到L点，空调设备所需耗用的冷量为：

$$Q_0=G(h_C-h_L) \tag{4-1}$$

由两种不同状态空气混合规律知，在空调设备处理风量相同的条件下，混合点C越接近室内状态点N说明室内回风量越大，新风量越小，h_C值相应减小，所以需要的冷量Q_0也越少，运行费用也越低。

一次回风系统新风量用新风比m来表示，即新风量占空调设备处理风量的百分比：

$$m=\frac{\overline{NC}}{\overline{NW}}=\frac{G_W}{G}=\frac{h_C-h_N}{h_W-h_N}\times 100\% \tag{4-2}$$

由此可得：

$$h_C=h_N+m(h_W-h_N) \tag{4-3}$$

在$\overline{NW}$线上按新风比或h_C线与$\overline{NW}$线交点都可以确定混合状态点C的位置。

② 消除余热或余湿所需要的送风量：

$$G=\frac{Q}{h_N-h_L}=\frac{W}{d_N-d_L} \tag{4-4}$$

③ 新风量：

$$G_W=mG \tag{4-5}$$

④（一次）回风量：

$$G_{h1}=G-G_W \tag{4-6}$$

(2) 冬季

如图 4-5（a）所示，冬季的一次回风空调系统工作过程如下：状态为 W′的室外新风与状态为 N 的室内回风混合到状态点 C′，经绝热加湿到机器露点 L′，再从点 L′加热到送风状态点 O′，然后送入房间吸收室内的余热余湿变为室内状态点 N。

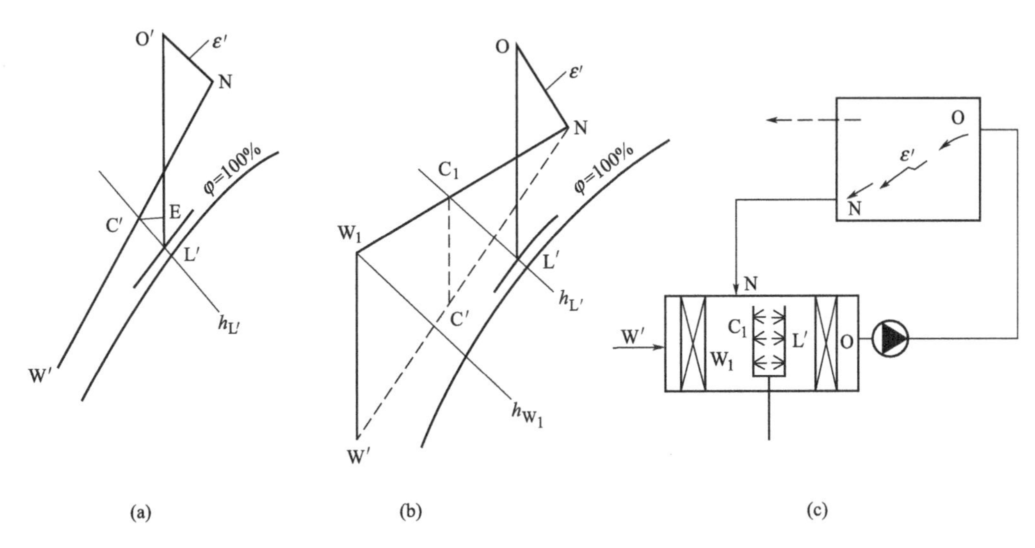

图 4-5　一次回风冬季空调过程及系统示意图

采用这种方法，由状态为 W′的室外新风与状态为 N 的室内回风混合而成的状态 C′的空气的焓值必需等于机器露点 L′的焓值，即 $h_{C'}=h_{L'}$，这是因为需要把状态为 C′的空气等焓加湿到机器露点 L′。但是，按最小新风量确定的最小新风比不一定能使混合点 C′正好落在等 $h_{L'}$线上。

当按最小新风比混合后 $h_{C'}>h_{L'}$时，应增大新风量，以使混合后的点 C′正好落在等 $h_{L'}$线上，这样做不但可以改善卫生条件，而且不需增加能耗。此时新风比 m'为：

$$m'=\frac{G_{W'}}{G}=\frac{h_N-h_{C'}}{h_N-h_{W'}} \tag{4-7}$$

反之，当按最小新风比混合后 $h_{C'}<h_{L'}$，则应对新风预热。这时，空气处理过程如图 4-5（c）所示，在 h-d 图上的表示如图 4-5（b）所示。此时所需新风预热量为：

$$Q_2=G_{W'}(h_{W_1}-h_{W'}) \tag{4-8}$$

式中，h_{W_1} 为新风预热后的焓值，可由下式计算：

$$h_{W_1}=h_N-\frac{h_N-h_{L'}}{m'} \tag{4-9}$$

所以，当 $h_{W_1}>h_{W'}$时需要预热，而当 $h_{W_1}\leqslant h_{W'}$时则不需预热，因此式（4-9）也是一次回风系统冬季是否需要预热的判别式。

新风预热器除能保证系统可以使用最小新风比外，还能防止严寒地区新、回风直接混合时产生凝结水（如图 4-6 所示）。严寒地区的室外空气温度较低，若不将新风预热，有可能使新、回风混合状态点 C 出现在有雾区。这种空气状态只是暂时的，多余的水蒸

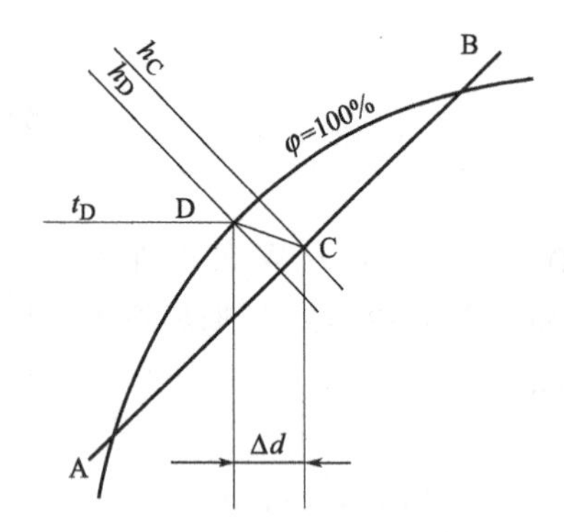

图 4-6 新、回风直接混合产生凝结水的情形

气会立即凝结为水从空气中分离出来，空气恢复到饱和状态 D。

在确认混合时不会有凝结水产生，而又需要预热的情况下，也可采用新、回风先混合再预热的方案，即图 4-5（b）中虚线所示。此时空调过程变为状态为 W′的室外新风与状态为 N 的室内回风混合而成的状态 C′的空气，预热至 C_1 状态，加湿至机器露点 L′，再热至 O 状态送入房间。

相应地将空气预热器安装在新、回风混合室后，此时冬季需要的预热量为：

$$Q_3 = G_{W'}(h_{C_1} - h_C) \tag{4-10}$$

冬季系统所需要的再热量为：

$$Q_4 = G_{W'}(h_{O'} - h_{L'}) \tag{4-11}$$

除上述用绝热加湿的方法增加含湿量外，还可用喷蒸汽的方法加湿空气，即从 C′等温加湿到点 E［如图 4-5（a）所示］。

【例 4-1】 试为某车间设计一次回风空调系统，并确定空气处理设备的容量。已知室内设计参数冬夏均为 $t_N = 22℃ \pm 0.5℃$，$\varphi_N = 60\% \pm 10\%$，室内余热量夏季为 $Q = 11.6\text{kW}$，冬季为 $Q' = -2.3\text{kW}$，冬、夏余湿量 W（W'）均为 0.0014kg/s；最小新风比为 30%。室外设计参数夏季为 $t_W = 33.2℃$，$t_{SW} = 26.4℃$，$h_W = 82.5\text{kJ/kg}$；冬季为 $t_{W'} = -12℃$，$\varphi_{W'} = 45\%$，$h_{W'} = -10.5\text{kJ/kg}$，大气压力 $B = 101325\text{Pa}$。

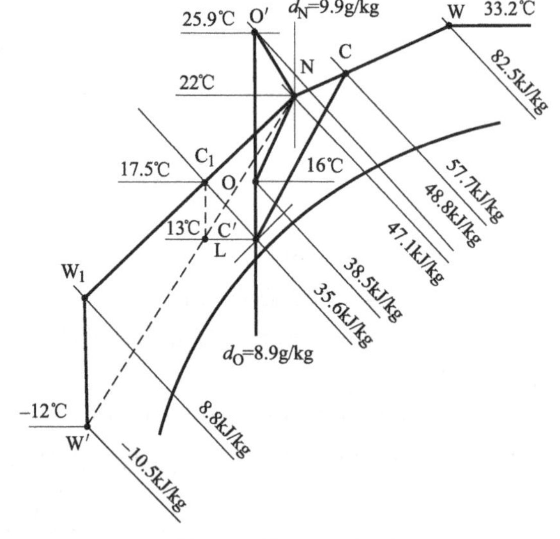

图 4-7 例 4-1 示意图

【解】 （1）夏季

① 计算热湿比：$\varepsilon = \dfrac{Q}{W} = \dfrac{11.6}{0.0014} \approx 8290\text{kJ/kg}$

② 确定送风状态点（如图 4-7）。

在 h-d 图上根据 $t_N = 22℃$、$\varphi_N = 60\%$ 确定 N 点，$h_N = 47.1\text{kJ/kg}_{干}$，$d_N = 9.9\text{g/kg}$。过 N 点作 $\varepsilon = 8290$ 线，根据空调精度取 $\Delta t_O = 6℃$，可得送风状态点 O，$t_O = 16℃$，$h_O = 38.5\text{kJ/kg}$，$d_O = 8.9\text{g/kg}$。

③ 计算送风量。

送风量：$G = \dfrac{Q}{h_N - h_O} = \dfrac{11.6}{47.1 - 38.5} \approx 1.35\text{kg/s}$

新风量：$G_W = Gm = 1.35 \times 30\% \approx 0.41\text{kg/s}$

一次回风量：$G_{h1} = G - G_W = 1.35 - 0.41 = 0.94\text{kg/s}$

④ 确定新、回风混合状态点。

由：
$$m=\frac{h_C-h_N}{h_W-h_N}\times 100\%$$
可知：
$$30\%=\frac{h_C-47.1}{82.5-47.1}$$
所以：
$$h_C\approx 57.7\text{kJ/kg}_{干}$$
在 h-d 图上 h_C 线与 $\overline{NW}$ 线交点即为 C 点。

⑤ 求系统需要的冷量。

在 h-d 图上过 O 点作等 d 线与曲线 $\varphi=95\%$ 相交，交点为机器露点 L，$t_L=13℃$，$h_L=35.6\text{kJ/kg}$。

如果是采用喷水室处理空气，则喷水室冷量为：
$$Q_0=G(h_C-h_L)=1.35\times(57.7-35.6)\approx 29.8\text{kW}$$
⑥ 求系统夏季需要的再热量：
$$Q=G(h_O-h_L)=1.35\times(38.5-35.6)\approx 3.9\text{kW}$$
(2) 冬季

① 计算热湿比：
$$\varepsilon'=\frac{Q'}{W'}=\frac{-2.3}{0.0014}\approx -1640\text{kJ/kg}$$
② 确定送风状态点。

取冬季送风量：$G'=G=1.35\text{kg/s}$

冬季送风参数可以计算如下：
$$h_{O'}=h_N-\frac{Q'}{G'}=47.1-\frac{-2.3}{1.35}\approx 48.8\text{kJ/kg}$$
$$d_{O'}=d_O=8.9\text{g/kg}\ (\text{冬夏机器露点相同})$$
由 $h_{O'}=1.01t_{O'}+(2500+1.84t_{O'})d_{O'}$ 也可算出 $t_{O'}$。将已知数代入：
$$48.8=1.01t_{O'}+(2500+1.84t_{O'})\times 8.9/1000$$
解之可得：
$$t_{O'}=25.9℃$$
③ 检查是否需要预热：
$$h_{W1}=h_N-\frac{h_N-h_L}{m}=47.1-\frac{47.1-35.6}{30\%}=8.8\text{kJ/kg}_{干}$$
由于 $h_{W1}=8.8\ \text{kJ/kg}_{干}>h_{W'}=-10.5\text{kJ/kg}_{干}$，所以需要预热。

④ 确定新风预热后状态点：

由 W′点作等 d 线与 $h_{W1}=8.8\text{kJ/kg}_{干}$ 线交于 W_1 点，W_1 点即为所求。

⑤ 确定新风与一次回风混合状态点。

N 与 W_1 点连线与 h_L 线交点即为 C_1 点，$t_{C1}=17.5℃$ 。

⑥ 求系统冬季需要的预热量：
$$Q_1=G_W(h_{W1}-h_{W'})=0.41\times[8.8-(-10.5)]=7.9\text{kW}$$
⑦ 求系统冬季需要的再热量：
$$Q_2=G(h_{O'}-h_L)=1.35\times(48.8-35.6)=17.8\text{kW}$$

4.3.3 二次回风空调系统的理论分析及计算

一次回风系统采取先将空气冷却到机器露点，然后再加热到送风状态的方法是由于控制空调设备的机器露点比较容易实现。用再热器可解决送风温差受限制的问题，但再热器所提供的热量又抵消了制冷设备所提供的一部分冷量，显然，这样做在能量的利用上不够合理。如果使离开冷却设备的空气再一次与回风混合来代替再热器再热，则可以节约热量和冷量。二次回风系统正是基于这一考虑而出现的。二次回风的作用夏季可代替再热器，冬季可以部分代替再热器。

(1) 夏季

如图 4-8 (a) 所示，延长 $\overline{ON}$ 线与曲线 $\varphi=95\%$ 相交于 L 点，L 点即为二次回风系统的机器露点，送风状态点 O 应为机器露点状态的空气 L 与二次回风 N 的混合点。图 4-8 (b) 是实现这种空调过程的系统示意图。

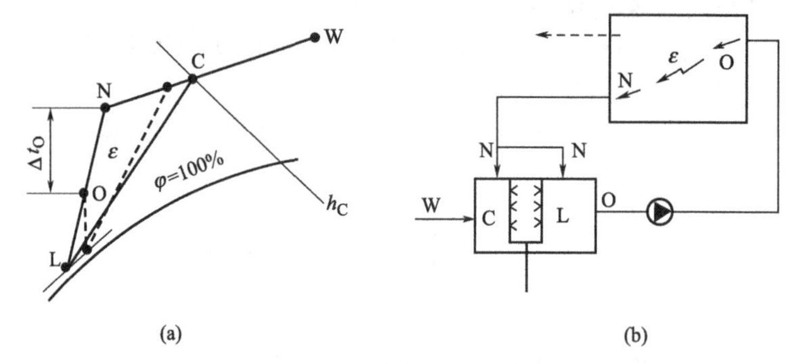

图 4-8 二次回风系统夏季空调过程及系统示意图

从图 4-8 (a) 中可看出，既然 O 点是 N 与 L 状态空气的混合点，三点必在一条直线上，因此第二次混合的风量比例可根据线段 $\overline{ON}$ 与 $\overline{OL}$ 的长度比确定。但第一次混合点 C 的位置不像一次回风系统那样容易得到，这里必须先计算出喷水室风量 G_L 后才能进一步确定一次混合点，从二次回风的混合过程可求得：

$$G_L=\frac{\overline{ON}}{\overline{NL}}\times G=\frac{h_N-h_O}{h_N-h_L}\times G=\frac{Q}{h_N-h_L} \tag{4-12}$$

所以通过喷水室的风量 G_L 相当于一次回风系统中使用机器露点作送风时的送风量。

求得 G_L，则一次回风量 $G_{h1}=G_L-G_W$，这样 C 点的位置可由混合空气焓 h_C 与 $\overline{NW}$ 线的交点确定。

$$h_C=\frac{G_{h1}\times h_N+G_W\times h_W}{G_{h1}+G_W}\text{kJ/kg}_{干} \tag{4-13}$$

在 h-d 图上，对于相同的设计条件而言，由于二次回风系统中的 G_{h1} 小于一次回风系统中 G_{h1}，而 G_W 都一样，所以在 h-d 图上 C 点的位置比一次回风系统时略向右移，图 4-8 (a) 中虚线表示的是一次回风系统。

系统夏季需要的冷量：

$$Q_0=G_L(h_C-h_L) \tag{4-14}$$

由于此冷量中只包括室内冷负荷和新风冷负荷两部分，所以在其他条件相同时，其值小于一次回风系统的冷量。但从图 4-8 (a) 可看出，它的机器露点一般比一次回风系统的机器露点低，这样制冷系统运转效率较差，也使天然冷源的使用受到限制。

(2) 冬季

假定冬夏两季室内参数和风量一样，同时考虑二次回风的混合比也不变，则机器露点的位置也与夏季相同，图 4-9 所示为二次回风系统冬季空调过程及系统示意图。对冬夏室内余湿相同的房间，虽然因有冬季建筑耗热而使 $\varepsilon'<\varepsilon$，但其送风状态点 O′仍在 d_O 线上，可通过再热器使 O 提高到点 O′。实现这样的空气处理过程有先预热新风后混合以及先混合后预热两种方案。

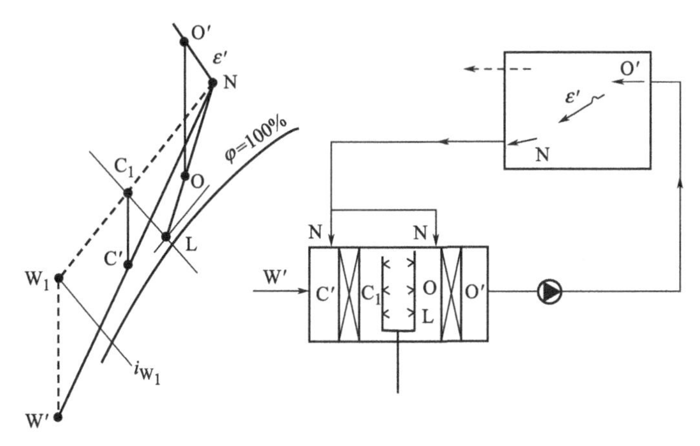

图 4-9　二次回风系统冬季空调过程及系统示意图

这里和一次回风系统一样，同样有是否需设预热器的问题，除了可根据一次混合后的焓值 h_C 是否低于 h_L 来确定外，也可像一次回风系统那样推出一个满足要求的室外空气焓值 h_{W_1}，然后与实际的冬季室外设计焓值相比较后确定。

二次回风系统要不要预热器的判别式为：

$$h_{W_1}=h_N-\frac{h_N-h_O}{m} \tag{4-15}$$

如果 $h_{W_1}>h_{W'}$，说明需要预热；如果 $h_{W_1}<h_{W'}$，就不需要预热。由式（4-12）可知，送风温差小和新风比大的二次回风系统往往更需要预热。

系统所需要的预热量为：

$$Q_1=G_W(h_{W_1}-h_{W'})=G_L(h_{C_1}-h_{C'}) \tag{4-16}$$

系统所需要的再热量为：

$$Q_2=G(h_{O'}-h_O) \tag{4-17}$$

需要指出的是，上面讨论的是冬季与夏季余湿量相同的情况。如果二者不同，也可以采取与夏季相同的风量和机器露点，但冬季送风状态的含湿量 $d_{O'}$，却要按冬季余湿量计算，不同的是此时二次回风混合点 O 不同于夏季送风状态点，它的位置应该是 $\overline{NL}$ 线与 $d_{O'}$ 线的交点，而 G_{h2} 要由关系式 $\frac{G_{h2}}{G}=\frac{h_O-h_L}{h_N-h_L}$ 算出，最后再求 G_L 及 G_{h1}。

【例 4-2】 已知条件同［例 4-1］，要求设计二次回风系统并确定空气处理设备的容量。

【解】（1）夏季

① 计算热湿比，同［例 4-1］，$\varepsilon=8290$kJ/kg

② 同［例 4-1］确定送风状态点，$t_O=16$℃；$h_O=38.5$kJ/kg$_{干}$；$d_O=8.9$g/kg（图 4-10）。

③ 计算送风量及新风量：

同［例 4-1］，$G=1.35$kg/s；$G_W=0.41$kg/s

④ 确定机器露点：

在 h-d 图上延长ε线与曲线 $\varphi=95\%$ 相交得L点，$t_L=12℃$，$h_L=32.7kJ/kg_{干}$。

⑤ 计算 G_L、G_{h2} 及 G_{h1}。

$$G_L=\frac{Q}{h_N-h_L}=\frac{11.6}{47.1-32.7}\approx0.81kg/s$$

$$G_{h2}=G-G_L=1.35-0.81=0.54kg/s$$

$$G_{h1}=G_L-G_W=0.81-0.41=0.4kg/s$$

⑥ 确定新风与一次回风混合状态点。

由：
$$h_C=\frac{G_{h1}\times h_N+G_W\times h_W}{G_{h1}+G_W}$$

可知：

$$h_C=\frac{0.4\times47.1+0.41\times82.5}{0.4+0.41}\approx65kJ/kg_{干}$$

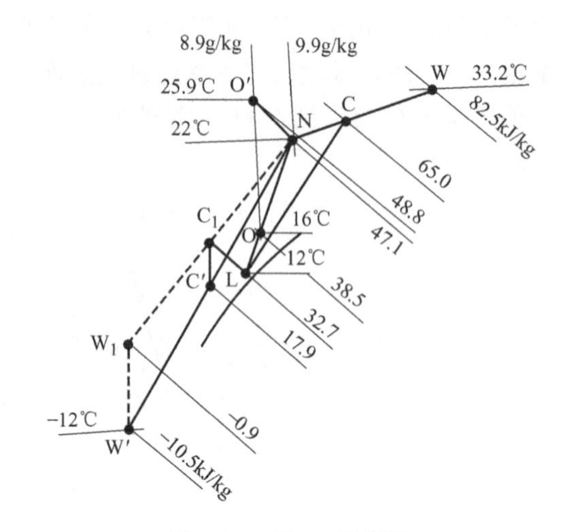

图 4-10 例 4-2 示意图

在 h-d 图上由 h_C 及 $\overline{NW}$ 线交点可得到C点，与一次回风系统相比可见C更靠近W点。

⑦ 如果采用喷水室处理空气，喷水室冷量为：

$Q_0=G_L(h_C-h_L)=0.81\times(65-32.7)\approx26.1kW$（小于一次回风系统冷量）

(2) 冬季

① 计算热湿比，同［例 4-1］，$\varepsilon'=-1640kJ/kg$

② 确定送风状态点，同［例 4-1］，$t_{O'}=25.9℃$；$h_{O'}=48.8kJ/kg_{干}$；$d_{O'}=8.9g/kg$

③ 检查是否需要预热：

$$h_{W_1}=h_N-\frac{h_N-h_O}{m}=47.1-\frac{47.1-38.5}{30\%}\approx18.4kJ/kg_{干}$$

由于 $h_{W_1}=18.4>h_{W'}=-10.5$，所以需要预热。

④ 确定新风与一次回风混合状态点。

如果采用新风与一次回风先混合后预热的方案，则 $h_{C'}$ 可用热平衡式确定：

$$h_{C'}=\frac{G_{h1}\times h_N+G_W\times h_{W'}}{G_{h1}+G_W}=\frac{0.4\times47.1+0.41\times(-10.5)}{0.4+0.41}\approx17.9kJ/kg_{干}$$

在 h-d 图上 $h_{C'}$ 与 $\overline{NW'}$ 线交点为C′点。

⑤ 计算预热量：

$$Q_1=G_L(h_{C_1}-h_{C'})=0.81\times(32.7-17.9)\approx12kW$$

⑥ 计算再热量：

$$Q_2=G(h_{O'}-h_O)=1.35\times(48.8-38.5)\approx13.9kW$$

4.4 风机盘管空调系统

我国《供暖通风与空气调节术语标准》(GB/T 50155—2015) 定义，风机盘管空调系统是以风机盘管机组作为各房间末端装置的全水空调系统。风机盘管机组主要由盘管和风机组成。盘管是换热设备，一般采用二排或三排管，内有冷水（或热水）流动，使流过盘管外表面的室内回风被冷却（或加热）。风机一般多为离心多叶风机和贯流风机，作用是吸入室内回风使之经过盘管后再送到房间。风机盘管机组上有冷（热）水进出口和凝水管接口。常见形式主要有明装与暗装；立式、卧式、吊顶式；空气吸入式、空气压出式等，如图 4-11 所示为卧式明装风机盘管的构造。

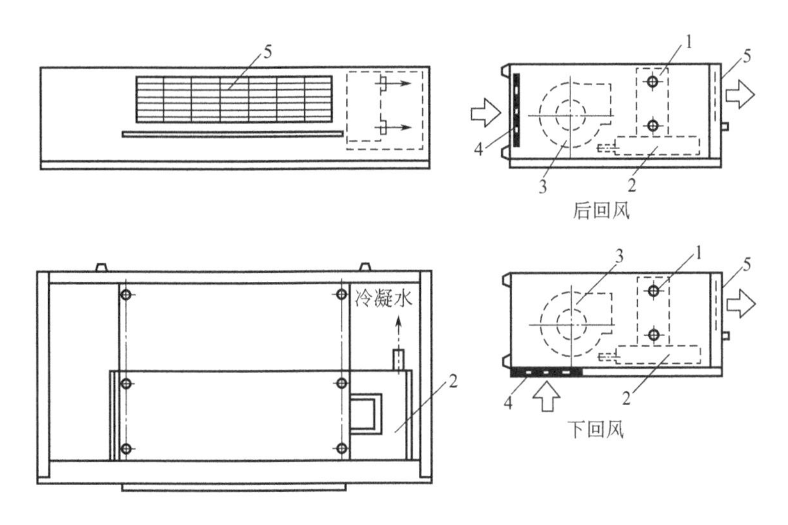

图 4-11　卧式明装风机盘管

1—盘管；2—凝结水盘电动机；3—风机；4—空气过滤器；5—出风口格栅

风机盘管机组应采用电动水阀通断调节和风机的分挡/变速调节相结合的控制方式，宜设置常闭式电动通断阀。通常情况下，房间内的风机盘管往往采用室内温控器就地控制方式。公共区域风机盘管的控制应能对室内温度设定值范围进行限制，也应能按使用时间进行定时启停控制，实践中宜及时对启停时间进行优化调整。设置常闭式电动通断阀，风机盘管停止运行时能够及时关断水路，实现水泵的变流量调节，有利于水系统节能。采用温控器控制水阀可保证各末端能够“按需供水”。考虑到对室温控制精度要求很高的场所会采用电动调节阀，严寒地区在冬季夜间维持部分流量进行值班供暖等情况，不作统一限定。

目前，风机盘管空调系统在国内外均得到了广泛应用，工程最常见为风机盘管加新风空调形式。该系统属于半集中式空调系统，既设有集中式机房处理新风，又设有分散在各空调房间的风机盘管机组。与集中式空调不同，风机盘管机组一般采用空调房间内就地处理回风的方式，这样经集中处理的新风送入空调房间与被就地处理的回风相结合来实现空调房间的温、湿度控制。

4.4.1　风机盘管加新风空调系统的特点

风机盘管加新风系统是典型的空气-水系统，由风机盘管子系统和新风子系统组合而成。图 4-12 所示的风机盘管加新风系统采用两管制水系统，可夏季供冷、冬季供热。经冷源（如冷水机组）降温或热源（如锅炉）加热的冷热水，通过水管管网分别进入风机盘管和新风机，对室内外空气进行热湿处理：风机盘管主要就地处理空调房间或区域内的循环空气；新风机处理室外空气，并通过风管送至各空调房间或区域。在风机盘管和新风机内完成了热湿交换任务的冷热水又通过水管管网回到冷热源，重新被降温或加热。

与一次回风系统相比，风机盘管加新风系统主要使用水管，新风管断面积很小，因此既

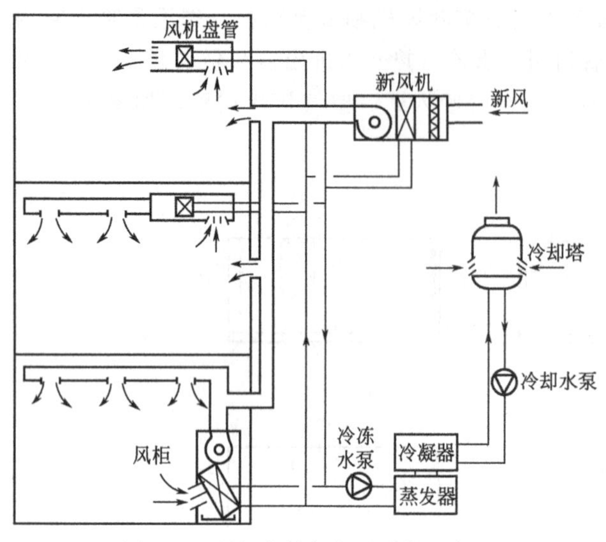

图 4-12 风机盘管加新风系统示意图

解决了全空气系统的风管道占用建筑空间较多的问题，又可向空调房间提供一定量的新风，保证空调房间的空气质量。此外，每个风机盘管都能单独使用，调节简便，不用时还可关机，因而这种系统的运行费用较低。

风机盘管加新风系统的缺点也很突出：一是由于风机盘管数量多，且一般多为暗装，维护保养工作量大，且不方便；二是受新风送风管断面积的限制，春秋过渡季节不能采用全新风送风方式来满足室内空调要求，在这方面达不到节能要求；三是没有加湿功能，难以满足有湿度要求的场合；四是风机盘管在高速挡运行时，噪声较大等。因此，该系统主要适用于房间多，且各房间的空调参数要求能单独调节，以及房间面积较大但敷设风管有困难的场所，如办公楼、酒店等。

需要注意的是，根据《工业建筑节能设计统一标准》(GB 51245—2017)、《公共建筑节能设计标准》(GB 50189—2015) 等的规定，风机盘管加新风系统宜将新风直接送入空调区，不宜经过风机盘管再送出。新风经过风机盘管，一方面加大风机盘管负担、影响风机盘管性能并增加能耗，另一方面也易造成新风量不足。

4.4.2 风机盘管加新风空调系统的夏季工况分析

当新风系统向空调房间供给新风时，需要先将新风处理到一定状态 L（其相对湿度通常为 90%～95%），然后通常从单独的送风口送入室内，与风机盘管处理过的空气共同维持室内的温湿度。在 h-d 图上，如图 4-13 (a) 所示，新风机的空气处理过程为 W→L，风机盘管的空气处理过程为 N→M。虽然新风和回风是分别处理的，且终状态参数不同，但在送入室内时，通常希望二者能先混合。为此，新风送风口一般都是紧靠风机盘管的出风口布置，如图 4-12 所示。在 h-d 图上用 L 与 M 混合到 O 再送入室内的过程来表示。

(1) 新风处理到与室内干球温度相等

如图 4-13 (a) 所示，即 $t_L=t_N$。此时风机盘管承担室内冷负荷、湿负荷和部分新风冷负荷，风机盘管负荷较大，且在湿工况下运行，容易产生卫生问题和送风带水等问题；新风机只承担部分新风冷负荷和湿负荷，新风机处理的焓差小，冷却去湿能力不能充分发挥。

(2) 新风处理到与室内焓相等

如图 4-13 (b) 所示，即 $h_L=h_N$。此时风机盘管承担室内冷负荷、湿负荷和部分新风湿负荷，风机盘管在湿工况下运行；新风机承担新风冷负荷和部分新风湿负荷。

(3) 新风处理到与室内含湿量相等

如图 4-13 (c) 所示，即 $d_L=d_N$。此时风机盘管承担部分室内冷负荷、湿负荷，风机盘管在湿工况下运行；新风机承担新风冷负荷、湿负荷和部分室内冷负荷。

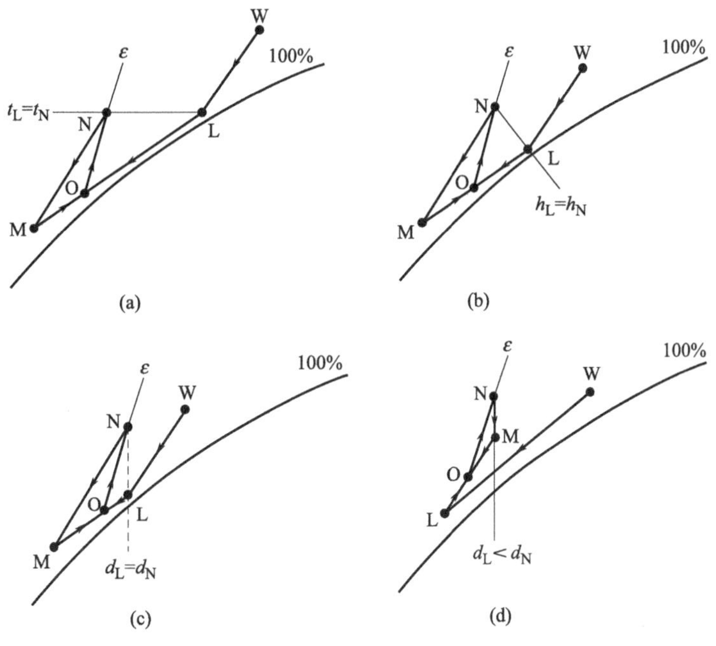

图 4-13　风机盘管加新风系统夏季空调过程

(4) 新风处理到低于室内含湿量

如图 4-13（d）所示，即 $d_L<d_N$。此时风机盘管只承担室内人体、照明和日射得热引起的瞬变负荷，风机盘管的负荷较小，要求的冷水温度较高，盘管在干工况下运行，卫生条件较好；新风机则承担新风负荷和室内湿负荷，要求的冷水温度较低，新风处理的焓差较大，要 6～8 排管，一般的新风机表冷器难以达到，因而这种空调过程适用于室内湿负荷不大的场合。

4.4.3　风机盘管空调系统的工程应用

(1) 风机盘管加新风空调系统的选择

当空调系统内空调区较多、建筑层高较低且各区温度要求独立控制时，宜采用风机盘管加新风空调系统。空调区的空气质量、温湿度波动范围要求严格或空气中含有较多油烟时，不宜采用风机盘管加新风空调系统。

风机盘管系统的各空调区温度单独调节、使用灵活，与全空气空调系统相比可节省建筑空间，与变风量空调系统相比造价较低，因此，在宾馆客房、办公室等建筑中被大量使用。但普通风机盘管加新风空调系统，不能严格控制室内温湿度的波动范围；常年使用时，存在盘管冷凝水积聚而滋生微生物和病菌等恶化室内空气品质的缺点。因此，对温湿度波动范围和卫生等要求较严格的空调区，应限制使用。同时，由于风机盘管对空气进行循环处理，无特殊过滤装置，所以不宜安装在厨房等油烟较多的空调区，否则油污会增加盘管风阻力并影响其传热。

(2) 系统的分区设计

风机盘管系统与新风系统在二者配合使用时，宜力求充分发挥各自优点。

① 风机盘管空调系统分区。当建筑物的规模较大时，综合考虑管道布置、施工安装、

调节控制及维护维修等方面情况，可按楼层水平分区或朝向垂直分区的原则划分风机盘管子系统。

按楼层水平分区时，视一层楼空调规模的大小，可将整个一层楼作为一个区，形成一个风机盘管子系统；或将一层楼分为几个区，形成几个风机盘管子系统。此时，每一个区的水管系统的供回水干管均为水平布置，并与竖向的供回水总管相连接。

按朝向垂直分区时，每一个区的水管系统的供回水干管是竖向布置的，并与水平的供回水总管相连接。高层建筑的层数较多，往往每隔约 20 层有一设备层，这时常以相邻两设备层之间的楼层（或设备层上下各 10 层）为一段，按朝向垂直分区。每一段的供回水总管水平布置在设备层中。

此外，对于需要独立计量使用的部分，以及管道阻力相差较大的部分，也应划分成单独的风机盘管子系统。

② 新风系统分区。新风系统的分区一般可有水平式、垂直式和区域性三种。

水平式新风系统是按楼层分别设置新风系统。新风通过每个楼层外墙上开设的新风口从室外直接吸取，也可以设一总新风竖风道，各层新风机从竖风道取风。前一种取新风的方式在每个楼层的外墙上都要开设新风口，对建筑的立面美观有一定影响，但可使新风系统简单，使用也方便、灵活。后一种取新风的方式由于是集中取新风，因此不需要在建筑外墙上开洞，特别适用于全玻璃幕墙的建筑。对于高层建筑，由于总新风竖风道要跨越防火分区，每层与竖风道相连接的新风机吸入口风管上需加设防火阀。

垂直式新风系统是将室外空气经过新风机处理后，通过竖风道和水平风管送至各层空调房间或区域，一般新风机可以设置在屋顶。这种系统形式对于每层空调面积很小、采用水平式新风系统有困难的情况下比较适用。

区域性新风系统是将建筑划分为若干个区域，每个区域设置一个新风系统。区域性新风系统一般比较大，通常采用组合式空调机组作为新风机，新风处理质量比较好，管理、维修方便，有利于热回收设计。但由于系统比较大，灵活性相对较差，而且新风送风口数量较多，风量调节比较困难，投资相对比较高。

③ 风机盘管空调系统与新风系统的匹配。如果各个空调分区的室内空气控制参数要求不同或每个分区的面积较大时，宜采取一个风机盘管子系统对应配一个新风子系统的方式。如果各个空调分区的室内空气控制参数要求相同，使用时间也相同，每个分区的面积较小，能选择到有足够风量、冷热量和机外余压的新风机，且管道布置无困难时，也可几个风机盘管子系统共配一个新风系统。

(3) 风机盘管加新风空调系统的设计

设计风机盘管加新风空调系统时，首先新风宜直接送入人员活动区，其次宜选用出口余压低的风机盘管机组。在空气质量标准要求较高时，新风宜负担空调区的全部湿负荷。低温新风系统设计，可参阅本书 4.6 小节内容和相关资料。

4.5 变风量空调系统

空调系统中，定送风温度而改变送风量的系统称为变风量系统，亦称 VAV（variable air volume）系统。与定风量而改变送风温度的空调系统一样，VAV 空调系统也属于全空气空调系统。VAV空调系统通过保持空气处理机组的送风温度稳定、改变空气处理机组或空调末端装置的送风量，实现室内空气温度参数控制。对于负荷波动较大、同时使用系数较低的空调区域，VAV空调系统的节能效果更显著。

4.5.1 VAV空调系统的类型与特点

当空调区负荷发生变化时，VAV空调系统的末端装置自动调节送入房间的送风量，既确保室内温度保持在设计范围内，同时使空气处理机组在低负荷时的送风量下降，空气处理机组的送风机转速也随之而降低，达到节能的目的。虽然全空气VAV空调系统的控制技术复杂导致初期投资较大，但其末端无冷凝水集聚排放，无霉菌的干净卫生、灵活的系统控制、相对定风量空调系统而言的节能等优点，使其占据美国、欧洲、日本中央空调市场的30%以上，近年来在我国高层建筑上也有所应用发展。

(1) 类型

按系统所服务空调区的数量，VAV空调系统分为带末端装置VAV空调系统和单区域VAV空调系统。带末端装置VAV空调系统服务于多个空调区，单区域VAV空调系统服务于单个空调区。对单区域VAV系统而言，当空调区负荷变化时，系统是通过改变风机转速来调节空调区的风量，以达到维持室内设计参数和节省风机能耗的目的。

按照空调机组所采用的送风管道的数目来分，有单风管VAV系统和双风管VAV系统。单风管VAV系统只用一条送风风管通过变风量箱和送风口向室内送风；双风管VAV系统用双风管送风，一条风管送冷风，一条风管送热风，通过变风量箱按不同的比例混合后送入室内。仅就单风管VAV方式而言，又可分为单冷型、再热型、诱导型和旁通型等形式。

按照变风量箱的结构形式和调节原理来分，主要有节流型和风机动力型，其中节流型是基本类型，其他都是在节流型的基础上变化发展而来的。

(2) 特点

VAV空调系统与其他空调系统相比投资大、控制复杂。与风机盘管加新风空调系统相比，其占用空间也大，这是其应用受到限制的主要原因；但是与风机盘管加新风空调系统相比，VAV空调系统由于末端装置无冷却盘管，不会在室内产生因冷凝水而滋生的微生物和病菌等，对室内空气质量有利。

空调区有内外分区的建筑物中，对常年需要供冷的内区，由于没有围护结构的影响，可以以相对恒定的送风温度送风，通过VAV空调系统的送风量改变，基本上能满足内区的负荷变化；而外区较为复杂，受围护结构的影响较大。不同朝向的外区合用一个VAV空调系统时，过渡季节为满足不同空调区的要求，常需要送入机组处理后较低温度的一次风。对需要供暖的空调区，则通过末端装置上的再热盘管加热一次风供暖。当一次风的空气处理冷源是采用制冷机时，需要供暖的空调区会产生冷热抵消现象。

此外，VAV空调系统的风量变化有一定的范围，其湿度不易控制，因此在温湿度允许波动范围要求高的工艺性空调区不宜采用。对带风机动力型末端装置的VAV系统，其末端装置的内置风机会产生较大噪声，不宜应用于播音室等噪声要求严格的空调区。

4.5.2 常见VAV空调系统组成及设备

完整的VAV空调系统通常由空气处理设备、送（回）风系统、末端装置及送风口、自动控制仪表等组成，如图 4-14 所示为 VAV 空调系统的室内部分示意图。

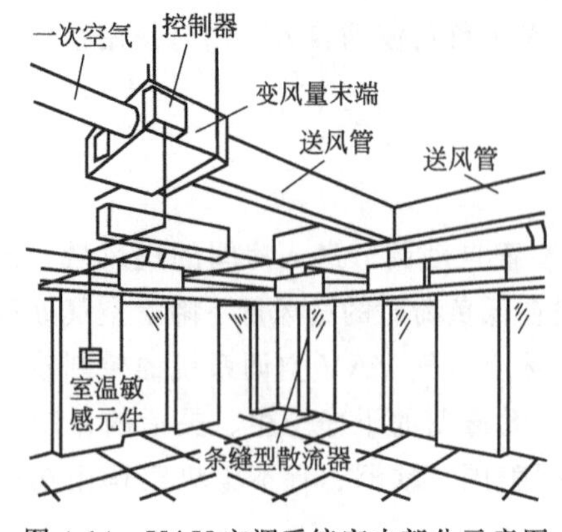

图 4-14 VAV 空调系统室内部分示意图

(1) 空气处理设备

VAV 系统中的空气处理设备（即空调机组），主要用来处理新风或者新风与回风的混合空气。空调机组一般由新风格栅、新风阀和回风阀、空气过滤器、加热器、加湿器、空气冷却器和送风机等设备和部件组成。大型空调机组还设有与送风机相配合的回风机，即所谓双风机系统。VAV 空调机组内的送风机、回风机一般均为变频风机，在风机电源输入线路上加装有变频器，根据系统控制器的指令，改变风机的转速，达到改变风量、节约电能的目的。

(2) 送（回）风系统

VAV 系统中的送（回）风系统是从空调机组内的送风机到各末端装置之间的整个系统，一般应是中速中压系统。送风风管内要求具有一定的静压，并在运行过程中始终保持静压稳定，这样才有利于变风量箱有效而稳定地工作。风速宜取 7.5m/s（低速送风）或 12.5m/s（中速送风）。需节省安装空间时，送风主干管道可采取较高的送风速度（甚至高达 20m/s），由于风速提高而产生的噪声可用消声器加以解决。

VAV 系统的风管应有足够的强度和较高的气密性，主干送风管一般用薄钢板制作。从节省风管能量消耗、确保风管的严密性和减少保温风管的冷量损失来看，采用圆形风管比矩形风管更适合于变风量系统的要求。主干风管与末端装置之间可用气密性好的柔性风管连接。只有当吊顶空间有限、安装圆形主风管有困难时，方可采用宽高比大的矩形风管。

(3) 末端装置及送风口

VAV 系统中的末端装置一般称为变风量箱。它是变风量系统的关键设备，通过它来调节送风量，适应室内负荷的变化，维持室内的温度。变风量箱通常由进风短管、箱体（消声腔）、风量调节阀、控制器等几个基本部分组成。有的变风量箱还与送风口结合在一起。

① 节流型 VAV 末端。节流型 VAV 末端装置的构成比较简单，主要由箱体、控制器、风速传感器、室温控制器、电动风阀等组成（如图 4-15）。

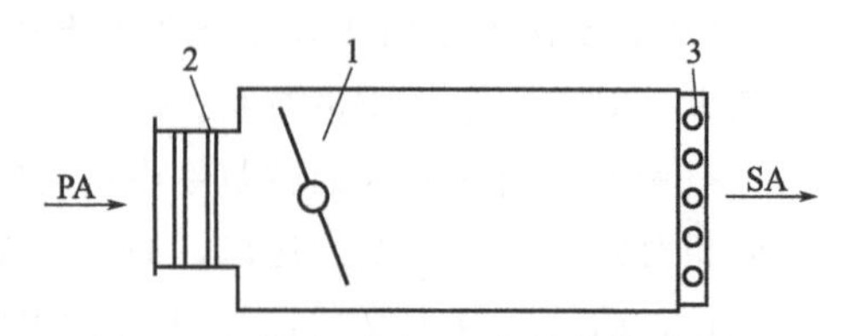

图 4-15 节流型 VAV 末端结构示意图

1—蝶型调节阀；2—风量传感器；3—送风孔板或再热器

箱体由 0.7～1.0mm 的镀锌薄钢板制成，内贴经特殊化学材料处理过的离心玻璃棉或其他保温吸声材料。装置回风 PA 入口处设风量传感器用以检测经变风量箱的风量，在室内空气参数过冷或需要制热时送风 SA 可由热水盘管或电加热提供热源。在入口处设多孔均流板以使空气能够比较均匀地流经风速传感器，可保证装置的风量控制精度。供调节风量的风阀的轴伸到箱体侧壁外，与传动机构或与执行器相连；电源电路、控制和执行机构装置在箱体外侧的控制箱内。

实际使用中需根据厂家提供的公称风量、最大风量、最小风量等参数选用。若把实际使用中的最大风量与最小风量设为相同的值，VAV 装置即作为定风量装置使用。节流型 VAV 末端也可安装在新风系统或排风系统上来确保系统的新风量和排风量。

② 风机动力型 VAV 末端。风机动力型 VAV 末端装置（fan powered box，FPB）是在箱体内设置一台离心式增压风机的变风量箱。根据增压风机与一次风风阀的排列位置的不同，风机动力型 VAV 末端装置可以分成并联和串联两种形式，如图 4-16 所示。

并联型变风量箱是指回风增压风机与一次风风阀并排设置、相互独立工作，经集中式空气处理机组处理后的一次风只通过一次风风阀而不通过增压风机，如图 4-16（a）所示。正常制冷模式下并联型变风量箱的风机不工作，仅在为了保持最小循环风量或加热时运行，因此其风机能耗小于串联型变风量箱。并联型变风量箱内的风机根据空调房间所需最小循环空气量或按并联型变风量箱设计风量的 50%～80%选型。

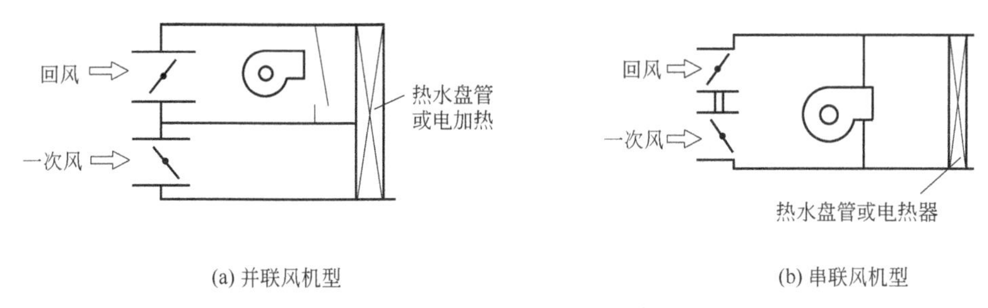

(a) 并联风机型　　(b) 串联风机型

图 4-16　风机动力型变风量箱

串联型变风量箱是指在该箱内一次风既通过一次风风阀，又通过增压风机，如图 4-16（b）所示。串联型变风量箱一般用于低温送风空调系统或冰蓄冷空调系统中，将较低温度的一次风与顶棚内空气回风混合成所需温度的空气送到空调房间内。串联型变风量箱中的一次风阀根据需求调整开度，其余风量由回风补足，需要时也可由热水盘管或电加热提供热量。

串联型变风量箱中的风机始终工作并以恒定风量运行，因此还可用于需要保证一定换气次数的场所，如民用建筑中的大堂、休息室、会议室、商场及高大空间等场所。现在，国内外各种串联型 FPB 末端装置的静压值一般为 75～150Pa，设计风量为 160～5000m^3/h。正常情况下，串联型 FPB 的增压风机每年稳定运行 3000～6000h。

（4）自动控制装置与系统

自动控制系统是变风量空调系统正常运行的保证，其核心装置为控制器、变风量电动风阀和传感器。控制器一般由电源、变送器、逻辑控制电路等组成，有的执行器和控制器等组合在一起，为变风量箱生产厂家提供了方便。控制器须配有与计算机和楼宇控制系统相连的接口电路，便于与楼宇控制系统进行数据通信或现场设置、修改变风量装置的参数。电动风阀是变风量箱对送风进行节流的唯一部件，风阀的流量特性的优劣直接影响到变风量装置的控制效果。大多数生产厂家采用单片蝶阀作为变风量箱风阀，而有的生产厂家采用自己研制的专利产品，如以两片阀片的位移来调节风量的 ZEBRA 型风阀和仿文丘里式风阀等。后两种风阀的流量特性和风量控制精度要优于前者。

在变风量空调系统中，应使用传感器并对室内温控区的温度，室外空气的温湿度，末端装置的送风量，空调机组的送风温度，空调机组的回风温湿度，空气过滤器的进出口静压差，风机及变频器、水阀、风阀的启停状态、故障状态、就地/远程状态和运行参数等进行监测。条件许可时，宜进一步监测送风管静压测点的静压值、空气冷却器进出口的冷水温度、空气加热器进出口的热水温度、室内空气品质或二氧化碳浓度、新风量等参数。

变风量空调系统的基本控制环节，是通过变风量末端装置对风量的控制来实现房间温度控制（见图 4-17），控制点参数包括送风温度设定值、送风静压设定值和二氧化碳浓度设定值等具体参数，工况转换边界条件则包括冬、夏和过渡季转换时的温度、焓值等设定值。

① 变风量末端控制方式。变风量末端 DDC 控制器根据需要输出室内空气温度检测值与设定值、装置运行状态等，可用于中央监控系统集中管理。风量检测值与设定值、调节风阀的阀位等，既可用于集中管理，还可用于系统风量控制。

按变风量末端装置的控制方式不同，有压力相关型和压力无关型之分。压力相关型控制方式最简单，根据房间温度实测值与设定值之差，直接调整末端装置中的风阀。这样当某个房间温度达到要求值时，由于其他房间风量的变化或总的送风机风量有所变化，将导致连接该房间末端装置的风道处空气压力有变化，从而也改变了该房间的实际风量。由于房间热惯性，一般瞬间房间温度并不立刻变化。待房间温度发生足够大的变化后，引起对该房间风阀的调整，但又会反过来影响其他房间的风量，并造成其他房间的温度变化。由此造成各房间风阀的不断调节，房间风量和温度的不断变化，会导致系统不稳定。

压力无关型控制方式在末端上装风量测量装置，房间温度的变化不再直接改变风阀开度，而是去修正风量设定值。当某房间风量由于风道内压力变化而变化时，末端控制装置会直接调整风阀，以维持原来的风量使房间温度不会由此而波动。压力无关型末端风阀根据实测风量与风量设定值进行调整，控制精度高、系统稳定性好，目前应用越来越普遍。工程实践中，除少数场合外，宜采用压力无关型末端。

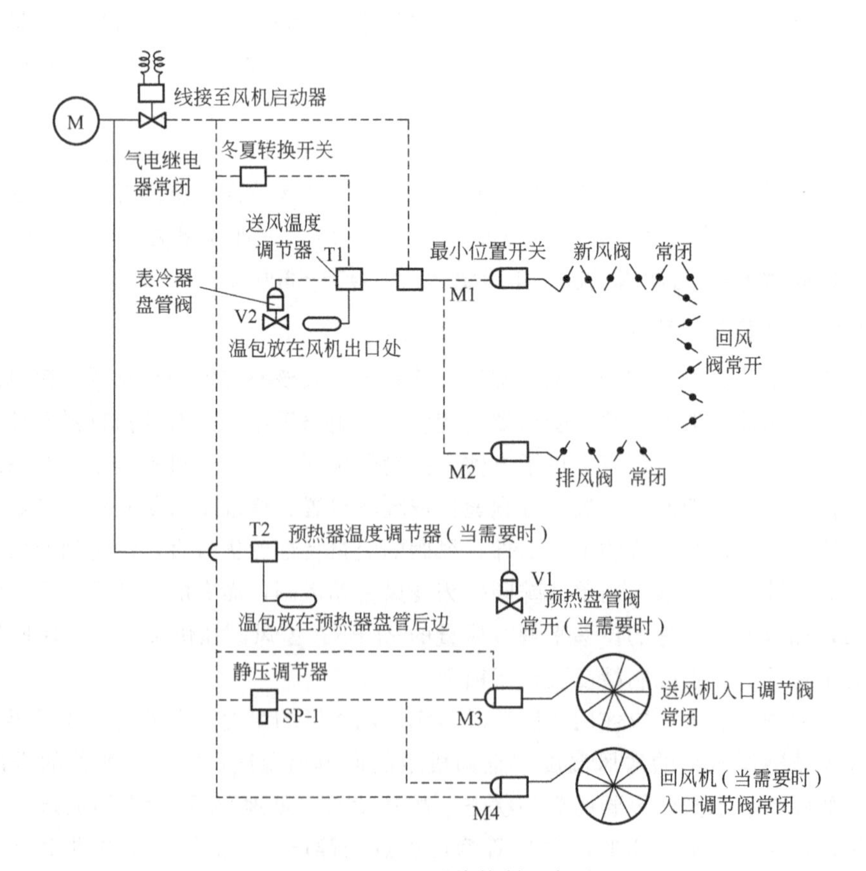

图 4-17 VAV 系统控制示意图

② 系统控制方式。变风量系统的控制方法，有定静压法、变静压法、总风量直接控制法等。定静压法中由 VAV 控制器根据室内负荷变化调整末端风阀改变出风量来满足负荷需求，末端出风量变化带来系统总风管中的静压变化，通过静压传感器去控制空调机组中的风机转速来改变总风量，最终维持总风管中的静压恒定。在变静压控制方式下，VAV 末端的风阀尽可能处于全开位置（85%～100%），系统调节机组风机转速改变总送风量，因此带来总风管静压的变化，同时也可以通过改变送风温度来满足室内舒适性的要求。总风量直接控制法中，VAV 末端风阀根据室内负荷变化调整出风量，并将风量反馈给空调机组风机控制器。风机控制器累加所控区域每个 VAV 末端风量后去调整转速，使总风管风量等于各末端风量之和。

另外，确保室内正压可通过送回风机的联锁控制来实现，与之相关的主机系统和辅助加热系统的控制在设计中也不可忽略。

4.5.3 VAV 空调系统的工程应用

VAV 空调系统具有易于实现分区分房间的温度控制、设备总容量降低、无水管带来的维修工作量小等优点，目前得到了越来越广泛的应用。工程实践中，应根据建筑物的用途、规模、使用特点、负荷变化情况、参数要求、所在地区气象条件以及设备价格、能源预期价格等，遵照《民用建筑供暖通风与空气调节设计规范》（GB 50736—2012）、《变风量空调系统工程技术规程》（JGJ 343—2014）、《公共建筑节能设计标准》（GB 50189—2015）等标准规范要求，经技术经济比较合理时采用。

VAV 空调系统服务于单个空调区，且部分负荷运行时间较长时，应采用单区域变风量空调系统。VAV 空调系统服务于多个空调区，且各区负荷变化相差大、部分负荷运行时间较长，并要求温度独立控制时，应采用带末端装置的变风量空调系统。

(1) VAV 空调系统的典型应用分析

如图 4-18 所示为变风量空调系统的典型应用的原理图。该系统由空调机组、送（回）风管道和变风量箱组成，其气流分布为上送上回，回风进入吊顶后被吸回空调机组。这种系统只能对各房间同时供暖或者同时供冷，无法实现在同一时期内，对有的房间供暖，有的房间供冷的要求，因此适用于各个空调区负荷变化幅度较小且比较稳定，同时对相对湿度无严格要求的场合。

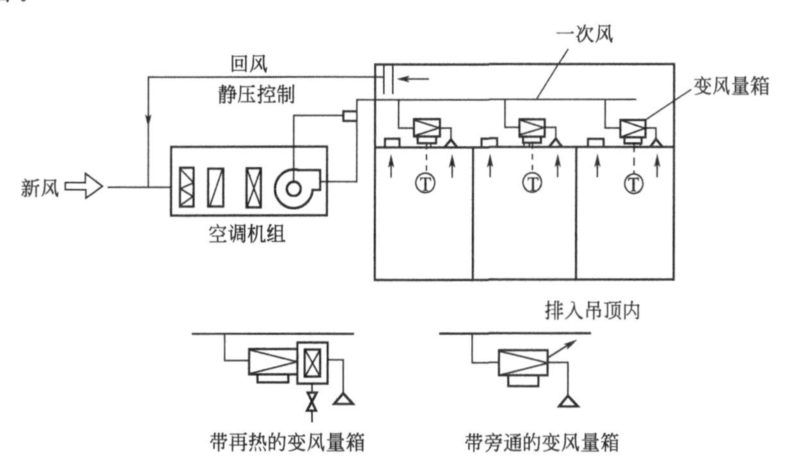

图 4-18　变风量空调系统的典型应用原理

对于节流型变风量箱，当空调负荷减少、室内温度下降时，室温传感器让变风量箱调整出风口的风量，或者将箱内的阀板关小，或者调整其他风口的节流装置。一个变风量箱可带动一个或多个送风口。当送风口因变风量箱的节流而减少送风量时，风管内的静压升高。设在风管上的静压控制器能调低变频送风机的转速，从而使空调机组的送风量减少，达到节能的目的。节流型变风量箱的 h-d 图分析如图 4-19 所示。

对于旁通型变风量箱，随着空调负荷的减少，会使部分空气直接从旁通口排入吊顶内，经回风风管返回空调机组。旁通型工作过程中系统的压力和风量不变，但不节能，所以也被称为准 VAV 空调系统，其 h-d 分析如图 4-20 所示。

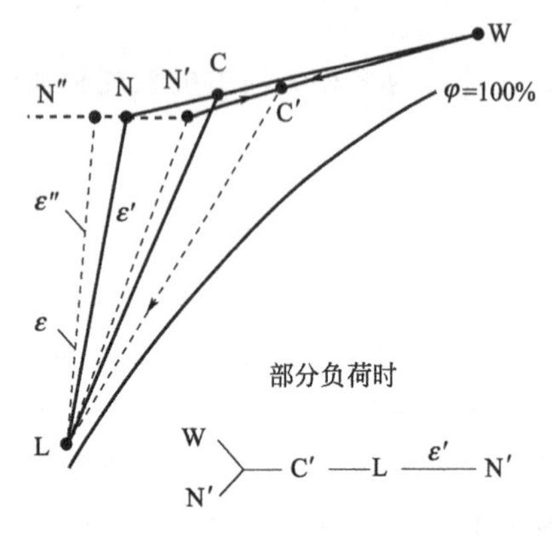

图 4-19 节流型变风量箱 h-d 图分析

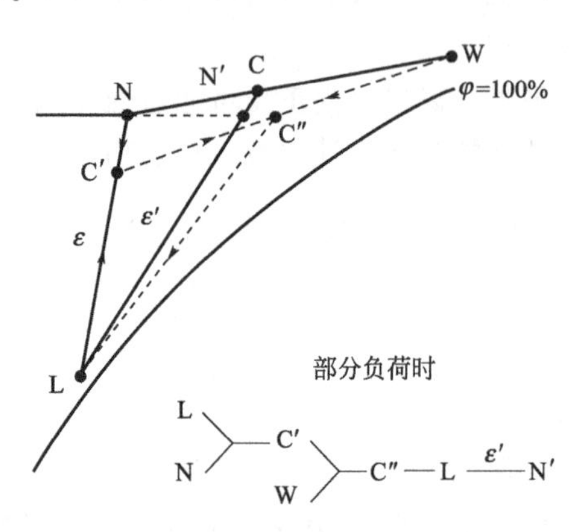

图 4-20 旁通型变风量箱 h-d 图分析

对于高层建筑的外区，夏季供冷、冬季供暖。空调机组内除有单冷型的处理设备外，还应有加热器和加湿器。空调房间内应设带再热盘管的变风量箱。如图 4-21 所示采用设有变频送风机和变频回风机的双风机系统，有利于对空调房间的静压控制。

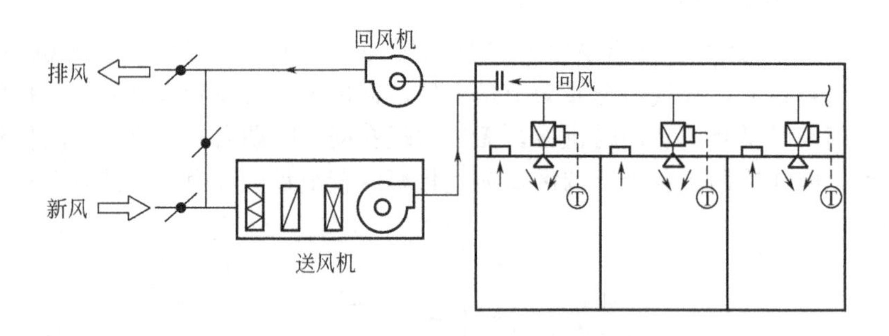

图 4-21 双风机 VAV 系统

(2) 风机动力型 VAV 空调系统

该 VAV 系统一般由定风量的新风机组（通常集中布置）、可变风量的一次风处理机组（一般分层设置），以及按照高层建筑内区和外区不同要求而分别设置的风机动力型变风量箱（FPB）和送风口等组成，如图 4-22 所示。这种系统能较好地满足高层办公楼内区和外区对空调的不同要求（无须设置独立的内、外区系统），一次风的送风温度可以取得较低，为冰蓄冷低温送风系统的应用提供方便条件，在我国近年来新建的高层办公大楼空调工程中获得了较多的应用。

新风机组内设有初效和中效过滤器、空气冷却器、加热器、加湿器和送风机。它的任务

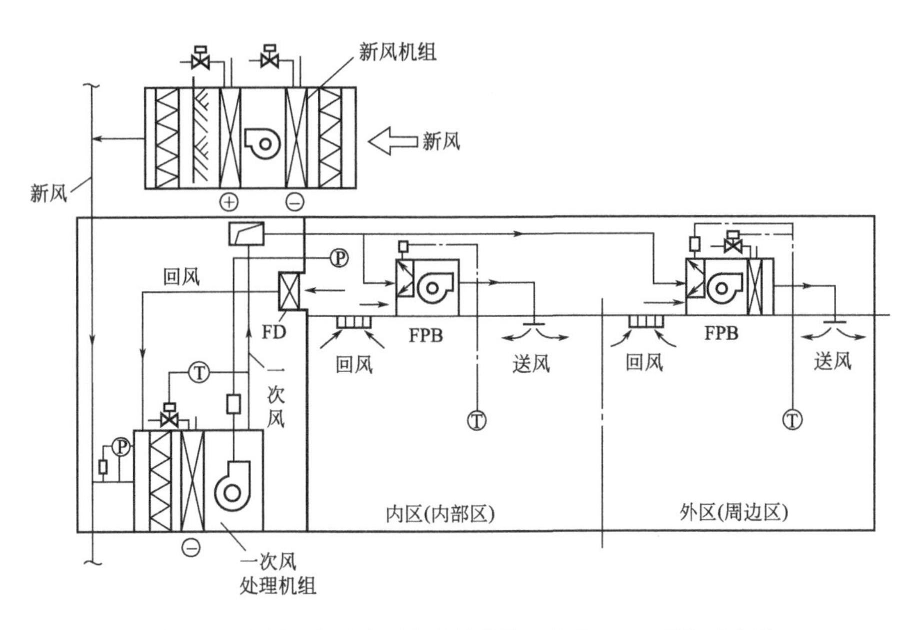

图 4-22 应用风机动力型变风量箱的一次风 VAV 系统示意图

是按照不同季节的要求，将新风处理到一定的状态（例如，夏季对新风作冷却减湿处理；冬季对新风进行加热加湿处理；过渡季节可直接抽取新风），然后沿竖向新风风管将新风分别输送到设在各层的一次风处理机组。

此空气处理机组在 h-d 图上的夏季处理过程如图 4-23 所示，可看出其一次风的送风温度较低（一般在 10℃左右）。

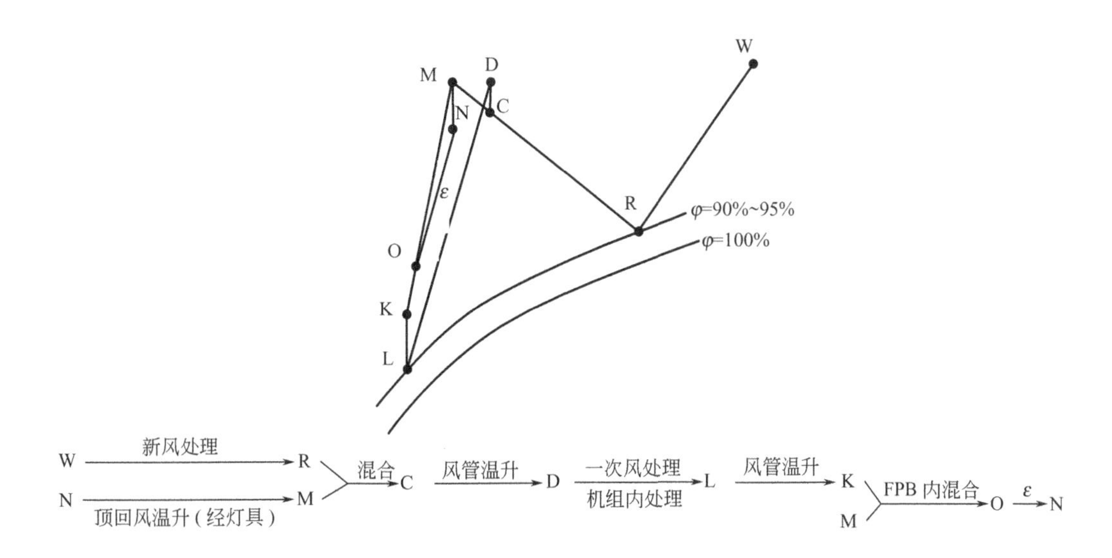

图 4-23 应用风机动力型变风量箱的一次风 VAV 系统的 h-d 分析

新风与来自空调房间的回风在一次风处理机组内进行混合，处理并送出的空气，称为一次风。经过过滤和进一步冷却减湿处理后，由变频送风机送到风机动力型变风量箱。由于内区要求全年供冷，外区冬季供暖、夏季供冷。外区空调房间使用的风机动力型变风量箱是带热水再热盘管的，仅供冬季使用。

风机动力型变风量箱受室内温度传感器的控制，能抽取室内回风与一次风进行混合，并改变一次风与回风的混合比例，其目的是稳定空调房间的空气参数。随着室内负荷的变化，一次风的送风量是可变的。当一次风的送风量减少时，风管中的静压增高，静压控制器能控制一次风处理机组内变频送风机，使其降低转速和风量。

(3) VAV 空调系统的工程设计

① VAV 空调系统的分区。在进行 VAV 空调系统设计时，首先需对空调区域进行平面分区。一般冬季需要供热的区域通常称为外区，除外区之外的室内其他区域则称为内区。内区很少受外围护结构的负荷影响，而人员、灯光、设备等产生的热量使得内区常年都处于需要冷量的状态。如果要保持合理的内区温度，则要求对其进行常年供冷。

是否存在内区和如何划分内、外区，应依实际情况确定，设计人员需在认真计算围护结构冷、热负荷以及合理选择空调末端装置的冷却、加热能力后，合理的区分内、外区。以办公建筑而言，一般较为认可的分区范围是：靠近外围护结构 2～4.5m 以内的室内区域为外区，其余部分室内区域为内区。

VAV 空调系统布置时，内区采用全年供冷的 VAV 空调系统时，外区可采用风机盘管、定风量空调系统等。内外区合用空气处理机组时，外区末端装置宜采用带热水盘管的末端装置。内外区分别设置空气处理机组时，外区空气处理机组宜按朝向分别设置。空调区新风量需要恒定时，宜采用独立新风系统。

② VAV 空调系统的布置。VAV 空调系统设计时宜采用单风管系统，宜采用一次回风、大送风温差系统。同一个空气处理系统中，应避免再热过程。在回风系统阻力较大或排风措施不能适应新风量的变化要求时，宜设置回风机。VAV 空调系统中，应采取保证系统最小新风量的措施，并具备最大限度地利用新风作冷源的条件。其排风系统应与新风系统匹配，并适应新风量的变化。

VAV 空调机组中通常采用中、高压离心式风机。变频技术可使得空调机组风量变化范围增加，兼顾了大风量和节能的技术需求。风机风压根据风管系统布置、末端装置的类型、风口形式等确定。一般而言，定风量空调机组配置的机外静压为 250～300Pa，但在 VAV 空调机组中如此配置通常产生风量不够的现象。VAV 空调机组常见的机外静压配置为 450～700Pa，此时机组风机全压在 1000～1500Pa 左右。为提高空气过滤效率，VAV 空调机组的过滤器大多采用中效袋式过滤器。

VAV 空调系统送风量根据系统总冷负荷逐时最大值计算确定；区域送风量按区域逐时负荷最大值计算确定；房间送风量按房间逐时最大计算负荷确定。因此，各空调房间末端装置和支管尺寸按空调房间最大送风量设计；区域送风干管尺寸按区域最大送风量设计；系统总送风管尺寸按系统最大送风量设计。变风量系统送风管按中压风管要求制作。

VAV 空调系统的噪声问题必须关注。首先选择变风量末端装置，尤其是串联式风机动力型变风量箱时，应选择高质量的产品。其次，末端装置风机余压要求应适度，如机外静压≤80Pa，加热盘管≤2 排。最后是对房间及吊顶材料等的要求，房间的面积宜在 $50m^2$ 以上，吊顶上部高于 1m，吊顶材料密度宜大于 $560kg/m^3$。变风量末端装置到送风口之间接一段 2m 以上的消声软管，回风口位置尽可能避开变风量末端装置，必要时在其回风口处设置消声器。

4.6 蓄能空调系统

蓄能空调系统（thermal storage air conditioning system）是指将冷量或热量以显热或潜热的形式储存在某种介质中，并能够在需要时释放出冷量或热量的空调系统。

蓄能空调系统的应用价值在于转移高峰空调负荷，有效解决电量供应与需求在时间上的错位问题。实践中，蓄能系统的节能效益主要体现在宏观层面：平衡电网负荷、提高发电和供配电设备效率、保障电力供应，以及减少电厂建设投资等方面。其主要贡献是解决电网的峰谷负荷差，即通常所说的“削峰填谷”。另外，对于近年来大力发展的太阳能发电和风力发电来说，蓄能空调系统作为一种重要的蓄能技术，也有利于更多地使用可再生能源发电，缓解存在的“弃风、弃光”问题。蓄能空调系统的应用，有利于在宏观能源系统范围内实现节省投资、降低运行费用、节约能源和环境保护。

4.6.1 蓄冷系统与蓄热系统

“蓄能”是“蓄冷”和“蓄热”概念的统称。储存、释放冷量的系统称为蓄冷空调系统，储存、释放热量的系统称为蓄热空调系统。蓄能介质在只用于蓄存冷量时，可称为蓄冷介质，最常见的蓄冷介质为水和冰。蓄冷方式常见水蓄冷、冰盘管型蓄冰（内融冰、外融冰，如图 4-24）、封装式（冰球、冰板式，如图 4-25）蓄冰、冰片滑落式蓄冰（如图 4-26）、冰晶式蓄冰等。常见蓄热方式包括水蓄热、相变材料蓄热等。

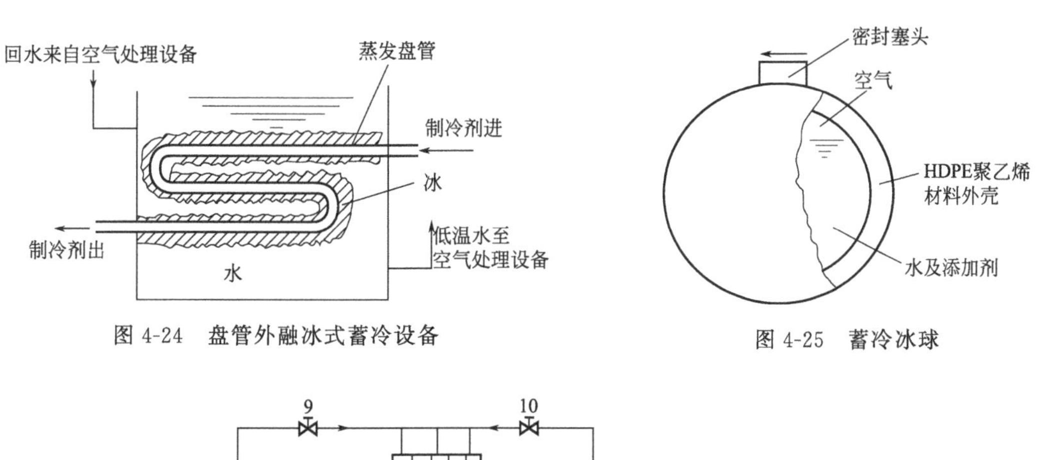

图 4-24 盘管外融冰式蓄冷设备

图 4-25 蓄冷冰球

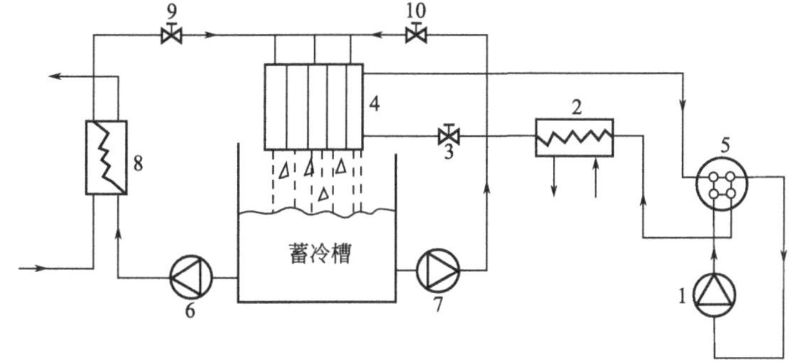

图 4-26 制冰滑落式蓄冷设备

1—压缩机；2—冷凝器或蒸发器；3—节流阀；4—蒸发器或冷凝器；
5—四通阀；6—低温水泵；7—冰水泵；8—热交换器；9，10—阀门

当空调系统的一次能源为电以外的其他类型时，由于不存在电力需求，一般不采用蓄能系统。以电力制冷的空调工程，符合下列条件之一且技术经济分析结论为合理时，宜设置蓄冷空调系统：

① 执行峰谷电价，且空调冷负荷与电网的高峰、低谷时段较为重合；

② 空调峰谷负荷相差悬殊且峰值负荷出现时段较少，使用常规空调系统会导致装机容量过大，且大部分时间处于低负荷状态下运行；

③ 电力容量或电力供应受到限制，需要采用蓄冷系统才能满足负荷要求；

④ 要求部分时段有备用制冷量，或者有应急冷源需求的场所。

经过技术经济分析比较，合理的蓄热系统选择一般应符合：

① 供冷为主、供暖负荷小，无法利用热泵或其他方式提供供暖热源，但可以利用电力低谷段蓄热，可采用电锅炉作为蓄热系统的制热设备，但该电锅炉不在电力高峰和平段时启用。

② 执行分时电价且峰谷电价差较大时，供暖热源采用电机驱动式热泵，宜选择蓄热系统。

③ 供暖热源利用太阳能时宜选择蓄热系统。

④ 利用可再生能源发电，且其发电量能满足自身电加热用电量需求时，宜选择蓄热系统。

需要注意的是，蓄能用蓄冷蓄热水池不应与消防水池共用。

4.6.2 冰蓄冷系统

在冰蓄冷系统中，一般用20%～40%体积分数浓度的乙二醇水溶液作载冷剂（俗称二次冷媒），用以传递制冷剂、蓄冷装置所产生的冷量。乙二醇作载冷剂时，管路不应选用内壁镀锌的管材及配件。典型的冰蓄冷系统结冰过程和融冰过程如图 4-27、图 4-28 所示。

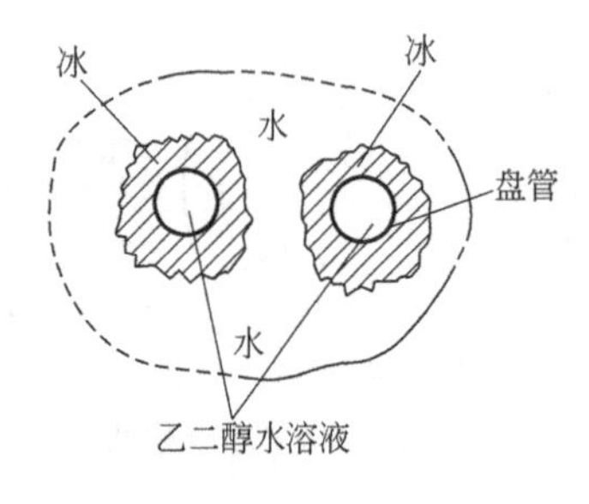

图 4-27 结冰过程

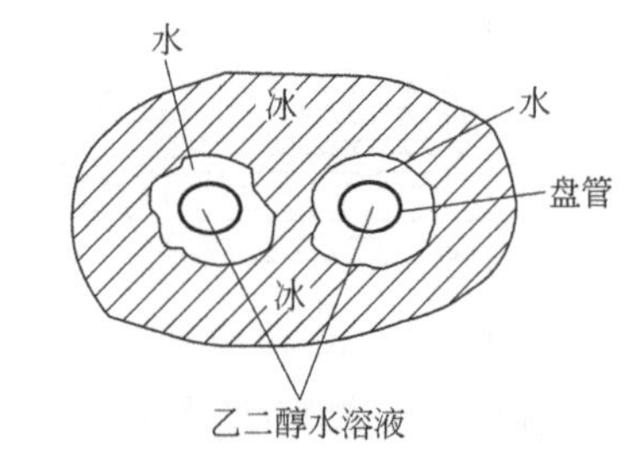

图 4-28 融冰过程

冰蓄冷系统的运行模式有部分蓄冷、分时蓄冷、全部蓄冷等。图 4-29 为部分蓄冷时一天中各时刻的系统运行示意图，此时制冷机夜间蓄冷，白天释冷满足空调负荷，不足部分由制冷机补充，装机容量可减至峰值的 30%～60%，但此时“削峰填谷”作用没有全部蓄冷模式下的显著。

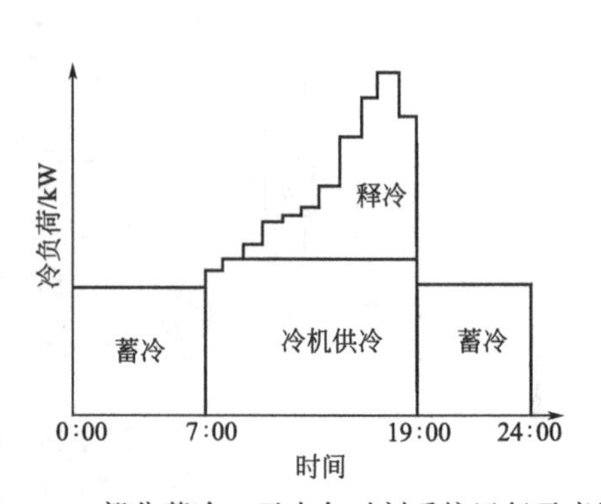

图 4-29 部分蓄冷一天中各时刻系统运行示意图

4.6.3 低温送风空调系统

低温送风空调系统（cold air distribution

system，CADS）是送风温度低于常规数值的全空气空调系统。相对而言，常规空调送风系统供回水温度7～12℃，送风温度为12～18℃，而低温送风空调系统供回水温度1～4℃，一般送风温度设计为4～10℃。

1947年低温送风系统的概念被提出，并于1950年逐步将此项技术应用于住宅和小型商业建筑的改造工程。在我国，低温送风空调系统才刚刚起步，并随着冰蓄冷技术的发展而逐渐兴起。低温冷冻水具有相对大的冷量，在输送中可以减小管道的尺寸，减少泵的电耗。在空气处理设备中，由于低温水的送入，可减小空气处理设备的尺寸，同样也可减少风机的电耗。因此，低温送风空调愈来愈引起人们的重视。在与冰蓄冷系统相结合的集中空调系统中，应用低温送风，具有降低峰值电力的作用，同时可减少电耗，节省建筑物的占地面积和空间，所以有较强的发展势头。

低温送风系统主要由冷却盘管、风机、风管及末端空气扩散设备等组成。

(1) 冷却盘管

由于低温送风系统的设计参数与常规空调不同，所以冷却盘管的选择也不同于常规的空调送风系统，这种不同主要体现在以下几个方面：

① 冷却盘管要求有更多的盘管数。常规空调系统的盘管数一般采用4～6排，翅片间距一般在2.1～3.1mm，低温送风系统的盘管数一般采用8～12排，翅片间距一般在1.8～2.1mm之间。采用更多更密的盘管是为了使流经盘管的空气温度降得更低，更接近于进入盘管的冷水温度。

② 采用更细的铜管和具有管内扰动强化传热措施的铜管。增加盘管排数，势必会使空气侧的阻力增加。同时采用更密的翅片必然会使空气带水的可能性增加。所以采用细一些的铜管可以改善以上两方面，同时使铜管的造价更低，但这增加了水侧的阻力。

③ 盘管迎面风速低。常规空调系统盘管的迎面风速一般为2.3～2.8m/s，而低温送风系统则采用1.5～2.3m/s的风速，采用较低的迎面风速可使空气在盘管内的换热更完全，同时也可减少凝结水被吹出盘管的可能性。

④ 盘管一般采用标准回路布置，不建议采用多回路布置。

(2) 风机

在低温送风系统中，关于风机应从以下几方面来考虑：

① 低温送风系统常与变风量系统结合使用于空调系统中。在变风量系统中，由于风量常常变化，会引起管路阻力很大的变化，造成风机较大地偏离设计的最佳工作点。因此变风量低温送风空调系统中，在选择风机时，应特别注意选择风机特性曲线平缓的风机，并在有条件的情况下选择可变频调速的风机。

② 风机位置设置推荐采用吸入式，即冷却盘管位于风机的吸风侧（亦称抽吸式）。在吸入式状态下，由于风机布置于冷却盘管下风侧，因而空气流经盘管时，气流较均匀，但空气流经风机时，风机的发热量会传递给空气，引起温升，当风机的风压较大时，会引起更大的温升。这样必然会增大原额定送风量，送风量增大会引起风管的尺寸以及风机风量的重新设定。吸入式系统不推荐使用在低温、高湿的空调系统中。风机工作在高湿的环境下，应采取外置电机保护风机；为防止积水，应特别注意水封的设置。

③ 风机的电机发热量会随着送风空气带进空调系统中，一般会引起空气温升1～2℃，这是一项较大的冷负荷，故应在冷却盘管的供冷负荷中考虑。

(3) 风管

由于低温送风空调系统具有大温差小流量的特点，因此与常规空调系统相比，低温送风空调系统中的风管也具有不同的特点：

① 风管尺寸。更大的送风温差减少了送风量，从而大大地减小了送风管道的断面尺寸，使得空气输送能耗大幅度地减少。系统风量及风管断面积与系统送风温差成反比关系。如对于送风量为20000m^3/h，送风温差8℃的常规空调系统，当送风速度为8m/s时，其风管断面积为0.69m^2。当采用送风温差为16℃的低温送风空调系统时，其送风量减为10000m^3/h，其风管断面积为常规空调的1/2。

② 风管温升。如果低温送风系统风管保温做得不够好，会使风管温升远大于常规空调系统。由于风管温升会导致系统冷负荷增加，因此在冷负荷计算中应予以考虑。对于低温送风系统来说，不仅要选择热导率小的保温材料，以减少保温层厚度，更重要的是解决好隔汽、防潮问题。

根据风管长度不同，空调系统中风管温升一般会在1.5～3℃之间变化。因此在低温送风系统中，在满足噪声控制条件下，应尽量采用高风速来减少这部分无用的热损耗。此外，低温送风系统与变风量（VAV）技术结合使用，由于在部分负荷情况下送风量的减小，可能使送风温升上升到3～6℃。

(4) 末端设备

正确地选择空调系统末端设备，影响到空调区域工艺要求和人的舒适感觉。冷热空气扩散不均或空气流速过高等原因，都会影响工艺参数和造成人对舒适度的抱怨。

低温送风系统的末端送风方式目前主要分两类。第一类采用诱导箱、混合箱等形式，将低温一次风与室内空气在箱内混合，再由常规送风口送入室内；第二类采用直接送入方式，将低温风由送风口送入室内。第一类送风方式中主要又有三种形式，即带风机的串联式混合箱、带风机的并联式混合箱及无风机诱导型混合箱。第二类送风方式中，可采用低温送风专用送风口或扩散性能较好的常规送风口。

① 带风机串联式混合箱。带风机串联式混合箱的工作原理见图4-30。一次风与室内空气首先在箱内混合再由风机送入室内。此类设备的室内送风口仍可采用常规空调送风口，送风温度与常规空调相当。在变风量系统中，即使一次风量发生变化，通过风机送入室内的空气量仍保持不变。选型容易、控制简单、送入室内的风量稳定，因此不必担心射流分离及风口结露的问题。

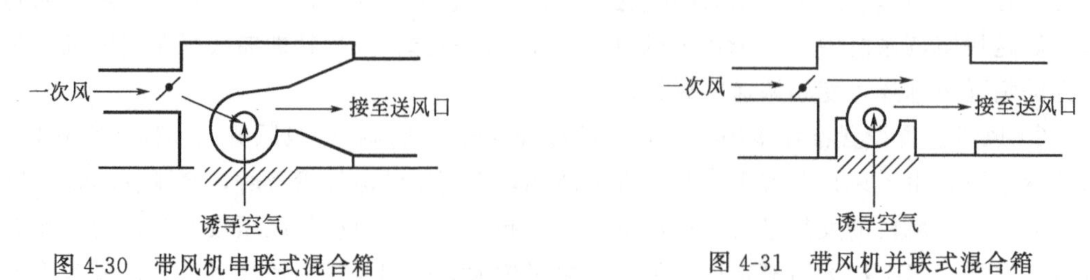

图4-30 带风机串联式混合箱

图4-31 带风机并联式混合箱

② 带风机的并联式混合箱。带风机并联式混合箱的工作原理见图4-31。一次风不通过箱内风机，仅室内空气流经风机，再与一次风混合送入室内。并联式混合箱仅处理室内空气，箱内风机的风量明显小于串联式混合箱内风机的风量。并联式混合箱中的风机仅在一次

风量较小的情况下开启，不像串联式混合箱的风机要一直连续不断地运行，因此到达送风口要克服更多的阻力，一般并联式混合箱要求一次风提供约125Pa左右的入口静压（串联式混合箱仅需25Pa左右克服入口阻力）。

在建筑物外区，并联式混合箱配合热水盘管，可方便地对建筑物外区的负荷变化进行调节。例如，一个大体量建筑物，内区需常年供冷，而外区随季节变化，在冬季需供暖时，可启动风机同时启动加热盘管。

为防止一次风量的减少，送风速度下降，低温空气直接进入工作区，可根据需要启停风机，因此并联式混合箱比串联式混合箱调节灵活，但同时也带来了控制复杂的特点。此外，并联式混合箱采用风机增加了能耗和噪声，维护费用也较高。

③ 无风机诱导型混合箱。无风机诱导型混合箱的工作原理见图4-32，一次风诱导室内空气进入混合箱混合后再进入室内，不需风机等额外动力即可进行工作，但需要较高的一次风静压。因此一次风的风机耗电量会相应提高一些。但其结构简单，控制相对容易，可很方便地实现室内负荷的调节。例如，房间为最大冷负荷时，一次风的调节阀全开，室内空气诱导阀门关闭；随着空调区冷负荷减少，通过房间温控器控制关小一次风的调节阀门，同时开大诱导阀门。由于送风口的最小风量为“一次风＋诱导风”，这样在小风量的情况下，提高了风温，因此对于送风口的选型较容易。同时，也能防止低速冷空气直接进入空调区。

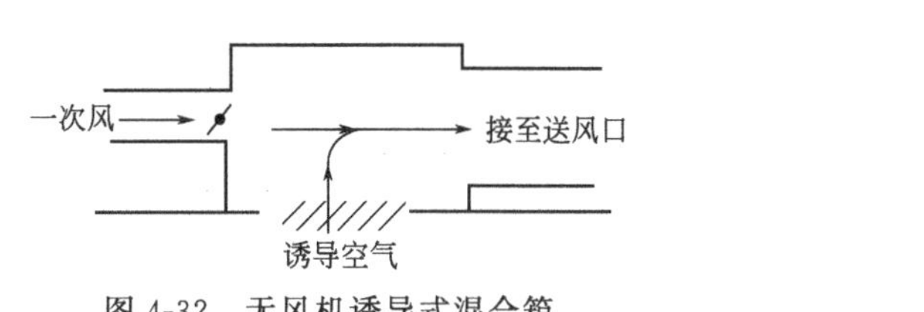

图4-32 无风机诱导式混合箱

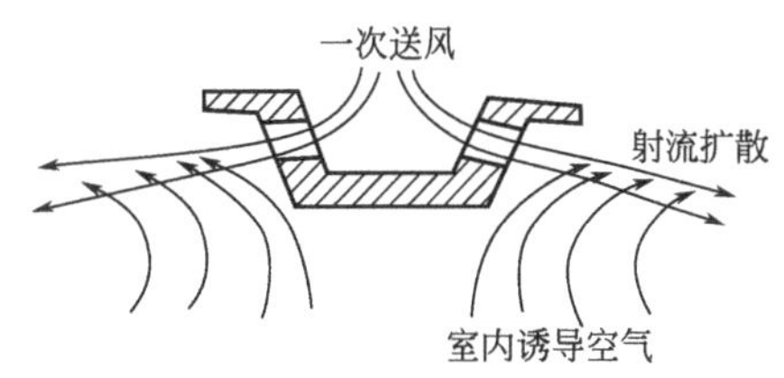

图4-33 喷嘴型散流器

④ 专用送风口。图4-33所示为专用低温喷嘴型散流器的工作示意图。该散流器通过一次高速气流诱导室内空气贴附顶棚送入室内。为防止低温送风口的表面结露，在运行时首先应以较高的送风温度送入室内，在室内空气的露点温度低于散流器外表面温度后，再逐步降低送风温度。

为适应低温送风系统的发展，国内外相继研制和开发了多种形式的低温送风专用送风口，同时对常规空调送风口在低温送风状态下的性能及适用条件作了一定的研究。如果选型合理，无论是采用低温送风专用风口，或是采用常规空调送风口，均可达到良好的空调效果。

4.6.4 冰蓄冷结合低温送风空调系统

目前冰蓄冷结合低温送风的空调系统在世界范围内不仅发展迅速，而且规模越来越大，区域性的蓄冷和供冷系统工程越来越多。实际应用中客观评价系统节能性，应重点关注双工况制冷机组的性能系数、载冷剂循环泵的耗电输冷比、系统热损失等关键性能指标。

(1) 优点

国际工程经验及国内现有实践表明，与采用常规全空气系统比，采用冰蓄冷结合低温送风的空调系统主要具有以下优点：

① 送风量和循环水量小。这使空调设备和风管、水管的尺寸，风机、水泵的功率等相

应减小，可减少设备与管道等初投资，节省机房面积和管道所占空间，降低建筑层高和造价，减少电力增容费和空调设备运行电费的开支。

② 除湿能力强。在维持同样的室温条件下，可降低相对湿度，从而提高热舒性。一般而言，在风速 0.15m/s 的基础上，相对湿度 30%，干球温度 26℃；或相对湿度 50%，干球温度 25℃；或相对湿度 70%，干球温度 23℃，这三种不同组合条件给人体的舒适感是一样的。所以在相对湿度降低的情况下，可适当提高室温 1～2℃，这将显著减少房间冷负荷。

(2) 低温送风空调系统的工程设计

应用低温送风空调系统时，应符合《工业建筑采暖通风与空气调节设计规范》（GB 50019—2015）和《蓄能空调工程技术标准》（JGJ 158—2018）中的相关规定：

① 空气处理机组的选型，应通过技术经济比较确定。空气冷却器的迎面风速宜采用 1.5～2.3m/s，冷媒通过空气冷却器的温升宜采用 9～13℃。空气冷却器出风温度与冷媒进口温度之间的温差不宜小于 3℃，出风温度宜采用 4～10℃，直接膨胀系统不应低于 7℃。如果冷却盘管出风温度与冷媒进口温度之间的温差（接近度）过小，必然导致盘管传热面积过大而不经济，导致选择盘管困难。

② 应计算送风机、送风管道及送风末端装置的温升，确定室内送风温度并应保证在室内温湿度条件下风口不结露。采用向空调区直接送低温冷风的送风口，应采取能够在系统开始运行时，使送风温度逐渐降低的措施。

③ 采用低温送风时，室内设计干球温度宜比常规空调系统提高 1℃。

④ 低温送风系统的空气处理机组、管道及附件、末端送风装置、凝结水管等必须进行严密的保冷，保冷层厚度应经计算确定。

⑤ 因送风温度低，为防止低温空气直接进入人员活动区，尤其是采用变风量空调系统，当低负荷低送风量时，对末端送风装置的扩散性或空气混合性有更高的要求。

⑥ 当采用冰蓄冷空调冷源或有低温冷媒可利用时，可采用低温送风空调系统；对要求保持高空气湿度或需要较大送风量的空调区，不宜采用低温送风空调系统。

4.7 净化空调系统

能满足洁净要求的空调系统被称为净化空调系统。直接利用空气过滤器可对送入空调区域的空气进行有效的净化处理，但要保证在洁净空间内达到所要求的洁净度级别，还必须对空调区域内产生的有害物的扩散进行控制，需要足够的通风量和合理的气流组织，需要依靠净化空调系统来完成。

所谓洁净室是指空气洁净度达到规定级别的可供人活动的空间，其功能主要是控制微粒的污染。以无生命微粒为控制对象的工业洁净室多见于电子制造行业、高精仪器仪表行业等，以有生命微粒为控制对象的生物洁净室多见于医疗行业、制药行业、食品行业等。除了有空气洁净要求外，洁净室通常还有一定的温度、湿度、噪声和振动等要求。

4.7.1 净化空调系统与一般空调系统的异同点

净化空调系统是在一般空调系统的基础上发展提高而形成的，与一般空调系统工作流程基本一致，但又有其特殊性。图 4-34 为净化空调系统处理空气的流程示意图。

(1) 净化空调系统的形式

按作用范围分，净化空调系统的形式有以下三种：

① 全面净化。通过空气净化及其他综合措施，使室内整个工作区成为具有相同洁净度的环境。这种方式适合于工艺设备高大、数量很多，且室内要求相同洁净度的场所。全面净化投资大、运行管理复杂、建设周期长。

② 局部净化。利用局部净化设备或净化系统局部送风的方式，在一般空调环境中造成局部区域具有一定洁净度级别的环境。适合于生产批量较小或利用原有厂房进行技术改造的场所。

③ 局部净化与全面净化相结合。在低洁净度的洁净室内，对局部区域实现较高洁净度的空气净化，称为局部净化与全面净化相结合的方式。

在满足工艺要求的条件下，应尽量采用局部净化方式，只有局部净化方式不能满足工艺要求时，才采用局部净化与全面净化相结合的方式或采用全面净化方式。

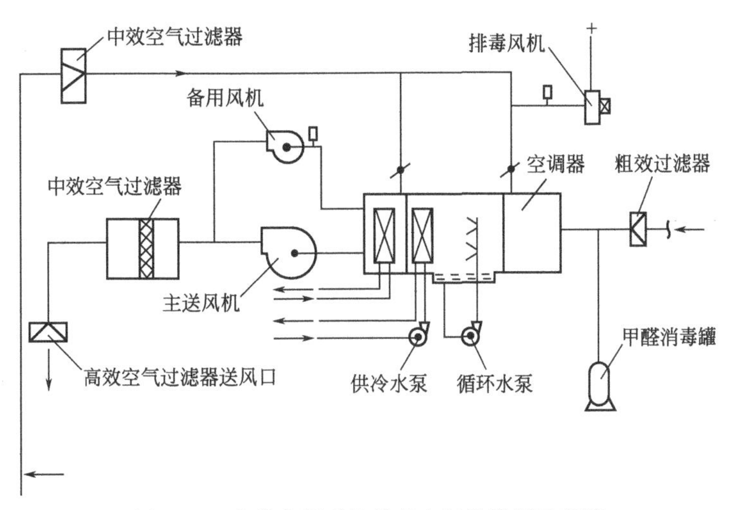

图 4-34 净化空调系统处理空气的流程示意图

按构造分，净化空调系统也有以下三种：

① 整体土建式。根据工艺要求，由土建结构所构成的空间，采用集中送风、全面净化或全面净化与局部净化相结合的洁净室。其优点是坚固耐久、密封性好，适用于大型洁净室；其缺点是施工周期长，运行费用高。

② 装配式。由风机和过滤器机组、洁净工作台、空气自净器、照明灯具等设备中的一部分或全部，与拼装式板壁、顶棚、地面等预制件，在现场拼装成形。当配置有温湿度处理装置时，就构成装配式空调洁净室。这种形式洁净室的优点是安装周期短，对安装现场的建筑装修要求不高，拆装方便；缺点是密封性差，噪声大，造价相对较高。仅在洁净度要求较高（如 100～10000 级）和急需的情况下采用。

③ 局部净化式。在空调房间内，对局部空间实行净化，其做法有多种：如用轻型结构围成小室，用单独的净化系统作为小室的送、回风；安装装配式洁净室；采用各种形式的局部净化设备（如洁净工作台、空气自净器、洁净层流罩等）。这种形式洁净室的优点是洁净度易达到要求，简化人身和物料的净化设施，安装周期短，易于适应工艺或实验过程的变动，造价低；缺点是使用有局限性，噪声大（有集中机房的除外），产品离开局部净化区易

受污染。

(2) 净化空调系统与一般空调系统的区别

① 空气过滤的要求不同。一般的空调系统采用一级过滤，最多采用二级过滤，一般不设置亚高效以上的过滤器；而净化空调系统必须设置三级及三级以上过滤器。为避免未净化空气渗入净化送风管污染净化气流，保持送风管路及系统的正压，净化空调系统中送风机必须设置在中效、亚高效或高效过滤器的前部，而一般的空调系统末端通常不设置过滤器装置。

② 室内压力的控制要求不同。一般空调系统对室内压力无明显要求，而净化空调系统则对保持洁净室的压差具有明确规定，最小压差值在5Pa以上，这就要求净化空调必须采取一定的技术措施对洁净室的压差值进行控制并加以保持。

③ 气流组织要求不同。一般空调系统为达到以较小的通风量尽可能地提高室内温度湿度场的均匀性之目的，常常采用乱流度较大的气流组织形式，以在室内形成较强的二次诱导气流或涡流；而净化空调系统则为保证所要求的洁净度，必须尽量限制和减少尘粒的扩散飞扬，采取各种措施减小二次回流及涡流，使尘粒迅速排出室外。

④ 换气次数（送风量）要求不同。净化空调系统的换气次数最少也必须达到10次/h，甚至高达数百次；而一般空调系统的换气次数常在10次/h以下，二者之间相差几倍乃至几十倍。换气次数的差别也导致了净化空调系统的能耗比一般空调系统的能耗高出几倍或几十倍。而且，净化空调系统的每平方米造价为一般空调系统每平方米造价的几倍到几十倍之多。

4.7.2 电子制造企业净化空调系统

工业洁净室最早应用于军事目的，后逐步扩展至高科技产业和民用产业，包括精密机械（高加工精度）、宇航工业（高可靠性）、化学工业（高纯度）、核工业（防污染）、印刷工业（产品的精美）、涂装工业（表面的光洁度）等。而半导体电子制造企业是工业洁净室的代表。

(1) 工业洁净室的设计要求

1）确定改建、扩建和新建的工业洁净室级别时，在满足生产要求的前提下，能够采用低洁净度级别的就不要采用高洁净度级别；在同一洁净室内的不同区域，能够采用不同洁净度级别的就不要笼统地采用同一个高洁净度级别。

2）工业洁净室的气流组织首先根据工艺要求的洁净度等级，本着节约投资的原则，再结合建筑的特点来进行确定。工业洁净室的气流组织有乱流洁净室和层流（平行流）洁净室两大类。层流洁净室又分为水平层流和垂直层流两种。

① 洁净度等级高于100级的垂直层流洁净室，只宜采用顶棚满布高效空气过滤器的送风方式，回风方式宜采用满布格栅地板回风口。

② 垂直层流洁净室采用顶送、相对两侧墙下部均匀布置回风口的送、回风方式，仅适用于两侧墙之间的净距离不大于5m的洁净室。

③ 水平层流洁净室可采用送风墙满布高效空气过滤器的送风方式，只在靠近送风墙的第一工作区能达到100级的洁净度，空气含尘浓度沿气流流动方向逐渐增高，洁净度则逐渐降低。

④ 垂直层流洁净室中当需要在满布高效空气过滤器的顶棚布置照明灯具时，灯具的形式及布置方式均以不影响送风气流分布为原则。

⑤ 洁净度为1000级或10000级、室内净高大于或等于3.5m的高大洁净室，其送风方式还可采用密集流线型散流器的送风方式。

3）根据工业洁净室面积、净高、位置和消声、减振等要求，经综合技术经济比较后，确定采用集中式净化系统或分散式净化系统。一般面积较大、净高较高、位置集中和消声减振要求严格的洁净室，采用集中式净化系统；反之，可采用分散式净化系统。

4）当工艺无特殊要求时，在保证新鲜空气量和洁净室正压条件下，工业洁净室要尽量利用回风。

5）工业洁净室一般不宜设置消声器；当必须采用消声器时，宜选用不产尘和不易积尘的消声器。消声器的位置一般设在净化空调机组中效过滤段之前和回风总管上。

6）一般情况下，工业洁净室可不设值班风机。当工艺要求在非生产时间维持一定的洁净度时，可设值班风机，其送风量按维持洁净室正压所需的风量考虑。

7）中等洁净度级别以上的工业洁净室，不要采用散热器供暖。当有技术走廊时，可在技术走廊内布置散热器；当设有值班风机时，可利用值班风机送热风。低洁净度级别的工业洁净室可以采用散热器供暖，但散热器要采用表面光滑、不易积尘和便于擦拭的形式。

8）工业洁净室的辅助房间的送、回风，一般都采取一定的净化空调设施。实际工程中多数采用经粗效过滤器，温、湿度处理和中效过滤器过滤的送、回风方式；或利用洁净室的回风；当洁净车间周围大气污染比较严重时，也可以采用三级过滤（末级为亚高效或高效过滤器）的送风。辅助房间内的洁净度一般不高于洁净区内最低洁净度。盥洗室、淋浴室、厕所等，一般要设排风装置。

9）当工业洁净室使用剧毒溶液或易燃、易爆物品时，要根据具体情况采取事故排风措施或防火措施（例如设风管防火阀门）。

(2) 电子制造企业净化空调系统

图4-35是广泛用于电子制造企业的垂直单向流型工业洁净室的剖面示意图。

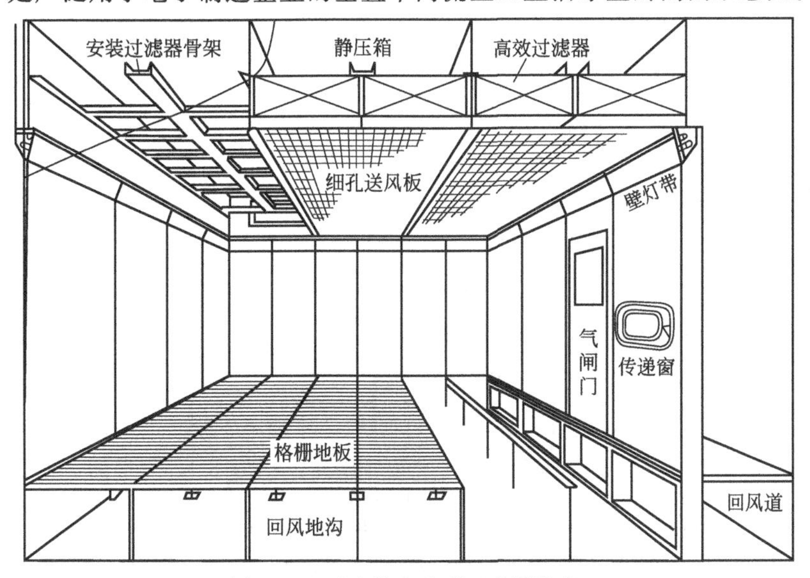

图4-35　垂直单向流型工业洁净室

图 4-36 为 Seagate 公司由标准厂房改建而成的 10 级（0.5μm）工业洁净室的系统结构示意图。系统顶部采用风机与过滤器结合在一起的单元设备，回风经孔板地板直通回风管进入静压箱，新风由新风机组处理后送入送风静压层。工程整体高度小、运行经济。

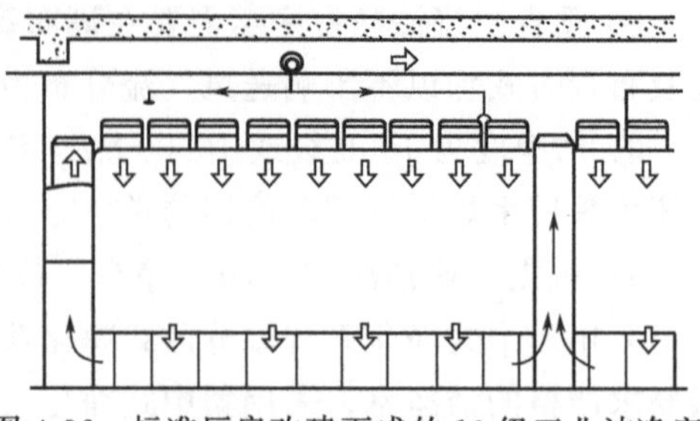

图 4-36 标准厂房改建而成的 10 级工业洁净室

4.7.3 医疗场所净化空调系统

医疗场所净化空调系统（生物洁净室）的应用在我国较晚，初期主要应用在医院手术室、特殊病房、制药厂无菌制剂车间、实验动物饲养室、化妆品车间、食品车间，21 世纪后尤其是 SARS 疫情、新冠疫情爆发后，生物安全实验室（生物洁净室）在我国迅速发展。

(1) 生物洁净室与工业洁净室的主要区别（表 4-3）

表 4-3 生物洁净室与工业洁净室的主要区别

比较项目	工业洁净室	生物洁净室
粒子去除方法	主要是过滤方法。采用粗、中、高效过滤器三级过滤	除了过滤的方法之外，还必须用高温、药物、紫外线方法灭菌
室内装修材料	室内装修材料以不产尘为原则。清扫时只需经常擦拭以免积尘	室内需定期用药物消毒灭菌，故装修材料和家具均应有一定的耐水、耐腐蚀性能
入室的人和物的处理	入室的人员、材料、器皿、设备等均应经过吹淋或纯水擦拭	入室的人员、材料、器皿、设备等应经消毒灭菌处理
检测方法	室内的含尘浓度可瞬时测得，还可以连续测试和自动记录	室内的含菌浓度不能瞬时测得，必须经过一定时间的培养后才能得到

(2) 医疗场所净化空调系统

以隔离式生物洁净室为例，图 4-37～图 4-39 为 P2、P3、P4 型生物洁净室的系统示意图。可以看出，随着生物危险度的增大，在气流组织、洁净室与外界的联系、人员的保护和消毒、排风和进风的过滤等许多方面，要求越来越高。详细资料读者可自行查阅相关参考文献。

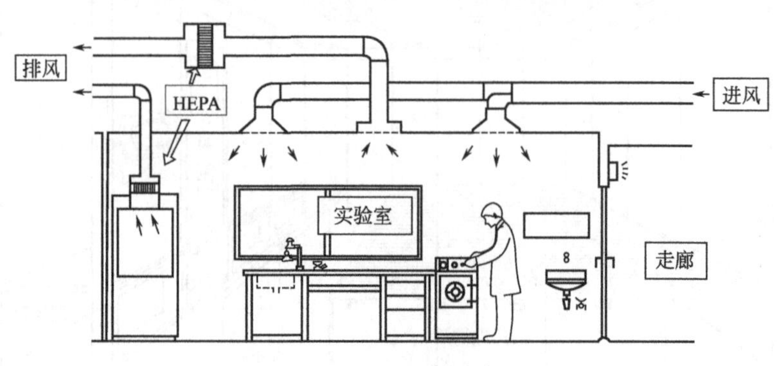

图 4-37 P2 型生物洁净室

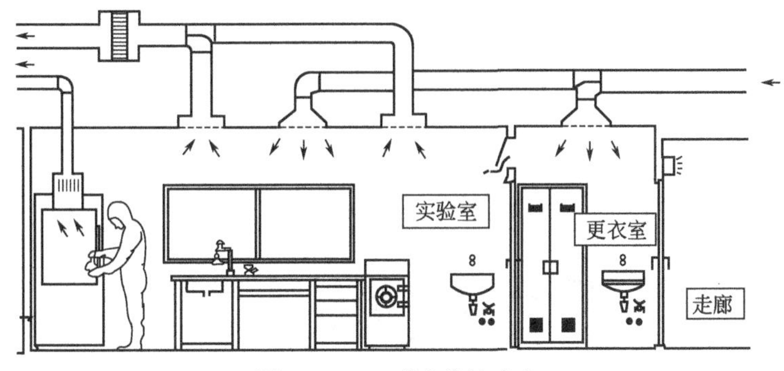

图 4-38　P3 型生物洁净室

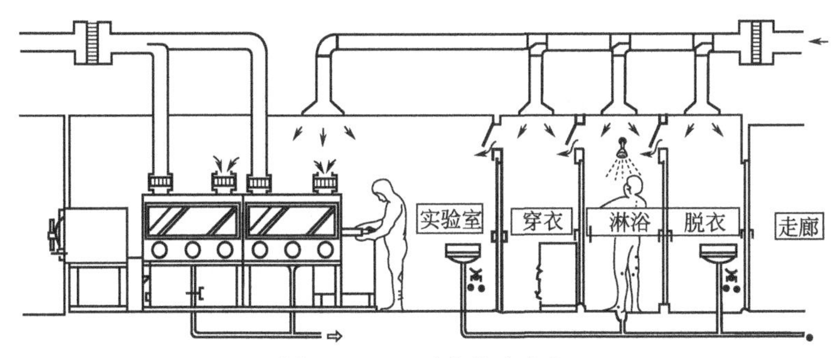

图 4-39　P4 型生物洁净室

思考题与习题

4-1. 简述空调系统的分类及其分类原则，并说明系统的特征或适用范围。

4-2. 什么是机器露点？在空调技术中有何作用？

4-3. 阐述全空气系统与空气-水系统的不同点。

4-4. 全空气系统有哪三种主要形式？各有何优缺点？如何克服其缺点？

4-5. 确定最小新风量需考虑哪些因素？如何取值？如何计算新风比？

4-6. 二次回风系统与一次回风系统有什么主要不同？二次回风的目的是什么？

4-7. 某地区一房间夏季冷负荷 $Q=23260\text{W}$，余湿量 $W=0$，室内空气计算参数 $t_N=20℃\pm0.5℃$，$\varphi_N=60\%\pm5\%$。室外空气计算参数取 $t_W=37℃$，$t_{SW}=27.4℃$，所在地区的大气压力 $B=101325\text{Pa}$。试按一次回风系统设计，新风比取 10%，确定夏季工况下的空气处理方案，以及风量和所需冷量。

4-8. 某地区某饭店客房采用风机盘管加新风系统，夏季室内空气计算参数为 $t_N=24℃$，$\varphi_N=60\%$。夏季空调冷负荷 $Q=1.5\text{kW}$，湿负荷 $W=190\text{g/h}$，室内设计新风量为 50kg/h，试进行夏季空调过程的计算。

4-9. 变风量系统有什么优点？适用于哪些场合？其最小风量如何确定？其末端装置有哪些类型？

4-10. 什么是低温送风系统？其特点是什么？通常与什么系统配合使用？其末端装置有哪些类型？

4-11. 净化空调系统有哪些常见形式？与一般空调系统的主要区别是什么？

第5章

空调工程技术

5.1 空调工程的冷源和热源

能为空调系统的空气处理装置提供处理空气过程中所需冷热量的物质和装置，可作为空调工程中的冷热源。根据冷热源自身特点，一般分为天然冷热源和人工冷热源两大类。天然冷热源包括地表水、地下水、冰、太阳能等，而冷水机组、锅炉等装置一般被称为人工冷热源。冷热水机组、建筑内的锅炉和换热设备、蒸发冷却机组、多联机、蓄能设备等是我国目前空调系统的常见冷热源。

5.1.1 空调冷源设备

空调工程中最常用的载冷剂为水，因此冷水机组是空调工程中采用最多的冷源设备。一般，将制冷系统的全部组成部件组装成一个整体设备，从而向中央空调提供处理空气所需要的 7～12℃左右低温水（通常称为冷冻水或冷水）的制冷装置，被简称为冷水机组。工程中常用提供冷水的机组包括电机驱动压缩式冷水机组（活塞式、螺杆式、离心式、涡旋式等）、溴化锂吸收式冷（温）水机组以及热泵式冷（热）水机组等。随着人民生活水平的不断提高和制冷空调行业产业的不断发展，目前我国既是冷水机组的消费大国，也是冷水机组的制造大国，产品性能和质量也位列世界前茅。

冷水机组的性能主要包括能效、名义制冷量 CC（cooling capacity）、性能系数 COP（coefficient of performance）、综合部分负荷性能系数 IPLV（integrated part load value）和容量调节特点等。熟悉不同冷水机组的基本性能和各自特点，灵活应用于各种空调工程设计，才能达到经济、合理、节能的目的，满足舒适与工艺要求。我国《冷水机组能效限定值及能效等级》（GB 19577—2015）中，冷水机组的能效等级依次分为 1 级、2 级、3 级三个等级，其中 1 级表示能效最高。厂家根据国家标准要求得到测试结果，在产品和出厂文件上注明对应的能效等级。

(1) 电机驱动压缩式冷水机组

冷水机组按冷凝器的冷却介质不同，可分为水冷型和风冷型两种。风冷型冷水机组可安装于室外地面或屋顶上，特别适合于干旱地区以及淡水资源匮乏的场合使用。水冷型冷水机组由冷却水冷却冷凝器，系统更复杂，需增加冷却水泵、冷却塔等设备，但其名义 COP 更高、单机制冷量更大。

在蒸气压缩循环冷水（热泵）机组国家标准《第 1 部分：工业或商业用及类似用途的冷水（热泵）机组》(GB/T 18430.1—2007)、《第 2 部分：户用及类似用途的冷水（热泵）机组》(GB/T 18430.2—2016) 中，给出有不同类型机组名义工况下的 COP 值和 IPLV 值标准。由于实际运行中，冷水机组绝大部分时间处于部分负荷工况下运行，只选用唯一的满负荷性能指标 COP 来评价冷水机组的性能不能全面地体现冷水机组的真实能效，还需考虑冷水机组在部分负荷运行时的能效。发达国家也多将综合部分负荷性能系数（IPLV）作为冷水机组性能的评价指标，因此我国现行标准规范中也对冷水机组的综合部分负荷性能系数（IPLV）作出了要求。表 5-1 为我国电机驱动压缩机的蒸汽压缩循环冷水（热泵）机组的 COP 标准，也包括了我国现行 3 级能效机组的 IPLV 规定值（GB 19577—2015)。

表 5-1　电机驱动压缩机的蒸汽压缩循环冷水（热泵）机组的能效等级

类型	名义制冷量 (CC)/kW	能效等级			
		1	2	3	
		COP/(W/W)	COP/(W/W)	COP/(W/W)	IPLV/(W/W)
风冷式或蒸发冷却式	CC≤50	3.20	3.00	2.50	2.80
	CC>50	3.40	3.20	2.70	2.90
水冷式	CC≤528	5.60	5.30	4.20	5.00
	528<CC≤1163	6.00	5.60	4.70	5.50
	CC>1163	6.30	5.80	5.20	5.90

1）活塞式冷水机组：以活塞式压缩机为主机的冷水机组称为活塞式冷水机组。20 世纪能源危机及高精度数控机床发明之前，以气缸内活塞的往复运动使缸体容积周期变化并实现气体的增压和输送的活塞式压缩机曾广泛应用。机组大多采用缸径为 70mm、100mm、125mm 系列的活塞式制冷压缩机与冷凝器、蒸发器、热力膨胀阀等组装而成，并配有自动能量调节和自动保护装置，其外形结构如图 5-1 所示。

活塞式冷水机组按选配的压缩机形式，可分为开启式、半封闭式和全封闭式。开启式活

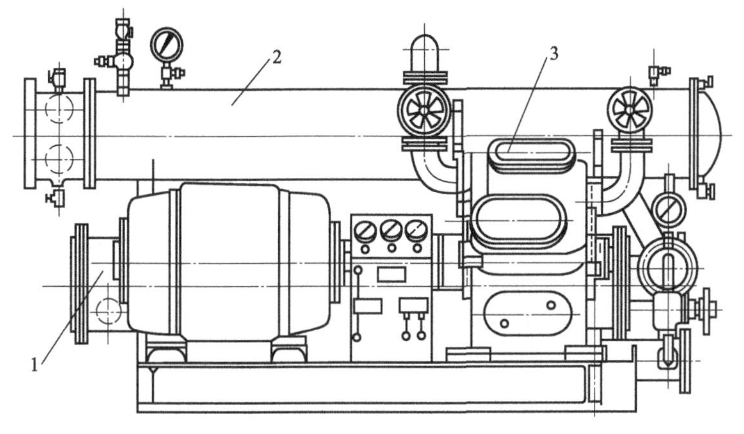

图 5-1　活塞式冷水机组外形结构

1—蒸发器；2—冷凝器；3—压缩机

塞冷水机组配用开启式压缩机，制冷剂用氨或者氟利昂，机组制冷量范围为 50～1163kW；半封闭活塞式冷水机组和全封闭活塞式冷水机组，分别选用半封闭和全封闭活塞式压缩机，制冷剂一般使用氟利昂，机组的制冷量范围分别是 50～528kW 和 10～100kW。

活塞式冷水机组是一种最早应用于空调工程中的机型。为了扩大冷量选择范围，一台冷水机组可以选用一台压缩机，也可以选用多台压缩机组装在一起，分别称为单机头冷水机组和多机头冷水机组。历史上最大的多机头冷水机组配置有 8 台开启式压缩机。活塞式冷水机组的制冷量调节是通过调节压缩机台数（工作的机头数）或调节压缩机汽缸的卸载装置来完成的，是一种有级调节方式。

活塞式冷水机组具有结构紧凑、占地面积小、操作简单、管理方便等优点，曾经被广泛用于负荷比较分散的建筑群以及制冷量小于 528kW 的中小型空调工程。一般而言，活塞式冷水机组的名义工况 COP 较其他电机驱动型冷水机组低。目前在我国工程实践中选用活塞式冷水机组时，其 COP 测试值和标注值，不应小于《冷水机组能效限定值及能效等级》（GB 19577—2015）中的规定值（如表 5-1 所示）。

2）螺杆式冷水机组：以各种形式的螺杆压缩机为主机的冷水机组，称为螺杆式冷水机组。它是由螺杆式制冷压缩机、冷凝器、蒸发器、热力膨胀阀、油分离器以及自控元件和仪表等组成的组装式制冷装置，如图 5-2 所示。按照冷却方式，可分为水冷式机组和风冷式机组；按照用途，可分为热泵式机组和单冷式机组；按照组装压缩机的台数，可分为单机头机组和多机头机组。

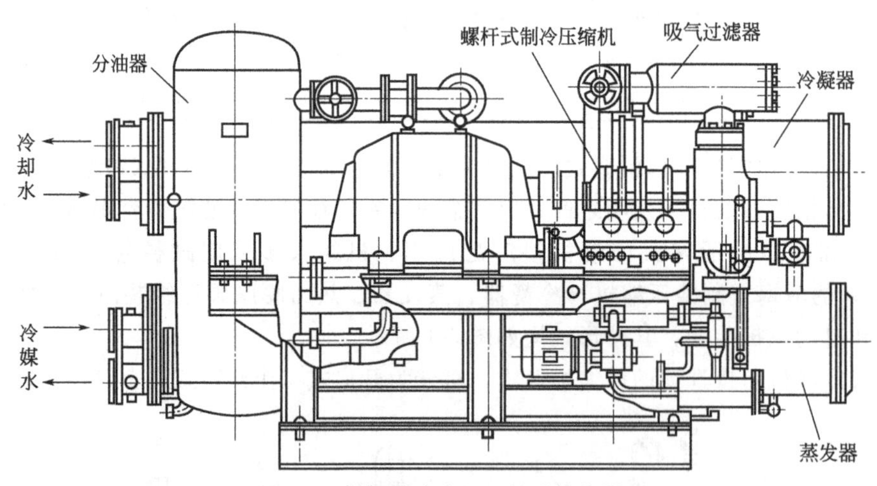

图 5-2 螺杆式冷水机组外形结构图

国家标准《公共建筑节能设计标准》（GB 50189—2015）中，水冷、风冷或蒸发冷却等冷却形式下，我国不同气候地区的机组名义工况 COP 值，螺杆式机组均略高于对应的活塞式机组，如表 5-2 所示。我国地域辽阔，南北地区气候差异大，严寒地区的冷水机组夏季运行时间较短，而夏热冬暖地区部分冷水机组甚至需要全年运行。作为空调系统中的主要耗能设备，冷水机组的性能限值要求在不同地区有不同规定，有利于保证我国不同气候区达到一致的节能率。

为了适应空调系统负荷变化而机组出水温度仍需保持恒定的要求，螺杆式冷水机组是通过能量调节来完成这一任务的。控制系统首先检测机组的出水温度，再与设定值比较，然后发出能量调节指令，使机组的制冷量相应地增加或减少。与活塞式制冷压缩机一样，螺杆式冷水机组的能量调节也是通过调节排气量来调节制冷量的，主要由压缩机的能量调节机构来实现。压缩机内设有压缩比可调装置，可使压缩机减荷启动和实现制冷量无级调节，能量调节范围为 15%～100%。多机头机组的能量调节还可以通过增减压缩机的运行台数来实现，控制程序可设定各台压缩机的加载次序。因此，多机头螺杆式冷水机组由于其优良的部分负荷性能而被更多地应用于空调工程之中。

表 5-2　我国不同气候区冷水机组的性能限值要求

类型		名义制冷量 CC/kW	性能系数 COP/(W/W)					
			严寒 A、B 区	严寒 C 区	温和地区	寒冷地区	夏热冬冷地区	夏热冬暖地区
水冷	活塞式/涡旋式	CC≤528	4.10	4.10	4.10	4.10	4.20	4.40
	螺杆式	CC≤528	4.60	4.70	4.70	4.70	4.80	4.90
		528＜CC≤1163	5.00	5.00	5.00	5.10	5.20	5.30
		CC＞1163	5.20	5.30	5.40	5.50	5.60	5.60
风冷或蒸发冷却	活塞式/涡旋式	CC≤50	2.60	2.60	2.60	2.60	2.70	2.80
		CC＞50	2.80	2.80	2.80	2.80	2.90	2.90
	螺杆式	CC≤50	2.70	2.70	2.70	2.80	2.90	2.90
		CC＞50	2.90	2.90	2.90	3.00	3.00	3.00

螺杆式冷水机组的单机制冷量较大，常用制冷剂为 R22，结构紧凑，运转平稳，冷量能实现无级调节，节能性好，易损件少，在我国空调工程领域内得到了越来越广泛的应用。与活塞式和离心式机组相比，螺杆式机组一般应用于中等制冷量范围，适合于制冷量范围为 528～1163kW 区间的高层建筑、宾馆、饭店、医院、科研院所等中大型空调工程。

3）离心式冷水机组：以离心式制冷压缩机为主机的冷水机组，称为离心式冷水机组。它是由离心式制冷压缩机、冷凝器、蒸发器、节流机构、能量调节机构以及各种控制元件组装而成的，如图 5-3 所示。

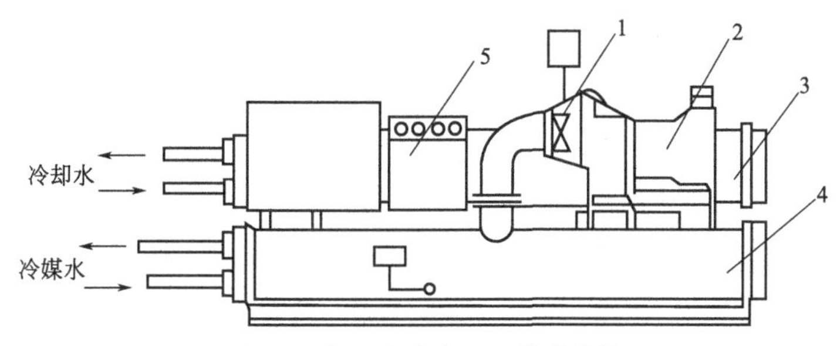

图 5-3　离心式冷水机组外形结构

1—离心式压缩机；2—电动机；3—冷凝器；4—蒸发器；5—仪表箱

① 工作特性。

空调用离心式冷水机组配用的离心式制冷压缩机的叶轮级数一般为一级和两级。近年来一些生产厂家为了进一步降低机组能耗和噪声，避免喘振，采用了三级叶轮压缩。由于离心式压缩机的结构及工作特性，它的输气量一般不小于 2500m^3/h，单机容量通常在 528kW 以上。我国市场上已经不销售小于 528kW 冷量的离心式冷水机组，小于 1163 kW 冷量的离心式冷水机组在市场上也很少。目前世界上最大的离心式冷水机组的制冷量可达35000kW。

在单级离心式压缩机中，冷凝压力不宜过高，蒸发压力不宜过低。其冷凝温度一般控制在40℃左右；冷却水进水温度一般要求不超过32℃；蒸发温度一般控制在0～10℃之间，一般多用0～5℃；冷水出口温度一般为5～7℃。

离心式冷水机组按选配的压缩机形式，可分为半封闭式和开启式两种。半封闭式机组，将压缩机、增速齿轮箱和电动机用一个桶形外壳封装在一起，电动机由节流后的液体制冷剂冷却，需要消耗制冷量。这种机组的优点是体积小、噪声低、密封性好，是目前普遍采用的机型。开启式机组配用开启式压缩机，电动机与制冷剂完全分离，电动机直接由空气冷却，不需要液体制冷剂冷却，能耗较低，节约制冷量。

离心式冷水机组常用工质为R123、R22以及R134a。机组具有压缩机输气量大、结构紧凑、质量轻、运转平稳、振动小、噪声低、能实现无级调节、单机制冷量大、能效比高等优点。在剧院、博物馆、高层建筑、大型写字楼等中大型空调工程中，离心式冷水机组是应用得最多的机型，尤其是单机制冷量在1163kW以上，设计时宜选用离心式机组，因为它具有比螺杆式冷水机组更高的名义COP。

需要指出的是，随着变频技术的不断发展和成熟，离心式和螺杆式冷水机组变频应用呈普及趋势，尤其是在大冷量机组中。冷水机组变频后可有效提升机组部分负荷性能，尤其是变频离心式冷水机组，其变频后的IPLV（综合部分性能系数）通常可提升30%。但由于变频器的功率损耗、电抗器损耗和滤波器损耗等，变频后机组的满负荷性能会有一定程度的降低。我国相关国家标准主要基于定频机组的工作过程制定，对变频机组而言其COP和IPLV等规范限值应在相应定频机组的基础上按照相关数据进行调整。

② 运行调节。

喘振是离心式压缩机特有的现象。当离心式冷水机组处在部分负荷运行时，压缩机的导叶开度减小，制冷剂的循环流量降低，压缩机排气量随之减少。当流量达到某最小值时，制冷剂通过叶轮流道的能量损失很大，流道内出现气流旋转脱离，流动状况严重恶化，导致气流发出周期性振荡现象，即喘振。喘振时压缩机在周期性地增大噪声的同时，机体和出口管道会发生强烈振动，压缩机性能显著恶化，压力与排气量大幅度脉动。

离心式压缩机发生喘振现象的主要原因是排气量的减少。冷凝压力过高或吸气压力过低都会减少压缩机排气量，所以运行过程中，保持冷凝压力和蒸发压力稳定是防止喘振现象发生的重要措施。

空调工程中，离心式冷水机组的能量调节手段较多。在电动机转速可变时采用变频调节方法，制冷量可在50%～100%之间变化，经济性好，目前应用广泛；改变进口截止阀的开度来调节压缩机排气量的方法不经济，调节范围一般在60%～100%之间；在压缩机进口设置导流叶片，可达到25%～100%的调节范围；调节冷凝器冷却水量来改变冷凝温度，也可以实现能量调节，但调节幅度不大；在进排气管路之间设置旁通管路和旁通阀的反喘振调节方法，只有在需要很小制冷量时才使用，而且使用中需注意避免排气温度上升过高。

4）涡旋式冷水机组：

① 涡旋式压缩机的工作原理。

涡旋式冷水机组的核心装备是由一个固定涡旋盘（静盘）和一个呈偏心回旋平动的运动渐开线或其他线形的旋转涡旋盘（动盘）组成的容积式压缩机。涡旋压缩机的动盘、静盘相互啮合，如图5-4所示。在吸气［图5-4（a)］、压缩［图5-4（b)、图5-4（c)］、排气［图

5-4 (d)] 的工作过程中，静盘固定在机架上，动盘由偏心轴驱动围绕静盘基圆中心，作很小半径的平面转动。制冷剂气体通过吸气口吸入静盘外围，随着偏心轴的旋转，制冷剂气体在动静盘啮合所组成的若干个月牙形压缩腔内被逐步压缩，然后由静盘中心部件的轴向孔连续排出。

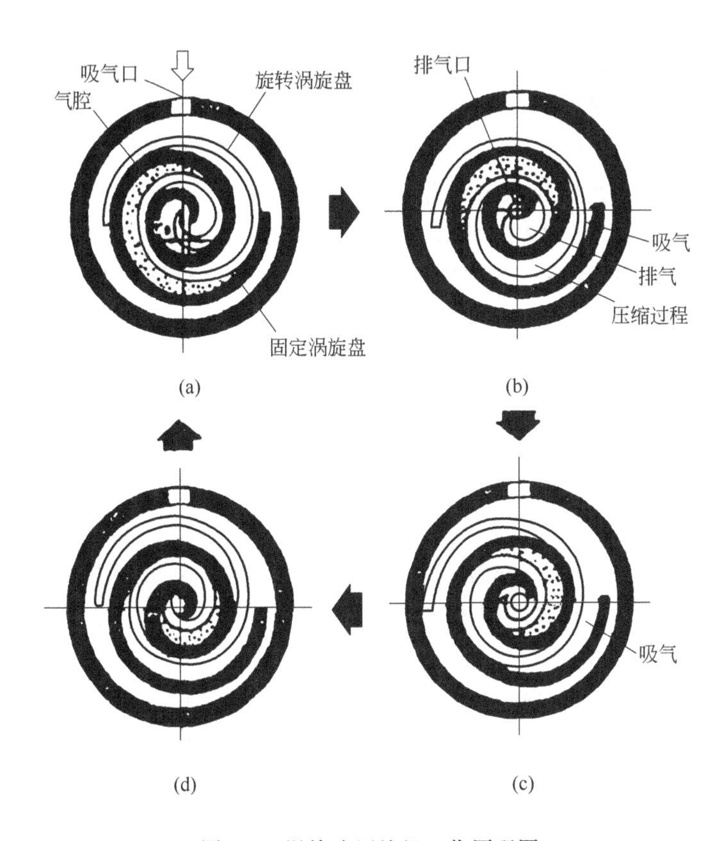

图 5-4　涡旋式压缩机工作原理图

涡旋压缩机在主轴旋转一周时间内，不同月牙腔内的吸气、压缩、排气三个工作过程同时进行。与吸气口相通的外侧空间，始终处于吸气过程；其内侧空间与排气口相通，始终处于排气过程。由于相邻两压缩室压差小，可使气体泄漏量减少；由于吸气、压缩、排气过程的同时连续进行，故压力上升速度较慢，因此转矩变化幅度小、振动小；由于没有余隙容积，故不存在引起容积效率下降的膨胀过程；由于无吸、排气阀，故可靠性高，噪声低。但涡旋压缩机的涡旋体线形加工精度非常高，其端板平面的平面度、端板平面与涡旋体侧壁面的垂直度须控制在微米级，须采用专用精密加工设备以及高精度装配技术。

涡旋压缩机由防自转机构制约动盘的自由度，使动盘做旋转平动运动。涡旋压缩机的防自转机构有很多种，如十字联轴节、球形联轴节、柱销与孔联轴节、钢球与环槽组合联轴节、曲柄销等。防自转机构可严格限制动盘的自转，从而保证动盘、静盘的正确啮合，使涡旋压缩机工作稳定可靠，有利于压缩机噪声的减小和能量的节约，可以增加压缩机使用寿命、提高压缩机工作效率。全封闭涡旋式制冷压缩机的相关技术标准，可以参阅《全封闭涡旋式制冷剂压缩机》(GB/T 18429—2018)。

涡旋压缩机的涡盘只有啮合没有磨损，因而寿命更长，被誉为“免维修压缩机”。涡旋压缩机的运行平稳、振动小、工作环境宁静，又被誉为“超静压缩机”。目前，涡旋式压缩机是风动机械的理想动力源，主要用于空调、制冷、一般气体压缩以及用于汽车发动机增压器和真空泵等场合，可在很大范围内取代传统的中、小型往复式压缩机。功率在1～15kW的空调器中，涡旋压缩机的应用得到了快速发展。

② 数码涡旋技术。

高精度数控铣床的发明极大地推动了涡旋式压缩机的发展，各种涡旋体线形的研究开发、变频涡旋、低温用涡旋、计算机模拟及优化设计、动力学分析研究等均逐步深入，尤其是数码涡旋目前已经在工程实践中得到了广泛的应用。

数码涡旋采用“轴向柔性”浮动密封技术。将一活塞安装在顶部定涡盘处，活塞顶部有一调节室，通过毫米级直径的排气孔和排气压力相连通，而外接PWM阀（脉冲宽度调节阀）连接调节室和吸气压力。PWM阀处于常闭位置时，活塞上下侧的压力为排气压力，通过弹簧力确保两个涡盘共同加载。PWM阀通电时，调节室内排气被释放至低压吸气管，导致活塞上移，带动顶部定涡盘上移，该动作使动、定涡盘分隔，导致无制冷剂通过涡盘。

在数码涡旋的“负载状态”，此时PWM阀常闭，压缩机和常规涡旋压缩机一样工作，传递全部容量和制冷剂质流量。在数码涡旋的“卸载状态”，此时PWM阀打开，压缩机中无制冷剂质流过。以“负载状态”时间和“卸载状态”时间的总和为一个周期时间，这两个时间阶段的组合决定压缩机的容量调节。例如：在20s周期时间内，若负载状态时间为10s，卸载状态时间为10s，压缩机调节量为（10s×100%+10s×0%)/20=50%。若在相同的周期时间内，负载状态时间为15s而卸载状态时间为5s，则压缩机调节量为75%。通过改变负载状态时间和卸载状态时间，压缩机就可提供任意大小的容量变化。

③ 涡旋式冷水机组的选型。

选择水冷电动压缩式冷水机组机型时，宜按表5-3所列制冷量范围（《民用建筑供暖通风与空气调节设计规范》，GB 50736—2012)，经过性能价格综合比较后确定。

表5-3 不同名义工况制冷量下的常用冷水机组机型

单机名义工况制冷量/kW	冷水机组机型
≤116	涡旋式
116～1054	螺杆式
1054～1758	螺杆式
	离心式
≥1758	离心式

需要补充的是，表5-3中名义工况为：出水温度7℃，冷却水温度30℃，蒸发器的污垢系数0.018（m^2·℃)/kW，冷凝器的污垢系数0.044（m^2·℃)/kW。表中对几种机型制冷范围的划分，主要是推荐采用较高性能参数的机组，以实现节能。螺杆式和离心式之间有制冷量相近的型号，可通过性能价格比选择合适的机型。以活塞式为代表的往复式冷水机组未列入本表，因其能效低，目前我国新建工程中已很少使用。

(2) 溴化锂吸收式冷（温）水机组

与蒸气压缩式制冷一样，吸收式制冷也是利用液体在汽化时要吸收热量这一物理特性来实现制冷的。不同的是蒸气压缩式制冷是以消耗机械能作为补偿，而吸收式制冷是消耗热能作为补偿，完成热量从低温热源转移到高温热源这一过程的。溴化锂吸收式冷（温）水机组是空调领域内使用较多的机型之一，以水为制冷剂、溴化锂溶液为吸收剂，其中蒸汽型与直燃型的应用最为广泛。

1）蒸汽型溴化锂吸收式冷（温）水机组：蒸汽型溴化锂机组以蒸汽的潜热为驱动热源。根据工作蒸汽的品位高低，蒸汽型溴化锂机组分为单效和双效两种类型。

受溶液结晶条件的限制，单效蒸汽型溴化锂机组的热源温度不能很高，一般采用0.1MPa表压力的低压蒸汽，其热力系数仅在0.65～0.75之间，而蒸汽消耗量则高达2.58kg/kW。为了提高热效率，降低冷却水和蒸汽的消耗量，在有较高压力蒸汽可供利用的情况下，通常采用双效溴化锂机组。废热、可再生能源及生物质能的能源品位较低（85～140℃），城市热网夏季制冷工况下的温度也较低，上述情况下无法采用双效溴化锂机组。采用天然气、人工煤气、液化石油气、燃油等矿物质能源直接燃烧和提供热源时，应提高供热热源的温度（140℃以上的热水），并采用双效机组。

蒸汽型双效溴化锂机组中设有高压与低压两个发生器。在高压发生器中，采用压力较高的蒸汽（一般表压力为0.25～0.8MPa）来加热，产生的冷剂水蒸气再作为低压发生器的热源。这样，不仅有效地利用了冷剂水蒸气的潜热，同时又减小了冷凝器的热负荷，因此，装置的热效率较高，热力系数可达1.0以上。如图5-5所示为蒸汽型双效溴化锂吸收式冷水机组的工作原理。

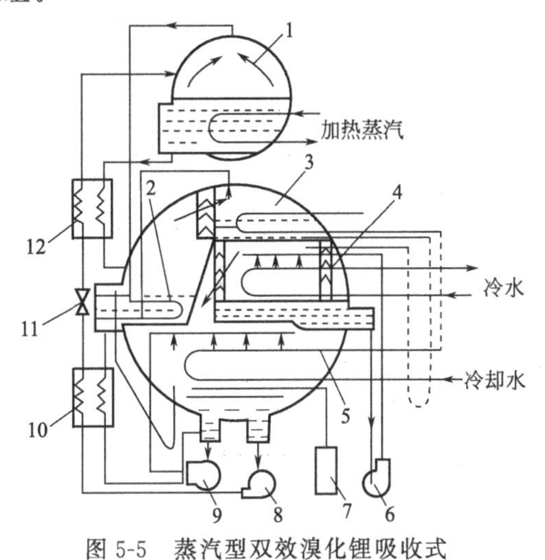

图5-5 蒸汽型双效溴化锂吸收式冷水机组工作循环

1—高压发生器；2—低压发生器；3—冷凝器；4—蒸发器；5—吸收器；6—蒸发器泵；7—抽气装置；8—发生器泵；9—吸收器泵；10—低温换热器；11—调节阀；12—高温换热器

2）直燃型溴化锂吸收式冷（温）水机组：直燃型溴化锂机组以燃料燃烧为驱动热源。根据所用燃料种类分为燃油、燃气、双燃料等类型。燃油型以轻油和重油为燃料；燃气型以液化气、城市煤气和天然气为燃料；双燃料型则既可使用燃油也可以使用燃气。直燃型溴化锂机组一般均为双效型，其制冷循环与蒸汽型双效溴化锂机组相同，只是它的高压发生器相当于一个火管锅炉，依靠燃料燃烧产生的烟气来加热。这种机组最大的优点是夏天可用来制冷，冬天可用来供热。

直燃型溴化锂吸收式冷（温）水机组工作原理如图5-6所示，图中1～10为阀门。机组夏季制冷时，与蒸汽双效溴化锂吸收式冷水机组相同。冬季供热时，关闭冷却水阀门5、冷水阀门7、8以及冷凝器至蒸发器的冷剂水管路上的阀门2，打开冷却水与热水之间的旁通阀6和9、高压发生器至冷凝器的高温冷剂水蒸气阀4和冷凝器到低压发生器管路上的阀门1，使冷凝器中凝结的冷剂水直接流入低压发生器，将浓溶液稀释，同时，使蒸发器泵停止运行，并将冷却水管路改为提供热水的供热管路。

对于溴化锂吸收式冷（温）水机组，如果仅依据机组产冷量与其消耗能量之比所得的性能系数，与利用二次能源的电动型冷水机组相比显然低很多。但若两者均以一次能源消耗来比较，则性能系数相差无几。《公共建筑节能设计标准》（GB 50189—2015）规定：采用直燃型溴化锂吸收式冷（温）水机组时，其在名义工况和规定条件下的性能参数，制冷时必须

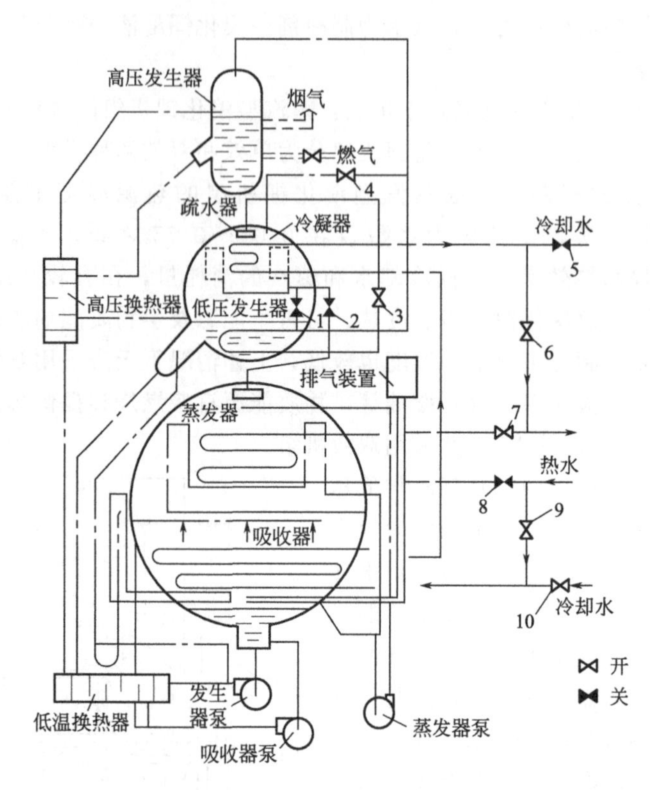

图 5-6 直燃型溴化锂吸收式冷（热）水机组工作循环

大于等于 1.2，供热时必须大于等于 0.9。

3）溴化锂机组的工程应用：溴化锂机组的能量调节，是通过安装在从吸收器到发生器去的稀溶液管路上的三通阀来实现的。当系统的负荷减少时，调节三通阀，将部分稀溶液旁通到浓溶液管路之中，使其短路流回吸收器。这样既降低了发生器产生水蒸气的数量，又因为流入吸收器的浓溶液中掺入稀溶液而使溴化锂的质量分数降低，削弱了其吸收冷剂水蒸气的能力，从而减少制冷量。用这种方法，可以实现 10%～100%范围内制冷量的无级调节。

溴化锂机组具有制造加工简单、操作维护方便、可实现无级调节、运动部件少、噪声低、振动小、对臭氧层无破坏作用以及成本低、对热源品位要求不高、运行费用少等许多优点。但这种机组节电而不节能，其系统名义工况 COP 值低，单效型性能系数仅为 0.6 左右，双效型为 1.2 左右，直燃型为 1.6 左右。所以这种冷水机组最适用于有余热或电厂废热可以利用的场合。

水冷式冷水机组的冷却水量是空调工程设计计算中的一个重要参数。在各类型冷水机组中，溴化锂机组的排热量最大，所需冷却水量也最大。表 5-4 为几种不同类型冷水机组的排热量与制冷量之比。由表 5-4 可以看出，溴化锂机组的排热量大约是其制冷量的 1.9 倍，因此在空调工程设计时，选择合理的冷却水温差，并根据当地的气相参数科学选择冷却塔非常重要。

表 5-4 几种常见冷水机组的排热量/制冷量的比值

机组类型	溴化锂双效机组	活塞式机组	螺杆式机组	离心式机组
排热量/制冷量	1.9	1.25	1.21	1.19

(3) 热泵式冷(热)水机组

按热量的来源不同，热泵式冷(热)水机组可分为空气源热泵、地源热泵、水环热泵等类型。

1) 空气源热泵：空气源热泵，是通过室外空气作为冷却介质(供冷时)与热源(供热时)，实现能量从低位热源向高位热源转移的制冷供热装置。简单而言，就是利用冷凝器放出热量，实现蒸发器制冷或冷凝器供热的机组。空气源热泵机组的体积较大，因为室外空气的比热容小以及室外侧蒸发器的传热温差小，故工作中所需风量较大。一般而言，以氟利昂制冷剂为例，蒸发器从空气中每吸取 1kW 热量所需的风量达 $360m^3/h$。空调工程中空气源热泵机组用作冷热源具有以下特点：

① 夏季供冷、冬季供热，省去了锅炉房，对城市环境建设有利；

② 省去了冷却塔、冷却水泵、管网及其水处理设备，节省了这部分投资和运行费用；

③ 安装在室外，如屋顶、阳台等处，不占有效建筑面积，节省土建投资；

④ 机组的安全保护和自动控制同时装于一个机体内，运行可靠、管理方便；

⑤ 夏季运行 COP 值比冷水机组低，耗电较多，冬季运行节能；

⑥ 造价较冷水机组高；

⑦ 机组常年暴露在室外，与冷水机组比，运行条件差，使用寿命也相应要短；

⑧ 噪声较大，对环境及相邻房间有一定的影响；

⑨ 性能随室外气候变化明显，制冷量随室外气温升高而减少，制热量随室外气温降低而减少。

选用空气源热泵冷(热)水机组时，由于风冷冷水机组单位制冷量耗电量较水冷冷水机组大、价格也高，为降低投资成本和降低运行费用，应选用机组性能系数较高的产品，并应满足国家《公共建筑节能设计标准》(GB 50189—2015)的名义工况 COP 规定限值。此外先进科学的融霜技术是空气源热泵机组冬季运行的可靠保证。除霜的方法有很多，最佳的除霜控制应是判断正确，除霜时间短，融霜修正系数高。对于不同气候条件有不同的控制方法，设计选型时应进行比较后确定。《民用建筑供暖通风与空气调节设计规范》(GB 50736—2012)规定，空气源热泵机组融霜所需时间总和不应超过运行周期时间的 20%。

空气源热泵机组比较适合于不具备集中热源的夏热冬冷地区。对于冬季寒冷、潮湿的地区，使用时必须考虑机组的经济性和可靠性。室外低温减少了机组制热量；室外空气过于潮湿使得融霜时间过长，同样也会降低机组的有效制热量，因此必须计算冬季设计状态下机组的 COP，当热泵机组失去能耗上的优势时就不宜采用。

2) 地源热泵：所谓地源热泵，是一种利用浅层地热能(也称地能，包括地下水、岩土体或地表水等)的，既可供热又可制冷的高效节能空调设备。地源热泵通过输入少量的高品位能源(如电能)，实现由低温位热能向高温位热能转移，地能分为在冬季作为热泵供热的热源和夏季制冷的冷源。在冬季，把地能中的热量取出来，提高温度后，供给室内采暖；夏季，把室内的热量取出来，释放到地能中去。通常地源热泵系统消耗 1kW·h 的能量，用户侧可以得到 4kW·h 以上的热量或冷量。

根据地能交换系统形式的不同，地源热泵系统分为地埋管地源热泵系统、地下水地源热泵系统和地表水地源热泵系统。地源热泵系统中以水或添加防冻剂的水溶液为传热介质，采用蒸汽压缩式热泵技术进行制冷供热，包括水源热泵机组、地热能交换系统和建筑物内空调系统。地源热泵系统的能效除与水源热泵机组能效密切相关外，受地源侧及用户侧循环水泵的输送能耗影响很大。

对于地埋管系统，配合变流量措施，可采用分区轮换间歇运行的方式，使岩土体温度得到有效恢复，提高系统换热效率并降低水泵系统的输送能耗。地埋管地源热泵系统的采用首先应根据工程场地条件、地质勘察结果，评估埋地管换热系统实施的可能性与经济性。采用地埋管地源热泵系统，埋管换热系统是成败的关键。这种系统的设计与计算较为复杂，地埋管的埋管形式、数量、规格等必须根据系统的换热量、埋管土地面积、土壤的热物理特性、地下岩土分布情况、机组性能等多种因素确定。当无法取得地埋管系统的总释热量和总吸热量的平衡时，设计可以通过增加辅助热源或冷却塔辅助散热的方法解决；还可以采用设置其他冷热源与地源热泵系统联合运行的方法解决，通过检测地下土壤温度，调整运行策略，保证整个冷热源系统全年的高效率运行。

对于地下水系统，设计时应以提高系统综合性能为目标，考虑抽水泵与水源热泵机组能耗间的平衡，确定地下水的取水量。地下水流量增加，水源热泵机组 COP 提高，但抽水泵能耗也将增加；相反地下水流量较少，水源热泵机组 COP 较低，但抽水泵能耗也明显减少。因此地下水系统设计时应在两者之间寻找平衡点，同时考虑部分负荷下两者的综合性能，计算不同工况下系统的综合性能系数，优化确定地下水流量，以有效降低地下水系统的运行费用。同时，应对地下水采取可靠的回灌措施，确保全部回灌到同一含水层，且不得对地下水资源造成污染。为了保证不污染地下水，应采用闭式地下水采集、回灌系统。

在地表水热泵系统中，热泵机组与地表水水体的换热方式有闭式与开式两种。当地表水体环境保护要求高，或水质复杂且水体面积较大、水位较深，以及热泵机组分散布置，而且数量众多（例如采用单元式空调机组）时，宜采用闭式地表水换热系统，通过沉于地表水下的换热器与地表水进行热交换；但当换热量较大，换热器的布置影响到水体的正常使用时就不宜采用。当地表水体水质较好，或水体深度、温度等条件不适宜于采用闭式地表水换热系统时，宜采用开式地表水换热系统，直接从水体抽水和排水。江河湖水源、海水源、原生污水源的工程应用中，应注意各自水质的特殊性区别对待。

3）水环热泵：水环热泵 WLHP（water loop heat pump）空调系统是指通过水环路将众多的水/空气热泵机组并联成一个以回收建筑物余热为主要特征的空调系统。该系统于 20 世纪 60 年代首先在美国加利福尼亚州出现，故也称为加利福尼亚系统。国内从 20 世纪 90 年代开始，也在一些工程中采用。

水环热泵的循环水系统是构成整个系统的基础。循环水水温宜控制在 15～35℃。由于热泵机组换热器对循环水的水质要求较高且实际上常用于有一定高度的建筑，适合于采用闭式系统。因此如果采用开式冷却塔，应设置中间换热器。需要注意的是：设置中间换热器之后会导致夏季冷却水温偏高，因此对冷却水系统（包括冷却塔）的能力、热泵的适应性以及实际运行工况，都应进行校核性计算。

水环热泵机组目前有两种方式：整体式和分体式。在整体式中，由于压缩机随机组设置到了室内，因此需要重点关注室内或使用地点的噪声问题。从保护热泵机组的角度来说，机组的循环水流量不应实时改变。当建筑规模较小（设计冷负荷不超过 528kW）时，循环水系统可直接采用定流量系统。对于建筑规模较大时，为了节省水泵的能耗，循环水系统宜采用变流量系统。为了保证变流量系统中机组定流量的要求，机组的循环水管道上应设置与机组启停联锁控制的开关式电动阀；电动阀应先于机组打开，后于机组关闭。

作为热泵机组的一种特殊形式，水环热泵系统尤其适用于长时间需要同时供冷、供热的建筑物，其工作过程如图 5-7 所示。当系统水温高出上限值时，它利用冷却塔排热；当系统水温低于下限值时，需要由辅助加热设备向系统补充热量；当系统中供冷机组的排热量等于供热机组的需热量时，系统达到最佳节能状态。

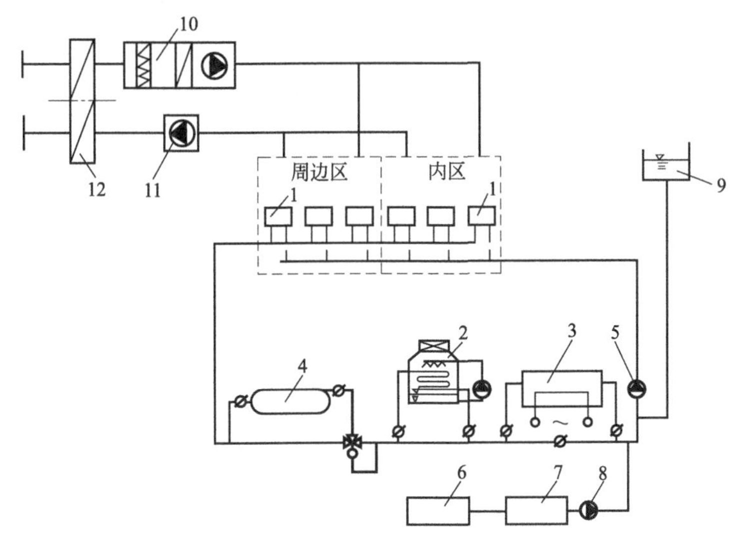

图 5-7　水环热泵空调系统工作循环

1—室内热泵机组；2—闭式冷却塔；3—加热设备（燃油、气、电锅炉等）；4—蓄热容器；5—水泵；6—水处理装置；7—补给水水箱；8—补给水泵；9—定压装置；10—新风机组；11—排风机组；12—热回收装置

综上所述，水环热泵空调系统是用水环路将小型的水/空气热泵机组并联在一起，构成的一个以回收建筑物内部余热为主要特点的热泵空调系统。需要长时间向建筑物同时供热和供冷时，可节省能源和减少向环境排热。水环热泵空调系统实现了建筑内部冷、热转移，可独立计量，运行调节比较方便，在需要长时间向建筑同时供热和供冷时，能够减少建筑外提供的供热量而节能。但由于水环热泵系统的初投资相对较大，且因为分散设置后每个压缩机的安装容量较小，使得 COP 值相对较低，从而导致整个空调系统的电气安装容量相对较大，因此，在设计选用时，需要进行科学分析。从能耗上看，一般而言只有当冬季建筑物内存在明显可观的冷负荷时，才具有较好的节能效果。

需要指出的是，集中空调系统的冷水（热泵）机组台数及单机制冷量（制热量）选择，应能适应负荷全年变化规律，满足季节及部分负荷要求。机组不宜少于两台，且同类型机组不宜超过 4 台；当小型工程仅设一台时，应选调节性能优良的机型，并能满足建筑最低负荷的要求。

5.1.2　空调热源设备

空调热源可以分为设备热源和直接热源两大类。直接向空调系统供热或通过换热器对空调管道系统内循环的热水进行加热升温的热源为直接热源，如城市或区域热网、工业余热等。通过消耗其他能量对空调管道系统内循环的热水进行加热升温的设备可称为设备热源，常见的主要是各种锅炉。

(1) 热网

在城市或区域供热系统中，热电站或区域锅炉房所生产的热能，借助热水或蒸汽等热媒通过热网（即室外热力输配管网）送到各个热用户。当以热水为热媒时，热网的供水温度一般为95～105℃；当以蒸汽为热媒时，蒸汽的参数由热用户的需要和室外管网的长度决定。

用户的空调水系统与热网的连接方式可分为直接连接和间接连接两种。直接连接方式是将热用户的空调水系统管路直接连接于热力管网上，热网内的热媒（一般为热水）可直接进入空调水系统中。直接连接方式简单、造价低，在小型中央空调系统中广泛采用。

当热网压力过高，超过空调水系统管路与设备的承压能力，或热网提供的热水温度高于空调水系统要求的水温时，可采用间接连接方式。间接连接方式是在热用户的空调水系统与热网连接处设置表面式换热器，将空调水系统与热网隔离成两个独立的系统。热网中的热媒将热能通过表面式换热器传递给空调水系统的循环热水。采用换热器供热还有一个优点就是空调水系统可以不受热网使用何种热媒的影响。其主要缺点是热量经过换热器的传递，不可避免地会有一些损失。此外，间接连接方式还需要在建筑物用户入口处设置有关测量、控制等附属装置，使得间接连接方式的造价要比直接连接方式高得多，而且运行费用也要增加。

我国工矿企业余热资源潜力很大，如化工、建材等企业在生产过程中都会产生大量余热，只要合理利用，也可以成为空调热源。

(2) 换热器

空调系统的冬季供水温度一般在45～60℃之间，而城市或区域性热源提供的一般都是中、高温水或高压蒸汽，因此需要借助换热器的热交换功能，才能满足空调冬季供水水温及压力的要求。此外，高层建筑水系统采用竖向分高、低区但合用同一冷（热）源方案时，也常用换热器配合实现分区设计。数据显示，近年来我国换热器产业市场规模年均数百亿，其中石油化工领域超百亿，电力冶金、船舶工业、机械工业、食品药品等领域各有数十亿，集中供暖行业市场规模在30亿以上。

按进行热交换的热媒种类，换热器可分为汽/水式换热器（以蒸汽为加热热媒）和水/水式换热器（以高温热水为加热热媒）；按热交换方式可分为表面式换热器（加热热媒与被加热水彼此不相接触，通过金属表面间接进行热交换）和直接式换热器（加热热媒与被加热水直接混合使水温提高，又称为混合式换热器）；按构造分，常用的换热器有管壳式换热器和板式换热器。

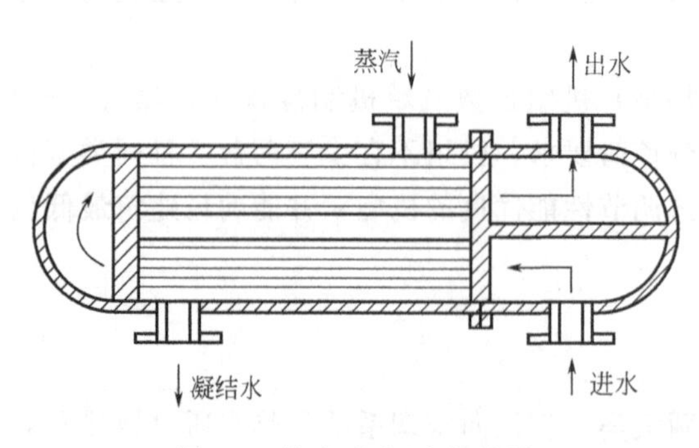

图5-8 管壳式汽/水换热器

1）管壳式汽/水换热器：管壳式换热器的种类很多，如图5-8所示的管壳式汽/水换热器，是由圆筒形壳体和装配在壳体内的带有管板的管束所组成的表面式换热器。工作时，管内走水，管外走蒸汽。被加热的水从管束入口进入，通过管束被蒸汽加热后从出口流出；蒸汽从蒸汽入口进入换热器壳体，在管束外放出热量后凝结成水从凝结水出口排出。

常用的卧式管壳式汽/水换热器由于构造的不同，又分为固定管板的管壳式汽/水换热器、带膨胀节的管壳式汽/水换热器、U形管的管壳式汽/水换热器和浮头式的管壳式汽/水换热器等多种形式。

管壳式换热器结构简单、造价低、制作方便、运行可靠、维修方便。只是需要专门留出清洗传热管的位置，因此所需占地面积较大。

2）板式换热器：板式换热器是一种将不锈钢板或钛钢板压制成特殊形状，且多片板片组合在一起的高效、紧凑型换热设备。由于板片与板片之间有间隙，形成的通道为波纹状，不同温度的水交错在多层紧密排列的板片间流动，其方向不断改变，在低速下也能形成湍流，强化了传热效果，所以板式换热器的传热效率非常高。一般总传热系数达到 2.5～5kW/(m・℃)，最高可达 7kW/(m・℃)，比管壳式换热器高 3～5 倍。

板式换热器主要由板片、密封垫圈、活动压紧板、固定端板及上下导杆组成（图 5-9）。由于每片板片都是一个热交换面，因此板式换热器体积很小但传热面积却很大。板式换热器的承压和耐温能力因垫圈和板片的种类不同而异。在空调工程实际应用中，最高承压值可达 2.5MPa，温度一般低于 100℃。

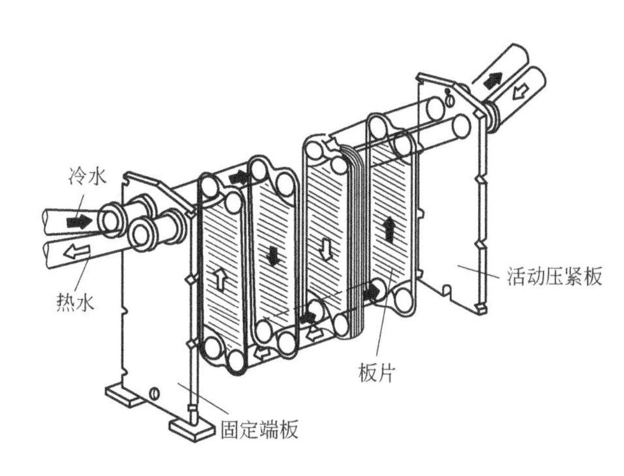

图 5-9　板式换热器

板式换热器能使两种流体介质在换热后达到较小的温差，这是它的最大优点。用于空调冷水交换的板式换热器，初级进、出水温常为 6～11℃，次级水温则为 7～12℃。次级的出水温度和初级的进水温度之差仅为 1℃，有些产品甚至可达到 0.5℃，这是任何其他类型换热器做不到的。

板式换热器的主要特点是结构紧凑，体积小，传热效率高，拆装、检修、清洗方便，能在小温差下传热，承压能力高，并可在一个方位对外接管。

3）新型高效换热器：在节能增效的产业发展背景下，换热器行业的新结构、新材料不断涌现，集中在提高传热效率、减少传热面积、降低压降、提高装置热强度等方面，如涡流热膜换热器、折流换热器、麻花管换热器、螺旋板式换热器等。

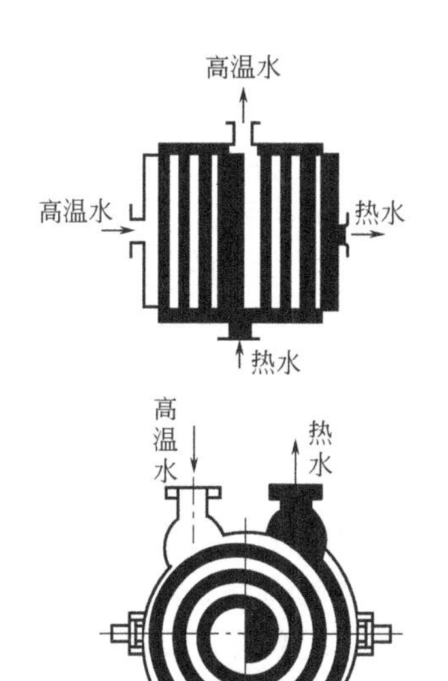

图 5-10　螺旋板式换热器

如图 5-10 所示的螺旋板式换热器是由两张平行的钢板（或不锈钢板）卷制而成的。钢板之间留有空隙，供换热介质流动。其端部用焊接的方法达到水密性，不需用垫圈。螺旋板式换热器也是依靠壁板两侧介质间的温差进行换热，因此具有换热面积大、效率高的优点。但它无法拆卸，内部清洗较为困难。壁板的厚度比板式换热器厚得多，因此总传热系数 K 值要小一些，当水流速度为 1m/s 左右时，K 值为 1.2～2.5kW/(m・℃) 左右。

螺旋板式换热器的水阻力损失与水通路的间距有关，当水流速度在 1.2m/s 时，阻力约为 15～70kPa。螺旋板式换热器承压能力和工作温度高（可分别达 2.5MPa 和 400℃）。但体积大、质量大，在空调工程中常被用作汽/水或水/水换热设备。

(3) 锅炉

锅炉是最传统同时又是目前在空调工程中应用最广泛的一种人工热源，它是利用燃烧释放的热能或其他热能，将水加热到一定温度或使其产生蒸汽的设备热源。

锅炉主要由“锅”和“炉”两大部分组成。“锅”是锅炉中盛水或汽的地方，它的作用是吸收“炉”放出的热量，使水加热到一定的温度（热水锅炉）或者转变为一定压力的蒸汽（蒸汽锅炉）。“炉”是锅炉中燃料燃烧的地方，它的作用是提供燃料燃烧的条件，并使燃烧产生的热量供“锅”吸收。“锅”与“炉”，一个水一个火，一个吸热一个放热，形成燃料化学能转换为热能输出的统一体。现代的锅炉，“锅”与“炉”已融合为一体，有些已难以把它们明确划分开来。

锅炉的工作由三个过程组成：一是燃料的燃烧过程；二是火焰和高温烟气把热量传递给水的传热过程；三是水在锅内不断循环流动，吸热升温和汽化（热水锅炉达不到沸腾汽化温度）的水循环及汽化过程。通常将用于为空调、供暖及工业生产提供热水或蒸汽的锅炉称为供热锅炉或工业锅炉，以区别用于动力和发电方面的动力锅炉。此外，按锅筒放置方式不同，锅炉还有立式与卧式之分；按使用的燃料和能源不同，锅炉又可分为燃煤锅炉、燃油锅炉、燃气锅炉和电锅炉；按承压情况不同，锅炉还可分为承压锅炉、常压锅炉和真空锅炉等。

供热锅炉按向空调系统提供的热媒不同，分为热水锅炉与蒸汽锅炉两大类，每一类又可分为低压锅炉与高压锅炉两种。在热水锅炉中，温度低于115℃的称为低压锅炉，温度高于115℃的称为高压锅炉。空调系统常用的热水供水温度为55～60℃，所以大都采用低压锅炉。

热水锅炉是最常见的空调热源设备，它在冬季可直接向空调系统提供热水。除此之外，对于冬季同时需要供应蒸汽和热水的建筑，如酒店、宾馆，也有采用蒸汽锅炉的，因为蒸汽锅炉既可以直接向厨房和洗衣房提供蒸汽，又可以通过换热器用蒸汽来加热水，分别满足生活热水和空调用热水的需要，还可以在冬季为空调加湿提供蒸汽。空调工程中应尽量以水为锅炉供热介质，民用建筑除厨房、洗衣、高温消毒以及冬季空调加湿等必须采用蒸汽的热负荷外，其余热负荷应以热水锅炉为热源。当蒸汽热负荷在总热负荷中的比例大于70%且总热负荷≤1.4MW时，考虑选型困难和节能效果有限的实际状况，可采用蒸汽锅炉。

1）燃煤锅炉：燃煤锅炉是目前使用最多的一种锅炉，这主要是因为煤是一种资源较为丰富、价格也较低廉的燃料。但燃煤锅炉也有其致命的缺点，如占地面积较大（包括配套的煤场和渣场）；对环境污染严重；运行管理不方便；工人劳动强度较大；自动化程度较低等。因此自20世纪90年代以来，在国内一些大城市，燃煤锅炉的使用不断受到限制，有的城市甚至不允许在市区内兴建新的燃煤锅炉房，取而代之的则是燃油锅炉或燃气锅炉。

2）燃油和燃气锅炉：燃油和燃气锅炉的构造基本相同，只是因为使用的燃料不同而燃烧器有所不同。与燃煤锅炉相比，燃油和燃气锅炉尺寸小、占地面积少、燃料运输和储存容易、燃烧转化效率高、自动化程度高（可在无人值班的条件下全自动运行），对大气环境的污染也小，给设计及运行管理都带来了较大的方便。虽然把燃油和燃气锅炉安装在建筑中使用的安全性还是一个正在讨论和研究的问题，但从发达国家目前的情况来看，城市中逐渐采用燃油和燃气锅炉代替燃煤锅炉也必将是我国供暖锅炉的一个发展方向。

燃油锅炉一般采用轻柴油为燃料。燃气锅炉的燃料有天然气、人工煤气和液化石油气，其燃烧排放物对空气环境的影响比燃油锅炉还要小一些。目前一些暂不具备管道供气条件的地区，通常采用燃油燃气两用锅炉，先以油为燃料，待管道供气条件具备后再改烧燃气。

家庭供暖和生活热水中，油料的补给不便，因此燃气占据了目前75%以上的市场份额，其中安装占地面积较小的壁挂炉更是中小户型家庭的首选。小型燃气壁挂炉包括水系统、燃气系统和自动控制系统等部分，具有效率高、出水快、水温调节稳定、可连续使用、结构紧凑、安装方便等诸多特点。

① 水系统。生活热用水自来水从冷水管进入，冷水管上设有冷水电磁阀、单向阀、闸阀和旁通闸阀。冷水电磁阀的作用是自动控制进冷水，当冷水电磁阀打开时，冷水经过管道进入燃气炉；当冷水电磁阀关闭时，管道被截止，冷水停止流动。单向阀的作用是防止热水倒流和冷水混合。旁通闸阀是当冷水电磁阀失灵时，作为临时进冷水的备用通道。

能同时满足家庭生活热水和供暖的燃气炉一般还包括循环水泵、换热器、膨胀水箱等辅助设备，如图5-11所示。燃烧器加热的水经过辐射和对流元件后，在循环水泵的作用下，将热水直接送至散热器，经回水管回流到加热元件进行再加热，如此不断循环，完成供暖过程。同时，换向阀可将部分热水送至热交换器换热，从而得到不同于供暖品质的热水，以完成洗浴等其他功能。

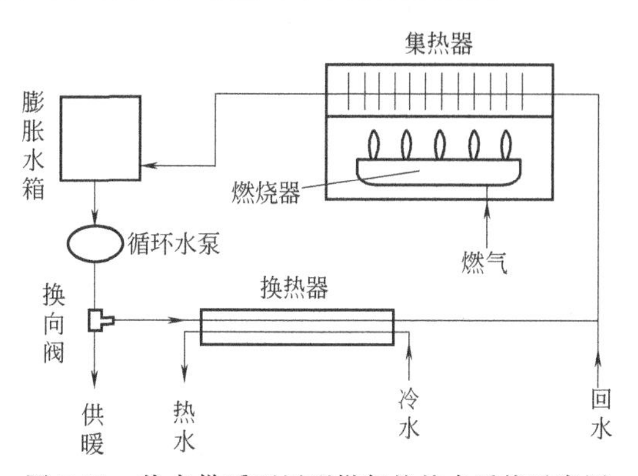

图5-11 热水供暖两用型燃气炉的水系统示意图

当热水烧到设定的温度时，冷水电磁阀打开，利用冷水的压力把锅炉内烧好的热水通过上循环管压到保温水箱内。锅炉内的热水流到保温水箱的同时，冷水从冷水管重新加注。保温水箱接有热水管道提供热水，该管上装有热水电磁阀，作用是可以按时间选择性供热水。电磁阀若并联旁通闸阀，可跳过电磁阀直接接通管道作为长期供水。保温水箱上装有液位探头，当水箱的水满后锅炉自动停止烧水。水箱内装有温度探头，当水温下降到设定温度的时候，通过下循环管的循环水泵把热水抽到锅炉内重新烧热。

② 燃气系统。燃气系统中一般有压力表、球阀、过滤器、减压阀、流量计、燃烧机等。燃气是燃烧器的燃料，在锅炉的炉胆内燃烧，产生的高温烟气沿炉胆经烟道管束换热后进入尾部烟道，通过烟囱把烟气排到大气中。

燃气燃烧可供利用的热量包括烟气的显热和烟气中水蒸气的潜热两部分。冷凝式燃气炉通过降低排烟温度来回收烟气中水蒸气的潜热，与普通热水器相比可提高热效率15%左右，节能效果显著，20世纪70年代以来逐步得到推广应用。冷凝式燃气炉在传统锅炉的基础上加设冷凝式热交换受热面，将排烟温度降到40～50℃，使烟气中的水蒸气冷凝下来并释放潜热。燃料为天然气时，烟气的露点温度一般在55℃左右，所以只有系统回水温度低于55℃，采用冷凝炉才能实现节能。

冷凝式燃气炉与普通型锅炉结构上的主要区别在于换热器。为充分利用高温烟气的热量，同时便于收集冷凝水，冷凝式燃气炉的换热器一般采用二次换热方式。图5-12（a）是冷凝炉常见的燃气下进烟气上出形式。整机结构中，在上方设置冷凝换热器，下方安装显热换热器，两者之间安置冷凝水收集器。高温烟气由下至上依次进入显热换热器和冷凝换热器，吸收显热和潜热后烟气的温度降至常温，由上部烟道排出。为了安全可靠地排出低温烟气，冷凝式燃气炉应采用强制排烟方式。

图 5-12（b）是燃气上进型的冷凝燃气炉的基本结构。它与燃气下进型的结构完全倒置，燃烧器位于上部，高温烟气向下流动，经换热器后从排烟管排出，烟气中的水蒸气同时冷凝成水滴落入收集盘。这种形式的热水器燃烧更加充分，不稳定燃烧产物减少，烟气中污染成分的比例降低，热效率提高。这是因为天然气、NO、CO 的密度都比空气小，燃烧器倒置后，烟气中的不完全燃烧产物可向上流动，继续参加反应直至充分燃烧。

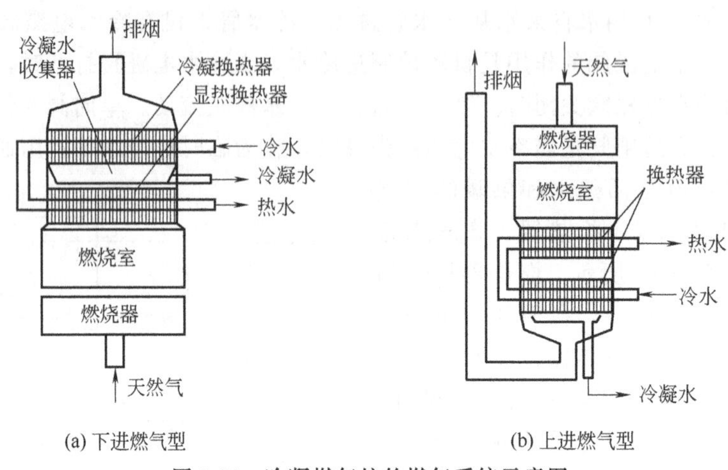

图 5-12　冷凝燃气炉的燃气系统示意图

冷凝式燃气炉明显提高了热效率，但是由于烟气中含有酸性物质，当烟气温度降到酸性蒸气的露点以下时，会形成具有高腐蚀性的酸性冷凝水，腐蚀热水器的换热设备及烟气管道，从而降低热水器的使用寿命，影响使用的安全性。不锈钢换热器、瓷釉表面换热器、采用中和剂对冷凝水进行处理等技术可解决冷凝式燃气炉的腐蚀问题，但相应地提高了成本。图 5-12（b）中的上进燃气型结构，冷凝水在系统最下部自然收集，大大减少冷凝腐蚀区域，防腐蚀处理只需对底部烟道部分进行即可，可降低成本。

③ 自动控制系统。燃气炉一般均采用自动控制系统，用户通过自动控制系统来调节热水及设备的安全运行，实现防冻保护、防干烧保护、意外熄火保护、温度过高保护、水泵工况保护等多种安全保护控制功能。

通过自动控制系统的调节，可以实现燃气炉的供水温度 85℃（40～85℃可调）和回水温度 30～65℃（可调）。以某品牌 24kW 燃气炉为例，启动后首先以最小功率运行 1min，然后自动增大燃气气压提高功率，使回水温升速率达到设定值（每分钟 4℃温升）。每隔 30s 检测一次，若温升速率达不到上述设定值，就将功率提高 1kW。当回水温度达到设定温度的＋5℃后，燃气炉熄火，30s 后风机、循环泵停机。此后继续每 30s 检测一次供暖回水温度，当回水温度降低到控制器中设定回水温度值时，燃气炉自动重新启动。因此，燃气炉的点火间隔并非固定值，间隔时间取决于供暖系统的冷却速度。

用于空调工程上的燃气炉在配合地暖工程时，可以外接室内温度控制器，以实现个性化温度调节和定时开关机等需求，同时也能实现节能、节省燃气费用的目的。一般设定室内空气温度比设定温度高 1℃时燃气炉停机，以充分利用地暖蓄热层的热能；当室内空气温度比设定温度低 1℃时燃气炉自动重新启动。常见居住建筑地暖工程中，室内空气温度控制模式的节能效果优于回水温度控制模式。

3）常压热水锅炉：常压热水锅炉又称为中央热水机组、中央热水器以及中央供热机组等，其锅炉本体内装满了水，补水箱与大气相通，因此锅炉在运行时所承受的压力相当于大气压，属于无压容器，符合国家劳动部门的“免检”要求。由于这种锅炉是用燃料（一般为燃油或燃气）先加热锅炉本体水（又称为一次水或锅水，水温一般为 95℃），再用该水通过专门的换热器对空调水系统的回水（又称为二次水）进行间接加热升温，因此又称为间接式中央热水机组。

锅炉本体水与空调水有各自的循环体系，使得空调水系统可以按设计要求承受不同压力，不受锅炉本体压力的限制，特别适合在高层建筑空调工程中使用。按换热器设置位置的不同，常压热水锅炉有内置换热器和外置换热器两种类型。

① 内置换热器常压热水锅炉。内置换热器常压热水锅炉是目前常用的空调热源设备，换热器设在锅炉本体内的一次水中，结构紧凑、安全可靠，而且安装、使用都很方便。如果用户有两种不同水温需求时（如空调用水和洗浴用水），锅炉内可设置两组内置式换热器来分别满足要求。内置换热器的缺点是换热效率比较低，因为一次水是在自然对流状态下进行传热的，二次水的水温受换热面积和水温差的限制不能太高，一般空调供水的水温为 60℃左右。

② 外置换热器常压热水锅炉。外置换热器常压热水锅炉与内置换热器常压热水锅炉的不同之处在于将换热器设在了锅炉本体外面或设在锅炉本体上部，而且一次水要借助水泵才能循环流动，通过外置换热器与二次水进行热交换，其工作原理如图 5-13 所示。

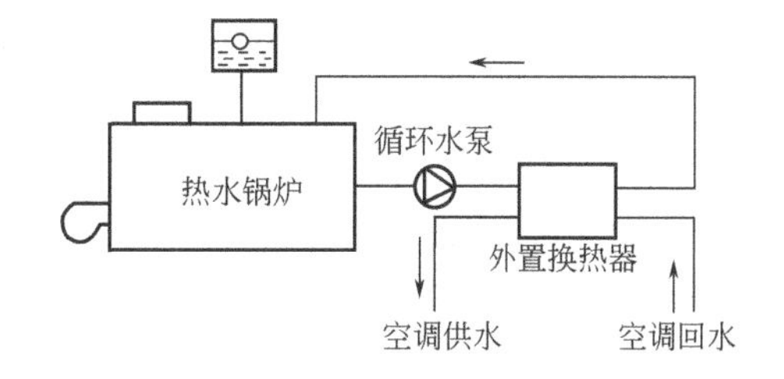

图 5-13 外置换热器常压热水锅炉工作原理图

由于一次水是机械循环，显然外置换热器的热交换效率比内置换热器的高，而且运行安全可靠。当用户有两种不同水温需求时，也可以设两组外置式换热器，而且在负荷比较大时还可以选用多台同类热水锅炉并联，共用外置换热器，使得运行调节更加方便、灵活。外置换热器常压热水锅炉的主要缺点是一次水环路设有循环水泵，需要额外耗电和维护，不如换热器内置简单。

4）真空热水锅炉：如图 5-14 所示的真空热水锅炉（简称真空锅炉），一般为燃油或燃气锅炉，其燃烧系统和传热系统与常压热水锅炉基本相同，主要不同点是锅炉本体内只装一部分水，留有一定的蒸汽空间，并在此空间内设置内置式换热器用以加热空调回水。

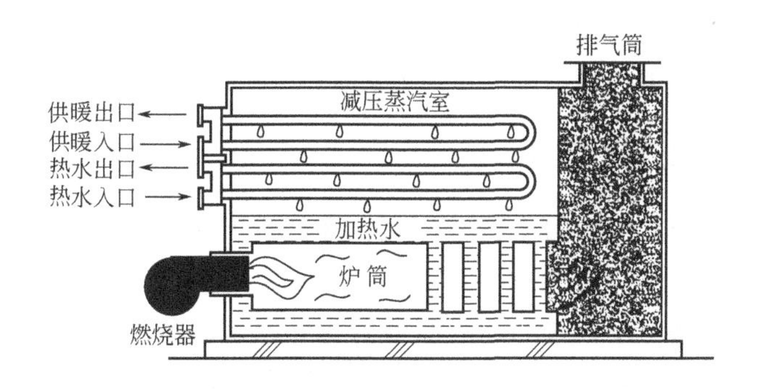

图 5-14 真空热水锅炉工作示意图

真空热水锅炉在运行期间锅炉本体内始终保持一定的真空度。燃烧机喷出燃料燃烧时，锅炉本体内的水被加热，并在负压环境中不断汽化成蒸汽，炉内的真空度则随着蒸汽量的增加、蒸汽压力的升高而逐渐下降。锅炉内的真空度一般最高时为1000Pa，最低时为200Pa，并随着蒸汽温度的变化而变化，蒸汽温度在94℃左右时，真空度为200Pa。

真空热水锅炉的主要优点是锅炉本体始终在负压状态下运行，不受锅炉及压力容器安全规则限制，运行安全可靠，无爆炸危险；锅炉内水容积小，热水供应启动速度快；锅炉内水可用软水或纯水，不结垢、无腐蚀；在蒸汽环境下，换热器的传热效率比较高。其主要缺点一是需要设置一套真空装置，二是锅炉内的水容积比较小，相应地其热容量也比较小。

5）电锅炉：电锅炉又称为电加热锅炉、电热锅炉、电热水器，是直接采用高品位的电能来加热水的设备。它尺寸小、占地面积少、自动化程度高（可在无人值班的条件下全自动运行）、对大气环境无污染。但电锅炉热效率低、运行费用高，用作空调热源是不合适的。在20世纪90年代全国供电紧张时，国家电力局曾发文禁止使用电锅炉。

随着我国电力建设的快速发展、经济结构调整和人民生活质量的提高，各地用电结构发生了很大的变化，高峰用电需求增加，低谷用电大量减少，电网峰谷差加大，负荷逐年下降，电网运行日趋困难，资源利用不合理。为此，国家电力公司发文推广蓄热式电锅炉的应用，一些省市的经贸委、环保局、电力公司也联合发文推广应用电锅炉，鼓励电热消费，并给予优惠，如免收供配电贴费并实行分时电价等政策。由于供电政策及环保等因素，电锅炉的采用正日趋增多。

电锅炉的种类很多：按整体结构分，有立式电锅炉和卧式电锅炉；按向空调系统提供的热媒分，有热水锅炉、蒸汽锅炉和有机载热介质锅炉；按电加热原理和电加热元件分，有电热管电锅炉、电热棒式电锅炉、电极式电锅炉、电热板式电锅炉、感应式电锅炉等。

空调热源选用最多的电锅炉是电阻式电热管电锅炉。电阻式电热管是一种金属电阻式发热元件，它是将Ni、Cr合金电阻丝或Fe、Cr、Al等合金电阻丝放置在碳钢或纯铜、铝以及不锈钢、镍基合金制成的管中，并在管中填充氧化镁粉用以定位、绝缘和导热。电热管可制成直管形、U形和蛇形管状。这种电锅炉的特点是锅水不带电，使用较安全；每根电热管的功率一定，可通过控制实际投入运行的电热管根数来调节锅炉的负荷。

电极式电锅炉是利用水介质自身的电阻导电发热特性，直接将电能转换成热能，不需要借助发热元件发热再将热量传递给水。按电极形状的不同，电极式电锅炉可分为电极板式、电极棒式；按电压高低可分为低电压（220V和380V）和高电压（4.16kV、6.4kV、10kV及13.2kV）；按电极相对位置又可分为固定电极式和可调位电极式（相应电锅炉功率也可调）。这种电锅炉的特点是启动快，锅炉对负荷变化的适应性好；不会发生干烧现象；与电热管电锅炉相比，构造简单、售价低、日常维修量小、维修费用少。

5.1.3　空调冷热源的选择与组合

建筑能耗占我国能源总消费的比例约30%。在建筑能耗中，暖通空调系统和生活热水系统耗能比例接近60%。公共建筑中冷热源的能耗占空调系统能耗一般在40%以上。当前，各种机组、设备类型繁多，电制冷机组、吸收式机组及蓄冷蓄热设备等各具特色，地源热泵、蒸发冷却等利用可再生能源或天然冷源的技术应用越来越广泛。冷热源作为空调系统中最重要设备之一，在建筑工程方案设计阶段就应进入考虑范畴。

(1) 空调冷热源的选择

冷热源的选择依据不仅包括系统自身的要求，而且还涉及工程所在地区的能源结构、价格、政策导向、环境保护、城市规划、建筑物用途规模、冷热负荷、初投资、运行费用以及消防、安全和维护管理等许多问题。因此，这是一个技术经济的综合比较过程，必须从安全性、可靠性、经济性、先进性、适用性等多角度进行综合技术经济比较来确定。在具体选择过程中，为获得合理的配置，可分以下四类因素考虑：

① 能源情况。科学分析工程项目所在地区的能源结构、政策及价格等情况，例如：是多元化能源结构，还是单一能源结构；能源供应的具体资料，如电力供应峰谷情况、价格和差价；城市燃气、燃油的种类、品质、供气参数；热网集中供热的热媒种类及供应参数等。

② 设备性能特点。不同设备的性能特点主要有技术先进性，产品质量情况，运行可靠性，部分负荷时的能耗和效率，安装、操作、维修的方便性，噪声及振动情况，以及设备的自动化程度等。例如：电动式机组在技术上比吸收式机组成熟可靠，在运行维护方面也比吸收式机组简单方便；热泵机组一机两用，夏季制冷、冬季供暖；多联机设计简易、施工便捷等。

③ 初投资。初投资包括设备费（含主机与辅机）、安装费、电（热）力增容费、机房土建费等项目。例如：吸收式机组耗电少、电力增容费低，但价格比同等制冷量的电动式机组高。

④ 运行费用。运行费用主要包括能源耗用费（如电费、燃油费、燃气费等）、设备维修费和各种折旧费用，与初投资一起构成冷热源方案经济评价的主要内容。

除上述四类因素外，还应综合考虑能耗及COP值、项目所在地的气相条件和特点、空调建筑的特点和用途、负荷要求和特点（如满负荷与部分负荷的时段分布、大小、持续时间等）等因素。我国《公共建筑节能设计标准》（GB 50189—2015）中提供了一些基本规定：

① 有可供利用的废热或工业余热的区域，热源宜采用废热或工业余热。当废热或工业余热的温度较高、经技术经济论证合理时，冷源宜采用吸收式冷水机组。

② 在技术经济合理的情况下，冷、热源宜利用浅层地能、太阳能、风能等可再生能源。当采用可再生能源受到气候等原因的限制无法保证时，应设置辅助冷、热源。

③ 不具备上述第①、②款的条件，但有城市或区域热网的地区，集中式空调系统的供热热源宜优先采用城市或区域热网。

④ 不具备上述第①、②款的条件，但城市电网夏季供电充足的地区，空调系统的冷源宜采用电动压缩式机组。

⑤ 不具备上述第①～④款的条件，但城市燃气供应充足的地区，宜采用燃气锅炉、燃气热水机供热或燃气吸收式冷（温）水机组供冷、供热。

⑥ 不具备上述第①～⑤款条件的地区，可采用燃煤锅炉、燃油锅炉供热，蒸汽吸收式冷水机组或燃油吸收式冷（温）水机组供冷、供热。

⑦ 夏季室外空气设计露点温度较低的地区，宜采用间接蒸发冷却冷水机组作为空调系统的冷源。

⑧ 天然气供应充足的地区，当建筑的电力负荷、热负荷和冷负荷能较好匹配、能充分发挥冷、热、电联产系统的能源综合利用效率且经济技术比较合理时，宜采用分布式燃气冷热电三联供系统。

⑨ 全年进行空调，且各房间或区域负荷特性相差较大，需要长时间地向建筑同时供热

和供冷，经技术经济比较合理时，宜采用水环热泵空调系统供冷、供热。

⑩ 在执行分时电价、峰谷电价差较大的地区，经技术经济比较，采用低谷电能够明显起到对电网“削峰填谷”和节省运行费用时，宜采用蓄能系统供冷、供热。

⑪ 夏热冬冷地区以及干旱缺水地区的中、小型建筑宜采用空气源热泵或土壤源地源热泵系统供冷、供热。

⑫ 有天然地表水等资源可供利用，或者有可利用的浅层地下水且能保证100%回灌时，可采用地表水或地下水地源热泵系统供冷、供热。

⑬ 具有多种能源的地区，可采用复合式能源供冷、供热。

(2) 空调冷热源的方案组合

针对既要制冷又要供暖的中央空调工程，常用冷热源方案，主要有电动式和吸收式两类冷水机组与锅炉和热网的组合方案，直燃型吸收式冷热水机组和空气源热泵冷热水机组各自单独使用的方案，以及离心式冷水机组与锅炉、吸收式冷水机组的组合方案等。

1）电动式冷水机组供冷和锅炉供暖方案：电动式冷水机组和锅炉的组合形式是使用最多，也是最传统的组合方案。在电力供应有保证的地区，较普遍采用电动式冷水机组供冷，因为采用电动式冷水机组初投资和能耗费较低，设备质量可靠，使用寿命长。

这种方案可供选用的锅炉种类较多。燃煤锅炉虽然历史悠久、运行费用较低，但由于其污染大，许多大城市已经禁止使用。这种方案从电力负荷角度来看，夏季与冬季相差悬殊，构成全年季节性严重不平衡。如果锅炉只在冬季使用，且燃料又是城市燃气。则除了电力负荷的季节性失衡外，还会导致城市燃气负荷的严重季节性失衡。

2）电动式冷水机组供冷和热网供暖方案：热网供暖最经济、节能，是应优先采用的供暖方案，但必须有热网，而且冬季供暖要有保障，空调建筑物应在热网的供热范围内。我国华北、东北、西北广大地区，即俗称的“秦岭-淮河”以北的北方地区，在累年日平均气温稳定低于或等于5℃的日数大于或等于90天时，实施集中供暖，室内温度标准定义为16～18℃，热网供暖基础比较完善。南方地区的供暖主要为空调设备，耗电量大；近年来随着社会发展，经济许可的条件下，更舒适的地暖系统得到了越来越多的应用。

3）吸收式冷水机组供冷和锅炉供暖方案：本方案在有充足且低廉的锅炉燃料供应的地区采用最合适。另外，在一些大型企业，特别是在我国北方的一些企业、事业单位，基于生产工艺要求或集中供暖与生活用供热要求，已都有一定容量的供热锅炉。这些供热锅炉在全年各个季节里的运行负荷并不均衡，只有在冬季才会满负荷运行，夏季时锅炉容量或多或少会有一些闲置。在这种情况下，如果这些单位需要增加空调用的冷源设备，则吸收式冷水机组也许是最佳选择。由于可充分利用已有供暖锅炉的潜在能力，在既不需要扩建锅炉房又无须对供电设备进行扩容的情况下，妥善地解决了冷源设备的能源问题，无疑是一个经济实惠的方案。

与此相类似的情况，当某些企业，如钢铁企业、化工企业，夏季有大量余热或废热（低压蒸汽或热水）产生而未获利用时，如果需要增加空调用的、合适的冷源设备，则利用废热锅炉（必要的话）结合采用吸收式冷水机组，均可取得较好的经济、节能效果。

4）空气源热泵冷热水机组夏季供冷、冬季供暖方案：在夏热冬冷地区，不方便或无处设置冷却塔、无热网供热，以日间使用为主的中央空调系统，通常选择空气源热泵冷热水机组作为冷热源。对缺水地区一般也可考虑采用本方案。需要指出的是，空气源热泵冷热水机组的节能，主要表现在它的冬季供暖工况运行。在夏季供冷工况运行下，由于它采用的是风冷冷却方式，其制冷的性能系数比较低。

在评价空气源热泵机组时，必须全面地考核其全年运行的能耗特性。而其全年运行的能耗状况，也并非是其固有属性所能决定的，因为既然涉及其运行，便离不开其运行所在地区的气候条件。如同样一台空气源热泵机组，在一个全年气温较高、按供冷工况运行时间较长的地区使用，其全年的综合运行能耗指标必然会远低于夏季短、冬季长的地区。

空气源热泵机组，尤其是近年来我国南方地区市场占有率较高的多联机机组，是典型的冷热源一体化设备。空气源热泵机组全年用能品种单一、冬夏季能源需求基本平衡，且还有一机冬夏两用、设备利用率高、节省机房面积等一系列其他优点。所以，很多情况下，在新建、改建或扩建工程中，特别是当同时需要设置或增加冷源和热源设备时，空气源热泵机组往往成为设计人员和业主的首选目标。

5）离心式冷水机组与热源组合方案：对于大型建筑和建筑群空调需要配置的大容量冷、热源设备，现在有一种采用多能源设备的趋势。其中采用多台离心式冷水机组，配置多台燃气或燃油锅炉，或蒸汽吸收式机组，或蓄冷设备的组合比较常见。这样的组合可降低站房的用电容量，降低变电站电压等级，减少变配电扩容费用；由于冷源设备所用能源既有燃料、又有电力，其供冷的可靠性将大为提高。

同时，由于各种能源价格的变动难以避免，而且其相对价格比的改变又无法预料，采用多能源结构的冷热源在日常运行中，能源的经济性选择和适应方面具有较大的灵活性。例如，随着我国各地夏季昼夜用电的分时计价逐步推行以后，白天可以优先考虑利用吸收式机组运行，而夜晚电价较低时，优先利用离心式冷水机组配合蓄冷设备运行。

(3) 冷热源组合方案的经济分析比较

一般在进行经济分析时，通常是将候选方案列表比较，主要比较项目有：主机和辅机购置费、安装费，电（热）力增容费，机房土建费，初投资，运行费等。由于各个地区的气候条件、电价、电力增容费、燃料价格以及相关政策有差异，因此应根据工程项目具体情况具体分析。如果运用计算机辅助方案选择，在设计初期就要对方案予以评估，显然，最优化的冷热源，可以减少投资，降低运行费用。

【例 5-1】 某地区一面积为 18000m^2 的办公楼，其夏季设计空调冷负荷为 1716.3kW，冬季设计空调热负荷为 1644.2kW。主机（冷水机组、直燃型冷热水机组、锅炉或换热器）各设 2 台，冷水泵、冷却水泵和热水泵各设 3 台，均为两用一备，冷热水系统为一次泵变水量系统。试对可采用的空调冷热源方案进行经济比较。

【解】 根据该地区的情况以及办公楼的特点和冷热负荷量，拟选用表 5-5 所列三类六种冷热源，首先分别进行初投资的计算，然后用得到的数据计算出六个冷热源组合方案的总造价（参见表 5-6），计算全年能耗和运行费用后（见表 5-7），再按表 5-8 的格式计算出这三类六种冷热源供冷供暖的全年能耗与各项费用，并据此按表 5-6 所列冷热源组合方案计算出对应投资回收期的年运行成本（见表 5-8）。

表 5-5　初投资比较

比较项目	冷源		热源		直燃型冷热水机组	
	螺杆机组	活塞机组	燃油锅炉	热网	燃油	燃气
主机购置费/万元	175.0	88.8	66.48	6.52	250.0	264.0
辅机购置费/万元	21.34	21.34	18.26	1.64	26.88	26.88

续表

比较项目	冷源		热源		直燃型冷热水机组	
	螺杆机组	活塞机组	燃油锅炉	热网	燃油	燃气
主辅机安装费/万元	14.09	15.16	1.37	0.66	18.03	18.03
总电耗/kW	489.0	551.0	23.0	15.0	203.8	203.8
电(热)力增容费/万元	244.5(电)	275.5(电)	11.5(电)	49.49(热) 7.5(电)	101.9(电)	101.9(电) 125.3(热)
机房面积/m^2	210	210	150	30	260	260
机房土建费/万元	21.0	21.0	15.0	3.0	26.0	26.0
初投资/万元	475.93	421.80	112.61	68.81	422.81	562.11

注：1. 辅机包括与冷水机组配套的冷水泵、冷却水泵、冷却塔，与锅炉配套的鼓风机、补水泵、热水泵等。

2. 电力增容费 5000 元/kW，热力增容费 8.4 万元/MJ，日用煤气气源费 600 元/m^3（按机组每天运行 10h 计）。

表 5-6　冷热源组合方案的总价比较

组合形式	螺杆冷水机组		活塞冷水机组		燃油吸收式冷热水机组	燃气吸收式冷热水机组
	燃油锅炉	热网	燃油锅炉	热网		
总造价/万元	588.54	544.74	534.41	490.61	422.81	562.11
排序	6	4	3	2	1	5

表 5-7　全年能耗与运行费用比较

比较项目		螺杆冷水机组		活塞冷水机组		燃油锅炉		热网	燃油冷热水机组		燃气冷热水机组	
		主机	辅机	主机	辅机	主机	辅机		主机	辅机	主机	辅机
制冷	耗电量/$10^4 kW \cdot h$	26.85	21.08	38.96	21.08				2.50	26.56	2.50	26.56
	电费/万元	10.74	8.43	15.58	8.43				1.0	10.62	1.0	10.62
	耗油量/t								121.84			
	耗气量/$10^4 m^3$										35.78	
	燃料费/万元								36.55		53.67	
供热	耗油量/t					334.86			334.86			
	耗气量/$10^4 m^3$										90.76	
	燃料费/万元					100.46		34.20	100.46		136.15	
机房折旧费/万元		0.676		0.676		0.483		0.097	0.837		0.837	
设备折旧费/万元		15.00	2.60	8.14	2.60	7.27	1.98	0.95	28.42	3.25	29.92	3.25
设备维修费/万元		4.38	0.53	2.22	0.53	1.66	0.46	0.20	6.25	0.67	6.60	0.67

续表

比较项目	螺杆冷水机组		活塞冷水机组		燃油锅炉		热网	燃油冷热水机组		燃气冷热水机组	
	主机	辅机	主机	辅机	主机	辅机		主机	辅机	主机	辅机
电(热)力增容费折旧/万元	7.88		8.87		0.37		1.84	3.28		7.32	
年运行成本/万元	50.24		47.05		112.68		37.29	191.34		250.04	

注：1. 表中各项资源费取值为：电费 0.40 元/(kW·h)；煤气 1.50 元/m^3；轻柴油 3000 元/吨；热网供热费 19 元/m^2。

2. 在供冷季，辅机耗电量以冷负荷率 50%为界，负荷率小于等于 50%时，单套辅机运行；负荷率大于 50%时两套辅机运行。

3. 供冷季主机耗电量或耗燃料量根据冷负荷率及相应的机组效率计算得出。

4. 供暖季总耗热量 Q，近似按下式求出：

$$Q=24DK_F \qquad (kJ)$$

式中　D——该地区供暖度日数，单位为℃·d；

K_F——全楼单位温差热负荷，21.92×10^4kJ/(℃·h)。

5. 直燃机及燃油燃气锅炉效率在部分负荷时变化很小，因此忽略其效率的影响，效率均按 90%计。

6. 对上述各种系统，供暖季热水循环泵运行电耗相同，不计入表中。

7. 机房按使用寿命 50a 折旧；电动式冷水机组按使用寿命 20a 折旧；直燃型冷热水机组按使用寿命 15a 折旧；锅炉、换热器及辅机均按使用寿命 15a 折旧；电（热）力增容费按 50a 折旧。

8. 所有折旧费项取决于投资回收期和贷款利率。上表计算按投资回收期 5a、贷款年利率 10%计算。

表 5-8　年运行成本比较

回收年限	螺杆冷水机组		活塞冷水机组		燃油冷热水机组	燃气冷热水机组
	燃油锅炉	热网	燃油锅炉	热网		
投资回收期 5a/万元	162.92	87.53	159.73	84.34	191.34	250.04
投资回收期 8a/万元	174.89	97.11	169.78	92.00	203.17	263.70
投资回收期 15a/万元	220.67	133.77	208.19	121.29	248.36	315.88
排序	4	2	3	1	5	6

从表 5-6 和表 5-8 的排序栏数字综合来看，螺杆冷水机组与燃油锅炉的组合方案以及只使用燃气直燃冷热水机组的方案总造价和年运行成本都偏高，而活塞冷水机组与热网的组合方案显然是最经济的。

5.2 空调区的气流组织

空调区的气流组织（又称为空气分布），是指合理地布置送风口和回风口，使得经过净化、热湿处理后的空气，由送风口送入空调区后，在与空调区内空气进行混合、扩散或者置换的热湿交换过程中，均匀地消除空调区内的余热和余湿，从而使空调区（通常是指离地面高度为 2m 以下的空间）内形成比较均匀而稳定的温度、湿度、气流速度、洁净度和压力梯度，以满足生产工艺和人体舒适的要求。一般由回风口抽出空调区内空气后，将大部分回风返回空调机组、少部分排至室外。

空调区的气流组织应根据用户对空调区内温湿度参数、允许风速、噪声标准、空气质量、空气压力梯度及空气分布特性指标（ADPI）等要求，结合建筑物特点、内部装修、家具布置等进行设计计算；复杂空间的气流组织宜采用 CFD 模拟计算。影响空调气流组织的因素有：送风口的形式和位置、送风射流的参数（例如：送风量、出口风速、送风温度等）、回风口的位置、房间的几何形状以及热源在室内的位置等，其中送风口的形式和位置、送风射流的参数是主要影响因素。

5.2.1 风管与风机

完整的空调系统中，风管将空调设备和送回风口连成一个整体，风机提供空气循环的动力，从而完成空气的输送和分配任务，使经过处理的空气能够源源不断地合理分配到各个空调房间或者区域。

(1) 风管

空调风管的种类很多，按照制作材料分，有非金属风管、金属风管和复合材料风管；按照风管端面的几何形状分，有矩形风管、圆形风管和椭圆形风管；按照在工程整体中的作用分，有总（主）风管和支风管；按照可弯曲或伸展的程度不同分，有柔性风管（软管）和刚性风管；按照管内空气的流速分，有低速风管和高速风管。

在我国早期的一些大型公共建筑（体育馆、影剧院等）和工业建筑（纺织厂等）中，较为广泛地采用直接以砖、混凝土或钢筋混凝土等建筑材料构建的空调风管（也俗称为建筑风道）。建筑风道的优点是便宜耐用，缺点是施工组织麻烦、空气流动阻力损失大、不易保温。建筑风道目前较多的是用为高层建筑空调系统的新风竖井，在受到土建限制而采用其他风管困难，或者风管截面尺寸很大等特殊场所往往也可以采用建筑风管。

金属风管具有表面光滑、摩擦阻力小、不吸湿、耐腐蚀、强度高、质量小、气密性好、不积尘、易清洁等显著优点，在空调工程中被大量使用。镀锌钢板风管具有良好的加工性能和防火性能，但采用人工方式加工时，存在敲打工作强度大和敲打时有噪声等缺点。对于防尘要求较高的空调系统，可选用在普通钢板表面喷 0.2～0.4mm 厚塑料层的复合钢板风管。

近年来，出现了许多种应用特定技术工艺的复合材料制成的新型风管，如复合玻纤风管、复合铝箔风管和各类柔性风管。

① 复合玻纤风管又被称为复合玻璃棉风管，由三层玻璃棉组合而成的复合玻纤板制作而成。复合玻纤板外层采用双层玻璃丝布或玻璃丝布铝箔，中间层为一定厚度的超细或离心玻璃棉板，内层为玻璃丝布，各层以黏合剂加压黏合在一起。三层复合结构，使其具备了传统风管的风管层＋绝热防潮层＋保护层的全部功能。根据工程设计要求，可以将玻纤板切割、粘接、加固制作成玻纤风管或各种类型的异形管件，如图 5-15 所示。管段相互之间可以用阴阳榫插接、法兰连接等方式进行连接。

与传统的以镀锌钢板为基材的绝热风管相比，玻纤风管质量轻，大约为镀锌钢板风管质量的 30%，既大大降低楼体的负荷，还可以减少风管支吊架的各种材料用量；漏风量低，结合面用黏合剂粘接并用铝箔胶带密封后，漏风率一般不超过 2%；消声性能好，超细玻璃棉自身是一种良好的多孔性吸声材料，不需另装消声器即可对中、高频噪声产生较好的消声效果；无绝热层脱落的问题，镀锌钢板风管的绝热棉是用保温钉固定，当保温钉数量不足或粘接不牢时，容易发生绝热层脱落的问题，而玻纤风管的绝热层在中间，所以不会脱落。

玻纤风管的主要缺点是摩擦阻力较大。由于玻纤风管的内表面为玻璃丝布，其表面粗糙度略大于钢板风管的表面粗糙度。但在一般情况下，风管中的摩擦阻力占整个风管系统总阻力的比例较小，因而对整个风管系统的总阻力的影响不明显。

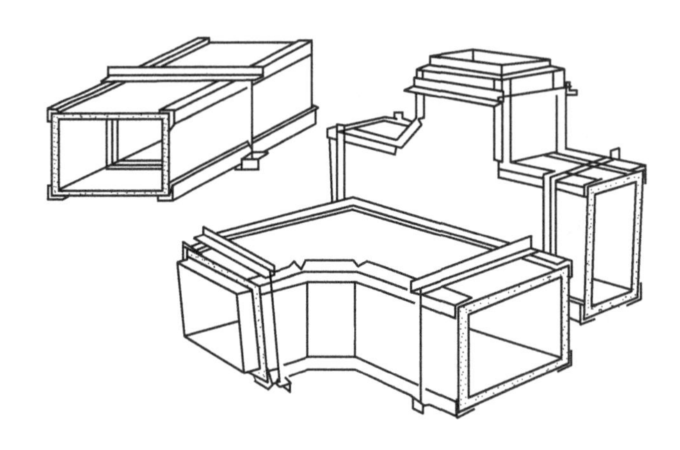

图5-15 铝箔复合玻纤板风管成型构造图

② 复合铝箔风管又称作复合铝箔聚氨酯板风管，由硬质发泡阻燃聚氨酯泡沫塑料与两面覆盖的铝箔组成。三层复合结构，也具备了传统风管组成材料的全部功能。

复合铝箔聚氨酯夹心板材为成型板材，制作风管时，只需先按要求在板材上划线、切割后再进行粘接即可得到所需要的管段或各种局部管件。铝箔风管制作连接简单方便、质量轻、绝热层不易损坏、外观华丽。

类似风管还可以采用聚苯乙烯泡沫塑料或酚醛泡沫塑料作夹心材料，外表面材料除了采用铝箔的，还有采用压花铝板、布基铝箔和镀锌钢板的。

③ 柔性风管又称伸缩软管，它的质量轻而柔软，运输方便，安装时可用手方便地进行弯曲和伸直，可绕过大梁和其他管道，灵活性好，并有减振和消声的作用。因此，近年来在空调工程中用于连接主干风管与送（回）风口的支风管或风机盘管机组与送风口之间的软接等。

按材质不同，柔性风管可分为金属风管和铝箔、化纤织物风管两大类。

金属柔性风管是用薄铝板带（或薄不锈钢带、或薄镀锌板带）借助专用机械缠绕成螺旋形咬口的圆形软管，如图5-16所示。金属柔性风管有普通型（不带保温）、保温型和消声保温型3种。保温型柔性风管，在普通型薄铝带软管外面包上25mm厚的玻璃纤维保温层，再用玻纤织物外套当保护层，也有用外表面带铝箔的玻璃纤维保温壳保温的。消声保温型柔性风管，是以穿孔的薄铝带软管作为内管（穿孔率约为25%），外包25mm厚的玻璃纤维保温层。若在保温层外面套上柔性聚氯乙烯保护套，便成为低压消声柔性风管．它承受的额定静压为1kPa；若在保温层外面套上薄铝带软管，便成为高压消声柔性风管，它承受的额定静压达3kPa而无漏风现象。

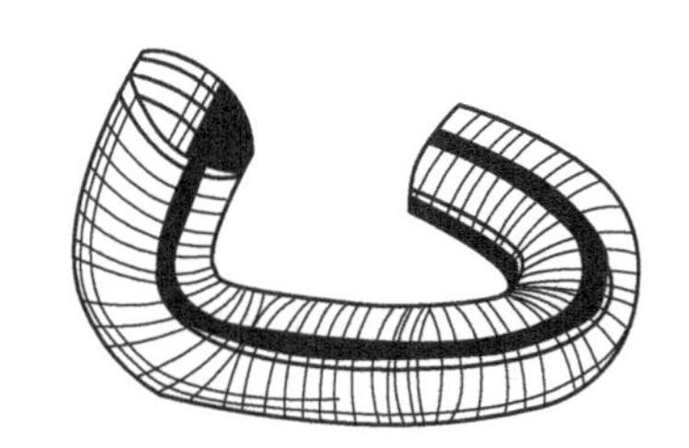

图5-16 金属圆形伸缩软管

铝箔、化纤织物柔性风管是以高弹性螺旋形强韧钢丝为骨架，以复合铝箔、涂塑化纤织物或聚酯、聚乙烯、聚氯乙烯薄膜为风管壁料，利用粘贴、缠绕或咬合等方式加工成型的柔性风管。该风管的断面形状易于成圆形和方（矩）形，其缺点是强度低，施工现场的尖锐物（如钢筋、铁钉等）很容易将其划破，因此需要较好的施工组织和管理作保证。

(2) 风机

空调工程的常用通风机（一般简称风机），按照工作原理不同可分为离心式、轴流式和贯流式 3 种。贯流式风机目前主要用于空气幕、壁挂式风机盘管机组和分体式房间空调器的室内机等。工程中大量使用的是离心式风机和轴流式风机。近年来市场上的混流式、斜流式风机，可看成是上述 3 种风机派生而来。

按照制造风机的材质不同可分为钢制通风机、铝制通风机、玻璃钢通风机和塑料通风机。目前大量使用的是钢制通风机，有防爆要求的场合必须采用铝制通风机，在屋顶排风机中也有用到玻璃钢材质的，塑料通风机适宜于输送有腐蚀性气体的场合。

当系统设计风量和计算阻力确定以后，选择风机时，应考虑的主要问题之一是风机的效率。在满足给定的风量和风压要求的条件下，风机在最高效率点工作时，其轴功率最小。在具体选用中由于风机的规格所限，不可能在任何情况下都能保证风机在最高效率点工作，因此规定风机的设计工况效率不应低于最高效率的 90%。一般认为在最高效率的 90%以上范围内均属于风机的高效率区。通常风机在最高效率点附近运行时的噪声最小，越远离最高效率点，噪声越大。

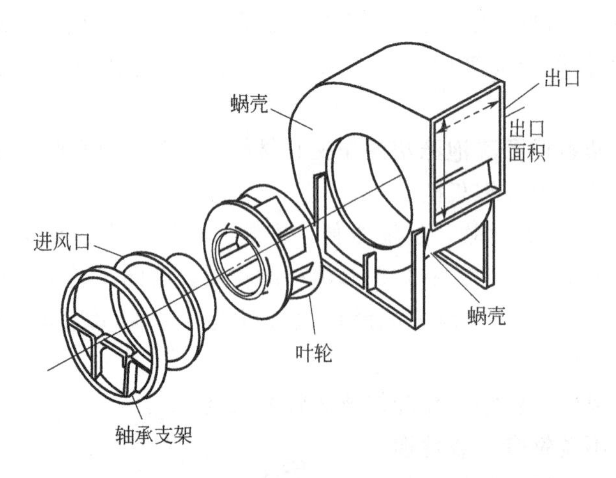

图 5-17 空调用离心式风机的结构分解图

① 离心式风机。图 5-17 所示为离心式风机主要结构的分解图，它是由叶轮、机壳、进风口、风机轴、出风口和电动机等组成的。叶轮上装有一定数量的叶片，根据气流出口角度的不同，叶轮有叶片向前弯的、向后弯的和径向的几种形式。装在机壳内的叶轮被固定在由电动机驱动的风机轴上。

当叶轮旋转时，空气由进风口被吸入，先为轴向运动，然后折转 90°流经叶轮叶片构成的流道，变为垂直于风机轴的径向运动。在离心力作用下，空气不断地流向叶片，叶片将外力传递给空气而做功，空气因而获得压能和动能。获得能量后被叶轮甩出的空气，沿着蜗壳的流道从风机出风口排出，而在叶轮的进风口一侧则形成负压。外部空气在大气压力作用下立即补入。由于叶轮不停地旋转，空气便不断地排出和吸入，从而达到了离心风机连续输送空气的目的。蜗壳的作用是收集被叶轮甩出的空气，并有效地导向出风口，同时还要最大限度地提高风机的静压，故而采用面积渐扩的对数螺旋线形。

在空调工程中，离心式风机主要用于组合式空调机组、立式（卧式）空调机组、新风机组、柜式空调机组、风机盘管机组及高层建筑防火防排烟中的机械加压送风、机械防排烟等。对空调用离心式风机的一般要求是：效率高、噪声低、振动小、运转平稳、结构紧凑、所配用的电机便于调速等。对于小型空调机组，还要求风机的体积要小。

离心式风机有风量、风压、功率、效率和转速等性能参数，根据这些参数可以画出风机的特性曲线。在流体力学中学习过的流体动力学定律、风机在管网中的工况分析、风机的并联和串联等，适用于离心式风机的性能分析。

② 轴流式风机。图5-18所示为空调用轴流式风机结构简图，它是由集流器、叶轮、圆筒形外壳、电动机、扩散筒和机架等组成的。叶轮由轮毂和铆在上面的叶片构成，叶片与轮毂平面安装成一定的角度。轴流式风机的叶片有板形和机翼形等多种，而每种叶片有扭曲和不扭曲之分。叶片的安装角度是可以调整的，通过调整安装角度来改变风机的性能。

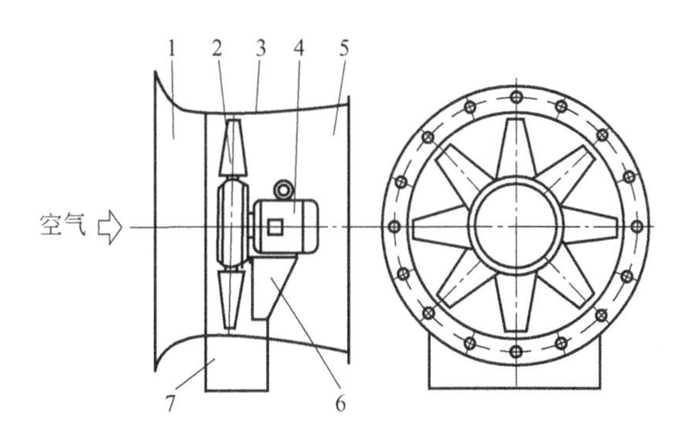

图5-18　空调用轴流风机的结构图

1—集流器；2—叶轮；3—圆筒形外壳；4—电动机；5—扩散筒；6—机架；7—支架

当叶轮转动时，由于叶片升力的作用，空气从集流器被吸入，流过叶轮时获得能量，并在出口与进口截面之间产生压力差，促使空气不断地被压出。扩散筒的作用是将气流的部分动能转变为压力能。由于空气的吸入和压出是沿风机轴线方向进行的，故称为轴流式风机。

轴流式风机的气流方向分为压入式和吸入式两种。凡气流先经电动机然后经过叶轮的称为压入式；气流先经过叶轮然后经过电动机的称为吸入式。轴流式风机同样有风量、风压、功率、效率和转速等性能参数和特性曲线，流体力学中的理论分析，对轴流式风机也同样适用。

通常情况下轴流式风机的噪声比离心式高。轴流式风机产生的风压没有离心式高，启动功率也高于离心式，但可以在低压下输送大量的空气，所以，它具有大风量、小风压的特点。在空调工程中，轴流式风机没有离心式那样使用广泛，目前主要用于各类建筑中的通风换气。需要注意的是，轴流式风机在性能曲线最高压力点的左边有个低谷，这是由风机的喘振引起的，使用时应避免在此段曲线间运行。

5.2.2　送风口与回风口

空调工程中，通常将各种形式的送风口、回风口（或排风口）统称为空气分布器，其材质主要有钢制和铝合金两类。

(1) 百叶风口

1) 单层百叶风口：单层百叶风口的叶片竖向布置为V式［图5-19 (a)］，横向布置为H式［图5-19 (b)］，通常均带有对开式多叶风量调节阀，用来调节风口风量。根据需要可改变叶片的安装角度。对于H式可调节竖向的仰角或俯角；对于V式则可调节水平扩散角。风口的规格用颈部尺寸$W \times H$表示。

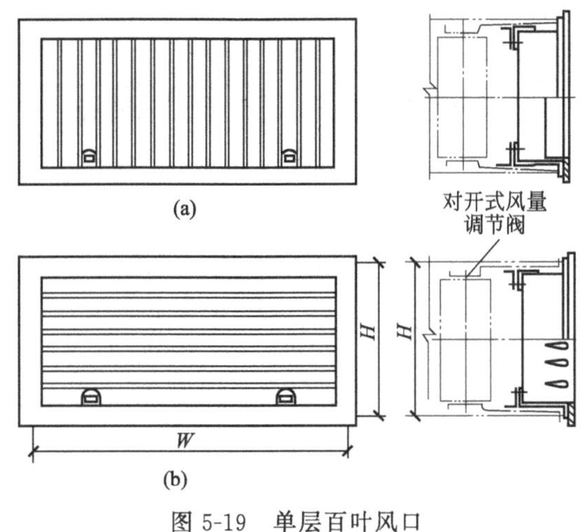

图5-19　单层百叶风口

单层百叶风口虽然也可作为侧送风口使用，但其空气动力性能比双层百叶风口差。工程上经常将它用于回风口，有时与铝合金网式过滤器或尼龙过滤网配套使用。

2）双层百叶风口：双层百叶风口由双层叶片组成，前面一层叶片是可调的，后面一层叶片是固定的，根据需要可配置对开式多叶风量调节阀，用来调节风口风量。

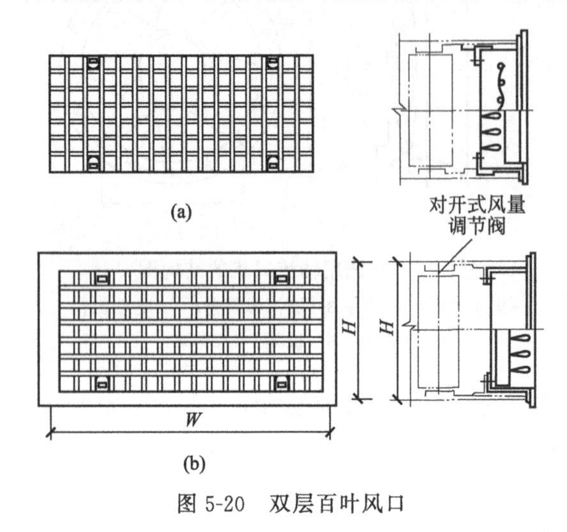

图 5-20 双层百叶风口

凡前面叶片为竖向布置、后面叶片为横向布置的称为 VH 式［图 5-20（a）］。通过改变竖叶片的安装角度，可调整气流的扩散角。例如，设在宾馆客房小过道内的卧式暗装风机盘管机组的出风口，通常是采用 VH 式双层百叶风口。

凡前面叶片为横向布置、后面叶片为竖向布置的称为 HV 式［图 5-20（b）］。根据供冷和供暖的不同要求，通过改变横向叶片的安装角度，可调整气流的仰角或俯角。例如，送冷风时若空调区风速太大，可将横叶片调成仰角。送热风时若热气流浮在房间上部下不来，可将横叶片调成俯角，把热气流“压”下来。

双层百叶风口用于全空气空调系统的侧送风口，既可用于公共建筑的舒适性空调，也可用于恒温精度较高的工艺性空调，此外，还可用于风机盘管机组（含新风）的出风口或独立新风系统的送风口。

3）侧壁格栅风口：侧壁格栅风口为固定斜叶片的风口，如图 5-21 所示。常用于侧墙上回风口，储藏室、仓库等建筑物外墙上的通风口，也可用于通风空调系统中新风进风口。当用于新风进风口时，如有需要，也可加装单层（或双层）铝板网或无纺布过滤层，对新风进行预过滤。

4）条缝型格栅风口：条缝型格栅风口是由固定直叶片组成的条缝型风口，通常安装在顶棚上，可平行于侧墙断续布置，也可连续布置或布置成环状，其构造如图 5-22 所示。

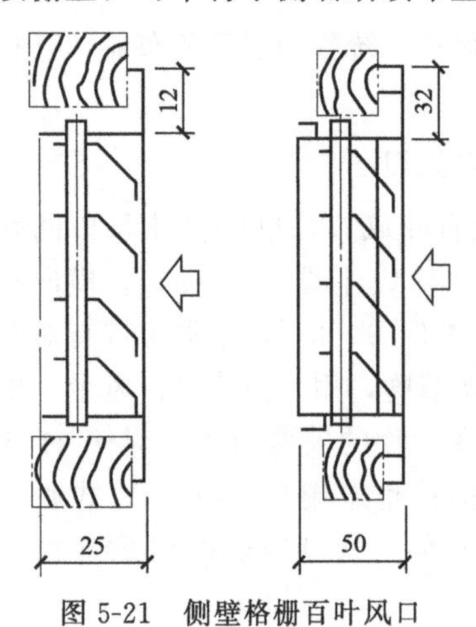

图 5-21 侧壁格栅百叶风口

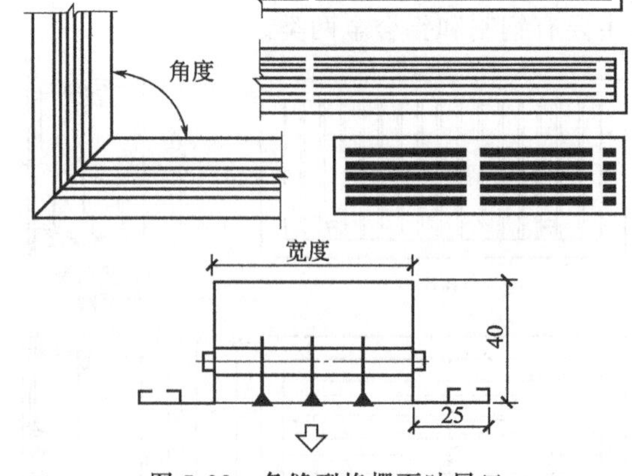

图 5-22 条缝型格栅百叶风口

该风口的最大连续长度为 3m，根据安装需要，可以制成单一段（两端有框）、中间段（两端无框）和角度段等多种形式。工程上如需要长度更长的风口时，可将两节或多节风口拼起来使用，接缝处要有插接板。

固定百叶直片条缝风口，既可用于送风口，也可作为回风口。用于送风时，风口上方需设静压箱，以确保垂直下送风气流分布均匀。这种条缝风口主要用于公共建筑的舒适性空调。

(2) 散流器

散流器是一种装在空调房间的顶棚或暴露风管的底部作为下送风口使用的风口。其造型美观，易与房间装饰要求配合，是使用最广泛的风口之一。按照形状分，散流器有方（矩）形和圆形两类；按送风气流的流型分有平送贴附型和下送扩散型；按功能分有普通型和送回（吸）两用型。

1）方（矩）形散流器：方（矩）形散流器，安装在房间的顶棚上，送出气流呈平送贴附型，广泛应用于各类工业与民用建筑的空调工程中。按照送风方向的多少，可分为单面送风、双（两）面送风、三面送风和四面送风等，如图 5-23 所示，其中以四面送风的散流器用得最多。

如图 5-24 所示为四面送风方形散流器的结构图。该散流器的规格用颈部尺寸 $W\times H$ 表示，外沿尺寸 $A\times B=(W+106)\times(H+106)$；顶棚上预留洞尺寸 $C\times D=(W+50)\times(H+50)$。

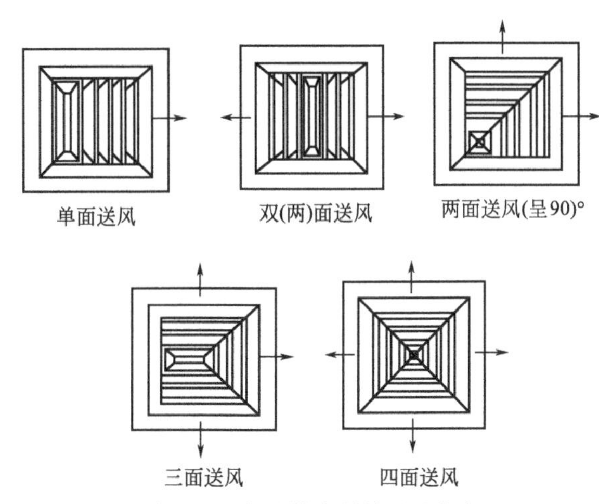

图 5-23　方形散流器的送风方向

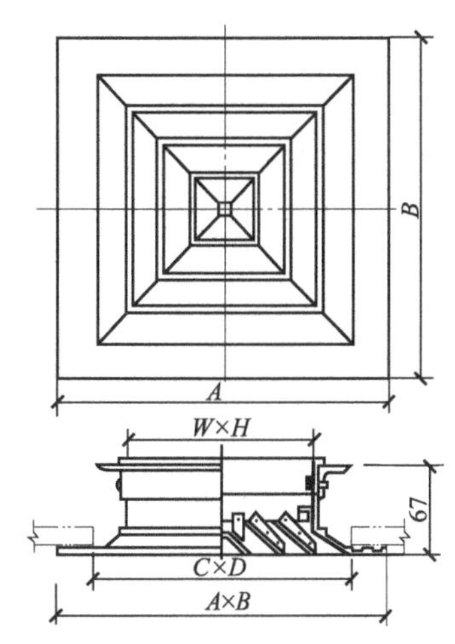

图 5-24　四面送风方形散流器的结构

需要调节风量时，可在散流器上加装对开式多叶风量调节阀，如图 5-25 所示。实验室测定表明：散流器装多叶风量调节阀，不仅能调节风量，而且有助于使进入散流器的气流分布均匀，保证了气流流型。与不带多叶调节阀的散流器相比，基本上不增加阻力。散流器与多叶调节阀之间采用承插连接，铆钉固定。只要将散流器的内扩散圈卸下后，可方便地调整调节阀阀片的开启度。

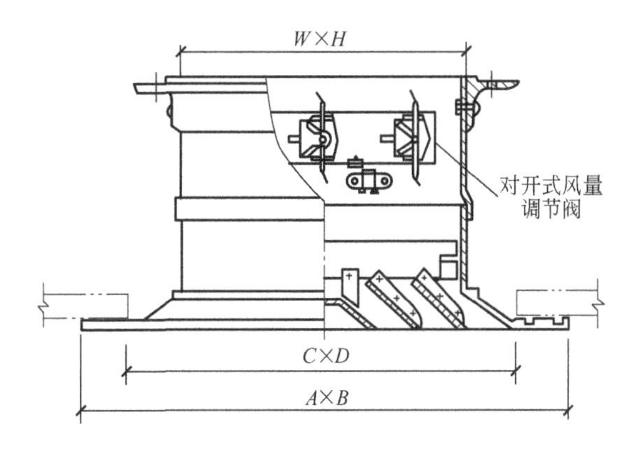

图 5-25　装调节阀的方形散流器

2）圆形散流器：如图 5-26 所示为圆形散流器的三种常见形式，通常安装在顶棚上，多用于工业与民用建筑的空调工程中。图 5-26（a）所示散流器，其扩散圈是由多层锥面组成的，将它挂在“上一挡”（即将扩散圈向上提）时，形成下送流型；挂在“下一挡”（即将扩散圈向下降）时，形成平送流型。图 5-26（b）为圆盘形散流器，圆盘装在螺杠上可以上下移动。将圆盘向上提，形成下送流型，向下降则形成平送流型。图 5-26（c）为凸形散流器，其多层锥面扩散圈位置固定，并伸出顶棚表面，形成平送贴附流型。

圆形散流器的规格以颈部直径表示。该散流器可加装双开板式（或单开板式）风量调节阀，供调节风量用。只要卸下多层锥面扩散圈（或圆盘），用螺钉旋具来调整阀板的开启度，就可达到调节风量的目的。

3）送回两用型散流器：送回两用型散流器兼有送风和回风的双重功能，散流器的外圈为送风，中间为回风，送风气流为下送流型，其工作原理如图 5-27 所示。这种散流器通常安装在层高较高的空调房间顶棚上，并分别布置送风风管和回风风管，再用软管将散流器与送、回风管相连。

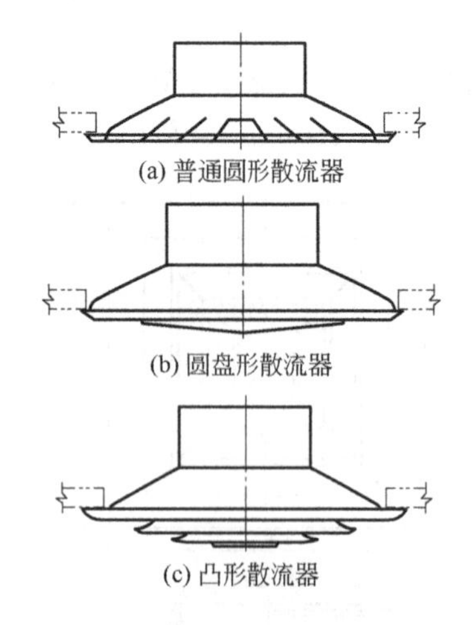

图 5-26　圆形散流器的常见形式

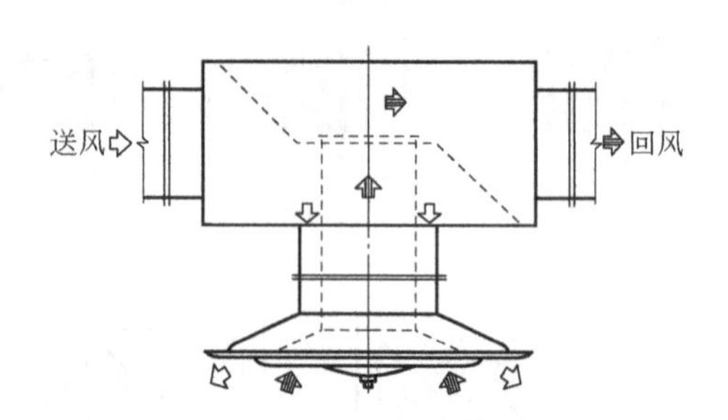

图 5-27　送回两用型散流器原理

(3) 喷射式送风口

喷射式送风口是用于远距离送风的风口，一般简称为喷口，其主要形状有圆形和球形两种。喷口的喷嘴可以是固定的，也可以是上下或左右方向可调的。图 5-28 为常见喷口的形式。

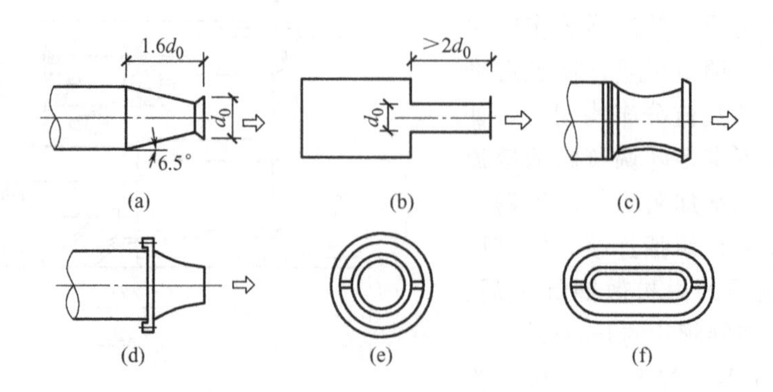

图 5-28　喷口（嘴）的形式

其中，图 5-28（a）为我国应用较多的直线收缩型圆形喷口；图 5-28（b）为直接安装在风管壁面上的直筒型圆喷口，喷口的长度为直径的 2 倍以上；图 5-28（c）为渐缩渐扩圆形喷口，其射程较长；图 5-28（d）为沿轴向逐渐缩小的圆弧形圆喷口；图 5-28（e）为两个圆筒形喷口同心套接在一起，内筒壳绕轴可上下（或左右）转动；图 5-28（f）为两个扁圆形喷口同心套接在一起，内筒也可绕轴微微上下（或左右）转动。

喷口通常作为侧送风口使用，如图 5-29 所示。通过喷口送风，空气以较高的速度、较大的风量集中由几个风口送出，沿途诱引大量室内空气，致使射流流量增至送风量的 3～5 倍，并带动室内空气进行强烈的混合，可保证大面积工作区中的空调要求。由于喷口送风的射程远、送风口数量少、相应系统简单、投资小，因此空间较大的公共建筑（如体育馆、影剧院、候机厅等）和室温允许波动范围要求不高的高大厂房常常采用这种形式。

图 5-30 所示为带长喷嘴的球形旋转式风口。喷嘴长度较长（180～350mm），其射程较远，转动风口的球形壳体，可使喷嘴位置呈上下左右变动，选择倾斜角可达 40°，从而很方便地改变气流送出方向。同时，还可通过旋转风口上的小旋钮，来调节喷嘴处阀板的开启度，从而达到调整送风量的目的。这种送风口大多用于热车间进行岗位送风，可单独安装在风管末端，也可密集地设置在静压箱下面当下出风口用，适用于对噪声控制不很严格的场所。

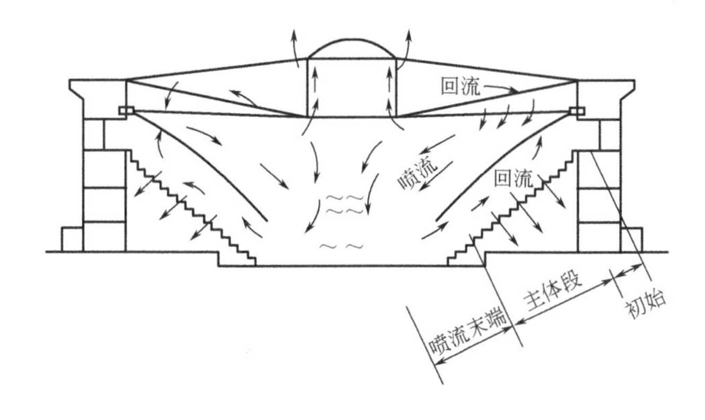

图 5-29 大空间喷口送风

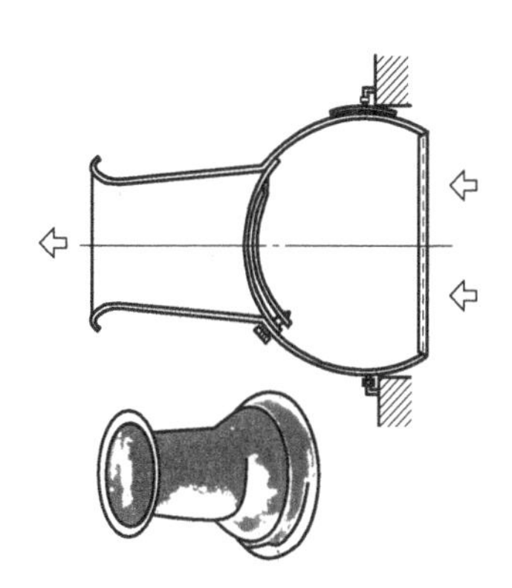

图 5-30 带长喷嘴的球形喷口

(4) 旋流送风口

旋流送风口是依靠起旋器或旋流叶片等部件，使轴向气流起旋形成旋转射流，由于旋转射流的中心处于负压区，它能诱导周围大量空气与之相混合，然后送至工作区。从送风方向上看，旋流风口有地面上送风式和顶棚下送风式。国外从 20 世纪 70 年代就有了旋流风口的研究与应用，例如，德国、苏联和日本等国曾推出多种形式的旋流风口。我国自 20 世纪 80 年代起也开展了此方面的研究，目前已有大量工程应用。

图 5-31 为一种装在电子计算机房活动地板上的旋流送风口，它是由出风格栅、集尘箱和旋流叶片组成的。来自地板下送风风道的空调送风，经旋流叶片从切线方向进入集尘箱，形成旋转气流，由出口格栅送出，在此过程中诱导卷吸周围空气，使送风气流与室内空气充分混合，送风速度得到较大的衰减。出风格栅和集尘箱可以随时取出进行清扫，特别适合于只需控制室内下部空气环境的高大空间或者室内下部空调负荷大的场合。

图 5-32 为一种顶棚式旋流风口，该风口由起旋器和圆壳体组成，主要用于高大空调房间（如体育馆、展览馆等）的下送风。由于其单个送风量大，因此与散流器比，可减少送风口数量 30%～50%，相应的可以简化送风系统，降低系统造价。

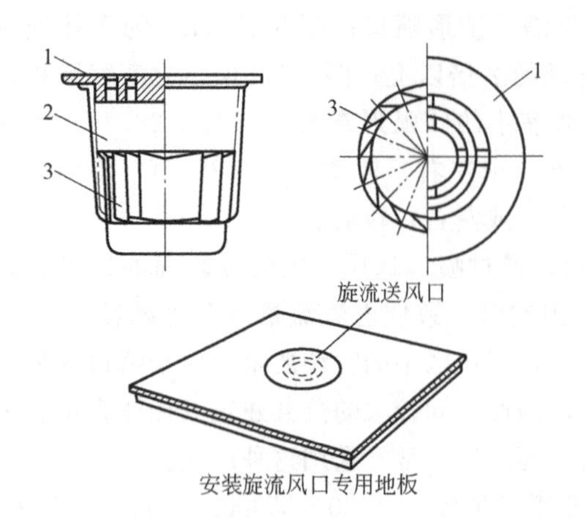

图 5-31 地面式旋流送风口

1—出口格栅；2—集尘箱；3—旋流叶片

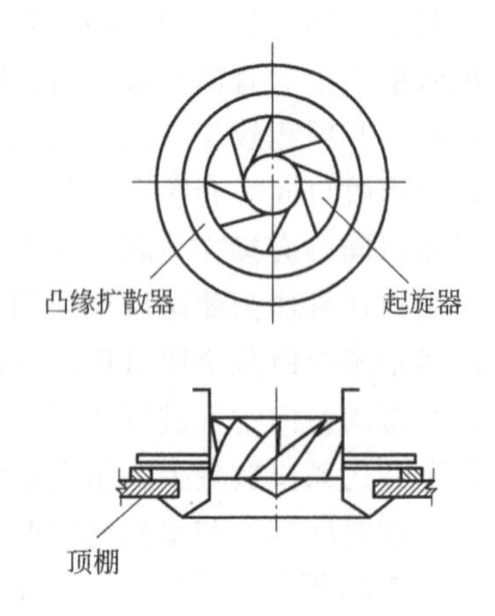

图 5-32 顶棚式旋流送风口

(5) 回风口

回风口附近区域内的气流速度衰减很快，因此在空调区内的气流流型主要取决于送风射流，回风口的位置对气流流型、温度场等影响不大。此外，回风口的安装位置往往比较隐蔽，使得回风口对室内环境美化作用影响也不大。这些特点决定回风口形式很少，构造也简单，常见的回风口有百叶式回风口和蘑菇形回风口。

用作回风口的百叶风口，其叶片通常固定为某一角度，如图 5-33 所示，既可在房间的侧墙或风管的侧面垂直安装，也可在房间的顶棚或风管的底面水平安装。当回风量有调节要求时，也可采用活动叶片的百叶风口。对于直接接风管且需要设过滤器的百叶风口，为了能方便地清洁过滤器，通常采用门铰式百叶风口（又称为可开式百叶风口)。该风口比固定式百叶风口多一个边框，使百叶部分成为可脱离边框的“活门”，在“活门”后面加装能抽插的过滤器，即实现了过滤器随意取出、清洁或更换的目的。

蘑菇形回风口（图 5-34）是一种安装在地面上的回风口，主要用于影剧院，通常布置在座椅下，直接接入地面的预留洞与地下回风管相接。蘑菇形的外罩可防止杂物直接进入回风口，其离地面的高度一般可以通过支撑螺杆调节，从而使回风口的空气吸入面积发生改变，达到调节回风量的目的。

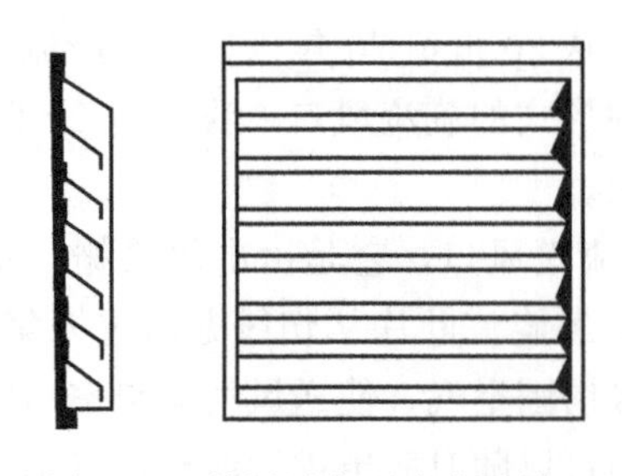

图 5-33 单层固定百叶式回风口

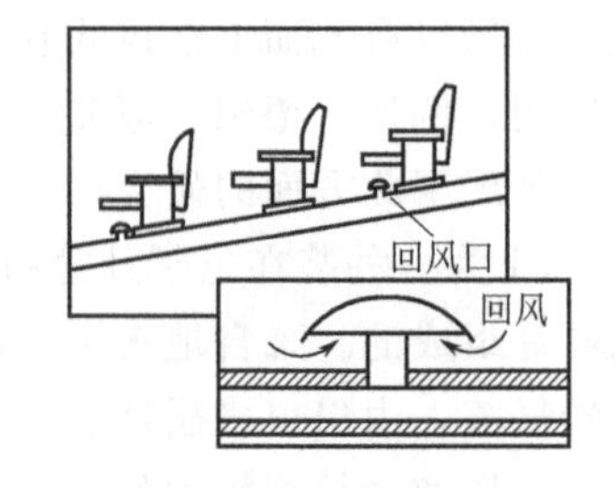

图 5-34 蘑菇形回风口

5.2.3 空调区气流组织形式

空调系统末端装置的选择和布置，应与建筑装修相协调，注意风口的选型与布置对内部装修美观的影响问题，同时应考虑室内空气质量、室内温度梯度等的要求。目前空调区的气流组织形式主要可分为三种：顶（上）部送风系统、置换通风系统和地板送风系统。

(1) 顶（上）部送风系统

根据送风口、回风口在室内布置的位置不同，顶（上）部送风有上送上回、上送下回和中送下回三种形式。

图5-35为上送上回方式的5种具体形式。其中，图5-35（a）、图5-35（b）、图5-35（c）属于侧送风，图5-35（d）是送风口与回风口不在同一侧时的布置形式，图5-35（e）是利用布置在顶棚上的送回两用型散流器来实现上送上回。这种形式主要适用于以夏季降温为主且房间层高较低的舒适性空调。对于夏、冬季均要使用的空调系统，在房间下部无法布置回风口时（如候车大厅、百货商城等），也采用这种形式。

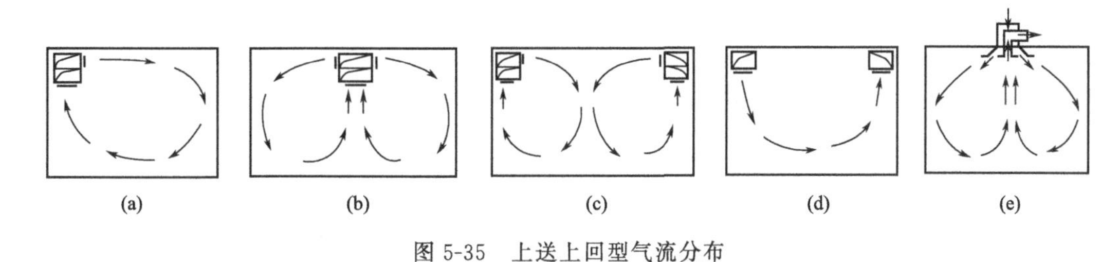

图5-35 上送上回型气流分布

图5-36为上送下回方式的4种具体形式。这种形式适用于有恒温要求和洁净度要求的工艺性空调及以冬季送热风为主的舒适性空调。

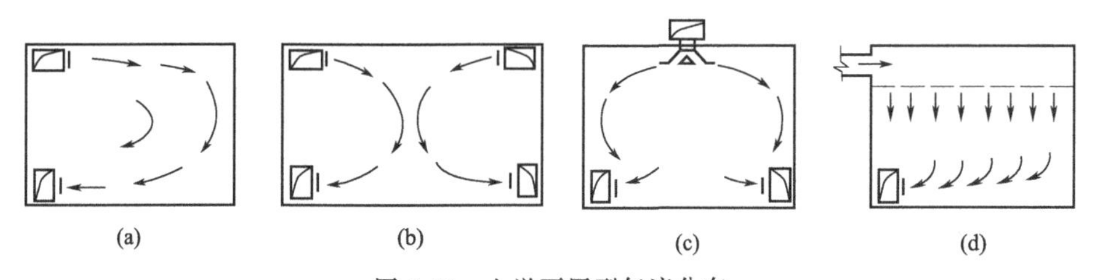

图5-36 上送下回型气流分布

图5-37为中送下回方式的2种具体形式。对于某些高大空间，实际的空调区处于房间的下部，没有必要将整个空间作为控制调节的对象，因此可采用中送下回的方式。图5-37（a）为中部送风下部回风；图5-37（b）为中部送风、下部回风加顶部排风的形式。这种方式就竖向空间而言，存在温度“分层”现象，通常称为“分层空调”，在满足室内温、湿度要求的前提下，有明显的节能效果。

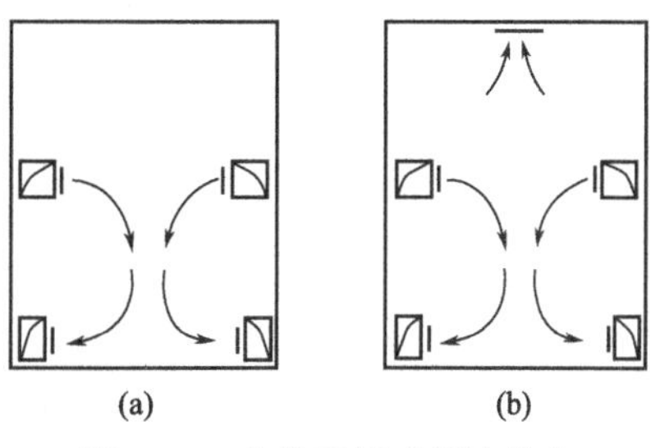

图5-37 中送下回型气流分布

值得注意的是，当送风口布置于空调房间的侧面时，侧送方式的气流宜布置为贴附射流。图5-38显示了自由射流与贴附射流的运动情况对比。当风口处于房间高度的一半时，射流上下对称呈橄榄形，不受空间限制，称为自由射流。当风口位于房间的上部时，由于射流上部与顶棚之间的距离减小，卷吸的空气量少，造成流速大，静压小；而此时射流的下部正好相反，是流速小，静压大。在上下压力差的作用下，射流被上举，造成射流贴附于顶棚流动，这种射流就被称为贴附射流，它相当于自由射流的一半，同等条件下射程更远。

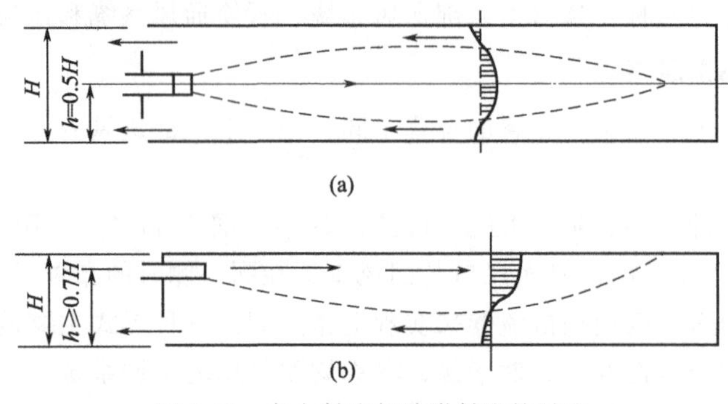

图 5-38 自由射流与贴附射流的对比

《民用建筑供暖通风与空气调节设计规范》（GB 50736—2012）规定，采用贴附侧送风时，应符合下列要求：送风口上缘离顶棚距离较大时，送风口处设置向上倾斜 10°～20°的导流叶片；送风口内设置使气流不致左右倾斜的导流叶片；射流过程中无阻挡物。

(2) 置换通风系统

置换通风（displacement ventilation system，DV 系统）是将经过热湿处理的低温空气以低风速小温差直接送入室内人员活动区，其气流分布如图 5-39 所示。送风的动量很低，以致对室内主导气流无任何实际的影响。较冷的新鲜空气犹如倒水般扩散到整个室内地面，并在地板上形成一层较薄的空气湖。空气湖扩散而成后，室内人员及设备等内部热源于所在位置引发产生向上的对流气流。新鲜空气随对流气流向室内上部流动形成室内空气运动的主导气流。排风口设置在房间的顶部，将热浊的污染空气排出，属于“下送上排”的气流分布形式。

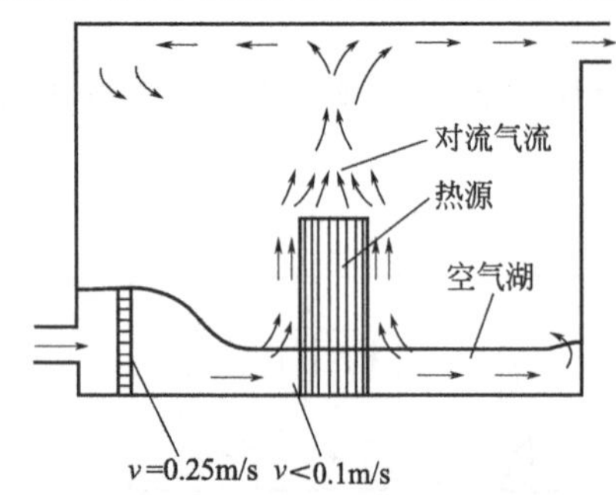

图 5-39 置换通风的气流分布

在高大厂房及公共建筑通风方面，置换通风值得大力推广。在北欧国家，置换通风应用较为广泛，最早就是用在工业厂房解决室内的污染物控制问题。随着民用建筑室内空气品质问题的日益突出，置换通风方式的应用推广至民用建筑，如办公室、会议室、剧院等。置换通风的送风速度约为 0.25～0.35m/s，送风温度通常低于室内活动区温度。置换通风的主导气流由室内热源控制，热源引起的热对流气流将污染物和热量带到房间上部并使室内产生垂直的温度梯度和浓度梯度。排风空气温度高于室内活动区温度，排风空气的污染物浓度高于室内活动区的污染物浓度。

过低的吊顶高度和室内较强的气流扰动不利气流分层的保持，过低的送风温度、过高的送风速度和过大的垂直温度梯度都会影响热舒适性，因此采用置换通风时应满足下列要求：地面至吊顶的高度宜大于 2.7m；送风温度不宜低于 18℃；系统所处理的冷负荷不宜大于 $120W/m^2$；室内不应有较大的热源和较强的气流扰动；房间的垂直温度梯度宜小于 2℃/m；应避免与其他送、排风系统用于同一个空间中。

置换通风的目的是保持人员活动区的温度和污染物浓度符合设计要求，同时允许活动区上方存在较高的温度和浓度。与简单混合通风相比，设计良好的置换通风能改善室内空气品质，减少空调能耗。

(3) 地板送风系统

地板送风（underfloor air distribution system，UFAD系统）系统利用结构地板和架空地板系统底面构成的无遮挡空间，即地板下的静压室，将调节好的空气输送到设在人员活动区（高度为1.8m）内或人员活动区附近的地板平面上的送风口（地面散流器）处，在吸收了空调区的余热、余湿后，从顶棚上的回风口排出，如图5-40所示。

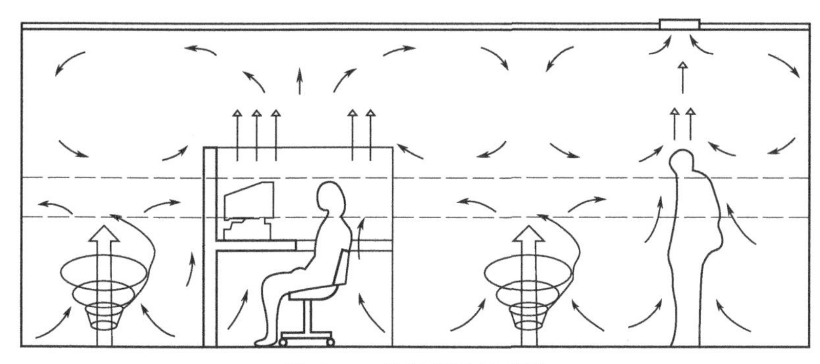

图5-40　地板送风示意图

地板送风利用地板静压箱，将经热湿处理后的新鲜空气，由地板送风口或近地板处的送风口，送到人员活动区内。与置换通风相比，地板送风是以较高的风速从尺寸较小的地板送风口送出，形成较强的空气混合。因此，地板送风温度可低于置换通风，系统所处理的冷负荷大于置换通风，但送风口附近区域不应该有人长久停留。

早在20世纪50年代，在余热量较高的空间（例如，计算机房、控制中心和实验室等采用架空地板来铺设为计算机和其他设备服务的大量电缆）使用地板送风，将冷风通过地面散流器送出并在顶棚处回风，由地面至顶棚的气流组织是由浮力驱动的空气流动形成，有效地除去被调空间的余热量。当时系统的应用着眼点主要在冷却工艺设备上，而对向室内人员供冷、维持热舒适条件考虑还不多。到20世纪70年代，下部送风被引进办公建筑中，解决在整个办公楼内由于电子设备增多而引起的电缆管理和除去余热量的问题。在这些建筑中，考虑到办公室工作人员的舒适性，把由室内人员控制的特定布置的送风散流器改进为工位空调。在欧洲，因此发展出了采用供个人舒适控制的桌面送风口（TAC）与供周围空间控制的地面散流器（UFAD）相结合的系统。

工位与环境相结合的调节系统（task/ambient conditioning system，TAC系统）是空气分布系统的一种特殊类型。该系统由人员单独控制较小的局部区域（即经常占用的工作位置）的热环境，而在建筑物的其他环境空间内（即走廊、经常被占用工作位置以外的其他区域），仍然自动维持可接受的环境状态。

图5-41所示为办公区域内典型TAC布置示意图。图中可以看出，TAC送风口可以分为地面送风口、桌面下送风口和桌面上送风口三种类型。除此之外，TAC送风口还可以布置在部分家具或隔墙上。TAC系统的特点，就是降低了非关键区域内周围环境的空调要求，在需要维持局部区域人员舒适的时间和场合里，可单独控制TAC送风口提供工位空调。TAC系统的理念，是要解决将许多小控制区（如工作站）集合起来，并且每个区都在按要求布置并经过标定的“人性化”控制之下，来提供优化的空调方案。此外，将新鲜空气输送到室内人员的附近，与传统的混合式送风系统相比，TAC系统能在人员活动区改善空气流动状况、提供良好的空气品质。

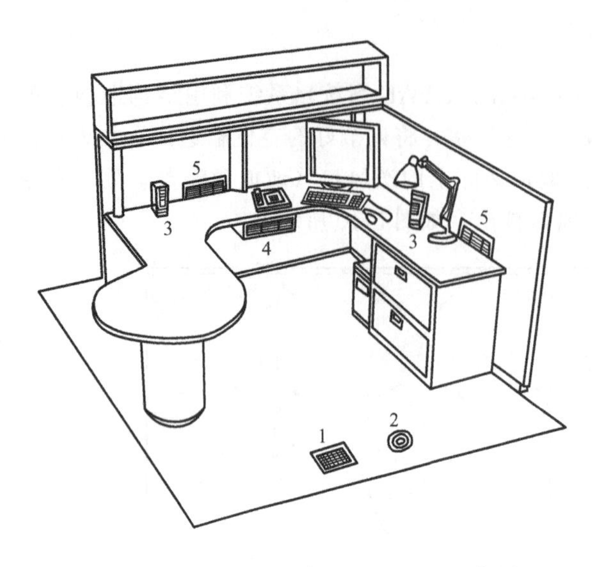

图 5-41 办公区域内典型 TAC 布置示意图

1—地面矩形射流 TAC 送风口；2—地面圆形旋流 TAC 送风口；3—桌面 TAC 送风口；4—桌面下 TAC 送风口；5—墙面 TAC 送风口

TAC 系统超过传统的顶部送风系统的最大潜在优点之一，就是使室内人员处于个性化热舒适范围内，够满足个人的喜好。在每一种工作环境中，由于衣着、活动程度（新陈代谢率）、人体身材大小以及个人喜好各不相同，对个人舒适的认同感存在着较大的差别。TAC 风口的构造形式为附近的室内人员提供更为有效的单独控制。大多数 TAC 系统的设计都使用了地板下送风，也就是说，TAC 系统的送风空气是由地板下静压室供给，一般通过软管到达室内人员附近的送风口处，最后从顶棚排出。

UFAD（包括 TAC）系统与置换通风（DV）系统的区别之处，主要是将空气输送到被调空间的方式不同：

① 空气以较高的速度通过尺寸较小的送风口送出；

② 局部的送风状态通常是处在室内人员的控制之下，使得舒适条件得到优化。也就是说，DV 系统以很低的流速（低动量）输送空气，而 UFAD 和 TAC 系统利用速度较高的（动量较大）散流器送风，形成强烈的混合。与 DV 系统相比较，它加大了混合的空气量，降低了温度梯度。

UFAD 系统与传统的顶部送风系统相比，就其用于供冷和提供新风的空气处理机组的设备类型来说，两者都是一样的。UFAD 系统优于顶部送风系统最主要之处是在供冷工况时，这种系统可以实现：

① 允许个别室内人员控制局部热环境，改善热舒适；

② 增进通风效率，改善室内空气品质；

③ 与顶部送风相比，供冷时送风温度较高（16～18℃），可减少能量使用；

④ 降低寿命周期的建筑费用；

⑤ 提高生产率、增进健康等。

地板下静压室通常由 0.6m×0.6m 的钢筋混凝土预制板组合的架空地板系统安装而成，静压室高度一般在 0.3～0.46m 之间，可以将电力、语音和数据电缆设施布置在地板静压室内。随着办公建筑内机器设备的增加，UFAD 系统的热舒适度高、能耗低、通风效率和空气品质好的优点日益明显，但一般不宜用于易产生液体泄漏物的场所。

5.2.4 气流组织计算与常见不当案例

(1) 风管设计

风管系统设计是指在满足空调功能要求的同时，解决好风管所占的空间体积、制作风管的材料消耗量、风机所耗功率、风管绝热材料等问题。

1）风管规格的选择。空调工程中广泛使用的风管端面形状主要有矩形、圆形和椭圆形三种。国家标准《通风与空调工程施工质量验收规范》(GB 50243—2016) 中，对空调风管的规格（即风管断面尺寸）的明确规定如表 5-9 和表 5-10 所示。表中数据对板材风管来说是外径或外边长，因为板材较薄因此以外径或外边长为准对风管截面积的影响很小，且与风管法兰以内径或内边长为准可相匹配。对建筑风道来说则是内径或内边长，可以正确控制风道的内截面面积。非规则的椭圆形风管参照矩形风管，并以长径平面边长及短径尺寸为准。圆形风管应优先采用基本系列，矩形风管数量繁多不便于明确规定，可按照规定的边长规格按需要组合。

表 5-9　矩形风管规格　　单位：mm

风管边长								
120	200	320	500	800	1250	2000	3000	4000
160	250	400	630	1000	1600	2500	3500	

表 5-10　圆形风管规格　　单位：mm

风管直径 D							
基本系列	辅助系列	基本系列	辅助系列	基本系列	辅助系列	基本系列	辅助系列
100	80 90	250	240	560	530	1250	1180
120	110	280	260	630	600	1400	1320
140	130	320	300	700	670	1600	1500
160	150	360	340	800	750	1800	1700
180	170	400	380	900	850	2000	1900
200	190	450	420	1000	950		
220	210	500	480	1120	1060		

规定空调风管规格尺寸，一是基于目前我国生产的镀锌钢板的等原材料规格尺寸，最大限度利用原材料；二是有利于风管及其配件、部件制作的标准化、机械化和工厂化，提高制作效率；三是便于风管的设计和安装。

当采用矩形风管时，矩形风管的长边与短边之比通常最高可达 8∶1，但从 1∶1 增至 8∶1 时风管表面积要增加 60%。为了在满足工程需要的前提下既方便制作，又减少材料的浪费和材料的使用量，设计风管时，除特殊情况外，矩形风管的长边与短边之比不宜大于 4∶1，愈接近 1 愈好，任何时候都不要大于 10，这样不仅可以节省制作和安装费用，还可以减少运行动力消耗和运行费用。

2) 风管系统的选型计算。空调风管系统的阻力可分为摩擦阻力和局部阻力两部分，其中局部阻力占系统总阻力的比例较大，有时甚至高达 80%。因此在设计风管时，应尽量采取措施来减少局部阻力，以减少能耗和初投资。详细的阻力计算（又称为水力计算）可参阅流体力学相关书籍。

一个科学合理的空调风管系统应该布置合理、占用空间少、风机能耗小、噪声低、总体造价低。空调风管系统的子系统划分要考虑到室内空气控制参数、空调使用时间等因素，以及防火分区要求。风管长度要尽可能短，分支管和管件要尽可能少，避免使用复杂的管件，要便于安装、调节与维修。风管断面形状采用国家标准《通风与空调工程施工质量验收规范》(GB 50243—2016) 规定，同时要尽量与建筑结构和室内装饰相配合，因建筑空间而制宜，充分利用建筑空间达到布置完美统一。

此外，风管内风速选用要准确。风速选型计算中，要综合考虑建筑空间、风机能耗、噪声以及初投资和运行费用等因素。如果风速过高，虽然风管断面小、管材耗用少、占用建筑空间小、初投资省，但是空气流动阻力大、风机能耗高、运行费用增加，而且风机噪声、气流噪声、振动噪声也会增大。如果风速选得低，虽然运行费用低、各种噪声也低，但风管断面大、占用空间大、初投资也大。因此，必须通过全面的技术经济比较来确定管内风速的数值。《民用建筑供暖通风与空气调节设计规范》(GB 50736—2012) 规定，有消声要求的空调系统风管内风速，可按表 5-11 给出的数据选用。

表 5-11 风管内风速

室内允许噪声级/ dB(A)	主管风速/(m/s)	支管风速/(m/s)
25～35	3～4	≤2
35～50	4～7	2～3
50～65	6～9	3～5
65～85	8～12	5～8

注：风机与消声装置之间的风管，其风速可达 8～10m/s。

风管的系统走向、尺寸规格、管内风速、漏风量、阻力损失等确定后，选配风机的风压值宜在总阻力的基础上再增加 10%～15%；风量值则宜在系统总风量的基础上再增加 10% 来确定。

(2) 送风口设计

在气流组织过程中，选择不同的送风口形式，应进行相应的设计计算与校核，以确定送风口的风速、温度场等满足要求。本小节以圆形平送流型散流器为例介绍设计计算过程，下送流型散流器、喷口、侧送贴附射流风口等读者可自行查阅相关参考文献。

平送流型散流器是常见的送风形式，送风射流沿着顶棚径向流动形成贴附射流，使工作区容易具有稳定而均匀的温度和风速。当有吊顶可以利用或有设置吊顶的可能性时，采用平送流型散流器送风既能满足使用要求，又比较美观。为保证空调区的温度场、速度场达到要求，散流器送风气流组织设计计算涉及的内容如下：

① 散流器送风口的喉部风速 v_d 建议取 2～5m/s，最大风速不得超过 6m/s，送热风时可取较大值。

② 选取 P. J. 杰克曼对圆形多层锥面和盘式散流器的实验结果拟合的综合公式为散流器射流的速度衰减方程：

$$\frac{v_x}{v_0}=\frac{K\sqrt{F}}{x+x_0} \tag{5-1}$$

式中 x——以散流器中心为起点的射流水平距离，m；

v_x——在 z 处的最大风速，m/s；

v_0——散流器出口风速，m/s；

x_0——自散流器中心算起到射流外观原点的距离，m，对于多层锥面形取 0.07m；

F——散流器的有效流通面积，m^2；

K——系数，多层锥面散流器取 1.4，盘式散流器取 1.1。

若要求射流末端速度为0.5m/s，则射程为散流器中心到风速为0.5m/s处的距离，根据式（5-1）可计算出射程为：

$$x=\frac{Kv_0\sqrt{F}}{v_x}-x_0=\frac{Kv_0\sqrt{F}}{0.5}-x_0 \tag{5-2}$$

室内平均风速 v_m（m/s）与房间大小、射流的射程有关，等温射流可按下式计算：

$$v_m=\frac{0.381rL}{(L^2/4+H^2)^{1/2}} \tag{5-3}$$

式中　L——散流器服务区边长，m；

H——房间净高，m；

r——射流射程与边长 L 之比，因此 rL 即为射程。

当送冷风时，室内平均风速取值增加20%，送热风时减少20%。

③ 对于平送流型散流器，其轴心温差衰减可近似地取为：

$$\Delta t_x/\Delta t_0 \approx v_x/v_d \tag{5-4}$$

式中　v_d——散流器喉部风速，m/s。

通过上式可计算气流达到工作区时的轴心温差，并与空调区室内温度波动范围比较，从而校核是否满足要求。

具体设计的基本步骤如下：

① 布置散流器。布置散流器时，根据空调区的大小和室内所要求的参数，选择散流器个数，一般按对称位置或梅花形布置。圆形或方形散流器送风面积的长宽比不宜大于1∶1.5。散流器中心线和墙的距离，一般不小于1m。

② 预选散流器。由空调区的总送风量和散流器的个数，就可以计算出单个散流器的送风量。假定散流器喉部风速，计算出所需散流器喉部面积，根据所需散流器喉部面积，选择散流器规格。

③ 校核射流的射程。根据式（5-2）计算射程，校核射程是否满足要求。中心处设置的散流器的射程应为散流器中心到房间或区域边缘距离的75%。

④ 校核室内平均风速。根据式（5-3）计算室内平均风速，校核是否满足要求。

⑤ 校核轴心温差衰减。根据式（5-4）计算轴心温差衰减，校核是否满足空调区温度波动范围要求。

【例5-2】 已知某舒适性空调区的尺寸为长 $L=24$m，宽 $B=18$m，高 $H=3.5$m。总送风量 $q_v=3.0\text{m}^3/\text{s}$，送风温度 $t_0=20℃$，工作区温度 $t_g=26℃$。拟采用散流器平送，试进行气流分布设计。

【解】 ① 布置散流器。将空调区进行划分，沿长度 L 方向划分为4等份，沿宽度方向划分为3等份，则空调区被划分成12个小区域，每一个区域设一个散流器，则散流器数量为 $n=12$。

② 选用圆形散流器，假定散流器喉部风速 v_d 为3m/s，则单个散流器的喉部面积为：

$$\frac{q_v}{v_d n}=\frac{3.0}{3.0\times12}\approx0.083\text{m}^2$$

选用喉部尺寸为直径300mm的圆形散流器，则喉部实际风速为：

$$v_d=\frac{3.0}{12\times3.14\times(0.3/2)^2}\approx3.54\text{m/s}$$

散流器实际出口面积约为喉部面积的90%，则散流器的有效流通面积为：

$$F=90\%\times3.14\times0.15^2\approx0.064\text{m}^2$$

散流器出口风速为：

$$v_0=\frac{v_d}{90\%}\approx3.93\text{m/s}$$

③ 计算射程：

$$x=\frac{Kv_0\sqrt{F}}{v_x}-x_0=\frac{1.4\times3.93\times\sqrt{0.064}}{0.5}-0.07\approx2.71\text{m}$$

散流器中心到区域边缘距离为3m，根据要求，散流器的射程应为散流器中心到房间或区域边缘距离的75%，所需最小射程为：3×0.75=2.25（m）。2.71m>2.25m，因此射程满足要求。

④ 计算室内平均风速：

$$v_m=\frac{0.381rL}{(L^2/4+H^2)^{1/2}}=\frac{0.381\times2.71}{(6^2/4+3.5^2)^{1/2}}=0.224\text{m/s}$$

夏季工况送冷风，则室内平均风速为0.224×1.2=0.27（m/s），满足舒适性空调夏季室内风速不应大于0.3m/s的要求。

⑤ 校核轴心温差衰减：

$$\Delta t_x\approx\frac{v_x}{v_d}\Delta t_0=\frac{0.5}{3.54}(26-20)\approx0.85^\circ\text{C}$$

满足舒适性空调温度波动范围±1℃的要求。

(3) 保温或保冷设计

在不允许所输送空气的温度有较显著升高或降低、所输送空气的温度相对环境温度较高或较低、需防止空气热回收装置结露（冻结）和热量损失、排出的气体在进入大气前可能被冷却而形成凝结物堵塞或腐蚀风管等情况下，通风设备和风管应采取保温或保冷等措施。

通风设备和风管的保温、保冷具有一定的技术经济意义，有时还是系统安全运行的必要条件。例如，某些降温用的局部送风系统和热风采暖的送风系统，如果通风机和风管不保温，不仅冷热量损耗大不经济，而且会因冷热损失使系统内所输送的空气温度显著升高或降低，从而达不到既定的室内参数要求。又如，锅炉烟气等可能被冷却而形成凝结物堵塞或腐蚀风管。位于严寒地区和寒冷地区的空气热回收装置，如果不采取保温、防冻措施，冬季就可能冻结而不能发挥应有的作用。此外，某些高温风管如不采取保温的办法加以防护，也有烫伤人体的危险。

空调工程中的绝热包括保冷和保温两种情况，按管道和设备的表面温度划分。当管道和设备的表面温度低于常温时，一般需要保冷，高于常温时则需要保温或防冻。在下列情况下，空调管道和设备需要设计绝热层：

① 由于有冷、热量损耗，使管内或设备内介质温度发生变化而达不到要求时；

② 冷、热量损耗大，不经济时；

③ 管道或设备的冷表面可能结露时；

④ 当管道通过室内空气参数要求严格控制的房间，因管道散出的冷、热量会对室内控制参数产生不利影响时。

一般情况下，需要绝热的空调管道和设备有：空调风管系统所有的送、回风管及其管件；可能在外表面结露的新风管和空调设备；设在空调设备外面的送、回风机；空调水管系统所有的冷（热）水供、回管及其附件，以及冷（热）水供、回水泵。

国家标准《设备及管道绝热设计导则》（GB/T 8175—2008）对绝热层厚度的计算方法和绝热层材料的主要技术性能要求都给出了明确规定。为减少散热损失的保温，保温层的厚度应按经济厚度法计算。为减少冷量损失并防止外表面结露的保冷，保冷层的厚度除了按经济厚度法计算外，还应采用表面温度法计算保冷（防露）层的厚度，然后取经济厚度和防止外表面结露厚度两者中的较大值作为设备及管道的保冷层厚度。

防止空调冷管道和设备绝热层外表面结露是指空调冷管道和设备在使用的绝大多数时间内，其绝热层外表面不结露。如果要求与空气有很好接触的房间内的冷管道或设备，在相对湿度达到 95%以上，且气温较高时其绝热层外表面仍然不结露，则绝热层势必非常之厚，在技术上虽然可以做到，但经济上极不合理，也是没有必要的。

单一绝热层防止结露厚度的平面绝热计算式为：

$$\delta=\frac{\lambda}{\alpha_s}\left(\frac{t_s-t}{t_a-t_s}\right) \tag{5-5}$$

单一绝热层防止结露厚度的圆筒面绝热计算式为：

$$(2\delta+D_0)\ln\left(\frac{2\delta+D_0}{D_0}\right)=\frac{2\lambda}{\alpha_s}\left(\frac{t_s-t}{t_a-t_s}\right) \tag{5-6a}$$

上两式中 λ——绝热材料的导热系数，W/(m・℃)；

α_s——绝热结构外表面对周围空气的换热系数，$W/(m^2 \cdot ℃)$；保冷时，一般取 $8.14W/(m^2 \cdot ℃)$，保温时一般取 $11.63W/(m^2 \cdot ℃)$；

δ——防止结露的绝热层厚度，m；

t_s——绝热层外表面温度，℃，取 $t_s=t_d+(1\sim3)$℃，t_d 为环境空气的露点温度，按 t_a 和累年室外最热月月平均相对湿度确定；

t——无衬里金属设备或管道壁的外表面温度，℃，取其正常运行时的内部介质温度；

t_a——环境空气温度，℃，取累年夏季空调室外干球计算温度；

D_0——管道或设备外径，m。

由于式（5-6a）是一超越方程，不能用普通四则运算求解，只能用近似计算方法，如迭代法、牛顿法等方法求解，这些方法比较复杂，不便于计算。实际工程中，可以采用以下简化公式计算：

$$\delta=0.372D_0x^{0.913} \quad (x<2.3) \tag{5-6b}$$

$$\delta=(0.317+0.211x)D_0 \quad (x>3.2) \tag{5-6c}$$

式中：

$$x=\frac{2\lambda}{D_0\alpha_s}\left(\frac{t_s-t}{t_a-t_s}\right)$$

【例 5-3】 已知管外环境空气温度 $t_a=30$℃，相对湿度 $\varphi_a=85\%$，露点温度 $t_a=27.4$℃；风管内空气温度为 18℃，水管内冷水温度为 7℃，如果选用相同的绝热材料，其导热系数 $\lambda=0.04W/(m \cdot ℃)$，取 $\alpha_s=8.14W/(m^2 \cdot ℃)$。求矩形风管防止结露的绝热层厚度和管外径 $D_0=100mm$ 的水管绝热层外表面不结露所需要的绝热层厚度。

【解】 ① 矩形风管防止结露的绝热层厚度按式（5-5）计算得：

$$\delta=\frac{\lambda}{\alpha_s}\left(\frac{t_s-t}{t_a-t_s}\right)=\frac{0.04}{8.14}\left(\frac{27.4-18}{30-27.4}\right)=0.018\text{m}$$

实际取绝热层厚度 0.02m，即 20mm。

② 水管绝热层外表面不结露所需要的绝热层厚度按圆筒面简化式（5-6b）计算得：

$$x=\frac{2\lambda}{D_0\alpha_s}\left(\frac{t_s-t}{t_a-t_s}\right)=\frac{2\times0.04\times(27.4-7)}{8.14\times0.1\times(30-27.4)}=0.77<2.3$$

$$\delta=0.372D_0x^{0.913}=0.372\times0.1\times0.77^{0.913}=0.03\text{m}=30\text{mm}$$

外表面不结露的保冷厚度也可以由工程手册直接查表获得，有关经济厚度法的经验公式和相关分析请读者自行查阅相关资料。

(4) 气流组织不当案例

在空调区的气流组织设计中，如果未进行仔细的分析和设计，可能会出现各种不当现象，从而达不到设计要求和目的。

① 不当案例1：送、回风气流短路，使热风送不下来。某全空气空调系统中，送、回风采用上送上回方式，其送风量和新风量及各空调房间的风口风量均达到设计要求。但在冬季工况测试时，出现了不正常的现象，即总风管的送风温度和总回风的空气温度均达到要求，但空调房间工作区的空气温度远远低于设计要求。一般来讲，回风温度应代表室内温度，但该系统则不然。

后经进一步的测试和分析，由于散流器的气流流型呈贴附型，大部分气流从顶棚贴附流向回风口，造成送风和回风气流短路，热风送不下来的弊病。热气流本身就向上浮，再加上送、回风口设计得不合理，造成空调房间温度偏低的现象。

在上送上回送风方式中，为避免由于散流器的贴附气流与回风口形式气流短路，应选用下送式散流器或双层百叶风口，使送风口的出风气流不能形成贴附气流，而是先垂直向下，后进行衰减混合，使空调房间工作区的温度达到设计要求。

② 不当案例2：孔板送风的孔径和穿孔率不符合要求。在某工程系统测定调整中发现，不但送风量与设计要求相差较大，而且空调房间内有类似瀑布声。

在孔板送风系统中，由于孔板的孔径偏小和穿孔率不符合孔板的孔眼面积与孔板面积的比例，从而使孔板的送风量达不到设计要求的不当现象常有发生，而且空调房间的噪声增大。该工程中孔板的孔径为3mm，气流通过孔口的动压损失过大，后经整改将孔板孔口的孔径扩大至6mm，不但风量达到了设计要求，而且空调房间的噪声也大大消除。

孔板的穿孔面积、孔板面积（对于全面孔板则等于顶棚面积；对于局部孔板则等于有孔口部分的孔板面积）、孔口数量和排列布置方式应参照相关工程手册进行设计计算后确定。孔口的出风速度一般为2～5m/s，孔口出风速度大于7～8m/s时，则孔口处会产生噪声。

③ 不当案例3：空调系统总风量过大，甚至导致电机烧毁。风机和电动机初始运转正常，各风口的出口风速较大，试车过程一段时间后，竟然有两台风机的电动机烧毁。

经检查，该类型风机电机质量符合要求，烧毁原因是试车过程中电动机长时间处于超负荷运行，最终导致烧毁。风机超负荷的原因是该系统在风管设计时，管网系统阻力估算的较大，而管网系统的实际阻力较小，管网特性曲线与风机特性曲线的交点向右偏移，因此实际风量比设计风量要大。

解决的办法，一是将总风管的风量调节阀开度减小，增大管网阻力，使风机的工作点向左偏移，实际风量减至给定值；二是重新选用风机或改变风机的转数。有些系统总风管无风量调节阀，极易造成风量过大而使电动机超载，烧毁电机，应在总风管处增设风量调节阀。需要指出的是，风量调节阀与启动阀所起的作用是截然不同的，设计规范中规定可带负荷启动而取消启动阀，而调节阀不能缺少。

另外，空气洁净系统在试车阶段高效空气过滤器尚未安装，系统的阻力远比设计的要小得多，特别是风机特性曲线比较平坦时，系统的阻力有一点变化，风机风量就有较大的变化。因此在试车中应随时注意电动机运转的电流值，并控制在额定范围内。一般试车阶段采用调节总风管的调节阀开度的方法来控制风量。系统正常运转后随着运行时间增加，空气过滤器的阻力也不断的增加，再逐渐开大总管风量调节阀的开度，使总风量基本稳定在给定的范围。

5.3 空调工程的水系统

就常见空调工程整体而言，水在其中的作用，是作为介质在空调建筑物之间和建筑物内部传递冷量或热量。空调工程的水系统包括冷却水系统、冷热水系统和冷凝水系统。科学设置空调水系统，是整个空调系统正常运行的重要保证，也能有效地节省电能消耗。

冷却水系统是指利用冷却塔向冷水机组的冷凝器供给循环冷却水的系统，一般由冷却塔、冷却水池（箱）、冷却水泵、冷水机组冷凝器等设备及连接管路组成。风冷式冷凝器不采用冷却水系统，如近年来国内中小工程较多采用的空气源多联分体式空调系统。

冷热水系统是指由冷水机组（或换热器）制备出冷水（或热水）开始，供应冷媒水（俗称冷冻水或直接简称冷水）或热媒水（简称热水），通过冷水（或热水）循环泵，经供水管路输送至空调末端设备，释放出冷量（或热量）后的冷水（或热水）的回水，再经回水管路返回冷水机组（或换热器）的系统。

现代的高层建筑通常由塔楼、裙房、地下室和屋顶机房等组成。在高层旅馆、办公楼建筑中，常见的空调方式是：对于裙房的公用部分，例如商店、餐厅、宴会厅、会议厅、多功能厅及娱乐中心等，大多采用集中式全空气系统；而对于塔楼部分，目前采用最多的是空气-水式系统，即风机盘管加新风系统。所以，空调水系统，特别是高层建筑的空调水系统，不仅要向裙房部分的组合式空气处理机组供应冷水或热水，而且还要向塔楼部分的空调末端设备——风机盘管机组和新风机组提供冷水和热水，其水系统比较复杂。对于高层建筑，该系统通常为闭式循环环路，除循环泵外，还设有膨胀水箱、分水器和集水器、自动排气阀、除污器和水过滤器、水量调节阀及控制仪表等。对于冷（热）水水质要求较高的冷水机组，还应设软化水制备装置、补水水箱和补水泵等。

冷凝水系统是指空调末端装置在夏季工况时用来排出冷凝水的管路系统。

5.3.1 空调冷却水系统及设备

由于节水和节能要求，空调系统的冷却水应循环使用，不允许直流排放。技术经济比较合理且条件具备时，可利用冷却塔作为冷源设备使用。冷却水进口温度不宜高于33℃；冷却水进口最低温度应按制冷机组要求确定，电动压缩式冷水机组不宜小于15.5℃，溴化锂吸收式冷水机组不宜小于24℃；冷却水进出口温差应按冷水机组的要求确定，电动压缩式冷水机组不宜小于5℃，溴化锂吸收式冷水机组宜为5～7℃。冷却水系统，尤其是全年运行的冷却水系统，宜对制冷机组冷却水的供水温度采取调节措施。调节冷却水水温的措施包括控制冷却塔风机、控制供回水旁通水量等。

(1) 冷却塔

1）冷却塔的类型：目前，工程上常见的冷却塔有逆流式、横流式、喷射式和蒸发式等类型。图5-42为逆流式冷却塔的构造示意图。根据设计结构不同，逆流式冷却塔分为通用型和节能低噪声型；按照集水池（盘）的深度不同，逆流式冷却塔一般有普通型和集水型。不设集水箱而采用冷却塔底盘存水时，底盘补水水位以上的存水量应不小于冷却塔布水槽以上供水水平管道内的水容量，以及湿润冷却塔填料等部件所需水量；当冷却塔下方设置集水箱时，水箱补水水位以上的存水容积除满足上述水量外，还应容纳冷却塔底盘至水箱之间管道的水容量。

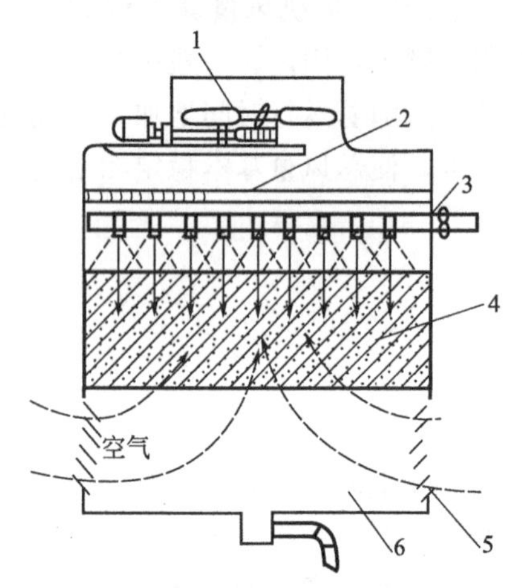

图5-42 逆流式冷却塔构造示意图

1—风机；2—收水器；3—配水系统；4—填料；5—百叶窗式进风口；6—冷水槽

横流式冷却塔可根据水量大小，设置多组风机。横流式冷却塔的塔体高度低，配水比较均匀，热交换效率不如逆流式，但相对来说噪声较低。

喷射式冷却塔的工作原理与前两种不同，不用风机而利用循环泵提供的扬程，让水以较高的速度通过喷水口射出，从而引射一定量的空气进入塔内与雾化的水进行热交换，从而使水得到冷却。与其他类型冷却塔相比，噪声低，但设备尺寸偏大，造价较贵。

蒸发式冷却塔也称闭式冷却塔，类似于蒸发式冷凝器。冷却水系统是全封闭系统，不与大气相接触，不易被污染。在室外气温较低时，制备后的冷却水可作为冷水使用，直接送入空调系统中的末端设备，可减少冷水机组的运行时间。在低湿球温度地区的过渡季节里，可利用它作为冷源设备使用，制备冷却水直接向空调系统供冷，收到节能效果。

利用冷却水供冷并不是没有一点能耗，且也需增加一些投资。采用冷却水供冷的工程所在地，冬季或过渡季应有较长时间室外湿球温度能满足冷却塔制备空调冷水，增设换热器、转换阀等冷却塔供冷设备才可能经济合理。利用冷却塔冷却功能进行制冷，工程还需具备能单独提供空调冷水的分区两管制或四管空调水系统。此外，冷季消除室内余热首先应直接采用室外新风作冷源，只有在新风冷源不能满足供冷量需求时，才需要设置分区两管制等较复杂的冷却水供冷系统，此工况一般在供热季但系统存在需全年供冷区域时产生。

2）冷却塔的设置：冷却塔设置时宜采用相同型号。对旋转式布水器或喷射式等进口水压有要求的冷却塔，其台数应与冷却水泵台数相对应，即“一塔对一泵”的方式。冷却塔的出口水温、进出口水温降和循环水量，在夏季空调室外计算湿球温度条件下，应满足冷水机组的要求。同一型号的冷却塔，在不同的室外湿球温度条件和冷水机组进出口温差要求的情况下，散热量和冷却水量也不同，因此，选用时需按照工程实际，对冷却塔的标准气温和标准水温降下的名义工况冷却水量进行修正，使其满足冷水机组的要求，一般无备用要求。

冷却塔设置位置应通风良好，远离高温或有害气体，并应避免飘水对周围环境的影响。应采用阻燃型材料制作的冷却塔，并应符合防火要求。为防止产生冷却塔失火事故，工程上常见的冷却塔设置位置大体上有以下 3 种：

① 制冷站设在建筑物的地下室，冷却塔设在通风良好的室外绿化地带或室外地面上。

② 制冷站为单独建造的单层建筑时，冷却塔可设置在制冷站的屋顶上或室外地面上。

③ 制冷站设在多层建筑或高层建筑的底层或地下室时，冷却塔设在高层建筑裙房的屋顶上。如果没有条件这样设置时，只好将冷却塔设在高层建筑主（塔）楼的屋顶上，此时应考虑冷水机组冷凝器的承压在允许范围内。

供暖室外计算温度在 0℃以下的地区，尤其是间断运行时，为防止结冰，冬季运行的冷却塔应采取在冷却塔底盘和室外管道设电加热设施等防冻措施，冬季不运行的冷却塔及其室外管道应能泄空。

(2) 冷却水箱（池）

图 5-43 为冷却水箱（池）的结构示意图。空调系统即使全天开启，随负荷变化，冷源和水泵台数调节时均为间歇运行。在水泵停机后，冷却塔填料的淋水表面附着的水滴下落，一些管道内的水容量由于重力作用，也从系统开口部位下落，系统内如没有足够的容纳这些水量的容积，就会造成大量溢水浪费；当水泵重新启动时，首先需要一定的存水量，以湿润冷却塔干燥的填料表面和充满停机时流空的管道空间，否则会造成水泵缺水进气“空蚀”，不能稳定运行。冷却水箱（池）的功能是增加系统的水容量，使冷却水泵能稳定工作，保证水泵吸入口充满水不发生“空蚀”现象。

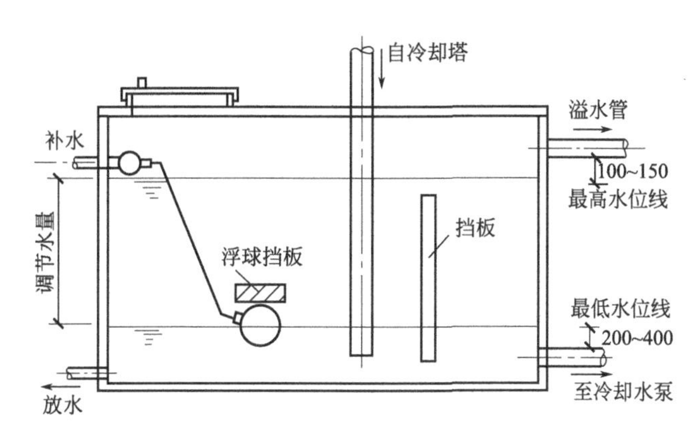

图 5-43　冷却水箱（池）的结构示意图

对于一般逆流式斜波纹填料玻璃钢冷却塔，在短期内使填料层由干燥状态变为正常运转状态所需附着水量约为标称小时循环水量的 1.2%。因此，冷却水箱的容积应不小于冷却塔小时循环水量的 1.2%。假如所选冷却水循环水量为 $200m^3/h$，则冷却水箱容积应不小于 $200\times1.2\%=2.4$ （m^3）。

按照水箱在冷却水系统中所处位置，可分为下水箱式冷却水系统和上水箱式冷却水系统两大类。

1）下水箱（池）式冷却水系统：下水箱（池）式冷却水系统的典型形式是制冷站为单层建筑，冷却塔设置在屋面上，当冷却水水量较大时，为便于补水，制冷机房内应设置冷却水箱（池）（如图 5-44 所示）。这种系统也适用于制冷站设在地下室，而冷却塔设在室外地面上或室外绿化地带的场合。这种系统的好处就是冷却水泵从冷却水箱（池）吸水后，将冷却水压入冷凝器，水泵总是充满水，可避免水泵吸入空气而产生水锤。

此时，冷却水的循环流程为：来自冷却塔的冷却水→机房冷却水箱（加药装置向水箱加

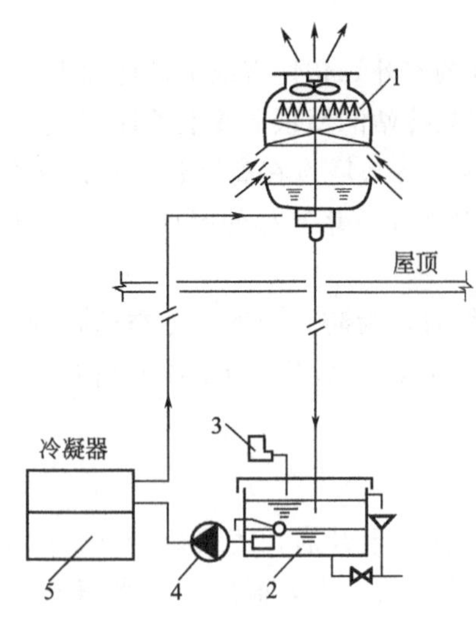

图 5-44 下水箱式冷却水系统
1—冷却塔；2—冷却水箱（池）；3—加药装置；4—冷却水泵；5—冷水机组

药)→除污器→冷却水泵→冷水机组的冷凝器→冷却回水返回冷却塔。冷却水泵的扬程，应是冷却水供、回水管道和部件（控制阀、过滤器等）的阻力、冷凝器的阻力、冷却水箱（池）最低水位至冷却塔布水器的高差，以及冷却塔布水器所需的喷射压头（大约为 5m 水柱，49kPa）之和，再乘以 1.05～1.1 的安全系数。

冬季使用的系统，为防止停止运行时冷却塔底部存水冻结，可在室内设置集水箱，节省冷却塔底部存水的防冻电加热量。在冷却塔下部设置集水箱时，冷却塔水靠重力流入集水箱，无补水、溢水不平衡问题；可方便地增加系统间歇运行时所需存水容积，使冷却水循环泵能稳定工作；也为多台冷却塔统一补水、排污、加药等提供了方便操作的条件。

由于制冷站建筑的高度不高，这种开式系统所增加的水泵扬程不大，但是在室内设置水箱存在占据室内面积的缺点。如果制冷站的建筑高度较高时，可将冷却水箱设在屋面上（即上水箱式冷却水系统），这样还可减少冷却水泵的扬程，节省运行费用。

2）上水箱式冷却水系统：制冷站设在地下室，冷却塔设在高层建筑主楼裙房的屋面上（或者设在主楼的屋面上）。冷却水箱也设在屋面上冷却塔的近旁，如图 5-45 所示。此时，冷却水的循环流程为：来自冷却塔的冷却水→冷却水箱→除污器→冷却水泵→冷水机组的冷凝器→冷却水返回冷却塔。

冷却水泵的扬程，包括冷却水供、回水管道和部件（控制阀、过滤器等）的阻力、冷凝器的阻力、冷却塔集水盘水位至冷却塔布水器的高差以及冷却塔布水器所需的喷射压头之和，再乘以 1.05～1.1 的安全系数。显然，这种系统中冷却塔的供水自流入冷却水箱后，靠重力作用进入冷却水泵，然后将冷却水压入冷凝器，有效地利用了从水箱至水泵进口的位能，减小水泵扬程，节省了电能消耗，同时，保证了冷却水泵内始终充满水。

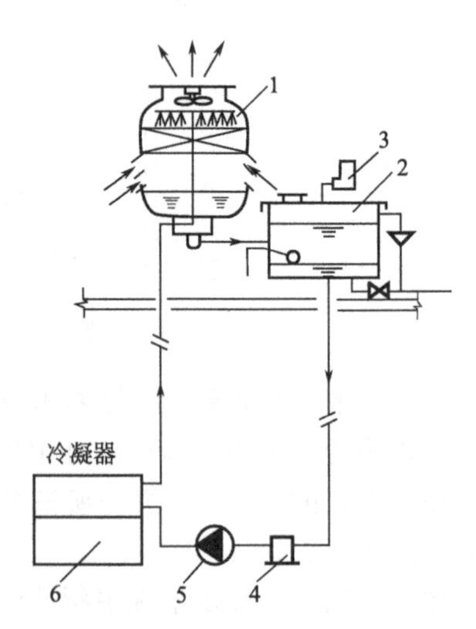

图 5-45 上水箱式冷却水系统
1—冷却塔；2—冷却水箱；3—加药装置；4—水过滤器；5—冷却水泵；6—冷水机组

采用上水箱式冷却水系统，冷却塔或集水箱与冷水机组等设备最大高差，不应使设备、管道、管件等工作压力大于其承压能力。当冷却塔高度有可能使冷凝器和管路及部件的工作压力超过其承压能力时，应采取的防超压措施包括：降低冷却塔的设置位置；仅当冷却塔集水盘或集水箱高度大于冷水机组进水口侧承受的压力、大于所选冷水机组冷凝器的承压能力时，可将水泵安装在冷水机组的出水口侧，减少冷水机组的工作压力；选择承压更高的设备和管路及部件等。但当冷却塔安装位置较低时，冷却水泵宜设置在冷凝器的进口侧，以防止高差不足水泵负压进水。

(3) 冷却水的水质

由于补充水的水质和系统内的机械杂质等因素，不能保证冷却水水质符合国家现行标准的要求，尤其是开式冷却水系统与空气大量接触，造成水质不稳定，产生和积累大量水垢、污垢、微生物等，使冷却塔和冷凝器的传热效率降低，水流阻力增加，卫生环境恶化，对设备造成腐蚀。因此，为稳定水质，应采取相应稳定水质的措施，包括传统的化学加药处理以及其他物理方式，但必须是经过科学鉴定和实践验证的有效方式。

为了避免安装过程的焊渣、焊条、金属碎屑、砂石、有机织物以及运行过程产生的冷却塔填料等异物进入冷凝器和蒸发器，应在冷水机组冷却水和冷冻水入水口前设置过滤孔径不大于 3mm 的过滤器（或除污器）。对于循环水泵设置在冷凝器和蒸发器入口处的设计方式，该过滤器可以设置在循环水泵进水口。

冷水机组循环冷却水系统，在做好日常的水质处理工作的基础上，宜设置水冷管壳式冷凝器自动在线清洗装置，可以有效降低冷凝器的污垢热阻，保持冷凝器换热管内壁较高的洁净度，从而降低冷凝端温差（制冷剂冷凝温度与冷却水的离开温度差）和冷凝温度。从运行费用来说，冷凝温度越低，冷水机组的制冷系数越大，可减少压缩机的耗电量。当蒸发温度一定时，冷凝温度每增加 1℃，压缩机单位制冷量的耗功约增加 3%～4%。

当开式冷却水系统不能满足制冷设备的水质要求时，应采用闭式循环系统，可采用闭式冷却塔，或设置中间换热器。办公楼内机房专用水冷整体式空调器、分户或分区设置的水源热泵机组等，这些设备内换热器要求冷却水洁净，一般不能将开式系统的冷却水直接送入机组。

5.3.2　空调冷热水系统及设备

空调冷热水系统（一般也简称为空调水系统），可按以下方式进行分类：

① 按循环方式，可分为开式循环系统和闭式循环系统；

② 按供、回水制式（管数），可分为两管制水系统、四管制水系统和分区两管制水系统；

③ 按供、回水管路的布置方式，可分为同程式系统和异程式系统；

④ 按运行调节的方法，可分为定流量系统和变流量系统；

⑤ 按系统中循环泵的配置方式，可分为一次泵系统和二次泵系统。

空调冷热水参数应考虑对冷热源装置、末端设备、循环水泵功率的影响等因素，按《工业建筑供暖通风与空气调节设计规范》（GB 50019—2015）、《民用建筑供暖通风与空气调节设计规范》（GB 50736—2012）的相关原则确定。常规供冷的空调系统中，冷水供水温度不宜低于 5℃，供回水温差不应小于 5℃，技术合理时宜适当增大供回水温差。舒适性空调系统采用盘管处理空气时，热水供水温度宜为 50～60℃，热水供回水温差不宜小于 10℃。

(1) 开式循环系统和闭式循环系统

1）开式循环系统：开式循环水系统如图 5-46 所示，是开放式水循环系统的简称。系统不封闭，水在系统中循环流动时，会与被处理的空气或是大气接触，而且这种接触会引起水量变化。用喷水室处理空气的空调系统和设置蓄水箱（池）的空调系统一般均是开式系统。

开式循环系统的特点是：

① 水泵扬程高（除克服环路阻力外，还要提供几何提升高度和末端设备压头），输送耗

电量大；

② 循环水易受污染，水中总含氧量高，管路和设备易受腐蚀；

③ 管路容易发生水锤现象；

④ 系统与蓄水箱连接比较简单（当然，蓄水箱本身存在无效耗冷量）。

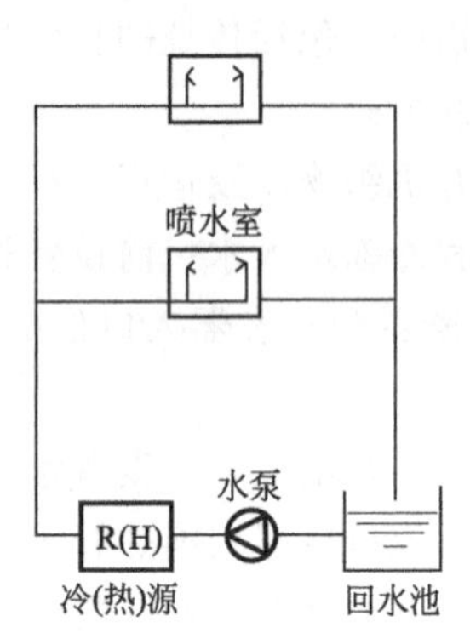

图 5-46 开式循环系统

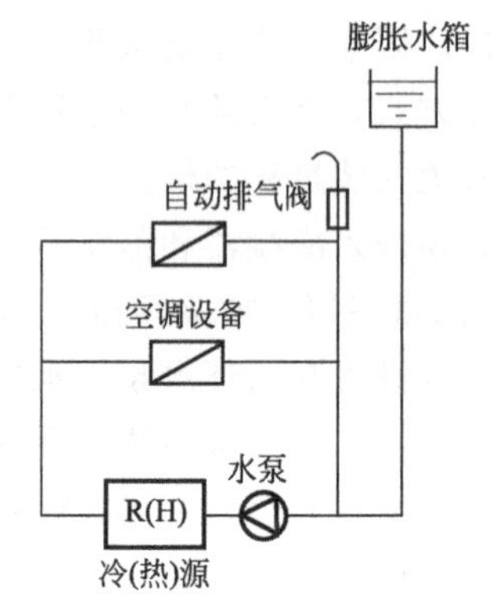

图 5-47 闭式循环系统

2）闭式循环系统：闭式循环系统（图 5-47）的冷水在系统内进行密闭循环，不与大气接触，仅在系统的最高点设膨胀水箱（其功用是接纳水体积的膨胀，对系统进行定压和补水）。空调的冷水系统有开式循环和闭式循环之分，而热水系统一般只有闭式循环。当确需采用开式循环时应设置蓄水箱（或回水池），蓄水量宜按系统循环水每小时流量的 5％～10％确定，且在水系统停止运行时能容纳系统泄出的水，不出现溢流现象。

闭式循环系统的特点是：

① 水泵扬程低，仅需克服环路阻力，与建筑物总高度无关，故输送耗电量小；

② 循环水不易受污染，管路腐蚀程度轻；

③ 不用设回水池，制冷机房占地面积减小，但需设膨胀水箱；

④ 系统本身几乎不具备蓄冷能力，若与蓄冷水池连接，则系统比较复杂。

(2) 两管制系统、四管制系统及分区两管制系统

1）两管制水系统：两管制水系统是指仅有一套供水管路和一套回水管路的水系统。水管夏季和冬季合用，夏季供冷水，冬季供热水，在机房内进行夏季供冷或冬季供热的工况切换，过渡季节不使用。这种系统构造简单，布置方便，占用建筑面积及空间小，节省初投资。缺点是该系统内不能实现同时供冷和供热。

工业建筑中全年运行的空调系统，仅要求按季节进行供冷与供热转换时，应采用两管制水系统。民用建筑物所有区域只要求按季节同时进行供冷和供热转换时，也应采用两管制的空调水系统。我国高层建筑特别是高层旅馆的大量建设实践表明，从我国的国情出发，两管制系统能满足绝大部分旅馆的空调要求，同时也是多层或高层民用建筑广泛采用的空调水系统方式。

工程上也曾采用过三管制水系统，是指冷水和热水供水管路分开设置，而回水管路共用的水系统。该系统在末端设备接管处进行冬、夏工况自动转换，实现末端设备独立供冷或供热。这种系统存在的问题是：

① 系统冷、热量相互抵消的情况极为严重，能量损耗大；

② 末端控制和水量控制较为复杂；

③ 较高的回水温度直接进入冷水机组，不利于冷水机组的正常运行。因此，目前在空调工程中几乎不采用。

2）四管制水系统：现代建筑日益呈现出一些不同于以前的特点：

① 建筑面积不断加大，进深越来越深，导致内外区空调负荷不同的矛盾日益突出，冬季在外区供热的同时内区却存在大量的余热；

② 随着计算机和信息产业的迅猛发展，建筑内部出现了越来越多的大型计算机站房，对空调系统提出了全年供冷的要求；

③ 建筑标准越来越高，功能越来越全，一方面对舒适度的要求不断提高，另一方面为满足各种不同功能的区域对温、湿度的要求，空调系统被更多地要求同时提供冷量和热量。现代建筑的上述特点，使得两管制空调水系统的局限性显露出来。这也是在标准很高的新建筑里采用四管制日渐增多的主要原因。

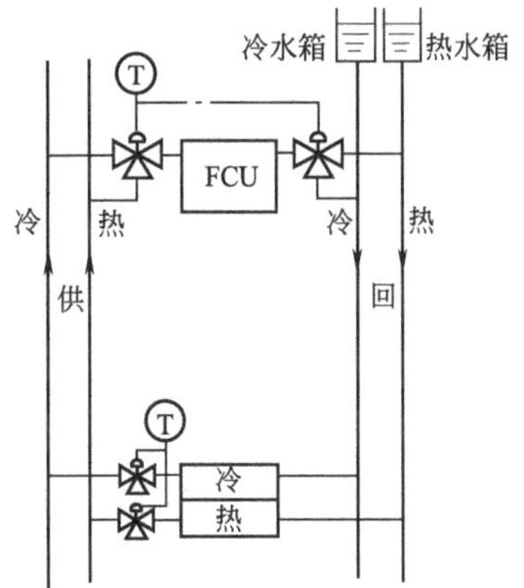

图 5-48 四管制水系统

四管制水系统是指冷水和热水的供回水管路全部分开设置的水系统。就末端设备而言，有单一盘管和冷、热盘管分开的两种形式。在四管制水系统中，如图 5-48 所示，冷水和热水可同时独立送至各个末端设备。

四管制系统的优点是：

① 各末端设备可随时自由选择供热或供冷的运行模式，相互没有干扰，所服务的空调区域均能独立控制温度等参数；

② 节省能量，系统中所有能耗均可按末端的要求提供，不像三管制系统那样存在冷、热抵消的问题。

四管制系统的缺点是：

① 投资较大（投资的增加主要是由于冷热各一套水管环路而带来的管道及附件、保温材料、末端设备、占用面积及空间等增加的投资），运行管理相对复杂；

② 由于管路较多，系统设计较为复杂，管道占用空间较大。由于这些缺点，使该系统的使用受到一些限制。

《公共建筑节能设计标准》（GB 50189—2015）规定：全年运行过程中，供冷和供热工况频繁交替转换或需同时使用的空调系统，宜采用四管制水系统。因此，它较适合于内区较大，或建筑空调使用标准较高且投资允许的建筑中。

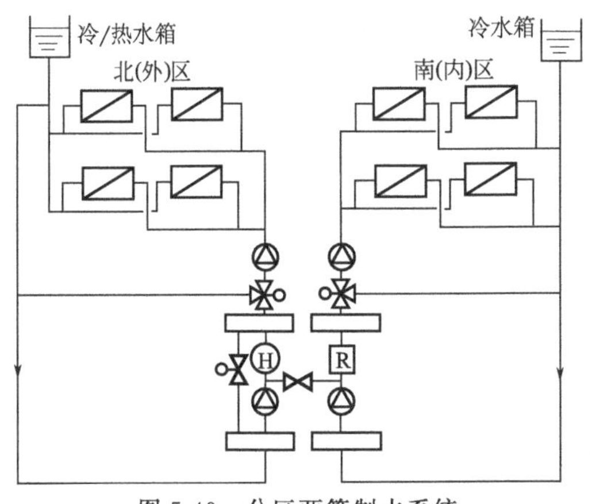

图 5-49 分区两管制水系统

3）分区两管制水系统：为了克服两管制系统调节功能不足的缺点，同时又不像四管制那样增加很多的投资，出现了一种分区两管制系统。分区两管制水系统是指按建筑物的负荷特性将空调水路分为冷水和冷热水合用的两个两管制系统。需全年供冷区域的末端设备只供应冷水（如内区），其余区域末端设备根据季节转换（如外区），供应冷水或热水，如图 5-49 所示。

它的基本特点是根据建筑内负荷特点对水系统进行分区。当朝向对负荷影响较大时，可按照朝向进行分区。各朝向内的水系统仍为两管制，但每个朝向的主环路均应独立提供冷水和热水供、回水总管，这样可保证不同朝向的房间各自分别进行供冷或供热（即建筑物内某些朝向供冷的同时，另一些朝向可供热）。进深较大的空调区，由于内区和外区的负荷特点不同，往往存在同时需要分别供冷和供热的情况，采用一般的两管制系统无法解决，采用分区两管制系统既可满足同时供冷供热的要求，又比四管制系统节省投资和空间尺寸。

这种系统兼具了两管制和四管制的一些特点，其调节性能介于四管制和两管制之间。因为从调节范围来看，四管制系统是每台末端设备独立调节，两管制系统只能整个系统一起进行冷、热转换，而分区两管制系统则可实现不同区域的独立控制。分区两管制系统设计的关键在于合理分区：如分区得当，可较好地满足不同区域的空调要求，其调节性能可接近四管制系统。关于分区数量，分区越多，可实现独立控制的区域数量越多，但管路系统也就越复杂，不仅投资相应增多，管理起来也复杂，因此设计时要认真分析负荷变化特点。一般情况下分两个区就可以满足需要，如果在一个建筑里，因内、外区和朝向引起的负荷差异都比较明显，也可以考虑分三个区。

分区两管制与两管制、四管制相比，其初投资和占用建筑空间与两管制相近，在分区合理的情况下调节性能与四管制系统相近，是一种既能有效提高空调标准，又不明显增加投资的方案，其设计与相关空调新技术相结合，可以使空调系统更加经济合理。《公共建筑节能设计标准》（GB 50189—2015）规定：当建筑物内有些空调区需全年供冷水，有些空调区则冷热水定期交替供应时，宜采用分区两管制水系统。

建筑物内存在需全年供冷的区域时（不仅限于内区），这些区域在非供冷季首先应该直接采用室外新风作冷源，例如全空气系统增大新风比、独立新风系统增大新风量。只有在新风冷源不能满足供冷量需求时，才需要在供热季设置为全年供冷区域单独供冷水的管路，即分区两管制系统。对于一般工程，如仅在理论上存在一些内区，但实际使用时发热量常比夏季采用的设计数值小且不长时间存在，或者这些区域面积或总冷负荷很小、冷源设备无法为之单独开启，或这些区域冬季即使短时温度较高也不影响使用，此时为之采用相对复杂、投资较高的分区两管制系统，工程并不合理，甚至发生房间温度过低而无供热手段的情况。因此工程中应仔细校核建筑物是否真正存在面积和冷负荷较大的需全年供应冷水的区域，确定最经济和满足要求的空调管路制式。

(3) 同程式系统与异程式系统

1）同程式系统：水流通过各末端设备时的路程都相同（或基本相等）的系统称为同程式系统。同程式系统各末端环路的水流阻力较为接近，有利于水力平衡，因此系统的水力稳定性好，流量分配均匀。但这种系统管路布置较复杂，管路长，初投资相对较大。一般来说，当末端设备支环路的阻力较小，而干管环路较长且阻力所占的比例较大时，应采用同程式。

图 5-50 表示垂直（竖向）同程的管路布置方式。其中图 5-50（a）为供水总立管从机房引出后向上走，直到最高层的顶部，然后再往下走，分别与各层的末端设备管路相连接；图 5-50（b）为与各层末端设备相连接的回水总立管，从底层起向上走，直到最高层顶部，然后向下走，返回冷水机组。

这两种布置方式，使冷水流过每一层环路的管路总长度都相等，体现了同程式的特征，从便于达到环路水力平衡的效果来看，两者是相同的。但是，当水系统运行时，从底层末端设备（例如，两种方式中的 A 点）所承受的水压来看，图 5-50（a）中的 A 点所承受的压力要低于图 5-50（b）中的 A 点所承受的压力。从这个意义上来说，图 5-50（a）的布置优于图 5-50（b）。

图 5-51 则为水平（横向）同程的管路布置方式，其中图 5-51（a）的供水总立管和回水总立管在同一侧，图 5-51（b）的供水总立管和回水总立管分别在两侧，但只需一根回程管。以上两种方式的供回水总立管都应在竖井内敷设，若水平管路较长，宜采用图 5-51（b）的方式。

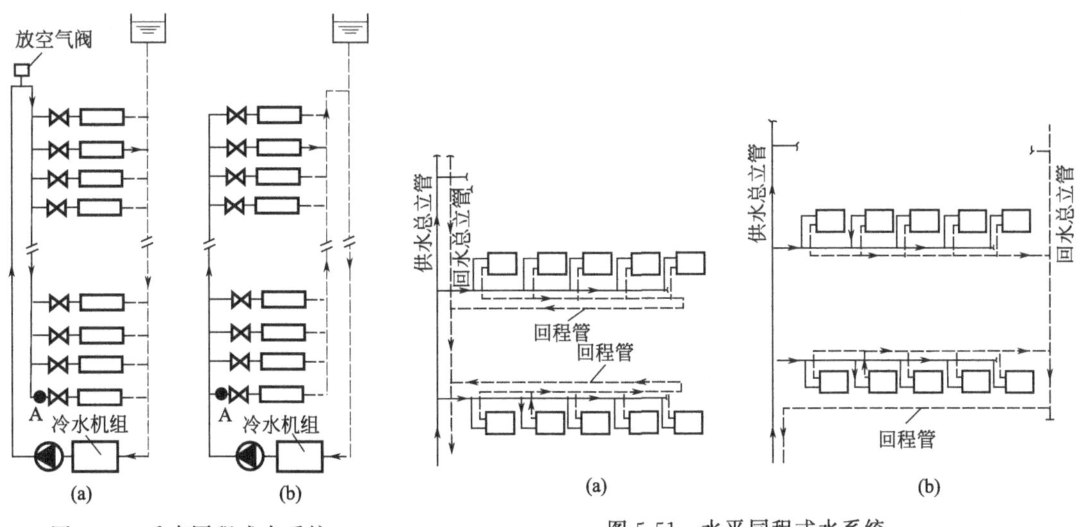

图 5-50　垂直同程式水系统

图 5-51　水平同程式水系统

2）异程式水系统：图 5-52 为异程式水系统的布置方式。其中，水流经每个末端设备的路程是不相同的。异程系统的主要优点是管路配置简单，管路长度短，初投资低。由于各环路的管路总长度不相等，故各环路的阻力不平衡，导致流量分配不均的可能。在短流量环路支管上安装调节阀，增大并联支管的阻力，可使流量分配不均匀的程度得以改善。

一般来说，当管路系统较小，支管环路上末端设备的阻力大，其阻力占负荷侧干管环路阻力的 2/3～4/5 时，可采用异程式系统。例如，在高层民用建筑中，裙房内由空调机组组成的环路通常采用异程式系统。另外，如果末端设备都设有自动控制水量的阀门，也可采用异程式系统。

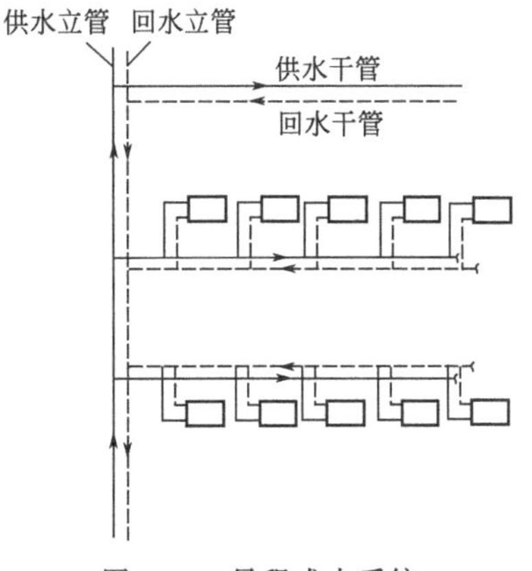

图 5-52　异程式水系统

开式系统中，由于回水最终进入水箱，达到相同的大气压力，故不需要采用同程式。如果遇到管路的阻力先天就难以平衡，或为了简化系统的管路布置，决定安装平衡阀来进行环路水力平衡的，就可采用异程式。近年来随着平衡阀技术的不断成熟，现有的动态流量平衡阀已经能够满足水力平衡调节的要求，因此在系统中安装动态平衡阀时，应尽量采用异程式，以节约水系统的投资、占地空间及运行能耗。

(4) 定流量系统与变流量系统

整个冷水循环环路可分为冷源侧环路和负荷侧环路两部分。冷源侧环路是指从集水器（回水集管）经过冷水机组至分水器（供水集管），再由分水器经旁通管路（定流量系统可不设旁通管）进入集水器，该环路负责冷水的制备。负荷侧环路是指从分水器经空调末端设备（冷水在那里释放冷量）返回集水器这段管路，该环路负责冷水的输送。

其中冷源侧应保持定流量运行，其理由有：

① 保证冷水机组蒸发器的传热效率；

② 避免蒸发器因缺水而冻裂；

③ 保持冷水机组工作稳定。因此，常见空调水系统是按定流量还是按变流量运行，一般是指负荷侧环路而言。

1）定流量系统：所谓定流量水系统是指系统中循环水量为定值，当空调负荷变化时，通过改变供、回水的温差来适应。这种系统简单、操作方便，不需要复杂的自控设备，但是输水量是按照最大空调冷负荷来确定的，因此循环泵的输送能耗始终处于最大值，特别是空调系统处于部分负荷时运行费用大。

该系统一般适用于间歇性使用建筑（例如体育馆、展览馆、影剧院、大会议厅等）的空调系统，以及空调面积小、只有一台冷水机组和一台循环水泵的系统。高层民用建筑尽可能少采用这种系统。

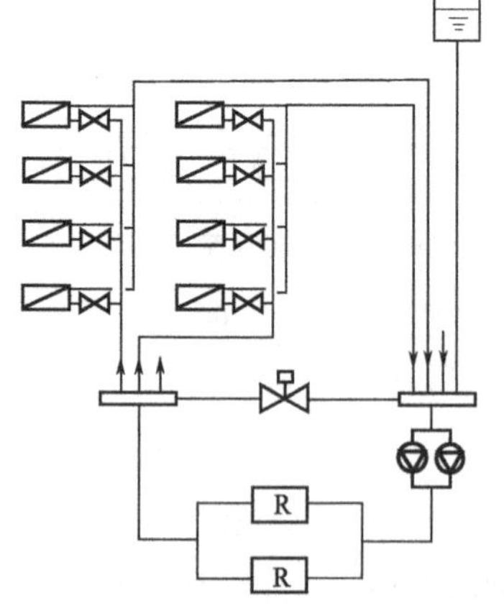

图 5-53　变流量水系统

2）变流量系统：所谓变流量系统是指系统中供、回水温差保持不变，当空调负荷变化时，通过改变供水量来适应。变流量系统管路内流量随系统负荷变化而变化，因此，输送能耗也随着负荷的减小而降低，水泵容量及电耗也相应减少。系统的最大输水量按照综合最大冷负荷计算，循环泵和管路的初投资降低。变流量系统适用于大面积的高层建筑空调全年运行的系统，尤其是有两台或两台以上的冷热源设备或水泵并联的场合（图 5-53）。

对于变流量系统，采用变速调节，能够更多地节省输送能耗。水泵调速技术是目前比较成熟可靠的节能方式，容易实现且节能潜力大。调速水泵的性能曲线宜为陡降型。一般采用根据供回水管上的压差变化信号，自动控制水泵转速调节的控制方式。

水泵定流量运行，冷水机组的供回水温差随着负荷的降低而减少，不利于在运行过程中水泵的运行节能，因此一般适用于最远环路总长度在 500m 之内的中小型工程。通常大于 55kW 的单台水泵应调速变流量，大于 30kW 的单台水泵宜调速变流量。

(5) 一级泵系统与二级泵系统

冷源侧和负荷侧合用一组循环泵的系统称为一级泵系统；在冷源侧和负荷侧分别配置循环泵，形成泵的串联工作的为二级泵系统，此时冷源侧为一级泵（一次泵）、负荷侧为二级泵（二次泵）。

1）一级泵水系统：图 5-54 所示为只有一台冷水机组（或换热器）和循环泵的一级泵定流量水系统，在空调末端设备上设置电动三通阀，通过冷水机组的水流量保持不变，夏、冬季工况转换在机房内完成。

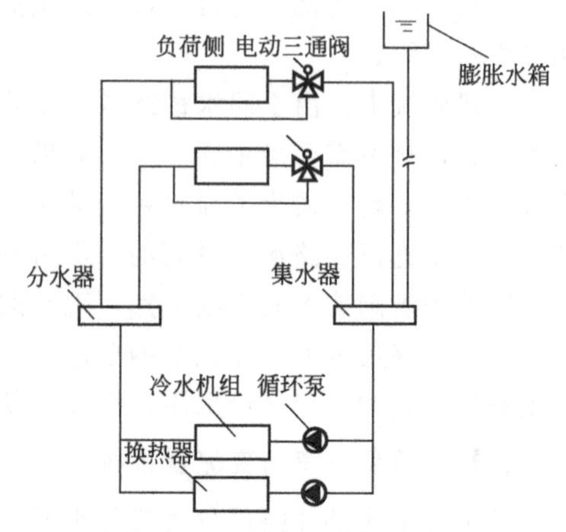

图 5-54　一级泵定流量水系统

图 5-55 为一级泵变流量水系统的工作原理图。在负荷侧空调末端设备的回水支管上安装电动两通阀。当负荷减小时，部分电动两通阀相继关闭，停止向末端设备供水。但这样通过集水器返回冷水机组的水量大幅减少，给冷水机组的正常工作带来危害。为了不让冷源侧水量减少，仍按定流量运行，必须在冷源侧的供、回水总管之间（或者分水器和集水器之间）设置旁通管路，在该管路上设置由压差控制器控制的电动两通阀。

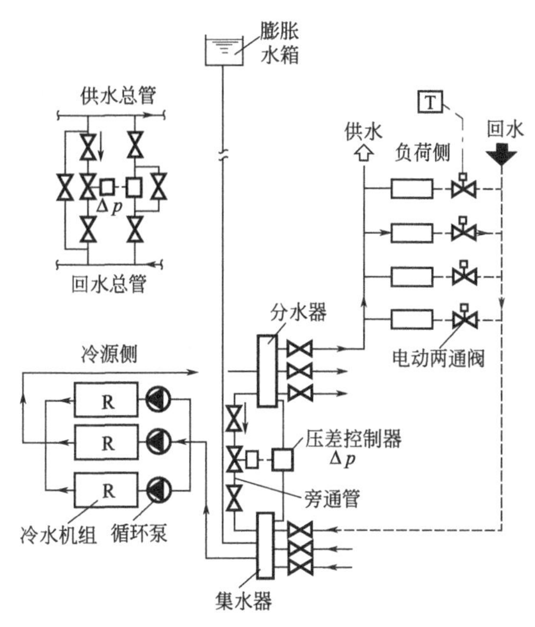

图 5-55　一级泵变流量水系统

随着负荷侧电动两通阀的陆续关闭，使得供、回水总管之间（或者分水器与集水器之间）的压差超过预先的设定值。此时，压差控制器让旁通管路上的电动两通阀打开，使一部分冷水从旁通管路流过，供、回水的压差也随之逐渐降低，直至系统达到稳定。从旁通管流入的水与系统回水合并后进入循环泵，从而使送入冷水机组的水流量保持不变。当负荷增大时，原先关闭的那些电动两通阀重新打开，继续向末端设备供水，于是供、回水总管之间的压差恢复到设定值，旁通管路上的电动两通阀也随之关闭。

当空调负荷减小到相当的程度，通过旁通管路的水量基本达到一台循环泵的流量时，就可以停止一台冷水机组和循环泵的工作，从而达到节能目的。

2）二级泵水系统：二级泵系统又称为复式泵系统、双级泵系统、二次泵系统等，如图 5-56 所示。该系统以旁通管 AB 将冷水系统划分为冷源侧和负荷侧两个部分，形成一级环路和二级环路。一级环路由冷水机组、一级泵、供回水管路和旁通管组成，负责冷水制备，按

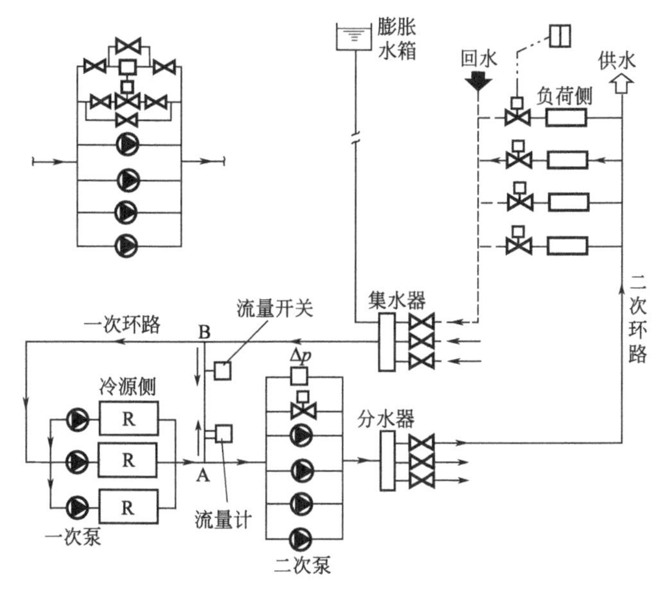

图 5-56　二级泵水系统

定流量运行。二级环路由二级泵、空调末端设备、供回水管路和旁通管组成，负责冷水输送，一般按变流量运行。设置旁通管的作用是使一级环路保持定流量运行。旁通管上应设流量开关和流量计，前者用来检查水流方向和控制冷水机组、一级泵的启停；后者用来检测管内的流量。旁通管将一级环路和二级环路两者连接在一起。就整个水系统而言，其水路是相通的，但两个环路的功能互相独立。

从图 5-56 可知，一级泵与冷水机组采取“一泵对一机”的配置方式，而二级泵的配置不必与一级泵的配置相对应，它的台数可多于冷水机组数，有利于适应负荷的变化。二级环路的变流量可采取以下两种方式来实现：一是多台并联水泵分别投入运行方式，即台数调节；二是采用变频调速水泵调节转速方式。

与一级泵系统相比，二级泵系统复杂，自控程度较高，初投资大，在节能和灵活性方面具有优点。它可以实现变水量运行工况，节省水系统输送能耗；水系统总压力相对较低；能适应供水分区不同压降的需要。但二级泵系统中，设备运行台数的控制是以系统实际运行情况为基础的，它必须通过一系列的检测和计算，必须以相应的自动控制系统来辅助才能发挥其节能的优势。

通常，凡系统较大、阻力较高、各环路负荷特性（例如，不同时使用或负荷高峰出现的时间不同）相差较大时，或压力损失相差悬殊（阻力相差 100kPa 以上）时，或环路之间使用功能有重大区别以及区域供冷时，应采用二级泵系统。

一般最远环路总长度在 500m 之内时，根据工程规模、投资、机房面积等情况，可以选择一级泵系统，也可以选择二级泵系统。当最远环路总长度在 500m 以上时，不宜采用定流量一级泵系统，宜采用水泵能够变速运行而节能的二级泵或其他系统。机房内冷源侧阻力变化不大，因此强调“负荷侧”系统较大、阻力较高是推荐采用二级泵系统的充分必要条件。当空调系统负荷变化很大时，首先应通过合理设置冷源设备的台数和规格解决小负荷运行问题，仅用负荷侧的二级泵无法解决根本问题，因此“负荷变化大”并非采用二级泵的条件。

当各区域管路阻力相差较大或各系统水温或温差要求不同时，宜按区域分别设置二级泵。分区分环路按阻力大小设置和选择二级泵，比设置一组二级泵更节能。系统各环路阻力相差“较大”的界限推荐值可采用 0.05MPa，相当于输送距离 100m 或送回水管道在 200m 左右的阻力，水泵所配电机容量相应也会变化一挡。各区域水温或温差要求一致且阻力接近时完全可以合用一组二级泵，多台水泵可根据末端流量需要进行台数和变速调节，大大增加了流量调节范围和各水泵的互为备用性；且各区域末端的水路电动阀自动控制水量和通断，即使停止运行或关闭检修也不会影响其他区域。

5.3.3 空调系统的给排水设计

(1) 空调水系统的分区

空调水系统的分区通常有两种方式，即按照水系统承受的压力分区和按照承担空调负荷的特性分区。

1）按压力分区：按压力分区的目的是避免因压力过大造成系统泄漏。如果制冷空调设备、管道及附件等的承压能力处在允许范围内就不应分区，以免造成浪费。

在建筑总高度（包括地下室高度）$H \leqslant 100$m 时，即冷水系统静压不大于 1.0MPa 时，冷水系统竖向可不分区（此时，冷水泵为吸入式，即冷水机组的蒸发器处在水泵的吸入侧），可“一泵到顶”，这是因为标准型冷水机组蒸发器的工作压力为 1.0MPa（换热器的工作压力也是 1.0MPa)，其他末端设备及附件的承压也在允许范围之内。

当建筑总高度 $H>100$m，即系统静压大于 1.0MPa 时，冷水系统应竖向按压力分区。高区宜采用高压型冷水机组（其工作压力有 1.7MPa 和 2.0MPa 两种），低区采用标准型冷水机组，如图 5-57（a）所示。当高区冷热源设备布置在中间设备层或顶层时，应妥善处理设备噪声及振动问题。

对于 100m 以上的超高层建筑，冷热源也可集中设置，在冷热源承压范围内可直接工作，超过冷热源承压允许范围部分的高区采用板式换热器，利用换热后的二次水工作［图 5-57（b）］。

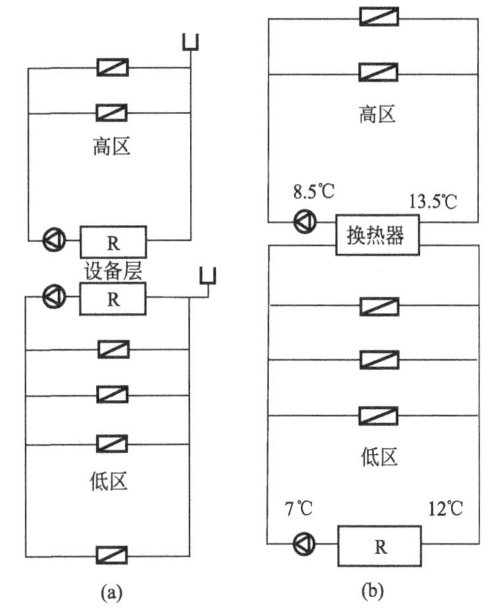

图 5-57　按压力分区的水系统

2）按负荷特性分区：负荷特性包括使用特性和固有特性两类。按负荷特性分区一般是针对两管制风机盘管水系统而言的。

① 按负荷使用特性分区。使用特性主要指使用时间和使用方式，如酒店建筑中的客房部分与公共部分，办公建筑（写字楼）中的办公室部分与公共部分等。而公共部分本身如餐饮、商场、银行等在使用时间上也存在一定的差别。按使用特性分区的好处是各区可以独立管理，使用方便，调节灵活，不用时刻关停，从而最大限度地节省能源和运行费用。一般来说，对于上部为客房或办公室，下部为公共区域的高层酒店或写字楼而言，至少要分为上下两个区。公共区域是否再分若干个区则要视使用的情况确定。

② 按负荷固有特性分区。空调负荷的固有特性是指房间的朝向、建筑的内区和外区等。从朝向上来说，南北朝向的房间由于日照不同，在过渡季节的要求有可能不一致；东西朝向的房间由于出现负荷最大值的时间不一致，在同一时刻也会有不同的要求。从内、外区看，建筑外区负荷随室外气候的变化而变化，有时需要供冷，有时需要供暖；建筑内区的负荷则相对比较稳定，供冷的时间较多。

综上所述，水系统设计时应充分考虑不同的情况，进行合理的分区。在某些建筑中，采用既有竖向分区，又有水平分区的空调水系统属正常现象。此外，空调水系统的分区也应与空调风系统的划分相结合来考虑。

(2) 水系统管路的水力计算

现代空调系统中，设备数量品种多，布置分散，管路系统复杂而庞大，耗能和投资大，设计水平对空调系统的使用效果影响极大。所以水系统的设计，应尽量考虑周全，在注意减小投资的同时为日后改造升级创造条件。典型水系统的设计包含以下步骤：

① 根据各个空调房间或区域的使用功能和特点，确定供冷或供暖的空调设备形式，是采用大型的组合式空调机或中型柜式风机盘管，还是小型风机盘管。

② 根据工程实际确定每台空调设备的布置位置和作用范围，然后计算出由作用范围的空调负荷决定的供水量，并选定空调设备的型号和规格。

③ 选择水系统形式，进行供回水管线布置，画出系统轴测图或管道布置简图。

④ 进行管路的水力计算（含水泵的选择）。

⑤ 进行绝热材料与绝热层厚度的选择与计算。

⑥ 进行冷凝水系统的设计。

⑦ 绘制工程图。

其中管路的水力计算（即阻力计算），是在已知水流量和选定流速下确定水系统各管段管径及水流阻力，计算出水泵选型所需要的系统总阻力。具体计算方法，可查阅相关流体力学参考文献或空调工程手册。

（3）水系统的附属设备

1）补水设备：空调冷热水系统在运行过程中，漏水通常难以避免。为保证正常运行，需要及时向系统补充一定的水量。冷热水系统的泄漏量，应按空调系统的规模和不同系统形式，计算水容量后确定。系统的小时泄漏量，宜按系统水容量的1%计算；系统补水量则按系统水容量的2%取值。

空调系统中开式冷却水的损失量可按照系统循环水量的比例估算。蒸发损失为每1℃水温降取0.185%；飘逸损失可按厂商提供数据确定，无参考资料时可取0.3%～0.35%；排污（及泄漏损失）一般可按0.3%估算。

根据上述计算得到的补水量，可进一步确定补水管管径、补水泵、补水箱等设施。当补水压力低于补水点压力时，应设置补水泵。补水泵设置后，空调水系统应设补水调节水箱（简称补水箱）。这是因为当直接从城市供水管网补水时，有关规范规定不允许补水泵直接抽取管网的水。设置补水箱储存一部分调节水量，补水箱的调节容积应按照水源的供水能力、水处理设备的间断运行时间及补水泵稳定运行等因素确定。当空调冷热水需补充软化水时，水处理设备的供水与补水泵并不同步，且软化设备经常间断运行。对于软化水（补）水箱，其容积按储存补水泵0.5～1h的水量考虑。

空调系统的补水应经软化处理，仅在夏季供冷时使用的空调水系统，也可采用静电除垢的水处理设施。对于给水水质较软地区的多层或高层民用建筑，工程上也可利用设在屋顶水箱间的生活水箱，通过浮球阀向膨胀水箱进行自动补水，此时膨胀水箱要比生活水箱低一定的高度。当所在地区的给水硬度较高时，空调热水系统的补水必须进行化学软化处理。这是因为热水的供水平均温度一般为60℃左右，已达到结垢水温，且直接与高温一次热媒接触的换热器表面附近的水温则更高，结垢危险更大。为了不影响系统传热、延长设备的检修时间和使用寿命，对补水进行化学软化处理或对循环水进行阻垢处理，是十分必要的。

系统的补水点，宜设置在循环水泵的吸入段，以减小补水点处的压力及补水泵的扬程。补水泵的流量取补水量的2.5～5倍；补水泵的扬程应保证补水压力比系统静止时补水点的压力高30～50kPa，还要加上补水泵至补水点的管道阻力。通常补水泵间歇运行，有检修时间，一般可不设备用泵；但考虑到严寒及寒冷地区冬季运行应有更高的可靠性，对于空调热水用补水泵及冷热水合用的补水泵，宜设置备用泵。

2）排气和泄水设备：不论是闭式冷水系统、开式冷水系统，还是空调热水系统，在水系统管路中可能积聚空气的最高处应设置排气装置（如自动或手动放空气阀等），用来排放水系统内积存的空气，消除“气塞”，以保证水系统正常循环。同时，在管道上下拐弯处和立管下部的最低处，以及管路中的所有低点，应设置泄水管并装设阀门，以便在水系统或设备检修时，把水放掉。

热水供暖系统应根据不同情况设置排气、泄水装置，保证系统的正常运行并为维护管理创造必要的条件。通常的做法是：在有可能积存空气的高点（高于前后管段）排气，机械循环热水干管尽量使空气与水同向流动；上供下回供暖系统，在供水干管的末端设置自动排气阀或集气罐；下供下回供暖系统，在供水立管的顶部设置自动排气阀或集气罐，或在顶层的散热器上设置手动或自动排气阀；水平双管或水平单管串联供暖系统，在每组散热器上设置手动或自动排气阀。自动排气阀的口径一般可采用DN15，系统较大时宜采用DN20。

3）除污设备：冷水机组或换热器、循环水泵、补水泵等设备的入口管道上，应根据需要设置过滤器或除污器。考虑设备入口的除污时，应根据系统大小和实际需要，确定除污装置的设置位置。例如，系统较大、产生污垢的管道较长时，除系统冷热源、水泵等设备的入口需设置外，各分环路或末端设备、自控阀门前也应根据需要设置，但距离较近的设备可不重复串联设置除污装置。

过滤器是保证管道配件、流量计及热量表等不堵塞、不磨损的主要措施，因此，在进入流量计、热量表前的回水管上，应设置滤网规格不小于60目的过滤器；在供水管上一般应顺水流方向设两级过滤器，第一级为粗滤，滤网孔径不宜大于3mm，第二级为精滤，滤网规格不宜小于60目。为了避免安装过程的焊渣、焊条、金属碎屑、砂石、有机织物以及运行过程产生的冷却塔填料等异物进入冷凝器和蒸发器，宜在冷水机组冷却水和冷冻水入水口前设置过滤孔径不大于3mm的过滤器。对于循环水泵设置在冷凝器和蒸发器入口处的系统，该过滤器可以设置在循环水泵进水口。

冷却水系统在使用时，由于水分的不断蒸发，水中的离子浓度会越来越大。为了防止由于高离子浓度带来的结垢等种种弊病，必须及时排污。排污方法通常有定期排污和控制离子浓度排污。这两种方法都可以采用自动控制方法，其中控制离子浓度排污方法在使用效果与节能方面具有明显优点。

4）管道补偿器：在水系统中，管道的热胀冷缩现象是比较明显的，工程设计中尽量利用管道本身转向与弯曲的自然补偿作用来消除由此产生的管道应力。当无弯可利用（如高层建筑的供回水立管）或自然补偿还不能满足要求时，就需采用管道补偿器。

目前常用的管道补偿器主要有方形补偿器、套筒式补偿器和波纹管补偿器。其中方形补偿器实际上是一段做成“U”字形的水管道，其加工简单、造价低廉、补偿量大，可根据不同情况做成各种尺寸，因而是目前应用普遍的补偿器形式。

供暖管道必须计算其热膨胀，当利用管段的自然补偿不能满足要求时应根据不同情况通过计算选型设置补偿器，并应在需要补偿管段的适当位置上设置固定支架。对供暖管道进行热补偿与固定，一般水平干管或总立管固定支架的布置，要保证分支管接点处的最大位移量不大于40mm；计算管道膨胀量时，管道的安装温度应按冬季环境温度考虑，一般可取0～5℃；确定固定支架的位置时，要考虑安装固定支架（与建筑物连接）的可行性。

5）水力平衡阀：空调水系统布置和选择管径时，应减少并联环路之间的压力损失的相对差额，当超过15%时，应采取水力平衡措施。实际工程中常常较难通过管径选择计算取得管路平衡，因此无法规定计算时各环路压力损失相对差额的允许数值，只规定达不到15%的平衡要求时，可通过设置平衡装置达到空调水管道的水力平衡。空调水系统的平衡措施除调整管路布置和管径外，还包括设置可测量数据的静态平衡阀、动态平衡阀、具有流量平衡功能的电动阀等装置。应根据工程标准、系统特性正确选用，并在适当的位置正确设置。

静态水力平衡阀又叫水力平衡阀或平衡阀，一般具备开度显示、压差和流量测量、限定开度等功能。通过改变平衡阀的开度，使阀门的流动阻力发生相应变化来调节流量，能够实现设计要求的水力平衡，其调节性能一般包括接近线性线段和对数（等百分比）特性曲线线段。

对于定流量系统，完成初调节后，各个平衡阀的开度被固定，局部阻力也被固定，若总流量不改变，则系统始终处于水力平衡状态。当水泵处于设计流量或者变流量运行时，各个用户按照设计要求，基本上能够按比例得到分配流量。通过安装静态水力平衡阀解决水力失调是系统节能的重点工作和基础工作，无论系统规模大小。静态水力平衡阀既可安装在供水管上，也可安装在回水管上，但出于避免气蚀与噪声等的考虑，一般应安装于回水管上。

变流量系统能够大量节省水泵耗电，目前应用越来越广泛。对于变流量系统，系统末端不应设自力式流量控制阀（定流量阀），是否设置自力式压差控制阀应通过计算压差变化幅度确定。例如末端设置电动两通阀的变流量空调水系统中，各支环路均不应采用自力式流量控制阀。当系统根据气候负荷改变循环流量时，要求所有末端按照设计要求分配流量，而彼此间的比例维持不变，这个要求需要通过静态水力平衡阀来实现。当用户室内恒温阀进行调节改变末端工况时，自力式流量控制阀具有定流量特性，对改变工况的用户作用相抵触；对未改变工况的用户能够起到保证流量不变的作用，但是未变工况用户的流量变化不是改变工况用户“排挤”过来的，而主要是受水泵扬程变化的影响，如果水泵扬程有控制，这个“排挤”影响是较小的。所以对于变流量系统，不应采用自力式流量控制阀。

水力平衡调节、压差控制和流量控制都是为了控制室温不会过高，而且还可以调低，这些功能都由末端温控装置来实现。只要保证了恒温阀（或其他温控装置）不会产生噪声，压差波动一些也没有关系，因此应通过计算压差变化幅度选择自力式压差控制阀，计算的依据就是保证恒温阀的阀权以及在关闭过程中的压差不会产生噪声。

静态水力平衡阀或自力式控制阀的规格应按热媒设计流量、工作压力及阀门允许压降等参数经计算确定。其安装位置应保证阀门前后有足够的直管段，没有特别说明的情况下，阀门前直管段长度不应小于5倍管径，阀门后直管段长度不应小于2倍管径。

水系统中的温度计、压力表、分水器、集水器等内容，读者可自行查阅相关参考文献。

(4) 空调冷凝水系统

空调冷凝水的排放方式主要有两种：就地排放和集中排放。安装在酒店客房内使用的风机盘管，可就近将冷凝水排放至洗手间，排水管道短，系统漏水的可能性小，但排水点多而分散，有可能影响使用和美观。集中排放是借助管路将不同地点的冷凝水汇集到某一地点排放，如安装在写字楼各个房间内的风机盘管就需要专门的冷凝水管道系统来排放冷凝水。集中排放的管道长，漏水可能性大，同时管道的水平距离过长时，为保持管道坡度会占用很大的建筑空间。

冷凝水量并非定值，故一般不用机械方法驱动排放，主要依靠自身重力，在水位差的作用下自流排放。为此，系统设计时需注意以下要求：

① 水封的设置。当空调设备的冷凝水积水盘位于机组的正压段时，凝水盘的出水口宜设置水封；位于负压段时，应设置水封。水封高度应大于凝水盘处的正压或负压值。在正压段设置水封可防止漏风，在负压段设置水封是为了顺利排出冷凝水。在正压段和负压段设置水封的方向应相反。

② 泄水管。冷凝水盘的泄水支管沿水流方向坡度不宜小于0.01。冷凝水水平干管不宜过长，其坡度不宜小于0.003，不应小于0.001，且不允许有积水部位。当冷凝水管道坡度

设置有困难时，可适当放大管径、减少水平干管长度或中途加设提升泵。

③ 冷凝水管材。冷凝水管处于非满流状态，内壁接触水和空气，不应采用无防锈功能的焊接钢管；冷凝水为无压自流排放，若采用软塑料管形成中间下垂，会影响排放。因此，空调冷凝水管材宜采用强度较大和不易生锈的热镀锌钢管或排水 PVC 塑料管。当凝结水管表面可能产生二次冷凝水，且对使用房间有可能造成影响时，凝结水管道应采取防结露措施。

④ 冷凝水水管管径。冷凝水管管径应按冷凝水的流量和管道坡度确定。一般情况下，1kW 冷负荷每小时约产生 0.4～0.8kg 的冷凝水，在此范围内管道最小坡度为 0.001 时的冷凝水管径可按表 5-12 进行估算。

表 5-12 冷凝水管管径选择表

冷负荷/kW	≤7	7.1～17.6	17.7～100	101～176	177～598	599～1055	1056～1512	1513～12462	>12462
管道公称直径 DN/mm	20	25	32	40	50	80	100	125	150

⑤ 冷凝水的排放。冷凝水排入污水系统时应有空气隔断措施，冷凝水管也不得与室内密闭雨水系统直接连接，以防臭味和雨水从空气处理机组冷凝水盘外溢。为便于定期冲洗、检修，冷凝水水平干管开始端应设打扫口。

⑥ 漏水现象及解决办法。空调系统冷凝水的漏水现象，对室内装饰破坏很大，易引起投诉或纠纷。漏水现象的常见原因主要有：冷凝水排水管的坡度小，或根本没有坡度；风机盘管的集水盘安装不平，或盘内排水口堵塞；冷水管及阀门的保温质量差，保温层未贴紧冷水管壁，造成管道外壁冷凝水的滴水；集水盘下表面的二次凝结水的滴水等。

如果工程现场条件许可，应尽可能多设置垂直冷凝水排水立管，这样可缩短水平排水管的长度。从每个风机盘管引出的排水管尺寸，应不小于 DN20mm。而空气处理机组的凝结水管至少应与设备的凝水小管口径相同。在控制阀和关断阀的下边均应附加集水盘，而且集水盘下要保温。

5.4 消声与隔振

空调系统产生的噪声与振动，是建筑中噪声和振动源的一部分。当系统产生的噪声和振动影响到工艺和使用要求时，就应进行消声与隔振设计，并应做到技术经济合理。所以，空调系统的消声与隔振是空调工程设计的一个重要内容，对减小空调系统产生的噪声和振动影响、提高人的舒适感和工作效率、延长建筑物的安全使用年限有着极其重要的意义。

空调系统的噪声传播至使用房间和周围环境时进行消声设计，应满足《声环境质量标准》(GB 3096—2008)、《工业企业厂界环境噪声排放标准》(GB 12348—2008)、《建筑隔声评价标准》(GB/T 50121—2005)、《工业企业噪声控制设计规范》(GB/T 50087—2013) 等的要求。振动对人体健康危害严重，在空调系统工作中引起的振动问题也相当严重。空调系统的振动传播至使用房间和周围环境时应进行振动控制设计，应满足《隔振设计规范》(GB 50463—2008) 等的要求。

5.4.1 噪声的物理度量及室内噪声标准

(1) 声音和噪声的基本概念

声音由声源、声波及听觉器官的感知三个环节组成。物理学中，声源指物质的振动，如固体的机械运动、流体振动（水的波涛、空气的流动声）、电磁振动等。在声源的作用下，周围的物质质点（如空气）获得能量，产生相应的振动，在其平衡位置附近产生了疏、密波。这样质点的振动能量就以疏、密波的形式向外传播，这种疏、密波称为声波。声波的传播在气体、液体和固体中都可以进行。

声波在介质中的传播速度称为声速，用 c 表示，单位为 m/s。常温下，空气中的声速为 340m/s，橡胶中的声速为 40～50m/s，水中的声速为 1500m/s；钢铁中的声速为 5000m/s；而真空中的声速为 0。显然，在不同介质中，声速相差很大。

固体介质的密度 ρ 和声速 c 的乘积，称为介质的声阻率，它反映了介质材料的隔声性能。介质材料越密实，声阻率越大，则隔声性能越好。

声波每秒振动的次数为频率 f（Hz），声波的两个相邻密集或相邻稀疏状之间的距离为波长 λ（m）。波长 λ、声速 c 和频率 f 是声波的三个基本物理量，且 $c=\lambda f$。人耳产生感觉的频率范围为 20～20000Hz。一般把低于 500Hz 的声音称为低频声；500～1000Hz 的声音称为中频声；1000Hz 以上的声音称为高频声。低频声低沉，高频声尖锐。人耳最敏感的声音频率为 1000Hz。

各种不同频率和声强的声音无规律地组合在一起就成为噪声。但就广义而言，凡是对某项工作是不需要的、有妨碍的或使人烦恼、讨厌的声音都称为噪声。噪声也是一种声波，具有声波的一切特性。人在有强烈噪声的环境中长期工作会影响身体健康并降低工作效率。对于一些特殊的工作场所（如播音室、录音室等），若有噪声，则将无法正常工作。

(2) 噪声的物理度量

1）声压、声强和声功率：声压、声强和声功率分别从压力、单位面积的能量和总能量的角度对声音进行了描述。

① 声压。声波传播时，由于空气受到振动而引起的疏密变化，使原来的大气压强上叠加了一个变化的压强，这个叠加的压强被称为声压（单位为 Pa），也就是单位面积上所承受的声音压力的大小。在空气中，当声频为 1000Hz 时，人耳可感觉的最小声压称为听阈声压 p_0，其数值为 2×10^{-5} Pa，通常把 p_0 作为标准声压，也称为基准声压；人耳可忍受的最大声压称为痛阈声压，为 20Pa。声压表示声音的强弱，可以用仪器直接测量。

② 声强。声波在介质中的传播过程，实际上就是能量的传播过程。在垂直于声波传播方向的单位面积上单位时间通过的声能，称为声强，用 I 表示，单位为 W/m^2。对应于基准声压的声强称为基准声强用 I_0 表示，为 $10^{-2} W/m^2$；对应于痛阈声压，人耳可忍的最大声强为 $1W/m^2$。

③ 声功率。声功率是表示声源特性的物理量。单位时间内声源以声波形式辐射的总能量称为声功率，用 W 表示，单位为 W，基准声功率 W_0 为 10^{-12} W。

2）声压级、声强级与声功率级：从听阈声压到痛阈声压，绝对值相差一百万倍，说明人耳的可听范围很宽，导致在测量和计算时很不方便。而且，人耳对声压变化的感觉具有相对性，如声压从 0.01Pa 变化到 0.1Pa 与从 1Pa 变化到 10Pa 相比较，虽然两者声压增加的绝对值不同，但由于两者声压增加的倍数相同，人耳对声音增强的感觉是相同的。因此，为便于表达，声音的量度采用对数标度，即以相对于基准量的比值的对数来表示，其单位为 B（贝尔）。又为更便于实际应用，采用 B 的十分之一，即 dB（分贝）作为声音量度的常用单位。据此，声音是以级来表示其大小，即声压级、声强级和声功率级。

① 声压级。定义声压 p（Pa）与基准声压 p_0 之比的常用对数的 20 倍为声压级 L_p，即：

$$L_p = 20\lg\frac{p}{p_0} \quad \text{dB} \tag{5-7}$$

显然可以计算得出听阈声压级为：

$$L_p = 20\lg\frac{p}{p_0} = \left(20\lg\frac{2\times10^{-5}}{2\times10^{-5}}\right) = 0\text{dB}$$

痛阈声压级为：

$$L_p = 20\lg\frac{p}{p_0} = \left(20\lg\frac{20}{2\times10^{-5}}\right) = 120\text{dB}$$

由此可见，从听阈到痛阈，由一百万倍的声压变化范围缩成声压级 0～120dB 的变化范围，简化了声压的量度。需要指出，声压级是表示声场特性的，其大小与测点到声源的距离有关。

② 声强级。定义声强 I（W/m^2）与基准声强 I_0 之比的常用对数的 10 倍为声强级 L_I，即：

$$L_I = 10\lg\frac{I}{I_0} \quad \text{dB} \tag{5-8}$$

声强与声压有如下关系：

$$I = \frac{p^2}{\rho c} \quad (\rho\ \text{为空气密度}, c\ \text{为声速})$$

所以声强级与声压级在分贝值上相等：

$$L_I = 10\lg\frac{I}{I_0} = 10\lg\frac{p^2}{p_0^2} = L_p$$

③ 声功率级。定义声功率 W（W）与基准声功率 W_0 之比的常用对数的 10 倍为声功率级 L_W，即：

$$L_W = 10\lg\frac{W}{W_0} \quad \text{dB} \tag{5-9}$$

声功率级直接表示声源发射能量的大小。

3）声波的叠加：声波的声压级、声强级、声功率级都是以对数为标度，因此当有多个声源同时产生噪声时，其合成的声级就不能按自然数运算，而必须按对数法则进行运算。

当几个不同的声压级 L_{p1}、L_{p2}、…、L_{pn} 叠加时，总声压级 $\sum L_p$ 为：

$$\sum L_p = 10\lg(10^{0.1L_{p1}} + 10^{0.1L_{p2}} + \cdots + 10^{0.1L_{pn}}) \quad \text{dB} \tag{5-10}$$

如果是两个声源叠加，并以 D 表示两个声压级之差，即 $D = L_{p1} - L_{p2}$，则由式（5-10）计算可得叠加后的总声压级为：

$$\sum L_p = L_{p1} + 10\lg(1 + 10^{-0.1D}) \quad \text{dB} \tag{5-11}$$

把上式等号右面的第二项 $10\lg(1+10^{-0.1D})$ 作为附加值，并画成如图 5-58 所示的线算图，计算时可直接查用。

从图 5-58 中可以看出，当两个相同的声压级叠加时，仅比单个声源的声压级大 3dB

(即 10lg2 dB)。

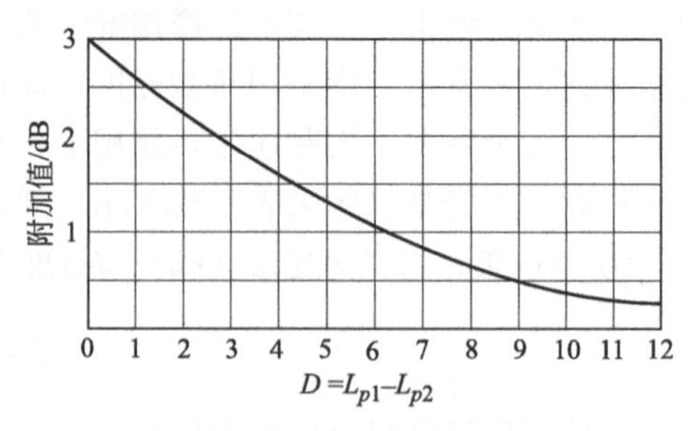

图 5-58 两个不同声压级叠加的附加值线算图

(3) 噪声的频谱分析与主观评价

1) 噪声的频谱分析：噪声一般不是具有特定频率的纯音，而是由很多不同频率的声音组成。由于人耳可听的频率范围从 20～20000Hz，高低频相差达 1000 倍，为方便起见，把宽广的声频范围划分为若干个频段，称为频程或频带。每一个频程都有其中心频率和频率范围。

在空调工程的噪声控制技术中，用的是倍频程。所谓倍频程是指中心频率成倍增加的频程，即两个中心频率之比为 2∶1。如果倍频程中心频率为 f，上、下限频率分别是 f_1 和 f_2，则有：

$$f_1=2f_2 \qquad f=\sqrt{f_1 f_2}$$

目前通用的倍频程中心频率有 10 个，在噪声控制技术中取用中间 8 段，表 5-13 给出了这 8 段的中心频率和频率范围。

表 5-13 倍频程的中心频率和频率范围

中心频率/Hz	63	125	250	500	1000	2000	4000	8000
频率范围/Hz	45～90	90～180	180～355	355～710	710～1400	1400～2800	2800～5600	5600～11200

频谱图是表示组成噪声的各频程声压级的图，即以频程为横坐标，声压级（或声强级、声功率级）为纵坐标绘制的图形。频谱图清楚地表明该噪声的组成和性质，为噪声控制提供依据。如图 5-59 为某空调器噪声的频谱图，其噪声主要来源于压缩机振动和结构钣金部件的噪声辐射。图 5-60 为某通风机噪声的频谱图，其噪声主要来源是空气非稳定流动过程中产生的旋转噪声和涡流噪声，通常风机在高效工作区内时噪声的声压级较低。

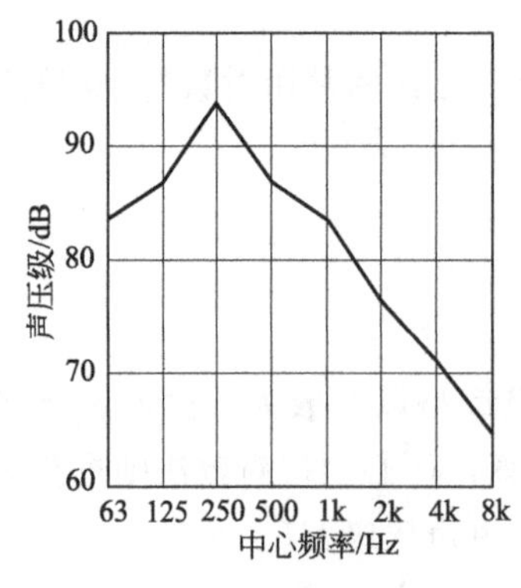

图 5-59 某空调器噪声频谱图

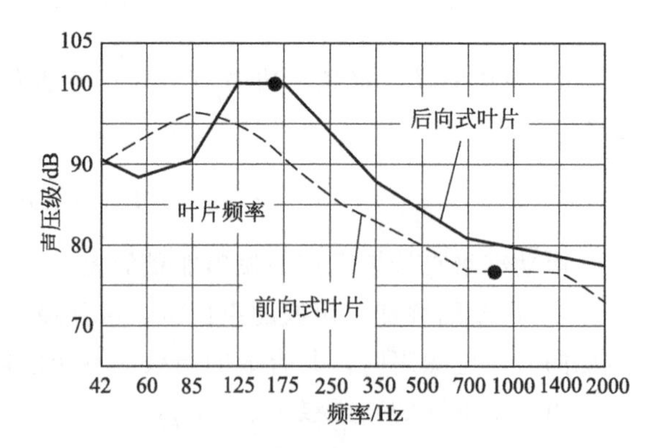

图 5-60 某通风机噪声频谱图

2) 噪声的主观评价：声压级、声强级都是表示声音强度的客观的物理量，但它们还不能直接用来判断某声压级的声音听觉如何。人的听觉对声音强度的反应，不仅与声压级或声强级有关，而且与频率也有关。声压级相同而频率不同的两个纯音，听觉是不一样的。同样，不同频率和相应的声压级，有时给人以相同的主观感觉。

描述声音在主观感觉上的量，称为响度级，用 L_N 表示，单位为 phon（方）。也就是根据人耳的频率响应特性，以 1000Hz 的纯音为基准音，若某频率的纯音听起来与基准音有同样的响度，则该频率纯音的响度级值就等于基准音的声压级值。如某噪声听起来与频率为 1000Hz、声压级 80dB 的声音同样响，则该噪声的响度级就是 80phon。所以响度级是把声压级和频率综合起来，评价声音大小的一个主观感觉量。

通过对人耳进行大量的听感试验，得到可听范围内的纯音的响度级，并以等响度曲线表示，如图 5-61 所示。每一条等响度曲线，表示相同响度下声音的频率与声压级的关系，也即每一条曲线上虽然各种频率声音对应的声压级值不相同，但人耳感觉到的响度却是相同的。每一条曲线相当于一定响度级的声音。等响度曲线是 1000Hz 时的声音级值，即为响度级的值。

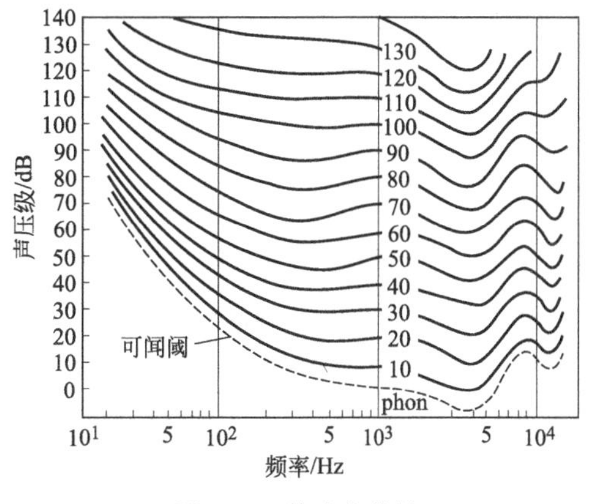

图 5-61　等响度曲线

从等响度曲线图中可以看出，在低声压级时，人耳对频率 2000～4000Hz 的声音最为敏感，在低于或高于这个频率范围时，人耳的灵敏度就下降，尤其是频率越低，人耳的灵敏度越差。此外，随着声压级的增加，人耳对频率响应的差别逐渐减小（曲线趋于平直）。如同样的响度级 40phon，对于 1000Hz 的声音声压级为 40dB，对于 3000～4000Hz 的声音，其声压级为 33dB，而对 100Hz 的声音来说，其声压级为 52dB。

3）噪声的测量：测量噪声常用的仪器是声级计，它的工作原理是声信号通过传声器把声压转换成电压信号，经放大后，通过计权网络，在声级计的表头上显示出声压级值。

在声级计上有 A、B、C 三种不同的计权网络，它们对不同频率的声音进行不同程度的滤波。C 网络是模拟人耳对 100phon 纯音的响应，对所有频率的声音过滤的程度几乎一样，因此它的读数可代表总声压级；B、A 网络是分别模拟人耳对 70phon 和 40phon 纯音的响应，由图 5-61 的等响度曲线可以看出，B 网络对低频段有一定的衰减，A 网络对 500Hz 以下的低频段有较大的衰减。因为 A 网络对高频声敏感，对低频声不敏感，这正好与人耳对噪声的频率响应特性相一致，因此，常以 A 网络测得的声级来代表噪声的大小，称 A 声级，并记作 dB（A）。

（4）室内噪声标准

为满足生产的需要和消除噪声对人体的不利影响，需对各种不同的场所制定出允许的噪声级，称为噪声标准。将空调区域的噪声完全消除不易做到，也没有必要。制定噪声标准时，应考虑技术上的可行性和经济上的合理性。

1）噪声评价曲线：由于人耳对不同频率的噪声敏感程度不同，以及对不同频率的噪声控制措施不同，所以应该制定各倍频程的噪声允许标准。目前我国采用国际标准组织制定的噪声评价曲线，即 N（NR）曲线作为噪声评价标准，如图 5-62 所示。

图中 N（或 NR）值为噪声评价曲线号，即中心频率 1000Hz 所对应的声压分贝值。考虑到人耳对低频噪声不敏感，以及低频噪声消声处理较困难的特点，图 5-62 中低频噪声的允许声压级分贝值较高，而高频噪声的允许声压级分贝值较低。噪声评价曲线号 N 和声级计“A”挡读数 L_A 的关系为 $N=(L_A-5)$dB。

2）空调房间的允许噪声标准：空调房间对噪声的要求，大致可分为以下 3 类：

① 生产或工作过程本身对噪声有严格的要求（如播音室、录音室等）；

② 在生产或工作过程中要求为操作人员创造安静的环境（如仪表装配车间、测试车间等）；

③ 为保证语言和通信质量以及听觉效果，对噪声有一定的要求（如剧院、会议室等）。

一般可根据建筑物的性质，由表 5-14 选用 N（或 NR）曲线号数，再由图 5-62 查出各频程允许的噪声声压级分贝值。

表 5-14 室内允许噪声标准 单位：dB

建筑物性质	噪声评价曲线 N 号	声级计 A 挡读数 L_A
电台、电视台的播音室	20～30	25～35
剧场、音乐厅、会议室	20～30	25～35
体育馆	40～50	45～55
不同用途的车间	45～70	50～75

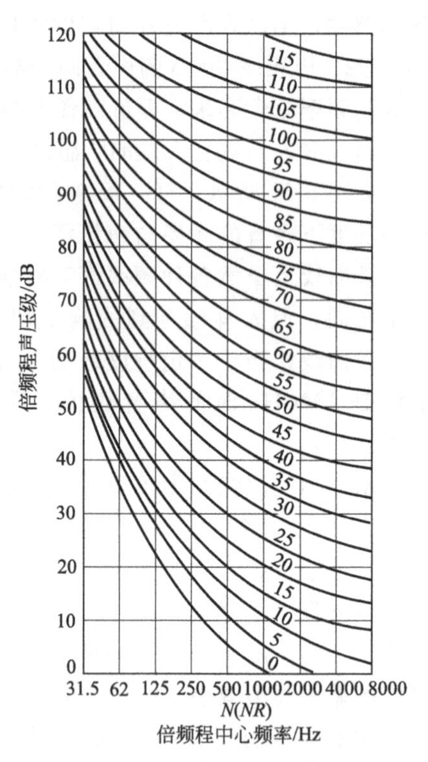

图 5-62 噪声评价曲线

5.4.2 消声器

消声器是一种既能允许气流通过，又能有效衰减噪声的装置。在空调系统中，消声器用来降低沿风管传播的空气动力噪声。通常，消声器就是风管系统中的一个部分或者一个管件，如消声弯头、消声三通等。

消声器结构形式各异，种类很多。一般依据消声原理的不同，空调工程中实际使用的消声器可分为阻性消声器、抗性消声器、共振式消声器和复合式消声器四大类。

(1) 阻性消声器

阻性消声器是利用贴在风管内壁面上的吸声材料，或者按一定方式排列的吸声结构的吸声作用，将沿风管传播的声能，部分转化为热能而消耗掉，从而达到降低噪声的目的。它对中频和高频噪声具有良好的吸声效果。

吸声材料大多为疏松或多孔性的，如：玻璃棉、聚氨酯泡沫塑料、沥青玻璃棉毡、膨胀珍珠岩板、加气混凝土和加气微孔吸声砖等。常见阻性消声器有管式、片式、蜂窝（格式）式、小室式、折板式、声流式等六种，如图 5-63 所示。

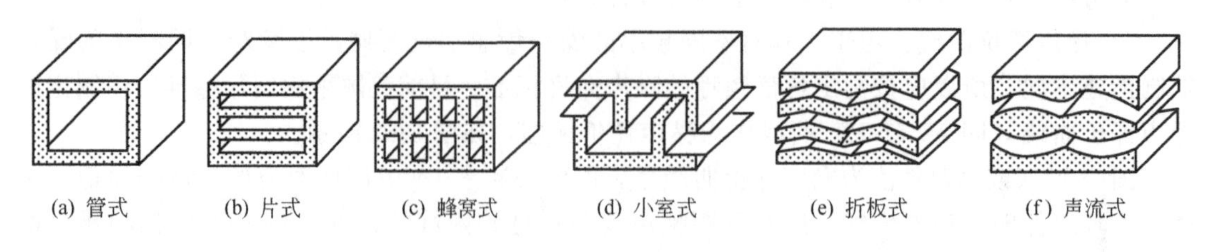

图 5-63 常见阻性消声器

1）管式消声器：管式消声器是最简单的阻性消声器，仅在管壁内周贴上一层吸声材料

（俗称“管衬”）即可制成［图5-63（a）］。这种消声器制作方便，阻力小，但风管断面积较大时（直径大于400mm时），不宜使用在需要高频消声的场所。这是由于高频声波波长短，在管内以窄束传播，断面积较大时，声波与吸声材料的接触减少，从而使消声量骤减。

图5-64为边长为280mm×200mm的矩形管式消声器使用不同管衬时的消声量。

2）片式和蜂窝式消声器：为改善对高频声的消声效果，将面积较大的风管断面划分成几个格子，就成为片式［图5-63（b）］或蜂窝式（格式）消声器［图5-63（c）］。这种消声器对中、高频噪声的消声效果较好，构造简单，阻力也不大。但这种消声器的体积较大，空气流速不宜过高，否则气流产生的湍流噪声将使消声无效，而且增加了空气阻力。

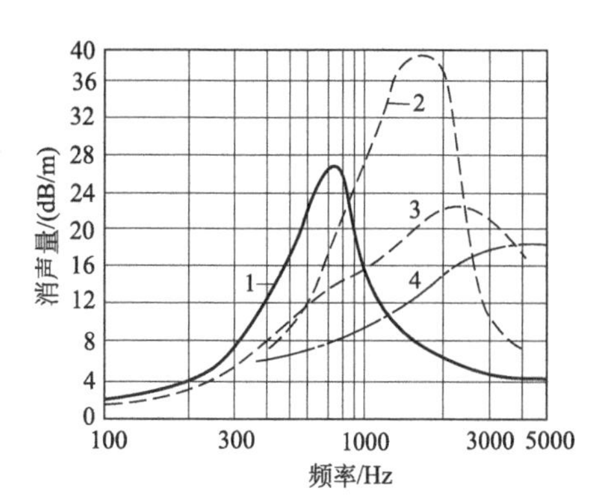

图5-64 不同管衬材料的吸声性能

1—表面穿孔的软质纤维板，30mm厚；

2—玻璃棉板，密度160kg/m³，25mm厚；

3—矿渣棉板，密度280kg/m³，25mm厚；

4—特种吸声材板，密度320kg/m³，25mm厚

3）小室式消声器：在大容积的箱（室）内表面贴吸声材料，并错开气流的进出口位置，就构成图5-63（d）所示的小室式消声器。图5-65为小室式消声器的基本形式，其中多室式消声器还被称作迷宫式消声器。小室式消声器的工作原理主要为阻性消声作用，同时由于气流断面的变化还兼有一定的抗性消声作用。其特点是消声频程宽，安装维修方便，但阻力大，体积大。小室以设2～3个为宜，不宜超过4个。

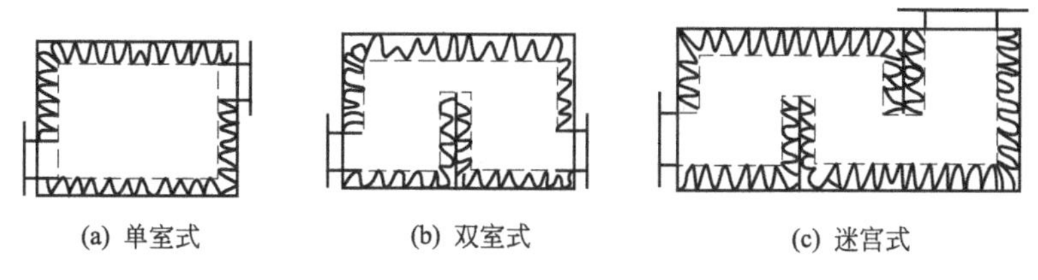

(a) 单室式　(b) 双室式　(c) 迷宫式

图5-65 小室式消声器的基本形式

4）折板式、声流式消声器：将片式消声器的吸声板改成曲折式，就成为折板式消声器，如图5-63（e）所示。声波在折板内往复多次反射，增加了与吸声材料接触的机会，从而提高了中、高频噪声的消声量，但同时其阻力也大于片式消声器。

声流式消声器是将吸声片横截面制成正弦波状（或近似正弦波状），如图5-63（f）所示。它既可以使声波由于反射次数增加而提高吸声能力，又可以减少空气阻力，不过制作工艺麻烦。

(2) 抗性消声器

抗性消声器是利用风管截面的突然扩张、收缩，使沿风管传播的声波返回声源方向，从而起到消声作用的消声器，又称为膨胀性消声器，如图5-66所示。为保证一定的消声效果，消声器的膨胀比（大断面与小断面面积之比）应大于5。

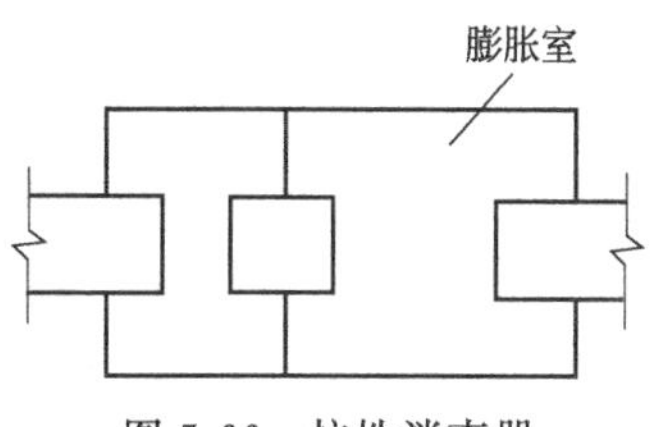

图5-66 抗性消声器

抗性消声器对中、低频噪声有较好的消声效果，结构简

单，而且由于不使用吸声材料，所以不受高温和腐蚀性气体的影响。但这种消声器消声频程窄，空气阻力大，占用空间较大，一般适宜在小尺寸的风管上使用。

(3) 共振式消声器

共振性消声器的构造如图 5-67 (a) 所示，在管道上开孔，并与共振腔相连。在声波作用下，小孔孔颈中的空气像活塞似地往复运动，使共振腔内的空气也发生振动，这样小孔孔径处的空气柱和共振腔内的空气就构成了一个共振吸声结构［图 5-67 (b)］。它具有由孔颈直径 d、孔颈厚 t 和腔深 D 所决定的固有频率。当外界噪声的频率和共振吸声结构的固有频率相同时，会引起小孔孔颈处空气柱强烈共振，空气柱与颈壁剧烈摩擦，从而消耗了声能，起到消声的作用。

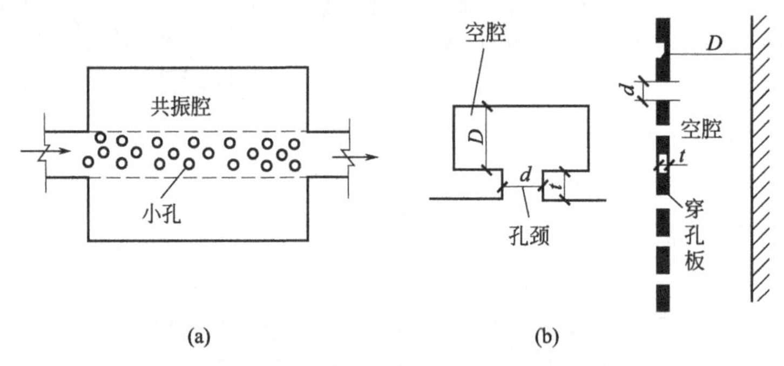

图 5-67　共振式消声器

这种消声器具有较强的频率选择性，消声效果显著的频率范围很窄，一般用以消除低频噪声，具有空气阻力小、不用吸声材料的特点。

(4) 复合式消声器

为了在较宽的频程范围内获得良好的消声效果，人们根据阻性消声器对中、高频噪声消除显著，抗性或共振性消声器对消除低频噪声效果显著的特点，设计出了复合型消声器，如阻抗复合式消声器、阻抗共振复合式消声器以及微孔板消声器等。

阻抗复合式消声器一般由用吸声材料制成的阻性吸声片和若干个抗性膨胀室组成，如图 5-68 所示。试验证明，它对低频消声性能有很大的改善。如 1.2m 长的阻抗复合式消声器，对低频声的消声量可达 10～20dB。

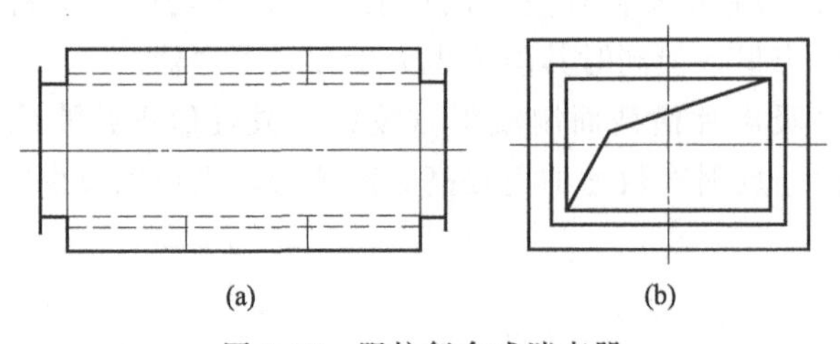

图 5-68　阻抗复合式消声器

金属微穿孔板消声器（图 5-69）的微穿孔板的板厚和孔径均小于 1.0mm，微孔有较大的声阻，吸声性能好，并且由于消声器边壁设置共振腔，微孔与共振腔组成一个共振系统，因此，消声频程宽，且空气阻力小，当风速在 15m/s 以下时，可以忽略阻力。又因消声器不使用消声材料，因此不起尘，一般多用于有特殊要求的场合，如高温、高速管道以及净化空调系统中。

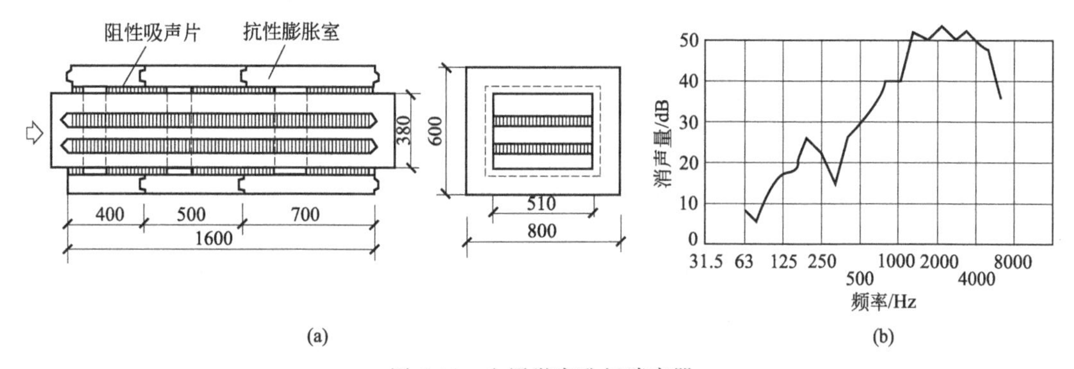

图 5-69　金属微穿孔板消声器

(5) 其他形式的消声器

除上述四种常见消声器外，空调工程中还有一些经过适当处理后兼有消声功能的管道部件和装置，如消声弯头、消声静压箱、消声百叶窗等，如图 5-70 所示。他们具有一物两用、节约空间的特点，适合位置受到限制无法设置消声器的场所，或者在对原有风管系统进行改造以提高消声效果的工程中使用。

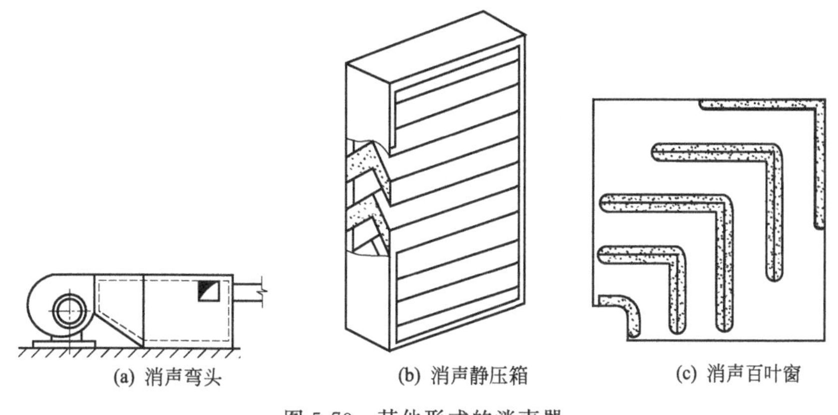

图 5-70　其他形式的消声器

5.4.3　空调系统的消声设计

消声效果直接影响空调工程的业主使用感受，合格的消声设计可有效控制空调系统的噪声辐射。部分空调工程由于对消声设计重视不足、未经专业设计或设计考虑不当，使系统运行中室内送风口、回风口辐射出较高的噪声，甚至达不到国家规定的噪声允许标准。空调系统产生的噪声，应尽量用风管、弯头和三通等部件以及房间的自然衰减降低或消除。当这样做不能满足消声要求时，则应设置消声器或采取其他消声措施，如采用消声弯头等。消声器所需的消声量，应根据室内所允许的噪声标准和系统的噪声功率级分频带通过计算确定。

消声设计中，应根据系统所需消声量、噪声源频率特性和消声器的声学性能及空气动力特性等因素，经技术经济比较选择消声器。首先，应了解各种消声器的声学特性，使其在各频带的消声能力与噪声源的频率特性及各频带所需消声量相适应。如对中、高频噪声源，宜采用阻性或阻抗复合式消声器；对低、中频噪声源，宜采用共振式或其他抗性消声器；对于脉动低频噪声源，宜采用抗性或微穿孔板阻抗复合式消声器；对于变频带噪声源，宜采用阻抗复合式或微穿孔板消声器。其次，还应兼顾消声设备的空气动力特性，消声设备的阻力不宜过大。

(1) 空调系统的噪声来源

空调系统中主要的噪声源是通风机、制冷机、水泵和机械通风冷却塔等。以通风机为例，噪声主要包括运转时的空气动力噪声（包括气流、涡流噪声，撞击噪声和叶片回转噪声）和机械噪声。除此之外，还有一些其他的气流噪声，如风管内气流引起的管壁振动、气流遇到障碍物（阀门、弯头等）产生的涡流以及出风口风速过高等都会产生噪声。

图 5-71 是空调系统的噪声传播情况。从图中可以看出，噪声除由风管传入室内外，还可通过建筑围护结构的不严密处传入室内；动力设备的振动和噪声也可以通过地基、围护结构和风管壁传入室内。

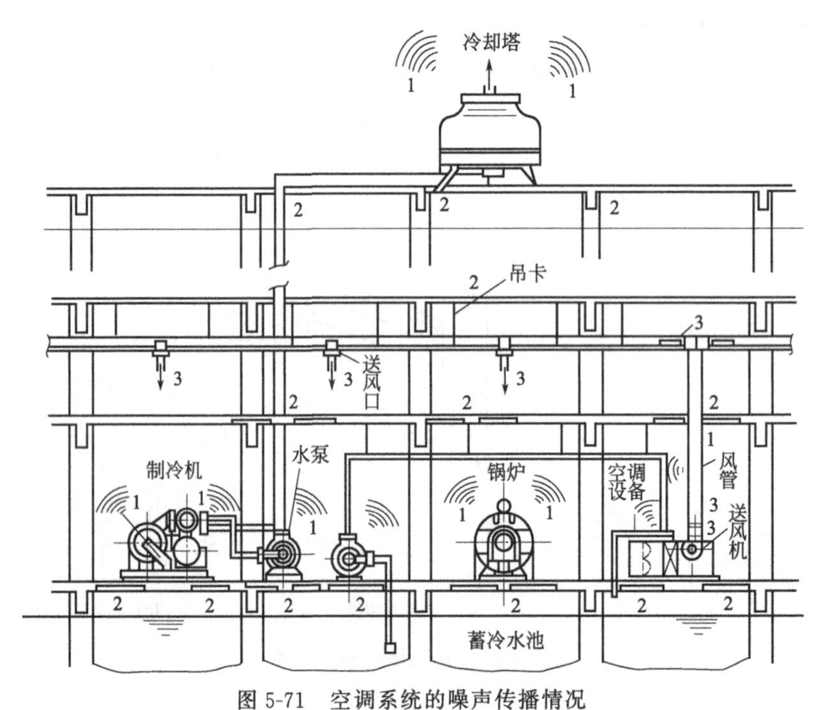

图 5-71 空调系统的噪声传播情况

1—空气传声；2—振动引起的固体传声；3—由风管传播的风机噪声

(2) 空调风管系统的消声

有消声要求的空调系统中，消声装置与房间之间的主管、支管内的空气流速控制详见表 5-11。风管内的空气流速不宜过大，因为风速增大，会引起系统内气流噪声和管壁振动加大，风速增加到一定值后，产生的气流再生噪声甚至会超过消声装置后的计算声压级；风管内的空气流速也不宜过小，否则会使风管的截面积增大，既耗费材料又占用较大的建筑空间，也不合理。

风管设计及流速控制原则上应是尽可能使气流均匀流动、逐渐减速，急剧的转弯和速度回升会引起涡流产生再生噪声。风管中的流速应从主管道到支管直至进入房间的风口逐步减速，经过消声器后的流速应严格控制使之比消声器前的流速低，否则气流再生噪声回升，将破坏其消声效果。通风机与消声装置之间的风管，其风道无特殊要求时，可按经济流速 6～13m/s 采用即可，推荐采用 8～10m/s。

对于风管系统所用的消声器，一般均需要宽频带的衰减量，以阻抗复合式的消声器为最常用，但是具体布置时要以要求消声器所需提供的频带衰减量、管道系统允许消声器的压力损失、消声器本身气流的大小、消声器安装的位置、防火、防水、防腐、防尘等要求来进行选择。对于降噪要求高的系统，消声器不宜集中在一起，可以在总管、各层分支管、风口前等处分别设置，即使设在同一管段的消声器，如果条件许可，也可分段安装。这样可以分别按气流速度的大小，选用相应的消声器，把再生噪声的影响降低到最低的程度。有隔声要求的相邻房间之间的送（回）风支管的距离可适当加长，如送（回）风管是同一管路系统，更需要注意采用消声措施来避免相邻房间之间的串声，否则系统的噪声控制将会被破坏。

此外，风管管壁较薄，隔声量约为20～30dB。当管道经过要求安静的房间时，由管壁透射的噪声会影响房间；当管道经过高噪声房间时，噪声又通过管壁透射而增加管内的噪声。所以在这些情况下需要对管壁进行隔声处理，一般可采用增加管壁厚度，或与保温处理相结合——在管道外面增加保温层等方法。

(3) 空调机房及冷冻机房的噪声控制

空调和冷冻机房的噪声控制设计要求为：保护机房内操作工人的听力与健康，机房内工人操作位置人耳处的八小时等效连续声级不宜超过85dB（A）；保证生产安全、语言通信和不影响工作效率。对于各类机房的值班室或控制室，其室内噪声值应不大于75dB（A），若有电话通信要求，则宜控制在65～70dB（A）。为保证各类机房噪声不影响周围环境，要求它们造成的环境噪声应符合我国城市区域环境噪声标准。

为此机房噪声控制的原则是：

① 必须在总平面设计时就考虑到噪声控制的问题和措施。

② 必须重视降低声源噪声的积极措施，尤其是注意选用低噪声的设备及材料。

③ 必须综合考虑机房的噪声控制措施，合理选用吸声、隔声、消声、减振、阻尼等各项控制技术，使之达到良好的技术经济效果。

④ 选择各种噪声控制设备和材料时，应注意相应的工艺要求，如温度、湿度、防尘防腐、耐压力高强度、安装简便等要求。

⑤ 必要时需考虑采取耳塞、耳罩等个人保护措施。

为了减少和防止机房噪声源对其他房间的影响，并尽量发挥消声设备应有的消声作用，消声器一般应布置在靠近机房的气流稳定的管段上。当消声器直接布置在机房内时，消声器、检查门及消声器后至机房隔墙的那段风管必须有良好的隔声措施；当消声器布置在机房外时，其位置应尽量临近机房隔墙，而且消声器前至隔墙的那段风管（包括拐弯静压箱或弯头）也应有良好的隔声措施，以免机房内的噪声通过消声设备本体、检查门及风管的不严密处再次传入系统中，使消声设备输出端的噪声增高。

(4) 冷却塔的噪声控制

冷却塔是空调系统中的重要组成部分，也是主要的噪声源之一。冷却塔的噪声包括：轴流风机噪声、淋水噪声和壳体的振动噪声等。机械通风冷却塔的噪声主要取决于风机所产生的空气动力性噪声。冷却塔噪声控制的重点应是研制并选用低噪声冷却塔，同时在布局上应使塔体与要求安静的区域保持足够的距离，并在必要时对冷却塔采取附加消声、隔声措施，但是要注意这些措施对冷却效果的影响。

一般采取以下的冷却塔噪声控制措施：

① 降低噪声源：这是降低冷却塔噪声的积极有效措施，如采用低转速、大直径、新叶型、阔叶片、小叶角、皮带传动或多级低速电机直联传动等措施，均可有效降低风机机组噪声，噪声降低量通常可达 10dB（A）左右。

② 降低淋水噪声：降低淋水噪声的措施包括降低水池的水深、采用特殊的水池结构形式、在水面上张布细眼尼龙网，以及在水面上漂浮聚氨酯泡沫塑料等，一般可使冷却塔的淋水噪声降低 5～10dB（A）。

③ 采用消声、隔声措施：对于噪声控制要求较高的场所，冷却塔必须采取必要的消声、隔声措施，如在排风口上部设置排风消声器、在进风口外加设进风消声装置、在冷却塔附近设置隔声屏障等，通常可使噪声减低 10dB（A）左右。在设置消声、隔声装置时，应特别注意不能明显影响冷却塔的冷却效果。

④ 增加塔体刚度，减少壳壁振动，提高塔体上段颈部的壳壁隔声能力，可降低壳体的噪声辐射。

5.4.4 空调系统的隔振设计

空调系统运行过程中产生强烈振动，如不妥善处理，将会对工艺设备、精密仪器等的工作造成影响，并且有害于人体健康，严重时还会危及建筑物的安全。因此，当空调装置的振动靠自然衰减不能达到允许标准时，应设置隔振器或采取其他隔振措施，这样做还能起到降低固体传声、减小噪声的作用。

(1) 振动与隔振装置

空调系统中的风机、水泵、制冷压缩机等设备运转时，会由于转动部件的质量中心偏离轴中心而产生振动。该振动传给支撑结构（基础或楼板），并以弹性波的形式沿房屋结构传到其他房间，又以噪声的形式出现，这种噪声称为固体声。当振动影响某些工作的正常进行或危及建筑物的安全时，需采取隔振（也称减振）措施。

为减弱振源（设备）传给支撑结构的振动，需消除它们之间的刚性连接，即在振源与支撑结构之间安装弹性构件，这种方法称为积极隔振法；对怕振的精密设备、仪表等采取隔振措施，以防止外界对它们的影响，这种方法称为消极隔振法。

隔振材料的品种很多，有软木、橡胶、金属弹簧、玻璃纤维板、毛毡板和空气弹簧等。

软木刚度较大，固有振动频率高，适用于高转速设备的隔振。但软木种类复杂，性能很不稳定，其固有频率与软木厚度有关，厚度越薄频率越高，一般软木厚度为 50mm、100mm 和 150mm。

橡胶弹性好、阻尼比大、造型和压制方便、可多层叠合使用，能降低固有频率且价格低廉，是一种常用的较理想的隔振材料。但橡胶易受温度、油质、臭氧、日光、化学溶剂的侵蚀，易老化。该类隔振装置主要是采用经硫化处理的耐油丁腈橡胶制成，主要有橡胶隔振垫和橡胶隔振器两大类，如图 5-72 所示。橡胶隔振垫是将橡胶材料切成所需要的面积和厚度，

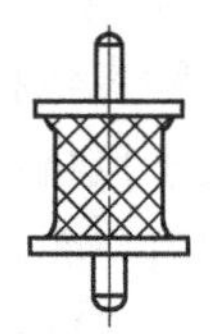

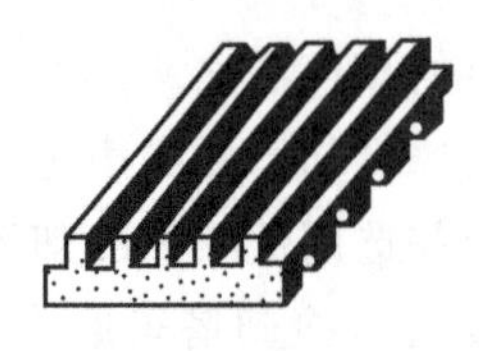

(a) 压缩型

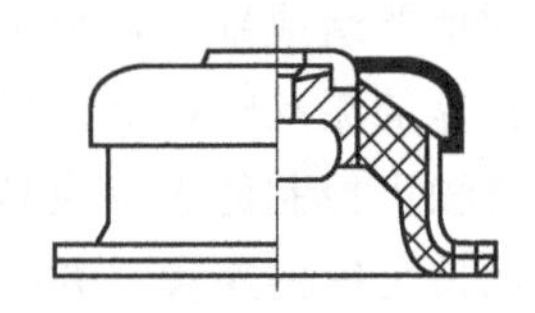

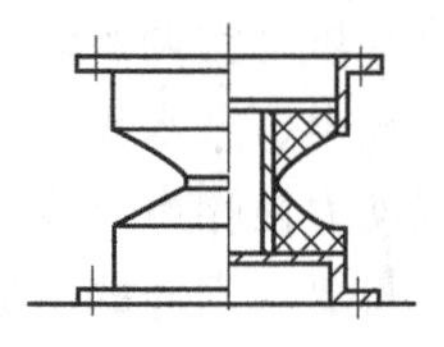

(b) 剪切型

图 5-72 橡胶隔振器的不同形式

直接垫在设备的下面。橡胶隔振垫还可根据需要多层串联使用。

弹簧隔振器由单个或数个相同尺寸的弹簧和铸铁（或塑料）护罩组成。图 5-73 为弹簧隔振器的构造示意图。由于弹簧隔振器的固有频率低，静态压缩量大，承载能力大，隔振效果好，且性能稳定，因此应用广泛，但价格较贵。

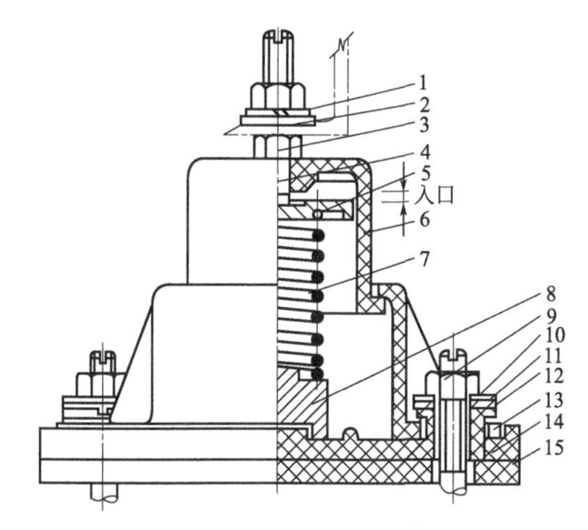

图 5-73　弹簧隔振器的构造示意图

1—弹簧垫圈；2—斜垫圈；3—螺母；4—螺栓；5—定位板；6—上外罩；7—弹簧；8—垫块；9—地脚螺栓；10—垫圈；11—橡胶垫圈；12—胶木螺栓；13—下外罩；14—底盘；15—橡胶垫板

当采用橡胶隔振器满足不了隔振要求，而采用金属弹簧又阻尼不足时，可采用弹簧与橡胶组合隔振器。该类隔振器有并联和串联等形式，如图 5-74 所示。

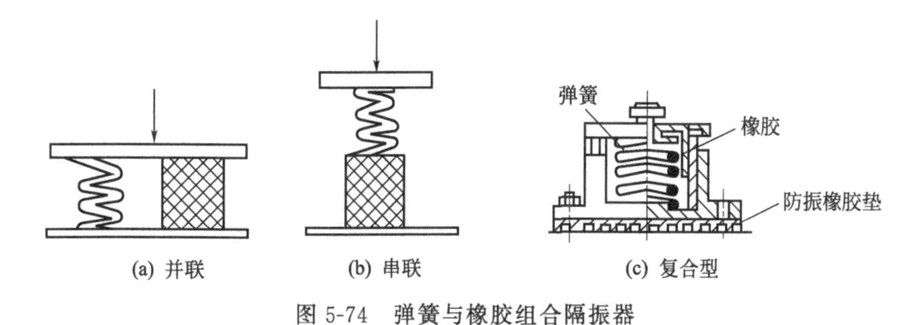

(a) 并联　(b) 串联　(c) 复合型

图 5-74　弹簧与橡胶组合隔振器

为了保证隔振器的隔振效果并考虑安全因素，橡胶隔振器的计算压缩变形量，一般按制造厂提供的极限压缩量的 1/3～1/2 采用。橡胶隔振器和弹簧隔振器所承受的荷载，均不应超过允许工作荷载。由于弹簧隔振器的压缩变形量大，阻尼作用小，其振幅也较大，当设备启动与停止运行通过共振区其共振振幅达到最大时，有可能使设备及基础破坏，因此国家标准规定，当共振振幅较大时弹簧隔振器宜与阻尼大的材料联合使用。

(2) 空调设备的隔振设计

空调系统中的设备包括风机、水泵、冷冻机、冷却塔、空调箱等。系统中的设备隔振是通过基础和管道隔振来实现的，而且是以前者为主。减弱设备传给基础或管道的振动是用消除它们之间的刚性连接实现的：在振源与基础之间配置金属弹簧或弹性材料（软木、橡胶、沥青、玻璃纤维和岩棉制品等）；在振源与管道之间设置软接管，使传递给基础和管道的振动得到减弱。如图 5-75 所示为水泵机组的减振示意图。

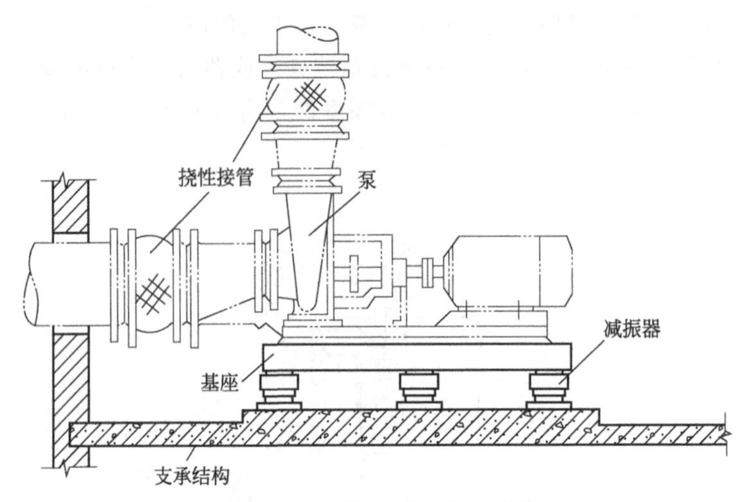

图 5-75 水泵机组的减振示意图

常见通风机、水泵机组、冷水机组等设备，其隔振台座可采用钢筋混凝土隔振台座或全钢结构隔振台座的形式。隔振台座应根据空间大小、设备安装方式等进行设计。当设备重心偏高、设备重心偏离中心较大且不易调整或设备不符合严格隔振要求时，宜加大隔振台座质量及尺寸。加大隔振台座的质量及尺寸等，是为了加强隔振基础的稳定性和降低隔振器的固有频率，提高隔振效果。设计安装时，要使设备的重心尽量落在各隔振器的几何中心上，整个振动体系的重心要尽量低，以保证其稳定性。同时应使隔振器的自由高度尽量一致，基础底面也应平整，使各隔振器在平面上均匀对称，受压均匀。

空调设备运行时，不但会有振动的传递，而且还会产生固体声传递，直接安装在楼板上的设备会使楼板振动，并且辐射噪声。当空调制冷设备隔振后，对于机房本身，由于空气传声，在固体声方面一般只有 2～3dB 的效果；而与机房相邻的房间内的降噪效果是显著的，按照理论计算相邻房间的降噪量可以达到 20～40dB。

需要注意的是，空调设备设置隔振器后，振动振幅加剧易导致连接管道破裂或设备损坏，此时设备进出口宜采用软管与管道连接，这样做还能加大隔振体系的阻尼作用，降低通过共振时的振幅。一般来说，空调系统中设备隔振的基本原则应遵循以下 5 点：

① 必须对所有的空调、制冷设备都作有效的隔振处理。

② 尽可能增加机座板的质量，一般以 2～5 倍的机器质量为宜（可按设备配置的部位和要求而定）。其目的主要是降低隔振基础的重心，增加稳定性；减小设备因设置隔振基础而增加的颤动，提高使用寿命和工作效率；相对减少机器重心偏移的影响，使各支承点的压缩量接近；简化隔振基础的设计和安装，方便进行标准化设计。

③ 机座板的平面尺寸应略大于设备的底盘尺寸。机座板的剖面形式，对于通风机可以采用平板形，对于振动较大的水泵、冷冻机等可以采用下垂形，这样有利于减少机组的偏心，可以使各支承点的压缩量相等。

④ 在隔振要求高时，应采用串联金属弹簧；为了防止设备启动和停车时通过固有频率所引起的共振现象，可采用双层板隔振基础。

⑤ 隔振装置的选用，应根据隔振减噪的要求、设备的转速、机房的环境和工程投资而定。对隔振的要求高，设备的转速小于或等于 1500r/min，机房内温度高而又有腐蚀性液体时，应采用金属弹簧隔振器。在设备转速大于 1500r/min 等其余情况下，可采用橡胶剪切隔

振器、橡胶隔振垫或其他弹性隔振材料。对弹簧隔振器适用范围的限制，并不意味着它不能用于高转速的振动设备，而是因为采用橡胶等弹性材料已能满足隔振要求时，橡胶隔振做法更简单经济。

(3) 空调管道的隔振设计

空调系统中的振动除了通过基础沿建筑结构传递外，还可以通过管道和管内介质以及固定管道的构件传递并辐射噪声，因此管道也是传播固体声的途径，管道隔振也是空调系统隔振的一个重要内容。在铜管与制冷主机的连接处、水管与水泵的连接处、风管与通风机及空气处理机组等振动设备的连接处，应装设挠性接头（柔性软管），可能降低毗邻房间的噪声级 1.5～7dB，同时挠性软管连接还可以起到温度、压力和安装的补偿作用。

选择管道的挠性接头时，通风机出风口或回风口与管道之间的连接一般可以采用帆布软接头；清水泵的进出水管上可设置各种橡胶软管；而对于管内高温、高压和氟利昂介质的冷冻机、水泵和空压机等则采用不锈钢的全金属波纹软管，都可以起到较好的隔振效果。以风管和振动设备之间装设帆布软接为例，一般情况下长度宜为 150～300mm，目的是使其呈非刚性连接，保证其荷载不传到通风机等设备上。这样既有利于风管伸缩，也便于通风机等振动设备安装隔振器，又可防止因振动产生固体噪声，对通风系统的维护检修也有好处。

需要指出的是，在振动力和辐射面相当的条件下，管道上装设挠性接头后，一般而言其隔振效果不如空调设备基础隔振的效果，仍然会有部分振动继续沿管道传递。而且，管道内介质在流动时，会在经过阀门、弯头、分支时引起振动，并且通过与建筑围护结构的连接处向外传递，激发有关的结构振动并且辐射噪声。因此，与风机、空调器及其他振动设备连接的风管，其荷载应由风管的支吊架承担。

管道的固定方式对降噪影响很大，受设备振动影响的管道应采用弹性支吊架，支吊架与管道间应设弹性材料垫层，减缓固体传振和传声。目前管道的固定方式主要有管道与吊架（角钢）刚性搭接、管道与吊架间设有泡沫塑料、管道与吊架完全脱开等三种，其中管道与吊架之间有衬垫、管道与吊架完全脱开等要比管道与吊架刚性搭接平均降低 6～7dB（A 声级）的噪声，由此可见管道与楼板或与墙体的固定搭接中弹性支撑的重要性。管道穿过机房围护结构处，其与孔洞之间的缝隙，也应使用具备隔声能力的弹性材料填充密实。

5.5 防火与防烟排烟

建筑物中存在着较多的可燃物，一旦发生火灾将带来严重的危害，因此应针对建筑及其火灾特点，遵循国家《建筑设计防火规范》(GB 50016—2014，2018 年修订版)、《建筑防烟排烟系统技术标准》(GB 51251—2017) 等相关政策，从全局出发，统筹兼顾，做好“安全适用、技术先进、经济合理”的防火、防烟和排烟设计。

建筑内的可燃物在燃烧过程中，会产生大量的热和有毒烟气，同时要消耗大量的氧气。烟气中含有的一氧化碳、二氧化碳、氰化氢、氯化氢等多种有毒有害成分，对人体伤害极大，致死率高；高温缺氧也会对人体造成很大危害；烟气有遮光作用，使能见度下降，这对疏散和救援活动造成很大的障碍。在空调系统设计时，如果不科学考虑防火、防烟和排烟，就会留下危险隐患，使空调系统有可能成为火灾及烟气蔓延的通道。

空调系统的常见防火、防烟和排烟主要技术措施有：管道采用不燃材料制作；保温材料采用不燃材料或难燃材料；在垂直管道和水平管道的交接处设置防火阀；在管道穿越防火墙或防火分区楼板的空隙四周用不燃材料填塞严密等。

5.5.1 建筑防火与防烟分区

把建筑物的平面和空间，以防火墙、防火卷帘、防火门窗、挡烟垂壁和楼板等分成若干区域的防火分区和防烟分区，是为了在发生火灾时防止火灾和烟气的扩散，有利于灭火救援，减少火灾造成的经济损失。

(1) 防火分区

按照我国目前的经济水平、灭火救援能力以及建筑物防火实际情况，我国《建筑设计防火规范》(GB 50016—2014) 中，高层民用建筑（一级和二级耐火等级）的防火分区的最大允许建筑面积为 1500 m^2。参考美国、英国、澳大利亚、加拿大等国家的标准，考虑主动灭火与被动灭火之间的平衡，设置自动灭火系统的防火分区建筑面积上限可增加 1 倍。如果局部设置自动灭火系统，防火分区的增加面积按照该局部面积的 1 倍计算。

水平防火分区可防止火灾在水平方向扩大蔓延，通常用防火墙、防火门、防火卷帘等将各楼层在水平方向分割。竖向防火分区可防止高层建筑的层与层之间发生竖向火灾蔓延，通常是采用具有一定耐火极限的楼板将上下层分开。建筑内设置自动扶梯、敞开楼梯、中庭等上、下层相连通的“开口”时，其防火分区的建筑面积应按上、下层相连通的建筑面积叠加计算，因为连通上下楼层的“开口”破坏了防火分区的完整性，会导致火灾在多个区域和楼层蔓延发展，给人员疏散和火灾控制带来困难。

防火分区之间应采用防火墙分隔，确有困难时可采用防火卷帘等设施分隔。采用防火卷帘、防火分隔水幕、防火玻璃或防火门替代的部位，应该是因设置防火墙导致无法满足使用功能要求的，因此必须在防火墙上开设的洞口。采取这些措施时，要研究其与防火墙的等效性，严格控制非防火墙分隔的开口大小。大面积、大跨度的防火卷帘替代防火墙进行水平防火分隔的做法，存在较大消防安全隐患。

(2) 防烟分区

烟气的流动快于火灾的蔓延，而且会造成人员伤亡，遮挡视线，加剧恐慌心理，给人员疏散和消防扑救工作带来很大困难，所以为了将烟气控制在一定的范围内，需进行防烟和排烟。防烟分区是对防火分区的细化，设置排烟系统的场所或部位应采用挡烟垂壁、结构梁及隔墙等划分防烟分区，其中挡烟垂壁（垂帘）是划分防烟分区的主要措施。防烟分区不应跨越防火分区。防烟分区不能防止火灾的扩大，仅能控制燃烧产生的烟气的流动。

我国《建筑防烟排烟系统技术标准》(GB 51251—2017) 中，防烟分自然通风和机械加压送风，自然通风是采用自然风方式防止火灾烟气在楼梯间、前室避难层（间）等空间内积聚，机械加压送风通过采用机械加压送风方式阻止火灾烟气侵入楼梯间、前室避难层（间）等空间。一般建筑物的上、下层应是两个不同防烟分区，烟气应该在着火层及时排出，否则容易引导烟气向上层蔓延的混乱情况，给人员疏散和扑救都带来不利。在敞开楼梯和自动扶梯穿越楼板的开口部位，应设置挡烟垂壁以阻挡烟气向上层蔓延。

高层建筑主要受自然条件（如室外风速、风压、风向等）的影响会较大，一般采用机械方式防烟较多。建筑高度大于 50m 的公共建筑、工业建筑和建筑高度大于 100m 的住宅建筑，其防烟楼梯间、独立前室、共用前室、合用前室及消防电梯前室均应采用机械加压送风系统。对于高度较高的建筑，其自然通风效果受建筑本身的密闭性以及自然环境中风向、风压的影响较大，难以保证防烟效果，所以需要采用机械加压来保证防烟效果。

建筑排烟是指将房间、走道等空间的火灾烟气排至建筑物外，一般也分为自然排烟和机械排烟两种方式。多层建筑的使用性质、平面布局等比较简单，受外部条件影响较少，排烟系统优先采用自然通风。一旦有烟气进入楼梯间如不能及时排出，将会给上部人员疏散和消防扑救带来很大危险。根据烟气流动规律，在顶层楼梯间设置一定面积的可开启外窗可防止烟气的积聚，可保证楼梯间有较好的疏散和救援条件。采用自然通风方式的封闭楼梯间、防烟楼梯间，应在最高部位设置面积不小于 1.0m^2 的可开启外窗或开口；当建筑高度大于 10m 时，尚应在楼梯间的外墙上每 5 层内设置总面积不小于 2.0m^2 的可开启外窗或开口多个，且布置间隔不大于 3 层。

在同一个防烟分区内，不应同时采用自然排烟方式和机械排烟方式，主要是考虑到两种方式相互之间对气流的干扰，影响排烟效果。例如，在排烟时，自然排烟口还可能会在机械排烟系统动作后变成进风口，失去自然排烟作用。当建筑物的机械排烟系统沿水平方向布置时，每个防火分区的机械排烟系统（指风机、风口、风管），均应独立设置，防止火灾在不同防火分区蔓延，且有利于不同防火分区烟气的排出。

通常在有发生火灾危险的房间和用作疏散通路的走廊之间设置防烟隔断；在楼梯间设置前室，并设自动关闭门，作为防火防烟的分界；对特殊的竖井（如商场中部的自动扶梯处）应设置烟感器控制的防火隔烟卷帘等。如图 5-76 为某商场的防火排烟分区示意图。

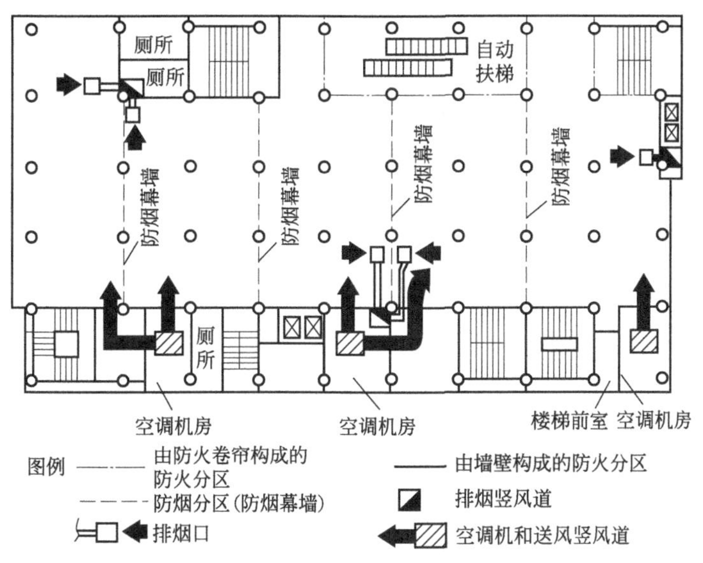

图 5-76 某商场防火排烟分区

5.5.2 防火与防烟排烟设备

(1) 防火阀

防火阀为安装在通风空调系统的送回风管道上，平时呈开启状态，火灾时当管道内烟气温度达到 70℃时关闭，并在一定时间内能满足漏烟量和耐火完整性要求，起隔烟阻火作用的阀门。防火阀有温感器控制自动关闭、手动关闭、电动关闭等三种常见关闭方式。《建筑通风和排烟系统用防火阀门》（GB 15930—2007）中规定，防火阀（名称符号为 FHF）应具备温感器控制关闭方式，宜具备手动和电动关闭方式。手动操作应方便、灵活、可靠。

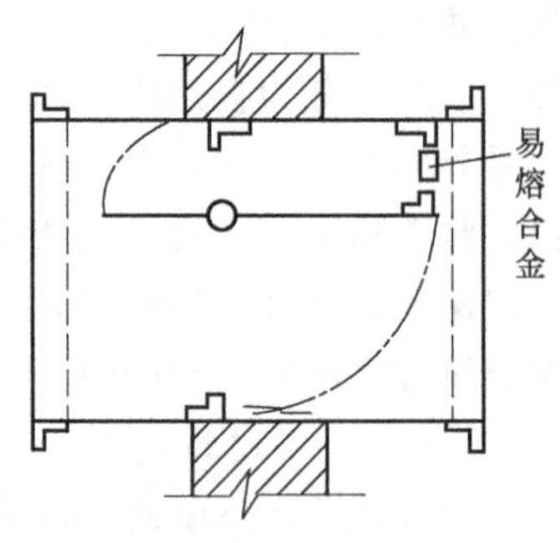

图 5-77 重力式防火阀

空调工程中的防火阀，按照关闭阀门的作用力不同有重力式（如自垂翻板式）和弹（扭）簧式。平时常开，火灾发生时借助易熔合金在高温下（一般为 70℃）熔解的特点，在重力作用或弹簧机构作用下自动关闭。图 5-77 所示为重力式防火阀的结构示意图。

此外，防火阀也可按照外形不同分为矩形和圆形；按照阀门复位方式不同有手动复位型和自动复位型。兼有防火阀和风量调节阀功能的称为防火调节阀，平时可手动改变阀门叶片的开启角度，使叶片在 0°～90°方向上调节；火灾发生时因易熔合金的熔断而自动关闭，起到防火作用。防火阀可以增加电信号装置，一旦阀门关闭就发出信号，使联锁的风机同时关闭。

(2) 排烟防火阀和排烟阀

我国《建筑通风和排烟系统用防火阀门》(GB 15930—2007) 中，定义排烟防火阀（名称符号为 PFHF）为：安装在机械排烟系统的管道上，平时呈开启状态，火灾时当排烟管道内烟气温度达到 280℃时关闭，并在一定时间内能满足漏烟量和耐火完整性要求，起隔烟阻火作用的阀门。

排烟阀（名称符号为 PYF）为安装在机械排烟系统各支管端部（烟气吸入口处），平时呈关闭状态并满足漏风量要求，火灾或需要排烟时手动和电动打开起排烟作用的阀门。带有装饰口或进行过装饰处理的阀门称为排烟口。

当火灾房间或者火灾层的烟气温度很高时（>280℃），此时的烟气中已经带火，火灾进入旺盛期，一般情况下，这时的人员已经疏散完毕；若排烟系统此时继续工作，烟气就有扩大到其他区域的危险，可能会造成新的危害，所以这时的排烟系统不应该继续工作，即排烟管道上的防火排烟阀能够在 280℃自动关闭，阻隔烟火的流动。排烟防火阀应该与防排烟风机进行联锁。条件许可时，也可以设计成排烟防火阀关闭后，发出信号给消防指挥中心，由消防指挥中心停止防排烟风机的运行。

(3) 风机

用于防烟排烟系统的风机，既可以采用普通钢制离心通风机，也可以采用防排烟专用风机。在火灾的初期，由于烟气温度较低，烟气密度相对也较大。风机轴功率和所输送介质密度成正比，因此应适当加大风机的电机功率储备系数，避免在火灾初期出现超载、损坏电机的情况，保证运行的可靠。对于高原地区的防烟排烟设计，由于海拔高，大气压力低，气体的密度小，当排烟系统的质量流量和阻力相同时，风机所需要的风量、风压都要比平原地区的大。

1) 加压送风机：机械加压送风系统是火灾时保证人员快速疏散的必要条件。由于机械加压送风系统的风压通常在中、低压范围，故加压送风机宜采用轴流风机或中、低压离心风机。

加压送风机必须保证输送能使人正常呼吸的空气，为此进风必须是室外不受火灾和烟气污染的空气。一般应将进风口设在排烟口下方，并保持 6m 以上高度差；必须设在同一层面时，应保持两风口边缘间的相对距离在 20m 以上，或设在不同朝向的墙面上，并应将进风口设在该地区主导风向的上风侧；进风管道宜单独设置，不宜与平时通风系统的进风管道合用。

由于烟气自然向上扩散的特性，为了避免进风口吸入烟气，宜将加压送风机的进风口布置在建筑下部，且应采取措施保证各层风量均匀。有些建筑将加压送风机布置在顶层屋面上，发生火灾时整个建筑将被烟气笼罩，加压送风机送往防烟楼梯间、前室的将不是清洁空气，而是烟气，可能严重威胁人员疏散安全。当受条件限制必须在建筑上部布置加压送风机时，应采取措施防止加压送风机进风口受烟气影响。同时，为保证加压送风机不因受风、雨、异物等侵蚀损坏，在火灾时能可靠运行，加压送风机应放置在专用机房内。

加压送风机是防烟系统工作的“心脏”，必须具备多种方式可以启动的特性。除接收火灾自动报警系统信号联动启动外，还应能独立控制，不受火灾自动报警系统故障因素的影响。所以，加压送风机应能够同时满足：现场手动启动、通过火灾自动报警系统启动、消防控制室手动启动、系统中任一常闭加压送风口开启时自动启动等四种启动方式。

当防火分区内火灾确认后，应能在 15s 内开启该防火分区楼梯间的全部加压送风机，同时应开启该防火分区内着火层及其相邻上下前室合用的常闭送风口。由于防烟系统的可靠运行将直接影响到人员安全疏散，火灾时按设计要求准确开启着火层及其上下层送风口，既符合防烟需要也能避免系统出现超压现象。

2）排烟风机与补风机：排烟风机宜设置在排烟系统的最高处，烟气出口宜朝上，并应高于加压送风口和补风口。排烟风机应满足 280℃时连续工作 30min 的耐温要求，国产普通中、低压离心风机或排烟专用轴流风机一般都能满足该要求。当排烟风道内烟气温度达到 280℃时，烟气中已带火，此时应停止排烟，否则烟火扩散到其他部位会造成新的危害。而仅关闭排烟风机，不能阻止烟火通过管道的蔓延，因此排烟风机入口处应设置能自动关闭的排烟防火阀并联锁关闭排烟风机。

补风的主要目的是形成理想的气流组织，迅速排除烟气，有利于人员安全疏散和消防人员进入。一般而言，补风应直接从室外引入，且补风量至少达到排烟量的 50%。建筑地上部分的机械排烟走道、小于 500m^2 的房间，由于面积小、排烟量较小，可以利用建筑各种缝隙满足补风，因此可不专门设置补风系统。

为确保排烟系统不受其他因素的影响，提高系统的可靠性，排烟风机（包括补风机）的控制方式应同时满足：现场手动启动；火灾自动报警系统启动；消防控制室手动启动；系统中任一排烟阀或排烟口开启时自动启动；排烟防火阀在 280℃自行关闭时联锁启动。

防烟、排烟和补风的风机是发生火灾紧急情况下的应急设备，不需要考虑设备运行所产生的振动和噪声。隔振减振装置大部分采用橡胶、弹簧或两者的组合，在高温下运行时，橡胶会变形熔化、弹簧会失去弹性或性能变差，将影响排烟风机的可靠运行。因此，风机应设在混凝土或钢架基础上，不宜设减振装置；若与通风空调系统合用风机时，不应选用橡胶或含有橡胶的减振装置。

5.5.3　空调系统的防火与防烟排烟

空调系统在考虑防火防烟排烟时，应结合分区等因素，从防火阀设置、材料选择、空调系统布置等方面来综合考虑。

(1) 防火阀设置

确保防火阀的正确设置，应从设计和施工两方面来保证。

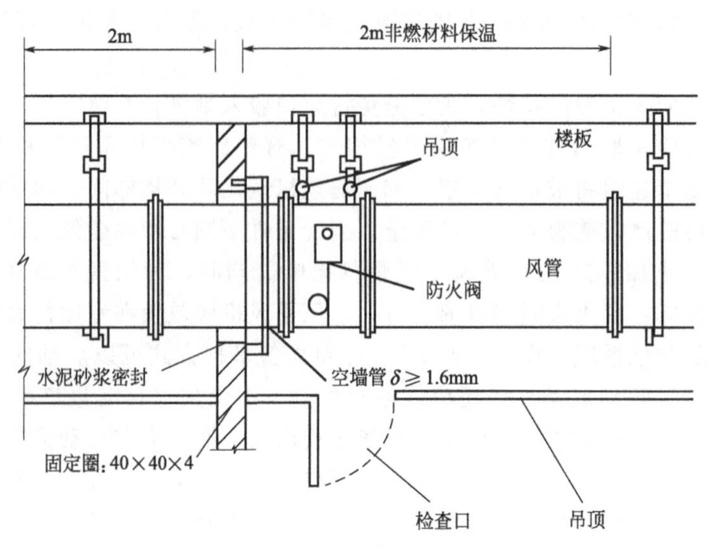

图 5-78 穿越隔墙的防火阀

通风空调系统的风管如下部位应设置防火阀，如：管道穿越防火分区的隔墙（见图 5-78）；穿越防火分隔处的变形缝两侧（见图 5-79）；穿越设有气体灭火系统的房间隔墙和楼板处；竖向风管与每层水平风管交接处的水平管段上；穿越通风、空调机房及重要的或火灾危险性较大的房间隔墙和楼板处等。此外，在厨房、浴室、厕所等的竖向排风管道上，应采取防止回流的措施或在支管上设置防火阀。值得注意的是，公共建筑的厨房排油烟管道宜按防火分区设防火阀，为防止高温油烟的误动作，其动作温度为 150℃。

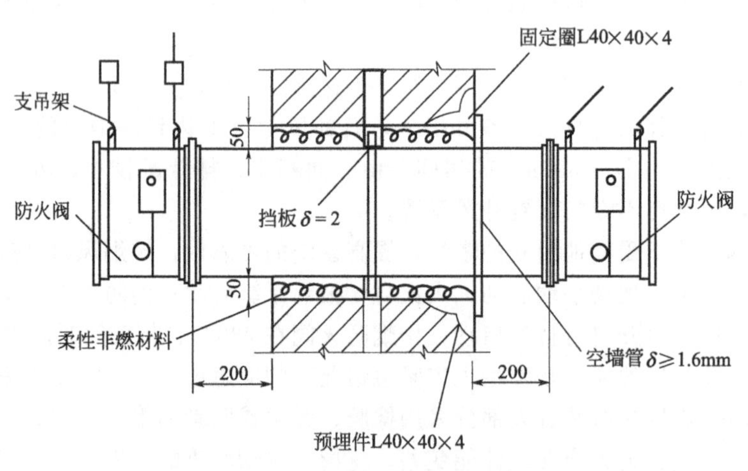

图 5-79 穿越变形缝的防火阀

安装上，为防止发生火灾时的非常条件下造成的管道变形、坍塌而使防火阀损坏、失控、失灵等，对防火阀的安装技术要求和工艺要求较高：

① 防火阀的安装方向与位置应正确。重力式防火阀有水平与垂直安装、左式和右式之分；弹簧式防火阀有左式和右式之分。阀板的开启应呈逆气流方向，易熔片应面向气流方向。

② 防火阀应单独吊装，以防止发生火灾时因管道变形而影响其性能。

③ 设置防火阀时，从防火墙至防火阀的风管应采用 1.5mm 以上厚度的钢板制作，以增

强管道的刚度。

④ 对远距离控制的自动开启装置，控制缆绳的总长度一般不超过 6m，弯曲处不应超过 3 处，弯曲半径 $R>300$mm，缆绳采用套管保护，套管不应出现急转弯头、环形弯头、“U”形弯头和连续弯头等。

(2) 风管材料选择

一般情况下，通风空调的风管应采用不燃材料制作，但接触腐蚀性介质的风管和柔性接头可采用难燃材料制作。体育馆等大空间建筑，当不跨越防火分区且在穿越房间隔墙处设置防火阀时，可采用难燃材料。空调设备和风管的保温材料，加湿器的加湿材料、消声材料及其黏结剂等，宜采用不燃材料，确有困难时可采用难燃材料。

管道的隔烟是指在管路上设置切断装置，将管路隔断，阻止火势、烟气的流动。薄钢板是制作防烟系统的常用材料，分为普通薄钢板和镀锌薄钢板等。由于它们容易加工，布置灵活，可以承受较高的温度，尤其是镀锌钢板还具有一定的防腐性能，因此钢制风管在防火防烟排烟工程中广为应用。防烟排烟管道要求敷设在屋架、顶棚、楼板内的部分，应采用绝热的不燃材料覆盖。防排烟管道不宜穿越防火墙和非燃烧体的楼板等防火隔断物，如必须穿越时，应采取相应的防火措施，如设置防火阀。穿越段两侧 2m 长度内采用不燃材料覆盖，穿越空隙处用不燃材料填塞严密等。

空调机房应与其他部分隔开，并分别采用耐火极限不低于 3h 的隔墙和不低于 2h 的楼板，门采用耐火极限不小于 1.25h 的甲级防火门。

(3) 空调系统的防火与防烟排烟设计

民用建筑内含有容易起火或爆炸的危险物质的房间，例如房间内有燃油锅炉或燃气锅炉等，应设置自然通风或独立的机械通风设施，且其空气不应循环使用。燃油锅炉房的正常通风量按换气次数不小于 3 次/h 设计，燃气锅炉房正常通风量下的换气次数不小于 6 次/h。火灾危险性较大的厂房和仓库内的空气不应循环使用。含有燃烧或爆炸危险的粉尘、纤维的空气，在循环使用前应净化处理并使含尘浓度低于爆炸下限的 25%。

空调风管的防火除管道本身的防火，即对输送高温介质的管道不允许采用耐热性能差的材料来制作外，还包括高温管道埋设或穿越建筑物围护结构的部位必须采用一系列的防火措施。风管不宜穿过防火墙和非燃烧体楼板等防火分隔物，如必须穿过时，应在穿过处设置防火阀。风管在穿越机房和重要的或火灾危险性较大的房间的隔墙、楼板以及竖向风管与每层水平风管交接处的水平支管上，都应该设置防火阀。风管内设有电加热器时，电加热器的开关应与通风机的开关联锁控制，电加热器前后 0.8m 范围内的风管和穿过设有火源等容易起火房间的风管均应采用不燃材料。

空调系统的风管，横向宜按每个防火分区设置，竖向最好分层设置，若需要多层设置时，不宜超过 5 层。当管道设置防止回流设施、防火阀或每层设有自动喷淋系统时，可以不受此限制。竖向风管应设置在管道井内，管井的检修门应采用丙级防火门。管道井每隔 2～3 层楼板处用相当于楼板耐火等级的不燃材料作防火隔断。

当空气中含有比空气轻的可燃气体时，水平排风管应顺气流方向的向上坡度敷设。在散发可燃粉尘、纤维的厂房内，散热器表面平均温度不应超过 82.5℃。

思考题与习题

5-1. 空调冷热源可分为哪两大类？如何初步筛选冷热源方案？

5-2. 以天然水作为人工冷热源时如何根据实际情况选择？

5-3. 冷热源组合方案的经济分析方法是以什么数据为基础的？主要包括哪几方面的比较内容？

5-4. 空调风管按制作材料可分为哪些种类？各有何优缺点？按断面的几何形状可分为哪些种类？各有何优缺点？

5-5. 简单说明复合材料风管是什么样的风管？

5-6. 风管的断面尺寸和管内空气流速应如何选择？风管的阻力计算要达到哪几个目的？

5-7. 冷管道的绝热结构应有几层？其厚度如何确定？

5-8. 闭式水系统为什么要设置膨胀水箱？为什么要设在系统的最高点以上？膨胀水箱的主要配管有哪些？

5-9. 同程式水系统与异程式水系统的特点各是什么？

5-10. 简述冷却塔的工作原理以及如何选择冷却塔。

5-11. 冷凝水系统设计时应注意什么？

5-12. 空调系统中的噪声源有哪些？主要通过哪些途径传入房间？

5-13. 为什么要采用声级计 A 挡来评价噪声？

5-14. 常用的消声器有哪几种？各自的消声原理是什么？一般设置在哪些场合？

5-15. 空调系统产生的振动有何不良影响？一般可采取哪些措施来消除或减小其影响？

5-16. 常用的隔振装置有哪些？各有何特点？选择隔振装置时应注意哪些共同的事项？

5-17. 空调风管应如何满足防火防烟要求？

5-18. 防火阀的种类和关闭方式有何不同？空调风管上是否一定要设防火阀？

第6章

空调工程的质量验收及调试

空调工程在施工中和完工后，均需要进行质量验收和调试工作。空调系统的水量风量、空气处理设备的性能指标、空调房间的气流组织、系统的消声效果、系统的自控性能等，均需要通过测定、调整等调试工作，来确定是否符合设计目标。有效的质量验收和调试工作，一方面可以发现系统设计、施工和设备性能等方面存在的问题，从而采取相应的措施，确保系统达到设计要求；另一方面也可以使运行人员熟悉和掌握该空调系统的性能和特点，为系统的经济、合理运行积累资料。

我国《建设工程质量管理条例》(2019年修订版)规定：供热与供冷系统的最低保修期限为2个采暖期、供冷期。该项规定对空调工程的设计和施工质量提出了比较高的要求，但有利于行业的技术水平进步。对于已投入使用的空调系统，如因工艺条件的改变或维护管理不当出现系统不能满足要求，需要通过调试改进运行状况，或找出不能正常运行的原因加以改进。因此，空调系统的调试也是检查空调系统设计、施工及日常运行是否达到预期目标的重要途径。这项工作对设计、施工和运行管理人员，都非常重要。

6.1 空调工程的质量验收

我国《通风与空调工程施工质量验收规范》(GB 50243—2016)规定，空调工程施工质量的验收依据首先是合同约定，其次是被批准的设计图纸。

空调工程施工的相应合同，是签约双方必须遵守的法律文件，其中涉及的技术条款是工程质量验收的依据之一。按被批准的设计文件、施工图纸进行工程的施工，是工程质量验收的最基本条件。施工单位的职责是通过作业劳动将设计图转化成为现实，满足其相应的功能需求，故施工单位无权随意修改设计。施工单位参与到工程施工图的深化设计，可以充分利用施工企业的经验，有利于工程施工中管线综合等诸多矛盾的合理解决。但是，为了保证工程质量，《通风与空调工程施工质量验收规范》(GB 50243—2016)规定，深化设计图应得到工程设计单位的认可，纳入工程施工图的管理范围。

6.1.1 基本规定

空调工程施工应按规定程序进行，并与土建及其他专业工种的施工相互配合。为确保空调工程的安全和质量，应配合现行《建筑工程施工质量验收统一标准》(GB 50300—2013)等有关标准规定，遵照《通风与空调工程施工质量验收规范》(GB 50243—2016)进行质量验收。

(1) 材料进场验收

空调工程所用的主要原材料、成品、半成品和设备的质量将直接影响到工程的整体质量，应采购符合国家强制性标准的产品，不得采用国家明令禁止使用或淘汰的材料与设备，且在其进入施工现场时应进行实物到货验收，其材质、规格及性能应符合设计文件和国家现行标准规定。

验收一般应由供货商、监理、施工单位的代表共同参加，验收应得到监理工程师或建设单位相关责任人确认，并应形成相应的书面记录。进口材料与设备应遵守我国的国家法规，应提供有效的商检合格证明、中文质量证明等文件。

空调工程采用的新技术、新工艺、新材料与新设备，均应有通过专项技术鉴定验收合格的证明文件。专项技术鉴定应具有权威性。

(2) 质量交接会检

“质量交接会检”是施工过程中的重要环节，是对上道工序质量认可、分清责任的有效手段。通过对上道工程的质量交接验收，共同保证工程质量，避免质量隐患或不必要的重复劳动，符合建设工程质量管理的基本原则和我国建设工程的实际情况。

空调工程的会检组织宜由建设、监理或总承包单位负责，在与空调系统有关的土建工程施工完毕后进行。设计及施工单位应配合完成质量交接会检。

空调工程中的隐蔽工程，在隐蔽前应经监理或建设单位验收及确认，必要时应留下影像资料。对于隐蔽工程的重要部位，采用影像资料是一个较为直观的见证资料。

6.1.2　通风与空调分部工程的质量验收

建筑工程中，分部工程与分项工程的划分，主要根据系统可独立运行与进行功能验证的原则。一般而言，通风与空调工程为整个建筑工程中的一个分部工程。当空调工程以独立的单项工程形式进行施工承包时，则分部工程上升为单位工程，子分部工程上升为分部工程，分项工程不变。

(1) 子分部工程与分项工程的划分

根据各系统功能特性不同，我国《通风与空调工程施工质量验收规范》(GB 50243—2016) 中，按相对专业技术性能和独立功能，将通风与空调分部工程划分为 20 个子分部工程（见表 6-1，含对应的各分项工程），以便于工程施工质量的监督和验收。

表 6-1　通风与空调分部工程的子分部工程与分项工程划分

序号	子分部工程	分项工程
1	送风系统	风管与配件制作，部件制作，风管系统安装，风机与空气处理设备安装，风管与设备防腐，旋流风口、岗位送风口、织物(布)风管安装，系统调试
2	排风系统	风管与配件制作，部件制作，风管系统安装，风机与空气处理设备安装，风管与设备防腐，吸风罩及其他空气处理设备安装，厨房、卫生间排风系统安装，系统调试
3	防、排烟系统	风管与配件制作，部件制作，风管系统安装，风机与空气处理设备安装，风管与设备防腐，排烟风阀(口)、常闭正压风口、防火风管安装，系统调试
4	除尘系统	风管与配件制作，部件制作，风管系统安装，风机与空气处理设备安装，风管与设备防腐，除尘器与排污设备安装，吸尘罩安装，高温风管绝热，系统调试

续表

序号	子分部工程	分项工程
5	舒适性空调风系统	风管与配件制作，部件制作，风管系统安装，风机与组合式空调机组安装，消声器、静电除尘器、换热器、紫外线灭菌器等设备安装，风机盘管、变风量与定风量送风装置、射流喷口等末端设备安装，风管与设备绝热，系统调试
6	恒温恒湿空调风系统	风管与配件制作，部件制作，风管系统安装，风机与组合式空调机组安装，电加热器、加湿器等设备安装，精密空调机组安装，风管与设备绝热，系统调试
7	净化空调风系统	风管与配件制作，部件制作，风管系统安装，风机与净化空调机组安装，消声器、换热器等设备安装，中、高效过滤器及风机过滤器机组等末端设备安装，风管与设备绝热，洁净度测试，系统调试
8	地下人防通风系统	风管与配件制作，部件制作，风管系统安装，风机与空气处理设备安装，过滤吸收器、防爆波活门、防爆超压排气活门等专用设备安装，风管与设备防腐，系统调试
9	真空吸尘系统	风管与配件制作，部件制作，风管系统安装，管道快速接口安装，风机与滤尘设备安装，风管与设备防腐，系统压力试验及调试
10	空调(冷、热)水系统	管道系统及部件安装，水泵及附属设备安装，管道冲洗与管内防腐，板式热交换器，辐射板及辐射供热、供冷地埋管安装，热泵机组安装，管道、设备防腐与绝热，系统压力试验及调试
11	冷却水系统	管道系统及部件安装，水泵及附属设备安装，管道冲洗与管内防腐，冷却塔与水处理设备安装，防冻伴热设备安装，管道、设备防腐与绝热，系统压力试验及调试
12	冷凝水系统	管道系统及部件安装，水泵及附属设备安装，管道、设备防腐与绝热，管道冲洗，系统灌水渗漏及排放试验
13	土壤源热泵换热系统	管道系统及部件安装，水泵及附属设备安装，管道冲洗，埋地换热系统与管网安装，管道、设备防腐与绝热，系统压力试验及调试
14	水源热泵换热系统	管道系统及部件安装，水泵及附属设备安装，管道冲洗，地表水源换热管及管网安装，除垢设备安装，管道、设备防腐与绝热，系统压力试验及调试
15	蓄能(水、冰)系统	管道系统及部件安装，水泵及附属设备安装，管道冲洗与管内防腐，蓄水罐与蓄冰槽、罐安装，管道、设备防腐与绝热，系统压力试验及调试
16	压缩式制冷(热)设备系统	制冷机组及附属设备安装，制冷剂管道及部件安装，制冷剂灌注，管道、设备防腐与绝热，系统压力试验及调试
17	吸收式制冷设备系统	制冷机组及附属设备安装，系统真空试验，溴化锂溶液加灌，蒸汽管道系统安装，燃气或燃油设备安装，管道、设备防腐与绝热，系统压力试验及调试
18	多联机(热泵)空调系统	室外机组安装，室内机组安装，制冷剂管路连接及控制开关安装，风管安装，冷凝水管道安装，制冷剂灌注，系统压力试验及调试
19	太阳能供暖空调系统	太阳能集热器安装，其他辅助能源、换热设备安装，蓄能水箱、管道及配件安装，低温热水地板辐射采暖系统安装，管道及设备防腐与绝热，系统压力试验及调试
20	设备自控系统	温度、压力与流量传感器安装，执行机构安装调试，防排烟系统功能测试，自动控制及系统智能控制软件调试

(2) 质量验收规范

《通风与空调工程施工质量验收规范》(GB 50243—2016) 中规定：空调分部工程验收合格的前提条件，是该工程中所包含的子分部工程全数合格。各子分部工程验收合格的前提条件，是所包含的各分项工程全数合格。但需要注意的是，具体工程所涉及的分项工程，其具体构成和数量会有所不同。每个工程应根据该工程特性，进行针对性的删选与增减。由于每个子分部所包含的分项工程的内容及数量有所不同，因此工程质量验收按各分项工程的具体条文执行。

以风管为例，对耐压能力、加工及连接质量、严密性能、清洁要求等，应注意区分各种材料、各个子分部工程中同类分项规定的具体条文。分项工程质量验收时，还应根据工程量的大小、施工工期的长短，以及作业区域、验收批所涉及子分部工程的不同，采取二次验收或多次验收的方法。

风管系统安装是一个分项工程，但是它可以分属于多个子分部工程，如送风、排风、空调及防排烟系统工程等。同时，它还存在采用不同材料的情况，如金属、非金属或复合材料等。因此在分项工程质量验收时，应按照对应分项内容，一一对照执行。各检验验收批的批次、样本数量可根据工程的实物数量与分布情况而定，并应覆盖整个分项工程，不应漏项。当分项工程中包含多种材质、施工工艺的风管或管道时，检验验收批宜按不同材质分列进行。

(3) 一般规定、主控项目与一般项目

在我国《通风与空调工程施工质量验收规范》(GB 50243—2016) 中，按照风管与配件、风管部件、风管系统安装、风机与空气处理设备安装、空调用冷（热）源与辅助设备安装、空调水系统管道与设备安装、防腐与绝热等章节，详细规定了质量验收的一般规定、主控项目与一般项目。

以风机与空气处理设备安装章节为例，规范中包括一般规定 3 项，主控项目 12 项，一般项目 17 项。其中，一般规定为设备装箱清单等随机文件、开箱检验和基础验收等 3 项；主控项目包括风机及风机箱安装、通风机装设防护罩等安全防护措施、单元式与组合式空气处理设备安装、空气热回收装置安装、空调末端设备安装、除尘器安装、高效过滤器安装、风机过滤器单元安装、洁净层流罩安装、静电式空气净化装置金属外壳必须与 PE 线可靠连接、电加热器安装、过滤吸收器安装等 12 项；一般项目则有风机及风机箱安装、空气风幕机安装、单元式空调机组安装、组合式空调机组及新风机组安装、空气过滤器安装、蒸汽加湿器安装、紫外线与离子空气净化装置安装、空气热回收器安装、风机盘管机组安装、变风量及定风量末端装置安装、除尘器安装、静电除尘器现场组装、布袋除尘器现场组装、洁净室空气净化设备安装、装配式洁净室安装、空气吹淋室安装、高效过滤器与层流罩安装等 17 项。

6.2 空调工程的调试

施工企业应将通过调试的系统交付给业主或业主委托的管理单位。通风与空调工程竣工验收的系统调试，必须要有设计单位的参与，因为工程系统调试是实现设计功能的必要过程和手段，除应提供工程设计的性能参数外，还应对调试过程中出现的问题提供明确的修改意见。至于监理、建设单位参加调试是职责所在，既可起到工程的协调作用，又有助于工程的管理和质量的验收。因此，我国《通风与空调工程施工质量验收规范》(GB 50243—2016) 规定：空调工程竣工验收的系统调试，应由施工单位负责，监理单位监督，设计单位与建设单位参与和配合。

有的施工企业本身不具备工程系统调试的能力，则可以委托给具有相应调试能力的其他单位进行。调试工作主要在工程施工完毕后进行，有的部分可在交付使用前（如风量测定与调整)，也有的部分要在交付使用过程中或以后进行。

6.2.1　调试前的准备工作

空调系统调试前应编制调试方案，并应报送专业监理工程师审核批准。系统调试应由专业施工和技术人员实施，调试结束后，应提供完整的调试资料和报告。

调试方案一般应包括编制依据、系统概况、进度计划、调试准备与资源配置计划、采用调试方法及工艺流程、调试施工安排、其他专业配合要求、安全操作和环境保护措施等基本内容。

(1) 熟悉设计资料

正式调试前须熟悉空调系统的全部设计资料，包括图纸（含修改部分）和设计说明书，了解设计意图，设计参数及系统全貌。重点应了解与调试有关的部分，例如整个空调系统的组成，系统包括哪些设备，设备的性能及使用方法，必要时还应查看设备的产品说明书等。要搞清楚送、回风系统，供冷和供热系统及自动控制系统的组成、走向及特点，明确各种调节装置和检测仪表的位置。此外，还应查看隐蔽工程验收记录和施工验收记录。

(2) 准备测试仪器和仪表

根据空调精度的要求，选择相应精度等级和最小分度值的仪器、仪表，并经有关计量部门校验合格，方能使用，以保证测定数据的准确性。同时准备好测试用的工具、记录表格等。

(3) 现场准备

检查空调各个系统和设备安装质量是否符合设计要求和施工验收规范要求，尤其是关键性的监测仪表（例如冷水机组蒸发器、冷凝器进出水口是否装有压力表、温度计、水流开关等）和安全保护装置是否齐全，安装是否合格；检查电源、水源和冷、热源等是否具备调试条件；检查空调房间围护结构是否符合设计要求，以及门窗的密闭程度。如有不合要求之处，必须整改合格后，方可进行测定与调整。

(4) 编制调试方案

空调工程的系统调试技术性强，调试质量会直接影响到工程系统功能的实现，因此调试前应编制调试方案，并经监理审核通过后施行。调试方案可指导调试人员按规定的程序、正确方法与进度实施调试，同时也利于监理对调试过程的监督。具体而言，调试方案规定调试的项目、内容、程序及要求，确定调试时间、进度和安全防范措施，明确调试人员、方法、仪器仪表等。

6.2.2　空调系统调试的规定与项目

在我国《通风与空调工程施工质量验收规范》(GB 50243—2016) 中，明确了空调系统调试的一般规定 6 项、主控项目 7 项和一般项目 5 项。

(1) 一般规定

空调系统的调试应包括：一是设备单机试运转及调试；二是系统非设计满负荷条件下的联合试运转及调试。

设计满负荷工况条件，是指在建筑室内设备与人和室外自然环境都处于最大负荷的条件。在工程建设实践中，交工验收阶段一般很难实现满负荷工况条件，即使在工程已经投入使用后，也还需要有室外气象条件的配合。需要注意的是，非设计满负荷条件下的联合试运转及调试，应在制冷和空调设备单机试运转合格后进行。

空调系统的性能参数的测定和调整中，风管风量测量、风口风量测量、空调水流量及水温检测、室内环境温度湿度检测、室内环境噪声检测、空调设备机组运行噪声检测等，应严格按照《通风与空调工程施工质量验收规范》（GB 50243—2016）中附录E的具体规定进行。

空调工程涉及系统较多且复杂，规定的正常联合试运转时间为8h。与之相比，通风工程相对较单一，正常联合试运转时间定为2h。

恒温恒湿空调工程的调试需要有一个逐步进入稳定状态的过程，因此应在空调系统正常运行24h及以上，达到稳定后进行。

净化空调系统运行前应采取保护性措施，在回风、新风的吸入口处和粗、中效过滤器前设置临时无纺布过滤器。净化空调系统的检测和调整应在系统正常运行24h及以上，达到稳定后进行。工程竣工洁净室（区）洁净度的检测应按合约要求进行，无合约要求则在空态或静态下进行。检测时，室内人员不宜多于3人，并应穿着与洁净室等级相适应的洁净工作服。

（2）单机试运转及调试的主控项目

空调工程系统中，以下8类典型设备在单机试运转时，应达到《通风与空调工程施工质量验收规范》（GB 50243—2016）中的相关主控项目要求：

① 通风机、空气处理机组中的风机，叶轮旋转方向应正确、运转应平稳、应无异常振动与声响，电机运行功率应符合设备技术文件要求。在额定转速下连续运转2h后，滑动轴承外壳最高温度不得大于70℃，滚动轴承不得大于80℃。

② 水泵叶轮旋转方向应正确，应无异常振动和声响，紧固连接部位应无松动，电机运行功率应符合设备技术文件要求。水泵连续运转2h滑动轴承外壳最高温度不得超过70℃，滚动轴承不得超过75℃。

③ 冷却塔风机与冷却水系统循环试运行不应小于2h，运行应无异常。冷却塔本体应稳固、无异常振动。冷却塔中风机的试运转尚应符合上述①的规定。

④ 制冷机组的试运转，应符合设备技术文件和现行国家标准《制冷设备、空气分离设备安装工程施工及验收规范》（GB 50274—2010）的有关规定。

⑤ 多联式空调（热泵）机组系统应在充灌定量制冷剂后，进行系统的试运转，并应符合相关主控项目要求。

⑥ 电动调节阀、电动防火阀、防排烟风阀（口）的手动、电动操作应灵活可靠，信号输出应正确。

⑦ 变风量末端装置单机试运转及调试应符合相关主控项目要求。

⑧ 蓄能设备（能源塔）应按设计要求正常运行。

（3）联合试运转及调试的主控项目

系统非设计满负荷条件下的联合试运转及调试，还可分为单个或多个子分部工程系统的联合试运转与调试，及整个分部工程系统的联合试运转与平衡调整。

以空调系统总风量为例，调试结果与设计风量的允许偏差应为－5%～＋10%，建筑内各区域的压差应符合设计要求。调试前应与设计方沟通，明确各个风系统的设计风量值。对于空调系统来说，都有一个空气过滤器在使用后由于积尘会增加系统阻力的特性，因此系统调试的初始风量应大于或等于设计风量，为正偏差。其余非设计满负荷条件下的联动试运转及调试应达到的主控项目，如水系统的总流量与设计流量的偏差不应大于 10% 等要求，参见《通风与空调工程施工质量验收规范》(GB 50243—2016) 的规定。

空调工程中的防排烟系统是建筑内的安全保障救生设备系统，施工企业调试的最终结果应符合设计和消防的验收规定。净化空调系统、蓄能空调系统的联合试运转及调试，应符合《通风与空调工程施工质量验收规范》(GB 50243—2016) 中的具体规定。

空调制冷系统、空调水系统与空调风系统的非设计满负荷条件下的联合试运转及调试，正常运转不应少于 8h，除尘系统不应少于 2h。

6.3 风量的测定与调整

空调系统风量的测定与调整等调试工作，应在风机正常运转、风管强度和严密性经过打压检验、系统中出现的漏风、阀门动作不灵或损坏等异常问题被解决之后进行。风量的平衡与调整工作，将直接关系到空调房间空气参数能否达到设计要求，以及系统今后能否经济运行。

空调系统风量主要受到风机、风管及空气处理装置的空气动力特性影响，而与这些设备是否有热湿处理作用关系不大（一般的测量精度要求下，温度对空气密度的影响可以忽略不计）。因此，风量的测定与调整，可以在不开启空调设备热湿处理功能的情况下独立进行。特别是对于风管暗装于吊顶内的空调系统，最好是在风管施工完毕而建筑室内装修尚未进行前，立即进行风量的测定与调整，可减少吊顶拆装次数、提高施工质量。

6.3.1 常用检测仪器

速度、流量、压力、温度、湿度、噪声等参数的测定与调整中，风速和风量最常见。以洁净室工程为例，风速检测仪器宜采用叶轮风速仪、热风速仪、超声风速仪等，风量检测仪器一般采用带流量计的风量罩、文丘里流量计、孔板流量计等。

(1) 叶轮风速仪

叶轮风速仪由叶轮和记数机构组成。当风速仪处于气流中时，叶轮旋转，并通过机械传动机构带动记数机构的指针随着转动，记录出气流速度，所以常用于测量风口的出风速度、换热器等设备的迎面风速。

叶轮风速仪应定期在风洞中进行校正，测量范围一般有 0.3～5.0m/s 和 0.5～10.0m/s 两种，超风速使用会造成损坏。

(2) 热风速仪

热风速仪是一种测量小风速的仪表，最小可测出 0.05m/s 的风速，它是由测头和指示仪表两部分组成的。因测头结构不同，又有几种形式，常见的有热线式和热球式两种。

热风速仪的主要优点是使用方便，反应快，对微风速感应灵敏，既能测风管内风速，又能测室内风速；缺点是因测头的电热丝和热电偶太细，极易损坏，价格较贵。

当气流中含有灰尘、热辐射表面及温度变化时，热风速仪的读数均将受到影响。所以，热风速仪适合用在清洁等温气流或温度梯度较小、没有辐射热影响的环境中。

(3) 超声风速仪

超声风速仪利用发送超声波脉冲，测量接收端的时间或频率（多普勒变换）差别来计算风速。超声波在空气中的传播速度，会和风向上的气流速度叠加。若超声波的传播方向与风向相同，它的速度会加快；反之，若超声波的传播方向若与风向相反，它的速度会变慢。因此，在固定的检测条件下，超声波在空气中传播的速度可以和风速呈函数对应，通过换算即可得到精确的风速。

超声波在空气中传播时，速度受温度的影响很大，但是通过超声风速仪内检测两个相反方向上的通道的设计，温度对超声风速仪检测结果产生的影响可以忽略不计。

超声风速仪灵敏度高，记录、存储数据都方便。由于没有机械转动部件，不存在机械磨损、阻塞、冰冻等问题，同时也没有“机械惯性”，可捕捉瞬时的风速变化，不仅可测出常规风速（平均风速），也可测得任意方向上的风速分量。目前应用较多的三维超声波风速计，可不间断地测定风向和风速的变化。但是，超声波发生器自身的大小，也会妨碍气流的流动，引起测量误差。

(4) 文丘里流量计

文丘里流量计是一种常用的测量有压管道流量的装置，属压差式流量计，常用于测量空气、天然气、煤气、水等流体的流量。从结构上看，文丘里流量计包括“收缩段”、“喉道”和“扩散段”3 部分，一般安装在需要测定流量的管道上。

文丘里管流量计具有结构简单、适用工况范围广、易于实时监控等优点，广泛用于测量封闭管道中单相稳定流体的流量，除空调工程外，在煤气、电力、水泥等众多能源动力工业领域中也被广泛应用。

(5) 孔板流量计

孔板流量计利用孔板前后产生一个静压差，该压差与流量存在着一定的函数关系，流量越大，压差就越大。将差压信号传送给差压变送器，转换成 4～20mA 的 DC 模拟信号输出，传送给流量积算仪即可实现流体流量的测量。

孔板流量计的结构简单牢固、性能稳定可靠、价格低廉且应用范围广，但其测量的精确度不高、流量范围窄、压力损失大。孔板流量计的标准节流孔板无须实流校准，即可投用，但节流孔板以内孔锐角线来保证精度，因此对腐蚀、磨损、结垢、脏污敏感，长期使用精度难以保证，需每年强制拆检一次。

孔板流量计和文丘里流量计的计量原理相同，都是借助管道内的节流装置，使流体流束在节流处形成局部收缩，从而使流速增加，静压降低，在节流前后产生静压差，并通过测量静压差来衡量流过节流装置的流量大小。由于差别仅在于节流件的不同，因此孔板流量计改造为文丘里流量计十分便利，工作量最小，费用最低。

(6) 配合流量计的风量罩

在送风口处测定风量时，由于该处气流比较复杂，一般用风量罩配合流量计进行测量，即加罩法测定（如图 6-1 所示）。在风口外加一罩子后，风量罩与风口的接缝处不得漏风，这样使得气流稳定、便于准确测量。因为这种风量罩对风量影响较小、使用简单又能保证一定的准确性，故在风口风量的测量中常用此法。

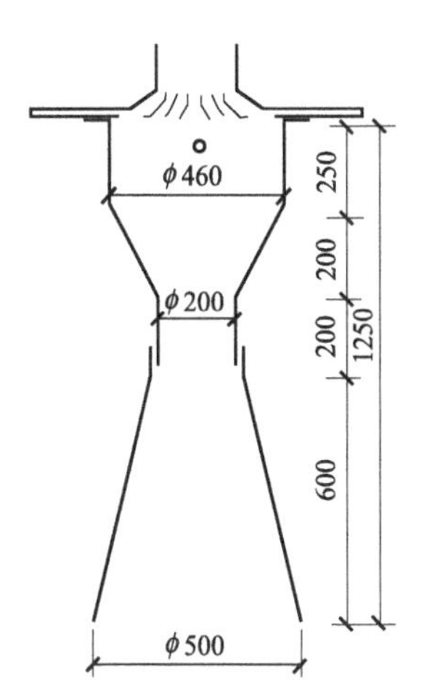

图 6-1　普通加罩法测定风口风量

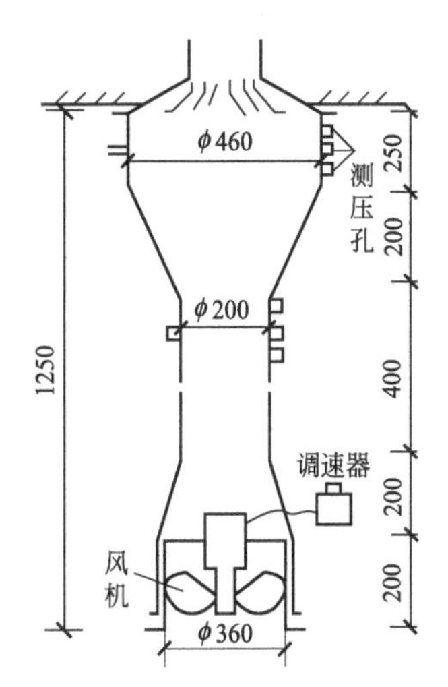

图 6-2　加罩加调速风机测定风口风量

在风口外加罩子对于风管系统阻力较大的场合影响较小。但如果风管系统阻力不大，加罩会使气流阻力增加，造成所测风量小于实际风量，此时可采用如图 6-2 所示的风量罩，在风量罩出口加一可调速的轴流风机。测定时，改变风机的转速，使风口出口处的静压为 0，这样就保证既不增加出风阻力，也不产生吸引作用。

对于空调房间的风量或各个风口的风量，无法在各分支管上测定时，可考虑采用热球风速仪或叶轮风速仪，在送、回风口处直接测量。回风口处由于气流均匀，所以实践中测量精度要求不高时，可直接在贴近回风口格栅或网格处用风速仪测量。

(7) 皮托管和微压计

皮托管是一次仪表，将它插入被测量的风管内，可将气流的全压、静压或动压传递出来，并通过液柱式压力计（二次仪表，例如，U 形压力计、倾斜式微压计等）来显示被测压力的大小。

皮托管可间接用来测量风速。皮托管和微压计配套，测定气流动压的大小，然后通过流体力学计算，可得出风速。与皮托管相连配套、共同测量风速的微压计，一般为倾斜式微压计。

(8) 便携式多用途通风及室内气流专用仪表

该仪表可以对采暖通风及室内气流的多种参数进行高精度测量。一般采用手持式液晶显示仪，可以选择不同的探头，以测量温度、湿度、风速、风压、风量、二氧化碳浓度、露点温度及水蒸气含量等。

风速探头一般为热线风速探头，可伸缩结构设计。它在测量风速时，具有温度补偿功能。仪表中 CPU 设计多种不同程序，每个程序都是为其特定参数的测量而特别设计的，并可用来计算平均值、最大值、最小值和标准偏差。数据储存量可以为近千个测量报告、成千对数据或上万个单独数据。

6.3.2　风管风量的测定

风管内风量的测定宜采用热风速仪直接测量风管断面平均风速，然后计算求取风量的方法。风管中测定风量的步骤是：选择测定断面、测量断面尺寸、确定测点、测定各点风速、计算出各点平均风速、计算出断面平均风速和风量。

(1) 选择测量断面

测量断面一般应考虑在气流均匀而稳定的直管段上，离开弯头、三通等产生涡流的部件要有一定的距离，如图 6-3 所示。

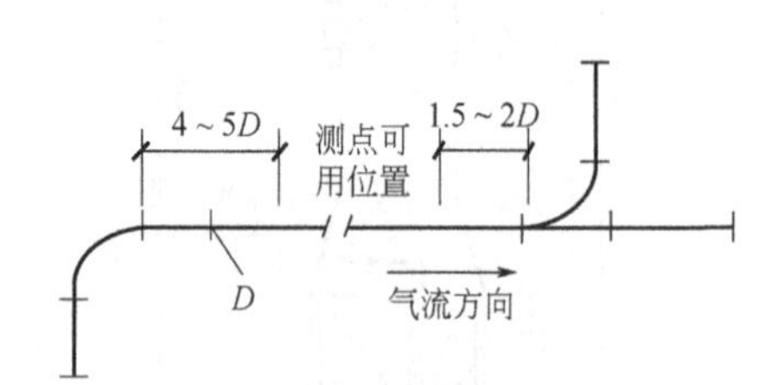

图 6-3 测量断面位置的确定

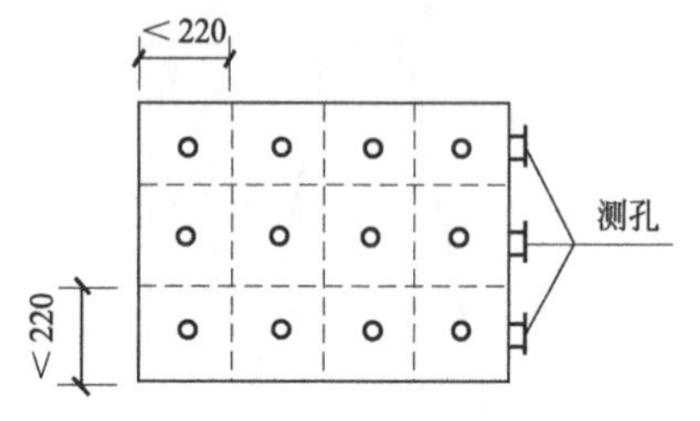

图 6-4 矩形风管测点位置

(2) 确定测点

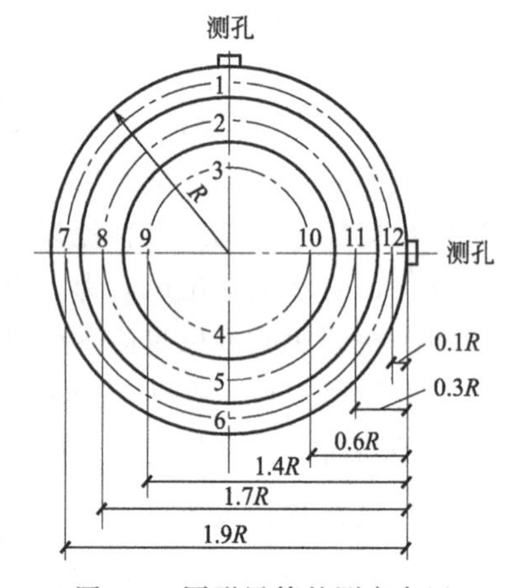

图 6-5 圆形风管的测点布置

在测量断面上，各点的风速不完全相等，因此一般不能只以一个点的数值代表整个断面。测量断面上测点的位置与数目，主要取决于断面的形状和尺寸。显然测点越多，测得的平均风速值越接近实际，但测点又不能太多，一般采取等面积布点法。

矩形风管测点布置应如图 6-4 所示，一般要求划分的小块面积不大于 $0.05m^2$（即边长 220mm 左右的小面积），并尽量为正方形，测点位于小面积的中心。

圆形风管测点布置如图 6-5 所示，应将测定断面划分为若干面积相等的同心圆环，测点位于各圆环面积的等分线上，圆环数由直径大小决定。每一个圆环测 4 个点，并且 4 个点应在相互垂直的两个直径上。各测点距圆心的距离按下式计算：

$$R_n = R\sqrt{(2n-1)/2m} \tag{6-1}$$

式中 R——风管断面直径，mm；

R_n——从风管中心到第 n 测点的距离，mm；

n——从风管中心算起的测点顺序号；

m——划分的圆环数。

圆形风管划分的圆环数见表 6-2。为了便于测定时确定测点的位置，测点到风管中心的距离，可按图 6-5 或表 6-2 选用。

(3) 计算断面平均风速

当用测速仪表直接测量风速时，风管断面平均风速 v_p（m/s），可用各个测点所测结果的算术平均值求得，即：

$$v_p = (v_1 + v_2 + \cdots + v_n)/n \tag{6-2}$$

式中 n——测点数；

v_1、v_2、v_n——各个测点风速，m/s。

表6-2 圆形风管划分的圆环数与各测点到管壁的距离

圆形风管直径/mm		200以下	200～400	400～700	700以上
圆环个数/个		3	4	5	5～6
测点号	1	0.1R	0.1R	0.05R	0.05R
	2	0.3R	0.2R	0.2R	0.15R
	3	0.6R	0.4R	0.3R	0.25R
	4	1.4R	0.7R	0.5R	0.35R
	5	1.7R	1.3R	0.7R	0.5R
	6	1.9R	1.6R	1.3R	0.7R
	7		1.8R	1.5R	1.3R
	8		1.9R	1.7R	1.5R
	9			1.8R	1.65R
	10			1.95R	1.75R
	11				1.85R
	12				1.95R

注：R为圆形风管断面半径。

在风量测定中，如果是用皮托管测出的空气动压值，也可求出断面空气平均流速，即：

$$\overline{p_{\mathrm{d}}}=\left(\frac{\sqrt{p_{\mathrm{d1}}}+\sqrt{p_{\mathrm{d2}}}+\cdots+\sqrt{p_{\mathrm{d}n}}}{n}\right)^2 \tag{6-3}$$

$$v_{\mathrm{p}}=\sqrt{\frac{2\overline{p_{\mathrm{d}}}}{\rho}} \tag{6-4}$$

式中 p_{d1}、p_{d2}、$p_{\mathrm{d}n}$——各测点的动压值，Pa；

$\overline{p_{\mathrm{d}}}$——断面空气动压的平均值（均方根值），Pa；

ρ——空气的密度，一般取1.2kg/m^3。

当风速较小时，测定动压用等间接测量方式的最终测量误差较大。因此对于风速小于4m/s的管道，应采用热风速仪等直接测得各测点风速，然后计算测定断面的平均风速。当采用热风速仪测量风速时，风速探头测杆应与风管管壁垂直，风速探头应正对气流吹来方向。

6.3.3 风口风量的测定

(1) 测量方法的选择

在选择风口风量的测量方法时，宜符合下列规定：

① 散流器风口风量，宜采用风量罩法测量。

② 当风口为格栅或网格风口时，宜采用风口风速法测量。

③ 当风口为条缝形风口或风口气流有偏移时，宜采用辅助风管法测量。

④ 当风口风速法测试有困难时，可采用风管风量法。

(2) 注意事项

采用风口风速法测量风口风量时，在风口出口平面上，测点不应少于6点，并应均匀布置。

采用辅助风管法测量风口风量时，辅助风管的截面尺寸应与风口内截面尺寸相同，长度不应小于 2 倍风口边长。辅助风管应将被测风口完全罩住，出口平面上的测点不应少于 6 点，且应均匀布置。

当采用风量罩测量风口风量时，应选择与风口面积较接近的风量罩罩体，罩口面积不得大于 4 倍风口面积，且罩体长边不得大于风口长边的 2 倍。风口宜位于罩体的中间位置；罩口与风口所在平面应紧密接触、不漏风。

6.3.4 空调系统风量的调整

调整空调系统的风量，目的是使经处理后的空气能按设计要求沿着干管、支干管及支管和送风口输送到各空调房间，为空调房间所需要的温度和湿度环境提供保证。另外，当设计风量与空调房间实际需要的风量有偏差时，适当调整可以达到送回风量与实际需要的风量尽量吻合。

(1) 风管的系统阻力特性

空调系统风量的调整是通过改变调节阀的开启度大小来实现的。改变调节阀的开启度实质上是改变阀门在管网中的阻力特性，进而改变管网中管段的系统阻力特性。阻力改变后，风量也随之相应地发生变化。

根据流体力学可知，任一管段的阻力 Δp (Pa) 与风量 q_V (m^3/s) 之间存在如下关系：

$$\Delta p = kq_V^2 \tag{6-5}$$

式中 k——风管系统的阻力特性系数，是与空气性质，风管长度、尺寸、局部管件阻力系数和摩擦阻力系数有关的比例常数。在给定的管网中，如果只改变风量，其他（包括阀门）都不变，则 k 值基本不变。

如图 6-6 所示的风管系统，管段 1 的风量为 q_{V1}，阻力特性系数为 k_1，风管阻力 Δp_1；管段 2 的风量为 q_{V2}，阻力特性系数为 k_2，风管阻力 Δp_2，则有：

$$\Delta p_1 = k_1 q_{V1}^2 \qquad \Delta p_2 = k_2 q_{V2}^2$$

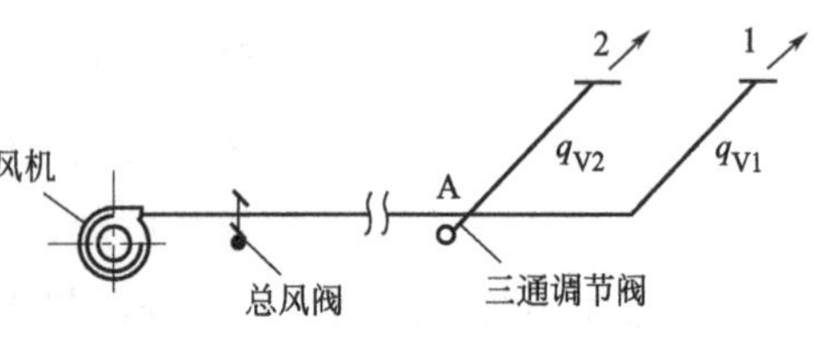

图 6-6 风量调节示意图

管段 1 与管段 2 并联，所以 $\Delta p_1 = \Delta p_2$，即：

$$k_1 q_{V1}^2 = k_2 q_{V2}^2 \quad 或 \quad \frac{k_1}{k_2} = \frac{q_{V2}^2}{q_{V1}^2} \quad 或 \quad \frac{\sqrt{k_1}}{\sqrt{k_2}} = \frac{q_{V2}}{q_{V1}} \tag{6-6}$$

如果图 6-6 中 A 点处的三通调节阀的位置不变，仅改变送风机出口处的总风阀，使总风量改变，则管段 1 和管段 2 的阻力特性系数不变（k_1、k_2、k_1/k_2 都为常数），风量相应地变化为 q'_{V1} 和 q'_{V2}，且符合：

$$k_1 (q'_{V1})^2 = k_2 (q'_{V2})^2$$

所以：

$$\frac{q'_{V2}}{q'_{V1}} = \frac{\sqrt{k_1}}{\sqrt{k_2}} = 常数 \tag{6-7}$$

比较式 (6-6) 与式 (6-7) 可得：

$$\frac{q_{V2}}{q_{V1}} = \frac{q'_{V2}}{q'_{V1}} \tag{6-8}$$

上式表明，只要三通调节阀的位置不变，即系统阻力特性系数 k_1/k_2 不变，无论总风量如何变化，管段1和管段2的风量总是按固定比例进行分配的。也就是说，若已知各风口的设计风量的比值，就可以不管此时总风量是否满足设计要求，只要调整好各风口的实际风量，使它们的比值与设计风量的比值相等，然后调整总风量达到要求值，则各风口的送风量必然会按设计比值分配，并等于各风口的设计风量。

空调系统的风量调整方法中，流量等比分配法就是根据上述原理进行的。

(2) 流量等比分配法

流量等比分配法一般从空调系统的最远管段，即最不利的风口开始，逐步调到风机。如图6-7所示的系统中，离风机最远的A风口为最不利风口，因此最不利管路为1—3—5—9，于是从支管1开始调整。

为了便于调整，一般使用两套仪器分别测定支管1和2的风量，并不断调整，使两支管的实测风量比值与设计风量比值相等。虽然单支风管的实测风量不一定能够立即调整到设计风量，但一般总可以调整到两支风管风量的比值与设计风量的比值近似相等。

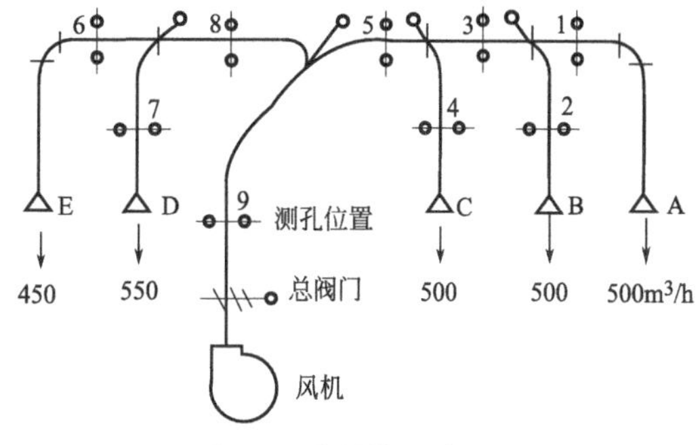

图6-7　流量等比分配法

然后用同样的方法调整支管3与支管4、支管6与支管7、支管8与支管5，最后调整干管9的总风量达到设计风量，这时干管和支管的风量都会自动达到近似设计风量，完成调整。

空调系统风量测定和调整完毕后，用红漆在所有阀门手柄上作好标记，并将阀门位置固定，不得随意变动。基准风口调整法和逐段分支调整法等其余方法，读者可自行查阅相关参考文献。

(3) 风量测定后常见问题及改进

① 实测风量大于设计风量。常见原因有：系统风管的实际阻力小于设计阻力；风机实际选型的风量或风压偏大。解决方法为：减小风机转速，降低送风量；无条件改变风机转速时，可用风机入口调节阀调节，即用增加系统阻力的方法来降低送风量，这种做法操作简单但不经济。

② 实测风量小于设计风量，此时一般有实际阻力偏大、风机风量偏小和系统漏风过多等3种常见原因。若实际送风阻力大于设计阻力，在条件允许的情况下，应对系统中管道的局部配件（如弯头、三通、调节阀等）进行改进，减小阻力。若是风机本身质量不好或安装及运行问题造成风机转向不对，转速未达到设计要求等，应检查风机转向是否正确、风机与电机连接传动带是否松动、风机电机的输入功率是否正常等，必要时应调换风机。若是送风系统向外漏风过大，则应按照《通风与空调工程施工质量验收规范》（GB 50243—2016）中附录C的相关规定，对风管的严密性进行测试，重点关注法兰盘、垫圈、检测门（孔）等处的漏风量。

6.4 空气处理设备的性能测定

空气加热器、空气冷却器、喷水室、风机和水泵等设备的性能是否符合设计要求，直接影响空调系统的使用效果和运行经济性。

6.4.1 空气加热器性能测定

空气加热器的性能测定主要是加热能力的测定。测定内容主要为空气和热媒的进出温度(当热媒为蒸汽时应测定蒸汽的压力)，测定工作一般应在设计工况下进行。当实测条件无法与设计工况一致时，可在实测条件下测定，然后换算出设计工况下的加热能力。

实测时，保持风量、热媒流量与设计工况相等。实测加热器与空气的换热量为：

$$Q=KF[(t_c+t_z)/2+(t_1+t_2)/2] \tag{6-9}$$

同理，设计工况下的加热能力为：

$$Q'=KF[(t'_c+t'_z)/2+(t'_1+t'_2)/2] \tag{6-10}$$

将式(6-9)、式(6-10)比较，可得出换算关系为：

$$Q'=Q\frac{(t'_c+t'_z)/2+(t'_1+t'_2)/2}{(t_c+t_z)/2+(t_1+t_2)/2} \tag{6-11}$$

式中 K——加热器的传热系数，$W/(m^2 \cdot ℃)$；

F——加热器的传热面积，m^2；

t_c、t_z——实测条件的热媒初、终温度(以蒸汽为热媒时，$t_c=t_z$)，℃；

t_1、t_2——实测条件的空气初、终温度，℃；

t'_c、t'_z——设计工况的热媒初、终温度(以蒸汽为热媒时，$t'_c=t'_z$)，℃；

t'_1、t'_2——设计工况的空气初、终温度，℃。

当热媒为热水时，可以在进、出水管道上的测温套内插入量程相同的温度计测量，也可以用热电偶紧贴管道外表面，测水管表面温度，然后考虑传热温差计算热媒温度。当热媒为蒸汽时，可在加热器进口处设一高精度的压力表，测定进入加热器的蒸汽压力，相应的饱和蒸汽温度即为热媒的平均温度。

6.4.2 空气冷却器性能测定

(1) 测定条件

空气冷却器的性能测试主要是测试其冷却能力。一般要求应在设计工况条件下(即室内外计算参数和室内热湿负荷均为设计工况)进行，但实际往往难以达到，因而一般分下列两种条件下进行：

① 测试时，室外被测空气状态接近设计状态，且室内空气的热湿负荷参数也基本达到了设计值。在这种情况下，可将新风与回风一次混合比调整到设计工况下的混合点状态；将风量、冷水量、进口水温调整到与设计工况相同的条件。若空气终了状态的比焓值接近设计工况的比焓值，则说明空气冷却器的冷却能力达到了设计要求。

② 当室外被测空气状态与设计相差较大时，冷却装置的测试仍可用上述方法进行。此时调节一次混合状态，使测试工况下一次混合点空气的比焓值与设计工况下一次混合点空气状态的比焓值相等；将风量、冷水量、进口水温调整到与设计工况相同的条件。若被处理空气的比焓差接近设计工况，则说明制冷装置的冷却能力达到了设计要求。

(2) 测定方法

待空调系统工况稳定以后，用干湿球温度计，分别测量空气冷却器前后空气的干球温度和湿球温度，用气压计测量大气压力，进而求得空气冷却器前后空气的比焓值，同时测出空气冷却器的风量，就可算出空气冷却器的冷却能力 Q（kW），即：

$$Q=q_m(h_1-h_2) \tag{6-12}$$

式中　q_m——通过空气冷却器的风量，kg/s；

h_1、h_2——空气冷却器进口、出口的空气比焓值，$kJ/kg_{干}$。

空气冷却器的冷却能力除用上述方法测定外，还可利用冷媒水得到的热量来测定：

$$Q=WC(t_{w2}-t_{w1}) \tag{6-13}$$

式中　W——通过空气冷却器的水量，kg/s；

C——水的比定压热容，常压下 $C=4.19$kJ/（kg·℃）；

t_{w2}、t_{w1}——空气冷却器的出水、进水温度，℃。

6.4.3　喷水室性能测定

喷水室的性能测定主要包括喷水量、冷却能力、喷水室的过水量等。在测试过程中，各设备应按最大容量启动。喷水室的风量、水温、压差和阻力损失等参数的测定，可通过毕托管、倾斜微压计、干湿球温度计、流量计、弹簧压力表等进行测量。

(1) 喷水量的测定

准备一只秒表，然后在设计的喷嘴压力下进行喷水，同时启动秒表记录时间。根据一定时间内水池积水容积的变化量，即可算出喷水量 $W_{喷}$，单位为 m^3/h。

喷水室的补水量 $W_{补}$ 通常为喷水量 $W_{喷}$ 的 2%～5%。

(2) 过水量的测定

喷水室过水量是后挡水板的挡水过程中，无法将空气中所含的小水滴全部分离出来，因而产生的通过后挡水板的“雾状水滴”质量。喷水室的补水量 $W_{补}$，一部分在喷水室中蒸发换热 $W_{蒸}$，剩余部分即为过水量 $W_{过}$。

测量时，分别测出空气进、出喷水室的干湿球温度，在 h-d 图上查出蒸发换热前后空气的含湿量 d，计算出含湿量差值 Δd，乘以系统风量即可得到喷水室中蒸发换热的水量 $W_{蒸}$，最终结合补水量 $W_{补}$ 计算得到过水量 $W_{过}$。在喷嘴压力相同时，低风速运行工况的挡水板气水分离效果好，过水量小；高风速运行工况的挡水板气水分离效果差，过水量大。

过水量应控制在一定范围内，常温常压下 $1g / kg_{干}$ 左右的适量过水量是允许的。以纺织厂空调系统为例，空气所带的适量过水量进入车间后可被蒸发，增加空气湿度，对织布等工序生产有益；但如过水量太大，则会造成风道滴水而锈蚀设备，也可使车间的空气含湿量过大，对纺纱等工艺会造成不良影响。

(3) 冷却能力的测定

用校正过的普通干湿球温度计两支，分别放于前后挡水板处，以确定喷水室前、后的空气的干球温度和湿球温度（后挡水板处要防止水滴溅落到温度计的感温包上）。按设计的风量及喷水压力启动喷水室工作（此时制冷系统也应按设计要求供给冷水），根据测出的喷水室前后的空气的干、湿球温度和大气压力，在相应于当地大气压的 h-d 图上，查出空气经喷水室的比焓差，也可用计算法求得空气的比焓。每小时空气所失去的总热量 Q_1 可按下式进行计算：

$$Q_1=q_m(h_1-h_2) \tag{6-14}$$

式中 q_m——通过喷水室的风量，kg/s；

h_1、h_2——喷水室前后的空气比焓值，$kJ/kg_{干}$。

除上述测定外，还应测出喷水初温 t_{w1}（℃）及终温 t_{w2}（℃），以求出水和空气热湿交换后获得的热量 Q_2：

$$Q_2=WC(t_{w2}-t_{w1}) \tag{6-15}$$

式中 W——通过喷水室的水量，kg/s；

C——水的比定压热容，常压下 $C=4.19$ kJ/(kg·℃)。

在测量中，如果 Q_1 和 Q_2 相差不大于10%，就可认为测量数据可靠。

进一步，可以测定喷水室中的热交换系数（第一热交换效率）、接触系数（第二热交换效率）等热工性能，读者可自行查阅相关资料。

6.4.4 流体机械的性能测定

水泵、风机等流体机械是空调系统中输送水、空气等工质的动力设备，其性能是否符合设计要求，将直接影响空调系统的使用效果和运行经济性。

（1）风机

风机的主要性能参数有：风量、风压、功率、效率和转速等，一般工程现场以测定风量、风压和转速为主。只有当风量或风压达不到设计要求时，为了查明原因，才需要进一步测出功率和效率等，便于与产品样本数据进行比较分析。

风机风量是通风机在单位时间内所输送的气体体积。风量的测定在风机的压出端和吸入端分别进行，然后取其平均值作为风机的风量。具体测定细节可参照6.3小节中的风量测定方法。在风机试运转正常之后，将空调系统所有干、支风管和送风口处的调节阀全部打开，三通阀置于中间位置，这样在整个系统阻力最小的情况下，所测得的风量是风机的最大风量。测定得到的风机最大送风量及相应的风压，可作为系统风量调整的参考。

风机风压一般指全压，它等于风机的静压与动压之和。风机的压力应在测定风量的同一断面测定。当风机压力≥500Pa时用U形管压力计测定，当压力＜500Pa时可用斜管压力计测定。一般通风机在较高效率范围内工作时，其动压约占全压的10%～20%左右。

风机的转速可用机械式转速表（接触式转速表）或光电式转速表（非接触式转速表）测定。风机转速改变时，风机的流量、风压和功率都将随之改变。

在送、回风系统各干、支风管和送风口的风量调整符合设计要求后，即可测出空调系统在实际工作条件下的风机总风量和风压（即系统实际运行时的总阻力），并作为风机本身进行调整的依据。风机风量的最终调整，应使实际送风量与设计风量之间偏差不超过±10%。

（2）水泵

水泵的基本性能参数有流量、扬程、功率、效率、转速等。

在空调工程现场，水泵流量一般采用涡轮流量计、电磁流量计、超声波流量计等进行测定。在厂家或实验室等场合，容器法、水堰法等间接测量方法也比较常见。

水泵扬程一般根据入口断面、出口断面处的能量守恒方程间接测量得到。一般在水泵入口断面连接机械真空表、电子真空表或U形管水银真空计，在水泵出口断面处连接机械压力表、电子压力表和U形管水银压力计，分别测定水泵入口的真空值和出口的压力值。忽略水泵入口出口的高度差、流速水头差等，水泵扬程近似等于出口压力计和入口真空计的读数之和。

水泵转速测量时，一般可选取霍尔开关型、光电型等转速传感器，由二次仪表采样转速传感器输出信号，根据输出信号转换得到水泵转速。

水泵电机的输入功率可由功率表直接测定，进一步根据电机的基本性能曲线或配合转矩转速测试仪，得到电机的输出功率。有效功率、总效率和性能曲线等，读者可自行查阅相关资料。

6.5 系统运行参数的工程测试

6.5.1 基本工程参数的测定

空调工程中涉及的基本运行性能参数主要包括风管风量、风口风量、室内环境温湿度、水温及水流量、室内环境噪声和设备机组运行噪声等。风量的检测，参照6.3小节所述内容进行。

(1) 室内环境的温度、湿度检测

空调房间室内环境温度、湿度检测的测点布置时，室内面积不足16m^2，应测室内中央1点；16m^{2}及以上且不足30m^{2}应测2点（房间对角线三等分点）；30m^{2}及以上不足60m^{2}应测3点（房间对角线四等分点）；60m^{2}及以上不足100m^{2}应测5点（房间两条对角线的四等分点）；100m^{2}及以上，每增加50m^{2}应增加1个测点（均匀布置）。

测点一般应布置在距外墙表面或冷热源大于0.5m，离地面0.8～1.8m的同一高度上。测点也可根据工作区的使用要求，分别布置在离地不同高度的数个平面上。在恒温工作区，测点应布置在具有代表性的地点。

室内环境的温度和湿度检测，可以用水银玻璃温度计、热电偶温度计、通风干湿球温度计、便携式温湿度计、毛发湿度计、氯化锂湿度计、电动干湿球温度计等测温测湿仪器来进行。

(2) 空调水温及水流量的检测

空调水温的测点应布置在靠近被测机组（设备）的进出口处。当被检测系统有预留安放温度计位置时，宜利用预留位置进行测试。膨胀式、压力式等温度计的感温泡，应完全置于水流中；当采用铂电阻等传感元件检测时，应对显示温度进行校正。水温检测值应取各次测量值的算术平均值。

空调系统水流量检测时，测量断面应设置在距上游局部阻力构件10倍管径、距下游局部阻力构件5倍管径长度的管段上。当采用转子或涡轮等整体流量计进行流量测量时，应根据仪表的操作规程，调整测试仪表到测量状态，待测试状态稳定后，开始测量，测量时间宜取10min。当采用超声波流量计进行流量的测量时，应按管道口径及仪器说明书规定选择传感器安装方式。测量时，应清除传感器安装处管道的表面污垢，并应在稳态条件下读取数值。水流量检测值应取各次测量值的算术平均值。

(3) 室内环境噪声检测

测噪声仪器宜采用（带倍频程分析的）声级计，宜检测A声压级的数据dB（A）。室内环境噪声检测时，空调系统应正常运行；声级计或传声器可采用手持或固定在三脚架上，应使传声器指向被测声源。必要时，应测量倍频程噪声，以进行噪声的评价。测量背景噪声时，应关掉所有相关的空调设备。

(4) 设备机组运行噪声检测

冷却塔运行噪声测点的布置，应选择冷却塔的进风口处两个以上不同方向，离塔壁水平距离应为一倍塔体直径，离地面高度应为 1.5m。冷却塔噪声测试时环境风速不应大于 4.5m/s，测试不应在雨天进行。

落地安装立式机组的噪声测试点应选择机组出风口方向，并应距离机组各立面 1.0m。吊顶安装卧式机组的噪声测试点应选择机组出风口前方与机组下平面各 1.0m。

对于净化空调工程而言，洁净室（区）的风量、风速、室内环境温湿度、室内静压、高效过滤器性能、空气洁净度等级、室内浮游菌和沉降菌的菌落数、室内气流流型、室内自净时间和噪声等，都需要规范的测定和调整。

6.5.2 洁净室（区）的工程测试

洁净室（区）的风量、风速、室内环境温湿度、噪声等的测试，不同于 6.5.1 小节所述之处，应按照《通风与空调工程施工质量验收规范》（GB 50243—2016）中附录 D 中相关规定进行。

(1) 室内静压的检测

静压差的检测宜采用电子微压计、斜管微压计、机械式压差计等，分辨率不应低于 2.0Pa。静压差测定时，所有的建筑隔断、门窗均应密闭，且在洁净室送、回、排风量均符合设计要求的条件下，由高压向低压，由平面布置上距室外最远的里房间开始，依次向外测定。

(2) 高效空气过滤器的检漏

高效空气过滤器安装后，应对送风口的滤芯、过滤器边框、过滤器外框和箱体的密封处进行泄漏检测，检测宜在洁净室处于“空态”或“静态”下进行。高效过滤器的检漏，应使用采样速率大于 1L/min 的光学（离散）粒子计数器。以计数效率为主要性能指标的 D 类高效过滤器的检测，应采用激光粒子计数器或凝结核粒子计数器。无菌药厂中安装的高效过滤器宜采用 PAO 气溶胶法进行检漏。

(3) 室内空气洁净度等级的检测

室内空气洁净度等级的检测应在设计指定的占用状态（空态、静态、动态）下进行。当使用采样速率大于 1L/min 的离散粒子计数器，测试粒径大于等于 0.5μm 的粒子时，宜采用光散射离散粒子计数器。当测试粒径大于等于 0.1μm 的粒子时，宜采用大流量激光粒子计数器（采样量 28.3L/min）；当测试粒径小于 0.1μm 的超微粒子时，宜采用凝聚核粒子计数器。

为保证空气洁净度的测定准确，室内静压差的测定应在空气洁净度的测定之前进行。

(4) 室内浮游菌和沉降菌菌落数的检测

室内微生物菌落数的检测宜采用空气悬浮微生物法和沉降微生物法，采样点可均匀布置或取代表性地域布置。采样后的基片（或平皿）应经过恒温箱内 37℃、48h 的培养生成菌落后进行计数。制药厂洁净室（包括生物洁净室）室内浮游菌和沉降菌测试，可采用按协议确定的采样方案。

(5) 气流流型的检测

气流流型的检测宜采用气流目测和气流流向的方法。气流目测宜采用示踪线法、发烟（雾）法和采用图像处理技术等方法。气流流向的测试中，宜采用示踪线法、发烟（雾）法和三维法测量气流速度等方法。

采用示踪线法时，可采用棉线、薄膜带等轻质纤维放置在测试杆的末端，或装在气流中细丝格栅上，直接观察出气流的方向和因干扰引起的波动。然后，标在记录的送风平面的气流流型图上。每台高效空气过滤器至少应对应一个观察点。

采用发烟（雾）法时，可采用去离子水，用固态二氧化碳（干冰）或超声波雾化器等生成直径为0.5～50μm的水雾；采用四氯化钛（$TiCl_4$）作示踪粒子时，应确保洁净室、室内设备以及操作人员不受四氯化钛产生的酸伤害。

采用图像处理技术进行气流目测时，可根据示踪线法得到的粒子图像数据，利用二维空气流速度矢量提供量化的气流特性。

三维法测量气流速度时，采用热风速计或三维超声波风速仪的检测点，应选择在关键工作区及其工作面高度。根据建设方要求需进行洁净室（区）的气流方向的均匀分布测试时，应进行多点测试。

(6) 洁净室自净时间的检测

非单向流洁净室自净时间的检测，应以大气尘或烟雾发生器等尘源为基准，采用粒子计数器测试。应测量洁净室内靠近回风口处稳定的含尘浓度，作为达到自净状态的参照量。

当以大气尘为基准时，应将洁净室停止运行相当时间，在室内含尘浓度已接近于大气浓度时，测取洁净室内靠近回风口处的含尘浓度。然后开机，定时读数（通常可设置每间隔6s读数一次），直到回风口处的含尘浓度回复到原来的稳定状态，记录下所需的时间即为实测自净时间。

当以人工尘源为基准时，应将烟雾发生器（如巴兰香烟）放置在地面上1.8m及以上室中心，发烟1～2min后停止，等待1min测出洁净室内靠近回风口处的含尘浓度。然后开机，定时读数（通常也可设置每间隔6s读数一次），直到回风口处的含尘浓度回复到原来的稳定状态，记录下所需的时间即为实测自净时间。

6.5.3 运行参数测定后的调整

(1) 送风状态参数与设计要求不符

送风状态参数不符合设计工况要求，常见有以下几种：

① 因计算选型有误，造成所选择的空气处理设备的能力过大或过小。解决措施：空气处理设备的能力过大或过小可通过调节冷、热媒的进口参数和流量来改善，满足送风状态参数。但对于能力过小的设备，若调节冷、热媒的进口参数和流量也不能解决问题，则应更换设备或增加设备。

② 空气处理设备的质量不好或安装质量不良。解决措施：更换或重新安装。

③ 冷、热媒参数不符合设计要求。解决措施：采取相应的改进措施。当冷、热媒的参数（温度、流量等）不符合设计要求时，应首先检查冷源或热源的能力是否满足要求。此

外，一般还应检查水泵的流量、扬程，冷、热媒管道的保温措施，过滤器、管道系统有无堵塞等。

④ 空气冷却设备出口带水。挡水板的过水量超过设计值，造成水分再蒸发将影响送风状态参数。解决措施：设备出口处带水，若为表面冷却器可在其后面增加挡水板，若已装挡水板，则应提高挡水板的挡水效果。对于喷水室，除了挡水板要有良好的挡水效果外，还应检查挡水板是否插入池底、挡水板与空气处理机内壁间是否漏风等。

⑤ 风机和管道的温升或温降超过设计值，影响送风温度。解决措施：风机温升过大，可能是由于风机运行风压超过设计要求造成的，可通过降低风管阻力等措施来降低运行风压。管道的温升或温降过大时，应检查管道的保温措施是否满足设计要求。

⑥ 处于负压下的空气处理装置和回风管道漏风。解决措施：采取措施避免系统的漏风。

(2) 室内空气参数与设计要求不符

室内空气参数不符合设计要求，一般有以下几种情况：

① 实际的热、湿负荷与设计负荷有出入。解决措施：首先，调节风机及空气处理设备的能力来满足负荷要求。其次，采取措施减少建筑围护结构传热量及室内产生热量，例如，对建筑围护结构加设保温层、对玻璃窗设遮阳措施、尽量减少室内设备的散热、可能时排除室内局部热源等。

② 室内气流速度超过允许值。解决措施：气流速度过大一般是系统总风量过大，可通过增大送风口面积、改变风口形式（增加风口的湍流系数）、在满足室内换气次数的前提下减少送风量等方法加以解决。

③ 室内空气的洁净度不符合设计要求。解决措施：新风量不足或室内人员超过设计人数时，可通过增加新风量的方法解决。过滤器效率不高、施工安装质量不好，应提高过滤器效率，若过滤器本身质量不好应予以更换，对于施工安装质量不好应采取措施加以改进。运行管理不善、室内生产工艺流程与设计不符时，要完善运行管理，调节生产工艺流程，还可考虑适当增加室内换气次数和增加室内正压值。

思考题与习题

6-1. 空调系统测定与调整的目的是什么？有哪几种类型？分别在什么情况下进行？

6-2. 空调系统测定与调整前应做好哪些准备工作？与测定调整的类型有什么关系？

6-3. 空调系统风量的测定与调整包括哪些项目？

6-4. 为什么两支路的三通阀定位后，无论总管内风量如何变化，两支路的风量比总维持不变？

6-5. 空调效果的测定一般有哪些项目？是否一定都要测？为什么？

6-6. 试分析系统实测风量与设计值不符合时，可能有哪些方面的原因？

6-7. 室内气流速度超过允许值时，可以采取哪些措施加以改进？

第7章

空调系统的节能

我国地域辽阔，能源资源总量巨大，但人均能源占有量仅为世界平均水平的51%，因此节能必然是我国社会经济发展的长远战略方针。在《中华人民共和国节约能源法》中，定义“节能”为：加强用能管理，采取技术上可行、经济上合理以及环境和社会可以承受的措施，从能源生产到消费的各个环节，降低消耗、减少损失和污染物排放、制止浪费，有效、合理地利用能源。

建材生产、建筑施工、建筑日常运转等建筑业能耗，在国民经济能耗中占比达40%。建筑日常运转能耗（一般简称建筑能耗），包括采暖、通风、空调、热水、照明、电梯、烹饪等，在建筑业能耗中的占比一般超过80%。暖通空调能耗一般占建筑能耗的60%以上，主要又可以分两类：一类是冷、热源能耗（如电制冷设备运行所消耗的电能和锅炉所消耗的煤、油、燃气或电等），为了消除建筑物内热、湿负荷而提供给空气处理设备的冷量和热量，约占空调能耗的70%；另一类是流体输送设备运行时所消耗的电能（如风机和水泵为克服流动阻力而消耗的电能等），也称空调动力能耗，约占空调能耗的30%。空调动力能耗中，风机能耗约占70%～80%。

随着社会经济发展，我国人民生活水平向小康迈进，对建筑人居环境的要求愈来愈高，采暖建筑不断向南推移，同时空调建筑则不断向北推移。暖通空调能耗的绝对值不断增大，在总能耗中的占比也在不断增大。然而，在相同的气候条件和保持同样的室内热湿条件下，我国单位建筑面积暖通空调的耗能指标高于部分发达国家，其原因主要是建筑围护结构热工性能较差、空调设备效率较低。在供暖能耗中，大约20%～50%由建筑围护结构传热所消耗（夏热冬暖地区大约20%，夏热冬冷地区大约35%，寒冷地区大约40%，严寒地区大约50%），相关研究表明，仅此项就有50%的节能潜力。因此，在我国推广空调节能十分重要，既有利于减少空调工程的初投资和运行费用，也有利于降低能耗和保护环境。

7.1 空调系统的节能

7.1.1 能耗评价和常见建筑节能措施

国内外关于空调能耗的评价标准研究众多，有周边全年负荷系数法（perimeter annual load，PAL）、空调能耗系数法（coefficient of energy consumption for air conditioning，CEC）、空气输送系数法（air transferring factor，ATF）、水输送系数法（water transferring factor，WTF）等，读者可自行查阅相关参考文献。我国《公共建筑节能设计标准》（GB 50189—2015）、《绿色建筑评价标准》（GB/T 50378—2019）中，推荐了电冷源综合制冷性能系数（system coefficient of refrigeration performance，SCOP）和集中供暖系统耗电输热比（electricity consumption to transferred heat quantity ratio，EHR-h）等。

（1）电冷源综合制冷性能系数

系统整体更优才能达到节能的最终目的。只对单一空调设备的能效相关参数限值作规定，例如规定冷水（热泵）机组制冷性能系数（COP）、单元式机组能效比等，不考虑空调系统耗电量是包含冷热源、输送系统和末端设备在内的整个系统耗电是不合理的。

电冷源综合制冷性能系数SCOP是指设计工况下，电驱动制冷系统的制冷量与制冷机、冷却水泵及冷却塔净输入能量之比。通过对集中空调系统的配置及实测能耗数据的调查分析，结果表明在设计阶段，对SCOP进行要求，在一定范围内能有效促进空调系统能效的提升，当然实际运行并不是SCOP越高系统能效就一定越好。SCOP考虑了机组和输送设备以及冷却塔的匹配性，一定程度上能够督促设计人员重视冷源选型时各设备之间的匹配性，提高系统的节能性，但仅从SCOP数值的高低并不能直接判断机组的选型及系统配置是否合理。

SCOP计算时，制冷机的制冷量、机组耗电功率均应采用名义工况运行条件下的技术参数。当设计工况与名义工况不一致时，应进行修正。名义工况下，冷却塔水量是指室外环境湿球温度28℃，进/出水塔水温为37℃/32℃工况下，该冷却塔的冷却水流量。确定冷却塔名义工况下的水量后，可根据冷却塔样本核查风机配置功率。

表7-1 空调系统的电冷源综合制冷性能系数（SCOP）

类型		名义制冷量 CC/kW	综合制冷性能系数 SCOP/(W/W)					
			严寒A、B区	严寒C区	温和地区	寒冷地区	夏热冬冷地区	夏热冬暖地区
水冷	活塞式/涡旋式	CC≤528	3.3	3.3	3.3	3.3	3.4	3.6
	螺杆式	CC≤528	3.6	3.6	3.6	3.6	3.6	3.7
		528＜CC＜1163	4	4	4	4	4.1	4.1
		CC≥1163	4	4.1	4.2	4.4	4.4	4.5
	离心式	CC≤1163	4	4	4	4.1	4.1	4.2
		1163＜CC＜2110	4.1	4.2	4.2	4.4	4.4	4.5
		CC≥2110	4.5	4.5	4.5	4.5	4.6	4.6

我国《公共建筑节能设计标准》（GB 50189—2015）中对水冷空调系统的SCOP要求如表7-1所示。风冷机组的制冷性能系数（COP）计算中，消耗的总电功率包括了放热侧冷却风机的电功率，因此风冷机组名义工况下的COP值即为其SCOP值。

SCOP中未包含冷水泵的能耗，一方面考虑到国家标准中已有对冷水泵的输送系数指标要求，另一方面由于系统的大小和复杂程度不同，冷水泵的选择变化较大，对SCOP绝对值的影响相对较大，故不包括冷水泵后可操作性更强。

（2）集中供暖系统耗电输热比

集中供暖系统耗电输热比（EHR-h）是设计工况下集中供暖系统循环水泵总功耗

(kW) 与设计热负荷 (kW) 的比值。在选配集中供暖系统的循环水泵时应计算 EHR-h，并应标注在施工图的设计说明中。

规定 EHR-h 的主要目的是防止采用过大的循环水泵，提高输送效率，具体计算中考虑不同管道长度、不同供回水温差因素对系统阻力的影响，居住建筑与公共建筑在计算时的参数选取有差异。居住建筑集中供暖时，可能有多幢建筑，存在供暖外网的可能性较大，但公共建筑的热力站大多数建在自身建筑内。因此，在确定公共建筑 EHR-h 时，需要考虑一定的区别，即重点不是考虑外网的长度，而是热力站的供暖半径。居住建筑计算时考虑的室内干管部分，统一采用供暖半径，即热力站至供暖末端的总长度替代。

同样，在选配空调冷（热）水系统的循环水泵时，也应计算空调冷（热）水系统耗电输冷（热）比，并应标注在施工图的设计说明中。在工程设计时，合理确定冷热源和风动力机房的位置，尽可能缩短空调冷（热）水系统和风系统的输送距离，是实现国家标准中对空调冷（热）水系统耗电输冷（热）比、集中供暖系统耗电输热比（EHR-h）等要求的先决条件。

7.1.2 空调建筑的常见节能措施

建筑本身的良好结构特点和热工性能是空调节能的重要基础，否则空调系统设计得再完美，节能效果也是有限的。

(1) 建筑朝向和外形的合理设计

空调冷、热负荷的大小与建筑物的朝向、外形、表面颜色等有着密切关系。合理的设计将有利于空调系统的节能。

建筑总平面的布置和设计，宜利用冬季日照并避开冬季的主导风向，同时利用夏季自然通风。对建筑物规划时，首先在建筑物的选址上要尽可能考虑周边的绿化环境条件。研究表明，同样平面形状的建筑物，南北向比东西向负荷少，特别是在相同面积的情况下，主朝向面积越大，这种倾向越明显。从降低建筑物最大建筑负荷考虑，建筑物方位应尽可能取南北朝向设计。同时，严寒、寒冷地区建筑物的体形系数应小于或等于 0.4。当严寒、寒冷地区所设计的建筑的体形系数大于 0.4 时，参照建筑的每面外墙均应按比例缩小。

建筑物的外形以圆形或方形为好，在建筑物体积相同的情况下，圆形、方形的外表面积最小。建筑物的外表颜色也应充分考虑对阳光辐射的吸收和反射。对于供暖负荷小而供冷负荷较大的建筑物，应选择浅色为好；对于供暖负荷大、供冷负荷较小的建筑物则应选用深色作为外表面的颜色。

(2) 改善建筑物围护结构的保温性能

改善建筑围护结构的保温性能是建筑节能的重要任务之一，有实例证明，重视建筑保温，建筑耗能有时可降低 30%～40%左右，而造价只增加大约 5%左右。许多国家从 20 世纪 70 年代开始，就修订或制订了新的围护结构热工设计标准，以改善建筑物的保温性能，限制建筑物的能耗。

一般，外墙传热系数不应大于 0.9W/(m^2·℃)，屋面传热系数不应大于 0.65W/(m^2·℃)，外窗采用双层中空玻璃时传热系数不应大于 3.5W/(m^2·℃)。

(3) 窗户隔热和建筑遮阳

通常认为窗户的主要作用是采光、通风、观景和火灾时避难排烟。实际上，窗户使夏季进入室内的热量增多，增加了空调冷负荷；冬季经窗户进入室内的日射却可以减少供热负荷。相对于墙壁，玻璃的热阻小得多，所以从玻璃窗损失的热量很大。统计表明，夏季由于玻璃窗得热占制冷机最大负荷的 20%～30%。冬季单层玻璃的热损失约占锅炉负荷的 10%～20%。对一般的空调建筑物，应该采用双层玻璃窗构造形式甚至三层玻璃，并可以根据需要采用吸热玻璃或反射玻璃。《公共建筑节能设计标准》（GB 50189—2015）中要求，建筑每个朝向的窗墙面积比（包括透明幕墙）均不应大于 0.7。窗墙比设计在 0.3～0.4 之间，可以降低空调负荷。

夏热冬暖地区、夏热冬冷地区的建筑以及寒冷地区中制冷负荷大的建筑，外窗应设置外部遮阳。建筑遮阳有内遮阳和外遮阳之分。建筑外遮阳可以遮挡直接日射，窗户外的凸出物，如窗户侧壁、屋檐、阳台以及周围的建筑物等均可以起到外遮阳的作用。内遮阳可以采用窗帘。实践证明，窗户的外遮阳比内遮阳对减少日射得热更为有效。

7.2 余热回收和废热利用

7.2.1 空调系统的余热回收

（1）排风热回收

在建筑物空调负荷中，新风负荷一般占有较高比例，而空调系统排风中又含有一定量的“冷”或“热”，通过一些专门的换热器可以有效地将排风中的能量传递给新风，节约新风负荷。图 7-1 表示的是安装排风能量回收设备的系统，换热器为全热式，称为全热交换器。

在夏季，当室内排风的比焓值低于室外空气的比焓值时就可以回收利用排风中的“冷”能降低新风的温度；而在冬季，室内排风的比焓值高于室外空气的比焓值时就可以回收利用排风中的“热”能，预热新风。显然，全热交换器只在空调系统取用最小新风量时才启用，而不是全年运行。当全热交换器不使用时，新风通过旁通风道 4 直接进入系统。

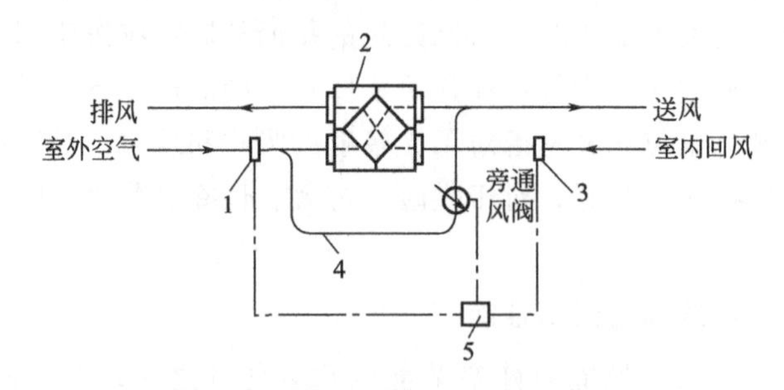

图 7-1 全热交换器用于热回收系统

1、3—温湿度传感器；2—全热交换器；4—旁通风道；5—旁通控制装置

热管换热器是进行排风显热（冷）回收的另一种新型高效装置。图 7-2 为热管的组成和工作原理示意图。在抽成真空的管子里充以适当的工作液作为工质，靠近管子内壁贴装吸液芯，再将其两端封死即成热管。热管既是蒸发器又是冷凝器，如图 7-2 所示，热流吸热的一端为蒸发段，工质吸收潜热后蒸发汽化，流动至冷流体一端即冷凝段放热液化，并依靠重力和毛细力作用流回蒸发段，自动完成循环。

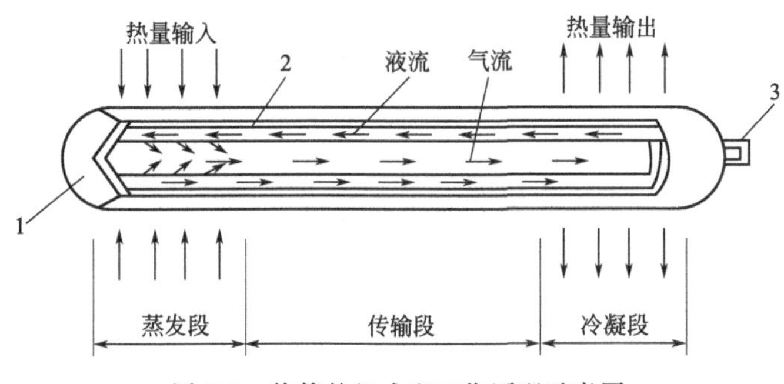

图 7-2 热管的组成和工作原理示意图

1—管壳；2—吸液芯；3—端盖

热管换热器就是由这些单根热管集装在一起，中间用隔板将蒸发段与冷凝段分开的装置(如图 7-3 所示)，热管吸热器无须外部动力来促使工作流体循环，这是它的一个主要优点。但热管不能传递湿量，属于显热交换器。

热管的倾斜度对传热特性有很大影响。当热管的冷凝段高于蒸发段时，液态状的工作液体能很容易地回流到蒸发段，热量传递过程就能连续进行。反之，冷凝段低于蒸发段，且低到某一程度时，即使吸液芯的毛细作用也难以使工作液体返回蒸发段。这时热管的传热效应也就没有了。当冬夏季用同一热管换热器回收排风能量时，冷凝段和蒸发段的部位要互换。这要求热管换热具有改变倾斜方向的装置。

热管换热器的热交换效率和空气流动阻力与两股空气的面风速、换热面积、热管的结构等有关。一般设计面风速在 2～4m/s 范围内选择。设计时还要注意：

①新风和排风在热管换热器中应处于逆流状态，这有利于传热；

②当两股空气温差过大时，热侧的热管表面可能有凝结水产生，所以要考虑排水；

③如果在季节转换时要调节热管的倾斜度，则热管换热器与风管间要用软性接管。

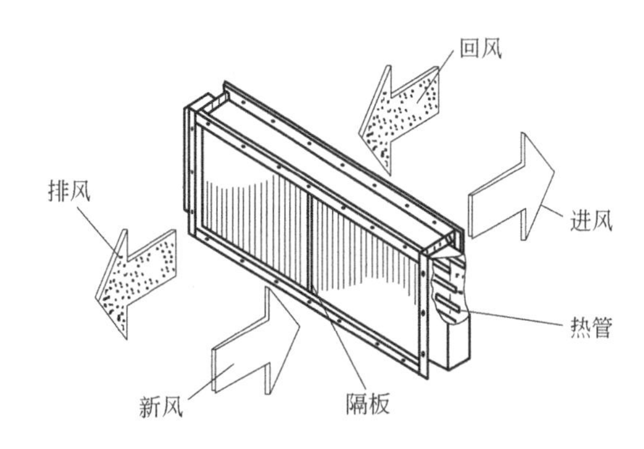

图 7-3 热管换热器示意图

(2) 内区热量回收

此方式适用于建筑物内需要同时供热、供冷的情况。在建筑物的内区，无外墙、外窗，四季无围护结构热湿负荷，只有人员、灯光、设备负荷。双管束冷凝器的冷水机组的蒸发器提供的冷水可以为内区盘管使用，并提取内区的热量。冷凝器中的一部分管束加热的水输送给外区的盘管，用于外区供暖；如有多余的热量可以通过另一部分管束及冷却塔排至大气中。反之，当内区需要供热，而外区需要供冷时可以通过阀门切换实现。

(3) 建筑内其他热量回收方式

随着经济技术的发展，国内的公共建筑或高级民用建筑多数设有空调系统，在夏季会有大量的热量排至周围环境，造成能源浪费和热污染。现已经开始尝试将这些热量用于预热生活热水或游泳池内水的加热等。另外，可以通过热泵将建筑物内的排水中富含的热量提取出来用作生活热水或供暖。在欧洲一些国家已经建成以城市排水为低位热源的区域供热站。

7.2.2 空调系统的废热利用

废热的种类很多，有生产工艺设备的散热（如电炉，电气设备的废热）、照明灯具的散热、制冷设备的冷凝热等。它们的温度、发生的时间、数量各不相同，因而在空调工程中的利用价值也不同。比如在夏季，只有具备足够高的废热，才可用于热力制冷或转轮去湿机的再生，低温废热几乎难以找到合适的用途。冬季，情况完全不同，这时需要用热的地方多，视废热温度的高低，可直接用于房间供暖，或作为热泵机组的热源，提高温度后用于供热和供冷。

制冷机组的运行是产生冷凝废热的一大源泉。大多数制冷机组在夏季运行时的冷凝废热很难找到可用之处。但那些必须全年运行的制冷机组，如需全年供冷的空调用制冷机、生产工艺用制冷机、低温空调用制冷机、冷冻冷藏用制冷机等，其在冬季运行过程中产生的大量废热，却是十分宝贵的资源，理应得到充分的利用。

冷凝废热的利用途径，可视其全年废热利用的可能性，既可采用各种热回收型的派生型冷水机组，也可采用常规的水冷式制冷机组。在后一种情况下，只需根据冬夏季节进行简单的转换，夏季冷却水进入冷却塔排热；冬季不上冷却塔，直接向需要用热的对象提供废热，如用作水源热泵的热源等。

7.3 空调系统运行中的节能措施

空调系统设计时就应充分考虑节能要求。空调空间的分区要合理，空调冷热源设备的配置要优化，空气处理过程的方式要正确选择，空调工程的保冷保温措施要严格，空调的气流组织可考虑分层送风技术、置换通风技术、地板送风技术等。条件许可时还可考虑蓄能空调技术、变风量变水量技术，充分利用各种新型自动监测和控制技术等。在设计施工完成投入运行后，通过合理设置室内空气参数、直接利用室外空气等方法可获得更好的节能效果。

7.3.1 合理设置室内空气参数节能

室内空气环境主要涉及的参数有温度、相对湿度、CO_2 含量和含尘量等。这些参数经济合理的设定，对于系统的节能运行具有较大的影响。

(1) 室内空气温度的合理设定

空调房间内空气温度设定值与空调负荷和能耗之间有着密切关系。供暖时室内温度设定得越低或供冷时温度设定得越高，可以减小室内外温差，降低空调负荷，空调系统的运行越节能。《民用建筑供暖通风与空气调节设计规范》（GB 50736—2012）、《工业建筑供暖通风与空气调节设计规范》（GB 50019—2015）中规定了舒适性空气调节室内计算参数（见本教材第 2 章表 2-3），《公共建筑节能设计标准》（GB 50189—2015）规定了建议的室内设计参数值（见本教材第 2 章表 2-4）。然而，实际运行中可以根据季节的不同，冬季取低值，夏季取高值以实现节能目的。也可以根据具体情况，通过监测与控制系统，适时合理地改变室内温度设定值，可取得更好的节能效果。典型的一种是室内温度设定值按照使用要求和使用时间，在一昼夜内所作的周期性的调整。比如，在住宅、公寓和宾馆客房内，在冬季入夜睡眠时，室内温度可自动地适当降低。再如，按一定作息制度运行的办公大楼，午餐和午休时，或下班后无人时，均可根据需要，按事先安排的规律，对温度设定值作定时的周期性变化。

(2) 室内相对湿度的合理设定

室内相对湿度的设定值主要取决于房间的使用功能要求。除一些工业性生产厂房、实验室等因生产工艺上的需要，要求室内保持一定的相对湿度外，一般的办公楼、宾馆客房、会场、商场、影剧院等大多数公共建筑，都是以舒适性空调为目的。为了不把能量无谓地消耗掉，实际运行中可以在冬季使相对湿度适当提高，超过 30%；使夏季相对湿度降低，低于 65%。

(3) 新风量的合理确定

新鲜空气取用量的多少，是影响空调负荷的一个重要方面。新风量用少了，会恶化室内卫生条件；用多了，又会加大负荷，造成能量消耗过大。它与能耗、初投资和运行费用密切相关，而且关系到人体的健康。建筑物室内所需最小新风量，应按国家有关标准要求的民用建筑人员所需新风量确定，如办公场所应保证每人不小于 $30m^3/h$。在一般情况下，如果室内人数比较稳定，则在系统设计时，最小新风量可按室内人数和规定的标准计算确定，或者按总比例中的一定百分比，比如 10%～15%取用。在满足设计要求的基础上，冬、夏季选用最小新风量，过渡季采用全新风，是比较节能的措施。

空调运行中许多时刻的实际人数要少于设计人数，此时应根据人数的变化随时调整新风量。但人工调整很难做到这一点，解决这一问题最好采用 CO_2 浓度控制器。应用 CO_2 浓度控制器的原理是认为 CO_2 是人体各种生理散发物的指示剂，空调运行过程中人数的减少首先会反映到室内 CO_2 浓度的下降，此时 CO_2 浓度控制器起作用，通过控制系统减少新风量来降低新风负荷，在满足卫生、稀释有害气体、保持正压等要求的基础上，达到节能目的。

从节能角度考虑，在空调系统中，还可考虑在室内无人的预冷、预热期间停用新风的措施。在夏季夜间和早晨，可开足新风，以利用相对凉爽的空气进行通风排热。当然，这需要采用监测与控制手段，按照预先安排的操作程序，才能可靠地加以实现。

7.3.2 利用室外空气节能

(1) 直接利用室外空气作自然冷源

在全年运行的舒适性空调系统中，春秋季节利用新风降温是全空气系统的一项重要节能措施。冬季和夏季，新风是供暖和制冷的负荷，所以有必要限制新风量在一定的范围内。但在春秋季节，室外空气的温度或比焓往往低于室内空气，所以可作为自然冷源用于室内降温，以代替制冷机供冷，从而大大缩短制冷机全年运行的时间，达到节能目的。

(2) 间接利用室外空气作节能运行

比较适合的情况是系统采用水冷式冷水机组并配备循环冷却塔，而机组又必须全年运行供冷。此时，夏季冷水机组按常规的水冷式制冷模式运行，当室外空气温度低至一定程度时，可完全停止制冷机组的运行，将冷凝器冷却水回路切换连入冷水回路，利用冷却塔的运行为空调房间提供必要的冷量，以代替冷水机组的供冷。

7.3.3 利用新技术节能

(1) 变频技术

① 利用变频技术可大幅降低风机的耗能。变风量系统的采用可以在大部分运行时间内以减小的风量运行，从而为全年风机能耗的降低提供了相当大的潜力。但入口导叶调节法、蜗壳出口挡板调节法等并不能实现变风量方式所具备的全部潜力，风机转速的调节，特别是变频调节，才是变风量系统中节能效果最好的一种风量调节方式。除在设计时优选效率高的风机、降低风机全压、减小系统阻力外，运行中在一切可能和允许的情况下，利用变频技术可加大送风温差，减小送风量，从而降低风机的功耗。

② 利用变频技术可大幅降低水泵的耗能。对一定容量规模以上的空调冷水系统，理应优先采用变水量系统。在水系统的运行中，应采用流量调节法适应负荷的变化。目前较普遍且有效的变水量调节方法有两种：一是变频调节，二是多台泵并联的运行台数控制。除在设计时优选效率高的水泵、采用经济流速以减小阻力、优先采用闭式系统等以外，还可以在运行中利用变频技术加大供回水温差，现在有从5℃增大至8～10℃的趋势。

(2) 温湿度独立控制技术

工业恒温恒湿类空调工程以及凡是对相对湿度有高度控制要求的空调工程中，为了控制室内相对湿度，总不得不采用露点温度控制加再热的方式。这几乎已成了机械、仪表、电子、医药、印刷、化纤、纺织等工业有关空调工程设计数十年不变的模式。可是，这种空气处理方式形成的冷热抵消现象所引起的大量能源的浪费却是十分惊人的。而要消除这种冷热抵消现象，应采取新风预先单独处理（即采取简易的解耦手段，把温度和相对湿度的控制分开进行），除去多余的含湿量，使之一直处理到相应于室内要求参数的露点温度，然后再与回风相混合，经干冷，降温到所需的送风温度即可。

清华大学建筑技术科学系江亿院士提出了温湿度独立控制空调系统（如图7-4）。该系统通过新风机组来实现室内湿度和CO_2浓度的控制；由于通过干式末端对室内温度进行控制，无须承担除湿的任务，因而用较高温度的冷源即可实现排除余热的控制任务。温湿度独立控制空调系统中，采用温度与湿度两套独立的空调控制系统，分别控制、调节室内的温度与湿度，从而避免了常规空调系统中热湿联合处理所带来的损失。由于温度、湿度采用独立的控制系统，从而可以满足不同房间热湿比不断变化的要求，克服了常规空调系统中难以同时满足温、湿度参数的要求，避免了室内湿度过高（或过低）的现象。

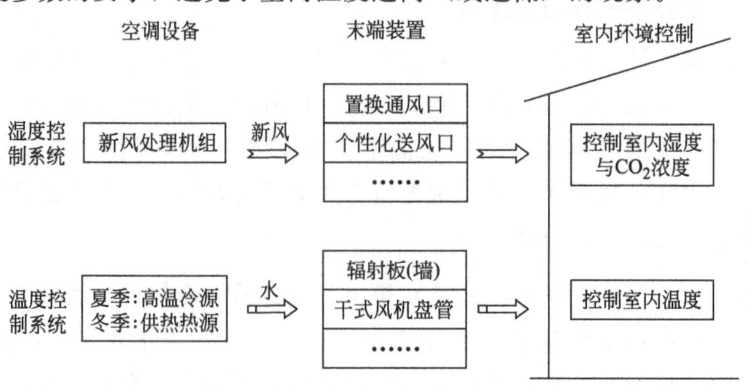

图7-4 温湿度独立控制空调系统示意图

温湿度独立控制空调系统包括处理显热的系统与处理潜热的系统两部分。处理显热的系统采用水作为输送媒介。由于除湿的任务由处理潜热的系统承担，因而显热系统的冷水供水温度不再是常规冷凝除湿空调系统中的7℃，而是提高到18℃左右，从而为天然冷源的使用提供了条件，即使采用机械制冷方式，制冷机的性能系数也有大幅度的提高。余热消除末端装置可以采用辐射板、干式风机盘管等多种形式，由于供水的温度高于室内空气的露点温度，因而不存在结露的危险。处理潜热的系统，同时承担去除室内CO_2、异味，以保证室内空气质量的任务。此系统由新风处理机组、送风末端装置组成，采用新风作为能量输送的媒介。在处理潜热的系统中，由于不需要处理温度，因而湿度的处理可采用新的节能高效方法。

在温湿度独立控制空调系统中，采用新风承担排除室内余湿、CO_2、异味，保证室内空气质量的任务。一般来说，这些负荷仅随室内人员数量而变化，因此可采用变风量方式，根据室内空气的湿度或CO_2浓度调节风量。由于仅是为了满足新风和湿度的要求，如果人均风量$40m^3/h$，每人$5m^2$面积，则换气次数只在2～3次/h，远小于变风量系统的风量。这部分空气可通过置换送风的方式从下侧或地面送出，也可采用个性化送风方式直接将新风送入人体活动区。

而室内的显热则通过另外的系统来排除（或补充）。由于这时只需要排除显热，就可以用较高温度的冷源通过辐射、对流等多种方式实现。当室内设定温度为25℃时，采用屋顶或垂直表面辐射方式，即使平均冷水温度为20℃，辐射表面仍可排除显热$40W/m^2$，已基本可满足多数类型建筑排除围护结构和室内设备发热量的要求。由于水温一直高于室内露点温度，因此不存在结露的危险和排凝水的要求。此外，还可以采用干式风机盘管通入高温冷水排除显热。由于不存在凝水问题，干式风机盘管可采用完全不同的结构和安装方式，这可使风机盘管成本和安装费用大幅度降低，并且不再占用吊顶空间。这种末端方式在冬季可完全不改变新风送风参数，仍由其承担室内湿度和CO_2的控制。辐射板或干式风机盘管则通入热水，变供冷为供热，继续维持室温。与变风量系统相比，这种系统实现了室内温度和湿度的分别控制。尤其实现了新风量随人员数量同步增减，从而避免了变风量系统冬季人员增加，热负荷降低，新风量也随之降低的问题。与目前的风机盘管加新风方式比较，免去了凝水盘和凝水排除系统，彻底消除了实际工程中经常出现问题的这一隐患。同时由于不再存在潮湿表面，根除了滋生霉菌的温床，可有效改善室内空气品质。由于室内相对湿度可一直维持在60%以下，较高的室温（26℃）就可以达到热舒适要求。这就避免了由于相对湿度太高，只得把室温降低（甚至到20℃），以维持舒适要求的问题。所以该系统既降低了运行能耗，还减少了由于室内外温差过大造成的热冲击对健康的危害。

近年来，不少新建集成电路洁净厂房的恒温恒湿空气调节系统采用了这种新的空气处理方式，成功地取消了再热，而相对湿度控制允许波动范围可达±5%。实践中采用一般二次回风或旁通，尽管理论上可起到减轻由于再热引起的冷热抵消的效应，但经实践证明，其控制难以实现，很少有成功的实例。

(3) 自动监测与控制技术

空调系统的自动监测与控制，包括参数检测、参数和设备状态显示、自动调节与控制、工况自动转换、设备联锁与自动保护、能量计算、中央监控与管理等一系列技术。

图7-5为空调系统采用DDC（direct digital control，直接数字控制）技术的原理图。所谓DDC，是指不借助模拟仪表，而将传感器或变送器中的输出直接输送到微处理器中，计

算后直接驱动执行器的方式。与模拟仪表控制系统相同的是，DDC 可以利用房间温、湿度，也可以利用回风温、湿度通过控制器控制相应的执行机构，维持温、湿度恒定。新风门、回风门、排风门均采用电动调节风门，便于进行节能调节控制，例如，进行比焓差控制，即按新风比焓值、回风比焓值比较，控制新风、回风、排风量的比例，可以充分、合理地回收回风能量和新风能量，尽量减少空调冷、热能量的消耗。

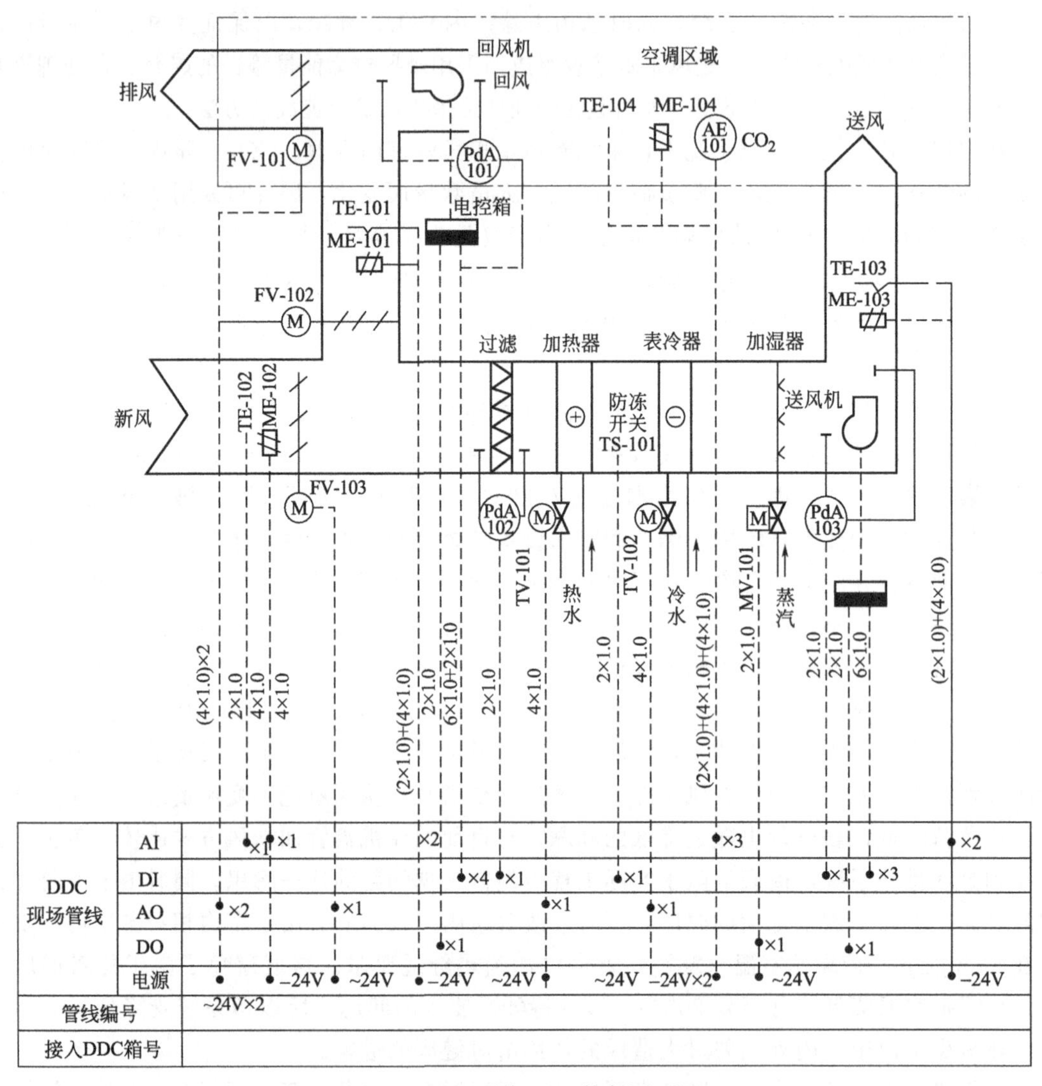

图 7-5 空调系统 DDC 控制原理图

风门采用电动调节，便于实现夜间新风净化，即在凉爽季节，用夜间新风充满建筑物，以冷却建筑物围护结构及室内设备，减少次日的空调冷负荷。在过渡季节可采用全新风满足室温要求，并节约能耗。

DDC 技术从 20 世纪 80 年代进入我国之后，经过 40 年来的实践，证明其在设备及系统控制、运行管理等方面具有较大的优越性且能够较大的节约能源，大多数工程项目的实际应用过程中都取得了较好的效果。在整个科技向数字化发展的今天，这一系统被认为是目前最适合于大、中型建筑的空调监测与控制系统之一，其投资也有了明显的下降。对于小型工程来说，由于控制点少、控制功能相对简单等原因，采用这一系统并不能（或者也不需要）充分发挥其处理器在运行速度、控制逻辑、运行管理等方面的强大优势，不易体现出投资的合理性。同时，考虑到全国不同地区的经济发展的不平衡等原因，因此，《公共建筑节能设计标准》（GB 50189—2015）规定，对于建筑面积 20000m^2 以上的全空气调节建筑，在条件许可的情况下，空气调节系统、通风系统，以及冷、热源系统宜采用直接数字控制系统。

近年来现场总线技术的飞速发展给空气调节系统的自动控制和运行管理带来了更大的节能潜力，感兴趣的读者可自行查阅相关参考资料。

7.4 可再生能源应用

《中华人民共和国可再生能源法》规定，可再生能源是指风能、太阳能、水能、生物质能、地热能、海洋能等非化石能源。目前，可在建筑中规模化使用的可再生能源主要包括太阳能和浅层地热能。我国《民用建筑节能条例》同时规定：鼓励和扶持在新建建筑和既有建筑节能改造中采用太阳能、地热能等可再生能源。在具备太阳能利用条件的地区，各级政府部门积极采取有效措施，鼓励和扶持单位、个人安装使用太阳能热水系统、照明系统、供热系统、供暖制冷系统等太阳能利用系统。

利用可再生能源遵循“自发自用，余量上网，电网调节”的原则。例如根据当地日照条件考虑设置光伏发电装置。直接并网供电是指无蓄电池。太阳能光电并网一般不送至上级电网，而是直接供给负荷。

7.4.1 太阳能的开发和应用

太阳能是一种清洁的天然能源。我国属太阳能资源丰富的国家之一，全国总面积 2/3 以上地区年日照时数大于 2000h。但太阳能分散、日变化大、到达地面的能量受大气条件影响而极不稳定的缺点，使太阳能的利用受到限制。

目前最简单的太阳能供暖通风方式称作被动式太阳房，即直接利用太阳照射到建筑物内部或太阳射线间接地被围护结构吸收后加热室内空气。为克服被动式太阳房受太阳照射状况影响过大的缺点，发展了带辅助热源和蓄热器的主动式太阳房。新型主动式太阳房由太阳能集热器与风机、泵、散热器等组成太阳能供暖系统，或与吸收式制冷机组成太阳能空调系统。图 7-6 为太阳能热水系统和低温地板采暖系统连用构成的主动式太阳房供暖系统。

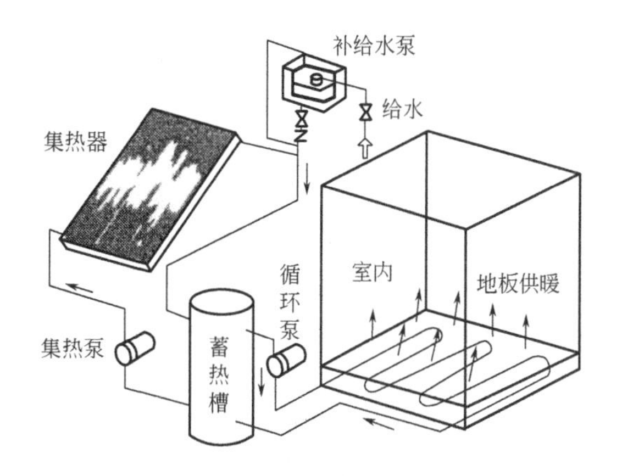

图 7-6　主动式太阳房供暖系统

太阳集热器可以分为平板型集热器和真空管集热器两大类，在太阳能热水系统中均得到了广泛的使用。在我国，真空管集热器的应用更为普遍，目前在建筑物太阳能空调系统中以真空管集热器为主。太阳能提供 85℃的热水，可作为单效溴化锂吸收式制冷机的热源，这时的集热效率取 0.2，单效溴化锂吸收式制冷机的 COP 为 0.5～0.7，其总效率约 0.1～0.14。也有将太阳能提供85℃的热水作为转轮式去湿机的再生能源，转轮式去湿机的COP取0.5，其总效率约0.1。

太阳能光伏电池可将太阳能直接转换为电能。通过太阳能光伏电池，再转换成交流电，驱动电动式制冷和空调系统。光电转换及直流-交流转换的综合效率约0.18，制冷机的运行COP取3.5，则总效率可高达0.63。

7.4.2 地热能的开发和应用

深层高温地热能的利用成本高，技术难度大，空调技术中的地热能是指浅层低品位的地层能源，主要有深井水、地下汽井、地下热水泉、土壤热等。由于大海、大湖、大河在一定的深度下，其全年水温受大气温度变化的影响较小，几乎总是保持在一个相对较低的温度水平，所以也可以作为广义的地热把它加以利用。

地下汽井、地下热水泉只是在一些具有特殊地质构造的地方，才能从离地表不深的地层里开采出来，多数地方没有这一资源。而深井水、土壤，却是平原地带、高原地区都不缺的能源资源。由于在地表以下一定深度的土壤温度基本上等于该地区全年的大气平均温度，所以，深井水和土壤可以说是空调和制冷装置的优良热源。深井水只要温度合适，经适当的水处理后，甚至可直接用作夏季空调系统的冷源。

地源热泵是利用地表浅层土壤、地下水或者以地表水作为冷热源的热泵空调系统（以地下水或地表水作冷热源的又称为水源热泵空调系统）。它可以利用地下土壤、地下水或地表水温度的相对稳定性，通过输入少量的高品位能源（如电能），运用埋藏于建筑物周围的管路系统、地下水或地表水与建筑物内部进行热交换，实现低品位热能向高品位转变。

地源热泵可根据地下热交换器敷设形式不同分为闭式循环系统及开式循环系统，一般由水循环系统、热交换器、地源热泵机组和控制系统组成。冬季它代替锅炉从土壤中取热，向建筑物供暖；夏季它向土壤排热，向建筑物供冷。与空气源热泵系统相比，地源热泵的室外侧换热器以土壤、地下水或地表水为换热对象，其夏季将具有较低的冷凝温度，而冬季将具有较高的蒸发温度，因此地源热泵的性能系数（COP）比空气源热泵高大约20%～40%。

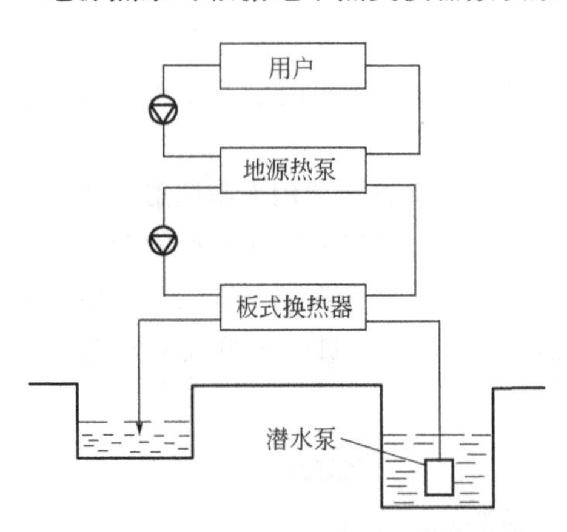

图7-7 开式地源热泵系统的示意图

图7-7为开式地源热泵系统的示意图。这种系统直接利用地下水的恒温特性，采用“抽水-回灌”的方式来提取或释放热量，达到制冷或采暖的目的。但由于这种方式涉及地下水的一些环境问题，近年来多改用闭式循环系统，如图7-8所示。

闭式地源热泵系统是最为安全、对环境破坏最小和使用寿命最长的地下系统。在冬季采暖时，低温地热加热冷媒（一般为水或水和防冻液的混合物），经过地源热泵至室内释放能量，再循环至地下加温；在夏季制冷时，地上循环系统将建筑物内的热量经过地源热泵交换到地下循环系统中，通过封闭管路将热量传导至地壳内。

闭式地源热泵系统利用泵作为循环动力，环路封闭，所以热交换器介质和地下水不直接接触，不受矿物质影响。大部分地下换热器所用管道为高密度聚乙烯管（PE管）。管道可

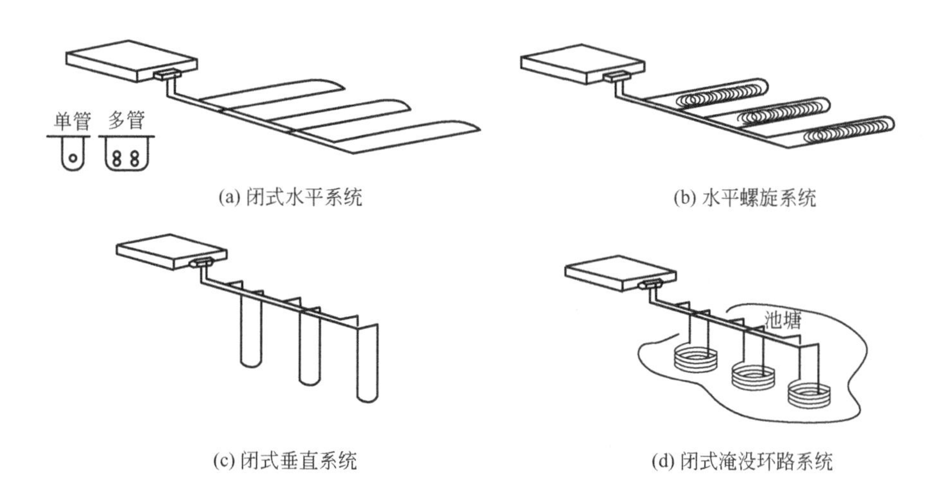

(a) 闭式水平系统　(b) 水平螺旋系统

(c) 闭式垂直系统　(d) 闭式淹没环路系统

图 7-8　不同室外换热器方式的闭式地源热泵系统示意图

以通过垂直井埋入地下 10～80m 深，或水平埋入地下 3～5m 处，也可以置于池塘的底部。

7.4.3　其他清洁能源的开发

除太阳能和地热能以外，天然气、风能等新型清洁能源在空调技术中的应用也越来越多。

自 1992 年以来，燃气热泵（gas heat pump，GHP）技术已进入商业化阶段，年均增长率达到 90％以上。天然气应用于热、电、冷联产技术也已经成为一项成熟技术，能源综合利用率在 80％以上，采用热泵时可超过 100％。

风能致热则是刚刚开始研究的新课题，目前的主要方式有液压式致热、压缩空气致热、固体摩擦致热、搅拌液体致热等，国内目前对风力致热的研究刚刚起步。

对于生物质能、氢能、燃料电池等清洁能源的开发和应用，读者可自行查阅相关参考文献。

思考题与习题

7-1. 空调系统节能的主要技术措施有哪些？

7-2. 简要说明温湿度独立控制空调系统的工作原理和特点。

第8章 空调工程实例

在工程设计及施工阶段，空调工程与房间空调器安装有很大区别。房间空调器在确定好室外机和室内机的安装位置后，由安装工上门进行安装，用铜管、导线等连接室内机、室外机就可以。而空调工程则是一个系统工程，必须考虑建筑物具体情况、业主个性化需要、国家节能环保政策要求等进行设计，然后再按图施工。空调工程的很多子项均为隐蔽工程，应与建筑装潢设计充分配合，才会取得好的整体效果。空调工程设计的科学性、施工质量的好坏，将直接影响到使用效果，甚至关系到空调系统能否正常运行。所以，空调工程设计及施工安装的技术含量和复杂程度显著高于房间空调器安装。

8.1 VRV户式中央空调系统设计实例

近年来，随着生活水平的提高，每户 $100m^2$ 建筑面积以上的多居室住宅、复式住宅、别墅等大量兴建，租用 $100\sim500m^2$ 之间建筑面积营业的小型商贸和服务型企业也发展迅速，于是，一种与之配套的、介于传统大型“中央空调”与“房间空调器”之间的户式中央空调得到了大量应用。

8.1.1 户式中央空调系统

户式中央空调也被称为家用中央空调、户用中央空调、商用中央空调、别墅空调、多联体空调等。其基本特征是由一台室外主机，通过管道输送承担室内冷热负荷的介质至室内末端装置，以满足居住的舒适性要求。它是集中处理空调负荷的系统形式。随着户式中央空调研究和制造技术水平的提高，它正以其巨大的潜力和应用优势取得突破性的发展，已经成为我国改善型住宅空调的主流产品。

户式中央空调兼具中央空调和房间空调器两者的优点。与房间空调器相比，它具备更舒适、更美观、更节能等特点；而与传统的中央空调相比，它省却了专用机房和庞大复杂的管路系统，初投资小，运行费用低，维护管理方便，使用计费灵活。对房地产开发商而言，户式中央空调系统的出现使空调系统建设不必一次到位，分散灵活并可随售房情况适时追加，风险降低；同时提高了环境和楼盘的档次，增加了销售卖点，物业管理也相对方便。对住户来说，既能充分享受中央空调的舒适性，又可根据自己的个性化需要灵活使用，合理承担日常运行费用，而且在进行室内装修时可结合空调的布置凸显装饰个性。

目前，户式中央空调产品的单机制冷量大致在7～80kW，可供面积80～600m^{2}使用，多个户式中央空调系统的组合可供给更大空调面积使用。从某种意义上来说，户式中央空调系统适用范围已超出传统的户式住宅概念，用途更广。一般，按照管道输送介质的不同，可以把户式中央空调系统分为制冷剂系统（VRV系统）、风管系统和水管系统三种基本形式，其中以制冷剂系统（VRV系统）最为常见。目前在此基础上还互相交叉、搭配衍生出一些新的系统形式，如将水管系统的风机盘管或制冷剂系统的室内机接上风管，改室内机直接吹风和吸风为利用风管上的风口送回风；将一台风机盘管或直接蒸发式室内机作为新风处理机使用，向室内专供新风等。

8.1.2 VRV系统的工作原理及特点

日本大金工业株式会社首先研制推出变制冷剂流量式空调系统，并将这种空调方式注册为VRV（variable refrigerant volume）系统，国内大多简称其为VRV系统或多联机。该系统是一台室外空气源制冷或热泵机组配置多台室内机，通过改变制冷剂流量适应空调区负荷变化的直接膨胀式空气调节系统，是一般空调器类型中的一拖多分体空调器的扩展形式。该系统以制冷剂为输送介质，室外主机由换热器、压缩机、散热风扇和其他制冷附件组成，类似分体空调器的室外机；室内机由直接蒸发式换热器和风机组成，与分体空调器的室内机相同。

为了满足各个房间不同的温湿度控制要求，VRV系统一般采用变频技术和电子膨胀阀控制压缩机的制冷剂循环量及进入各室内机换热器的制冷剂流量。室内温度传感器控制室内机制冷剂管道上的电子膨胀阀，通过制冷剂压力的变化，对室外机的制冷压缩机进行变频调速控制或改变压缩机的运行台数、工作汽缸数、节流阀开度等，使制冷剂的流量变化，达到随负荷变化而改变供冷量或供热量的目的。

图8-1为VRV系统的示意图。VRV系统具有运转平稳、节能、节省建筑空间、施工方便等优点，而且各个房间可以独立调节，能满足不同房间不同空调负荷的需求；一般也不受房间层高的限制，一台室外机通过制冷剂管道拖带的室内机可多达10台，室外机与室内机间的高度差和水平距离可从几十米至上百米；压缩机可变频运行从而适应制冷剂流量的变化。但该系统控制系统复杂，对控制器件、现场焊接安装等方面的要求非常高，且其初投资较高；此外，这种系统也不能直接引进新风，因此对于通常密闭的空调房间而言，其舒适性相对较差。

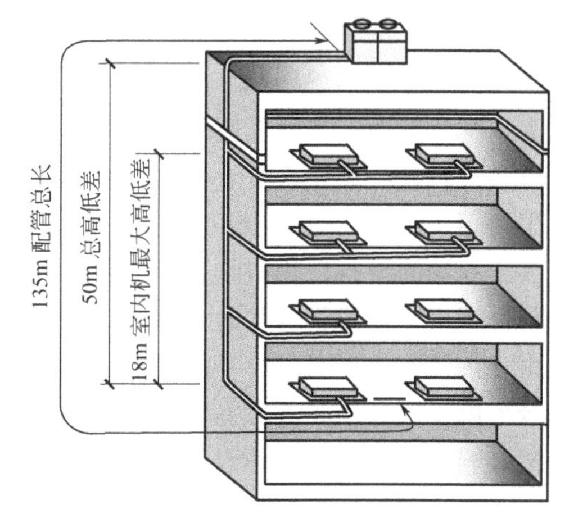

图8-1 VRV系统示意图

8.1.3 VRV系统的设计步骤

(1) 系统的确定

VRV系统设计之前，首先应确定采用何种系统。对于只需供冷而不需要供热的建筑，可采用单冷型VRV系统；对于既需要供冷又需要供热且冷热使用要求相同的建筑可采用热泵型VRV系统；而对于分内、外区且各房间空调工况不同的建筑可采用热回收型VRV

系统。

(2) 选择室内机

室内机形式是依据空调房间的功能、使用和管理要求等来确定的。室内机的容量须根据空调区冷、热负荷选择；当采用热回收装置或新风直接接入室内机时，室内机选型应考虑新风负荷；当新风经过新风 VRV 系统或其他新风机组处理，则新风负荷不计入总负荷。

室内机组初选后应进行下列修正：

① 根据连接率修正室内机容量。当连接率超过100%，室内机的实际制冷、制热能力会有所下降，应对室内机的制冷、制热容量进行校核。

② 根据给定室内外空气计算温度进行修正。由给定的室内外空气计算温度，查找室外机的容量和输出功率，计算出独立的室内机实际容量及输入功率。

③ 配管长度进行修正。根据室内外机之间的制冷剂配管等效长度、室内外机高度差，查找相应的室内机容量修正系数，计算出室内机实际制冷、制热量。

④ 根据校核结果与计算冷、热负荷相比较。如果修正值小于计算值，则增大室内机规格，再重新按相同步骤计算，直至所有室内机的实际容量大于室内负荷。

(3) 选择室外机

室外机选择应按照下列要求进行：

① 室外机位置应根据室内机安装的位置、区域和房间的用途等考虑。

② 室内机和室外机组合时，室内机总容量值应接近或略小于室外机的容量值。

③ 如果在一个系统中，因各房间朝向、功能不同而需考虑不同时使用因素，则可以适当增加连接率。VRV 系统的连接率可以从50%～130%之间变化。

(4) VRV 系统新风问题

为了维持空调区域内舒适的环境，必要的新风同适当的室温控制一样重要。VRV 系统的新风供给一直是设计人员十分关注的问题。

① 采用热回收装置。热回收装置是一种将排出空气中的热量回收用于将送入的新风进行加热或冷却的设备。热回收装置主要由热交换内芯、送排风机、过滤器、机箱及控制器等选配附件组成。热回收装置的全热回收效率大约在60%左右。

由于热回收效率有限，不能回收的部分能量仍需由室内机承担，选择室内机的容量时，应综合考虑。同时还要考虑室外空气污染的状况，随着使用时间的延长，热回收装置上的积尘必然影响热回收效率。经过热回收装置处理后的新风，可以直接通过风口送到空调房间内，也可以送到室内机的回风处。

② 采用 VRV 新风机或使用其他冷热源的新风机组。当整个工程中有其他冷热源时，可以利用其他冷热源的新风机组处理新风，也可以利用 VRV 新风机处理新风。室外新风被处理到室内空气状态点等焓线上的机器露点，室内机不承担新风负荷。经过 VRV 新风机或使用其他冷热源的新风机组处理后的新风，可以直接送到空调房间内。

③ 室外新风直接接入室内机的回风处。室外新风可以由送风机直接送入室内机的回风处，新风负荷全部由室内机承担。进入室内机之前的新风支管上须设置一个电动风阀，当室内机停止运行时，由室内机的遥控器发出信号关闭该新风阀，避免未经处理的空气进入空调房间。

8.1.4　VRV 户式空调工程实例

(1) 工程概况

某市高级别墅区一砖混结构的独立别墅，建筑总面积约为 1000m²，空调使用面积为 650m²，共 3 层，建筑用途为生活起居。在综合了性价比、控制方式、运行费用、噪声等多种因素后，决定选用某品牌变频多联 VRV 系列空调机组，工程设计、施工完成后于当年交付使用。

(2) 室内设计参数

夏季温度 (26±2)℃，冬季温度 (18±2)℃。

(3) 空调冷负荷的计算

冷负荷主要由下列三个部分构成：①通过建筑物的围护结构传入室内的冷负荷；②由于房间内人员、照明、电器设备散热产生的冷负荷；③通过室外新风带入室内的冷负荷。空调系统的计算冷负荷即为以上三项之和。

经计算，该建筑物的总冷负荷确定为 156.9kW（由于业主选择了较为稳定的地暖系统，故对热负荷无详细说明），其中考虑了 90%的同时使用系数。共选配了 VRV 系列 10HP 空调机组 5 套（由 5 台室外机、20 台室内机经过优化组合共同组成 VRV 空调系统）。

(4) 空调配置情况

一层、二层、三层 VRV 系统设计平面图见图 8-2～图 8-4，设备配置见表 8-1。

表 8-1　VRV 系统设备配置明细表

楼层	房间名称	室内机型号	面积/m²	标准制冷量/W	平均制冷量/(W/m²)
一层	起居室	FXYD80KMVE×1 台	122	9000	247
		FXYD63KMVE×1 台		7100	
		FXYD125KMVE×1 台		14000	
	客厅	FXYD125KMVE×2 台	89	14000×2	315
	保姆房	FXYD25KMVE×1 台	10	2800	280
	视听室	FXYD80KMVE×1 台	37	9000	243
	餐厅	FXYD80KMVE×1 台	42	9000	214
	厨房	FXYD63KMVE×1 台	35	7100	203
二层	客卧	FXYD50KMVE×1 台	27	5600	207
	楼梯间	FXYD63KMVE×1 台	36	7100	197
	女儿卧室	FXYD50KMVE×1 台	28	5600	200
	女儿书房	FXYD63KMVE×1 台	33	7100	215
	主人卧室	FXYD80KMVE×1 台	40	9000	196
	主人书房	FXYD40KMVE×1 台	23	4500	225
	起居室	FXYD125KMVE×1 台	48	14000	292
三层	娱乐室	FXYD40KMVE×2 台	44	4500×2	204
	客卧	FXYD80KMVE×1 台	14	4500	321
	客卧	FXYD80KMVE×1 台	23	4500	196
室外主机		VRV 变频 SKY FREE I 系列 RHXY280KMY1×5 套			

(5) 其他设计说明

为了不影响建筑物外立面美观，将室外机安装于建筑物西侧地面混凝土平台上（见图 8-2）。该面为建筑物的隐蔽面，且四周无障碍，通风良好便于室外机散热。

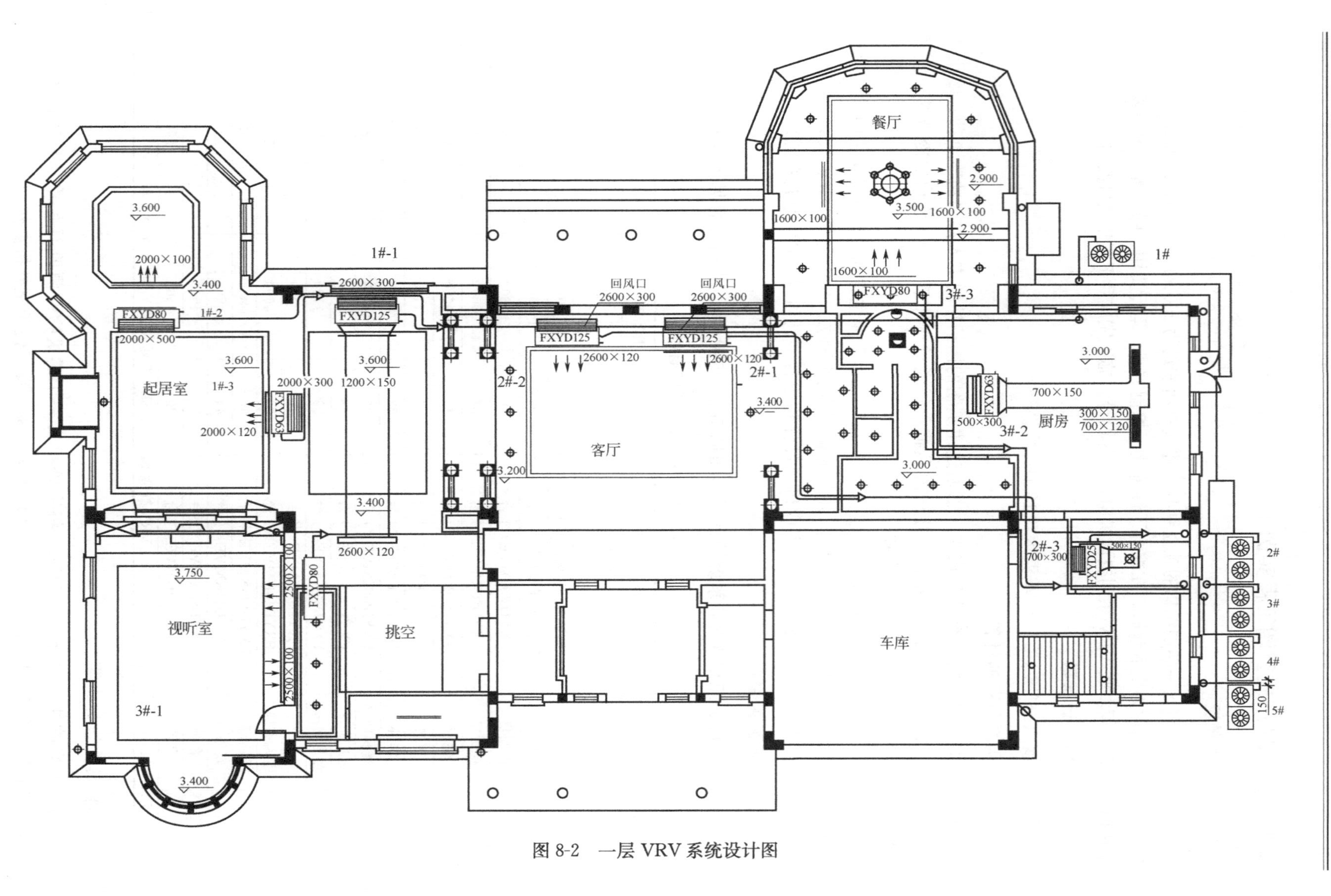

图 8-2 一层 VRV 系统设计图

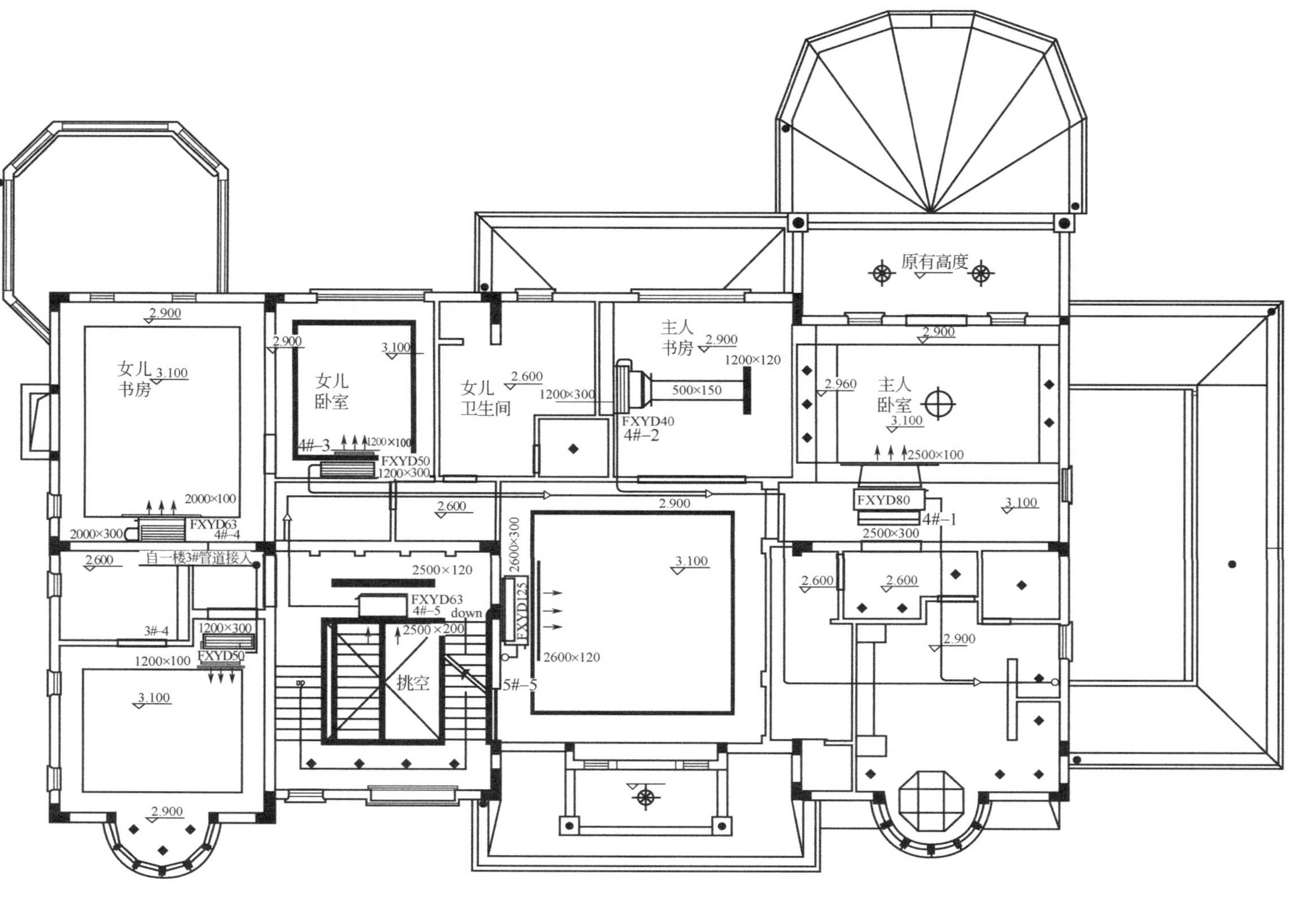

图 8-3　二层 VRV 系统设计图

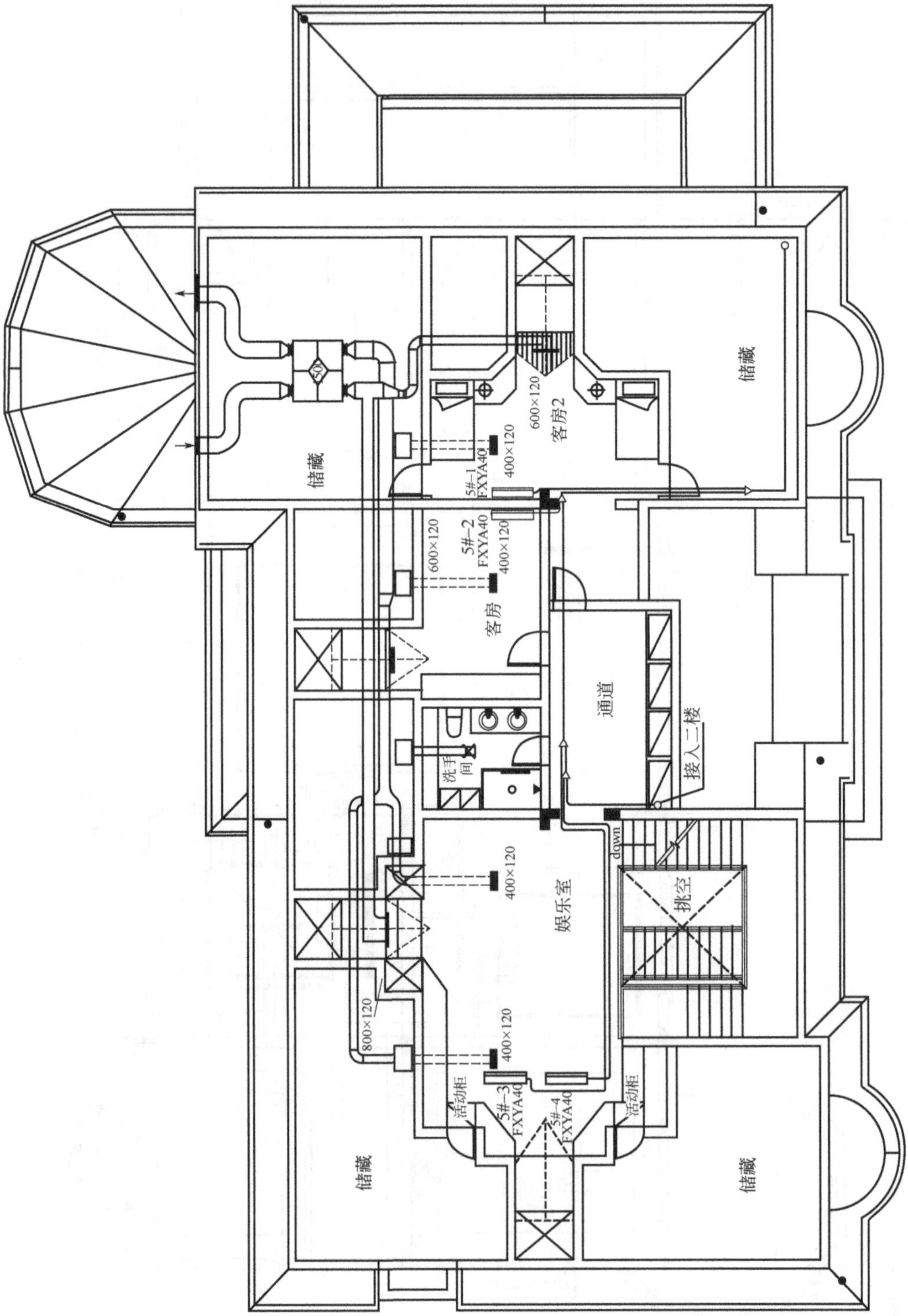

图 8-4 三层 VRV 系统设计图

该别墅装潢采用巴洛克风格的室内天花设计，对空调室内机的要求是机身薄而小巧，室内制冷剂管道及冷凝水管要能紧贴房屋顶部或墙角敷设安装，并隐藏于吊顶或石膏线内。在1层、2层采用天花板内藏风管式室内机，根据装饰要求，将其气流组织分别设计为顶送顶回、侧送下回的方式。由于该设备不带冷凝水提升泵，冷凝水管的排水必须保持1/100的倾斜度。材料采用带保温PVC管道。3层由于为坡型顶，受层高限制室内机选用挂壁式室内机。室外机与室内机的制冷剂管道由室内管道井引出，外墙面制冷剂管道裸露部分由ABS工程塑料装饰盖管覆盖，既美观又实用。考虑到该别墅面积较大，冷凝水采取就近排放，或部分集中到总管排放至室外的排水沟中。控制系统由每个室内机通过有线遥控器进行单独控制，可根据每间房间不同的使用要求进行精准的控制。

在1层、2层的新风处理上，采用了中央集中机械通风系统以确保持续、高效的排风，同时将新风自室外引入室内。风机置于吊顶内，通过排风口将室内浑浊空气排出室外。具体设计是在每个需要新风的房间内（如客厅、餐厅、起居室、书房及卧室等），设置自平衡式新风吸入口（新风吸入口均带有过滤器）与自平衡固定风量排风口，当排风机运行时，房间内的负压致使新风口呈开启状态，室外新风通过吸入口进入各主要房间。吸入口一般安装于房间窗户的上方、室外空气流通且空气状况良好的迎风口。集中机械排风机设置于室内盥洗室和厨房吊顶内。为保证其他房间里空气的清新，洗手间和厨房内保持一定的负压状态。在此设置排风装置，一则可满足风量平衡，二则能最快排除房间内的污浊气体。

3层受房屋结构的限制，在新风处理上采用了转轮式全热交换器处理的方式，将室外的新鲜空气、室内的污染空气经过全热交换器交换元件进行热湿交换，在向室内提供新风的同时，回收部分室内排风带走的热能，从而大大减小空调的通风负荷，节约能耗。新排风管道通过PVC圆形管道相连接，管道走向沿房屋坡形顶面安装，为保证空气品质，每个房间均设置新风口、排风口，并与装饰格局相得益彰，获得了良好的使用效果和视觉效果。

(6) 工程总结

本工程VRV空调方式的优点是空调系统无水管连接，杜绝水管因安装或保温问题造成漏水的隐患；更无须因敷设较大截面的风管而压低层高，或做顶面大面积的吊顶，影响装饰的美观性。选用单独的控制系统，避免了“一开俱开”不可独立控制的情况。缺点是初投资较高，对设备的安装及空调安装人员的专业技能有较高的要求。

设备选型应根据实际情况进行空调冷热负荷的计算。因为各空调房间朝向不同，使用功能不同，在设备选型上需根据房间实际情况计算冷热负荷，而不应生搬硬套。由于客厅与挑空楼梯、玄关、走廊等皆为无隔断的相连，如客厅空调开启，挑空楼梯、玄关、走廊等处的冷热负荷会对空调系统形成相应的空调负荷，从而导致空调的使用效果不易达到所要求的舒适性。在设计的过程中与装饰紧密结合，利用吊顶来隐藏室内机与风管、铜管、冷凝水管，并要保证气流组织的合理性。卧室尽量采取利用走廊吊顶或柜厨顶部来安排室内机的吊装，使噪声源远离休息区。

本VRV系统安装调试完毕后试运行一切正常。夏季根据室外温度的波动，实测其室内温度，在客厅送风口为10～12℃，回风口为24～26℃，走廊及挑空处温度为28～29℃，满足业主需求。

8.2 风管式户式中央空调系统设计实例

8.2.1 风管式中央空调系统

风管式（也称全空气式）中央空调系统是以空气为输送介质，利用主机直接产生的冷热量，将来自室内的回风或回风与新风的混合风进行处理，再送入室内。风管式中央空调机组一般可分为分体式和整体式两大类，如图 8-5 所示。分体式风管系统也称风冷管道型空调机，其室外机有单冷型和热泵型两种，空调容量在 12～80kW 之间；室内机是一个简单的空调箱，机外余压为 80～250Pa，空气经室内机处理后直接由风管输送到各个空调房间。整体式风管系统，其室外机包括压缩机、冷凝器、蒸发器、风机等，室内部分只有风管和风口，安装时将室外机的出风口和回风口同室内风口相连即可。

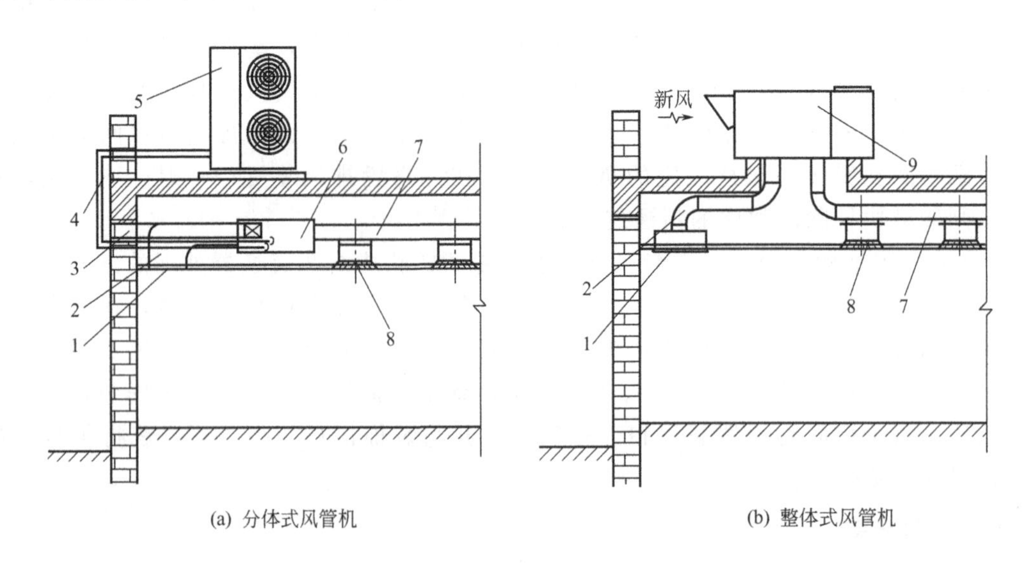

(a) 分体式风管机　　(b) 整体式风管机

图 8-5　风管式户式中央空调机组

1—回风风口；2—回风管道；3—新风管道；4—制冷剂管道；5—室外机；6—室内机；7—送风管道；8—送风风口；9—整体式机组

图 8-6 为分体式风管式户式中央空调系统的示意图。风管系统初投资较小，能方便地引入新风，使室内空气质量能得到充分保证。但风管系统的空气输配管道占用建筑空间较大，一般要求房间有足够的层高才能采用，而且还不能有建筑构造梁。由于该系统采用统一送回风的方式，风口的送回风量一般不能根据房间的负荷情况自动调节，难以满足不同房间不同空调负荷的要求，以及同时存在使用和不使用的情况的要求。若采用变风量末端设计，又将会使整个空调系统的初投资大大增加。

8.2.2 风管式户式中央空调工程实例

(1) 工程概况

南方某大型城市市区某高级美式别墅，层数为 2 层，一层建筑面积 191.0m^2，二层建筑

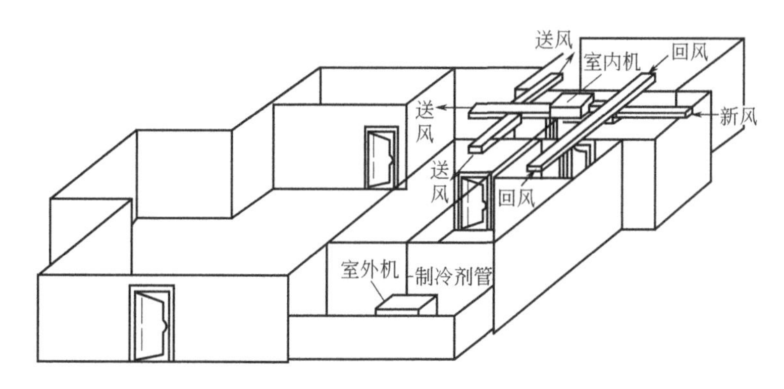

图 8-6　分体式风管式户式中央空调系统的示意图

面积 122.3m^2。

(2) 室内设计参数

夏季温度：24～28℃，冬季温度：18～22℃。

(3) 空调设计

该别墅舒适性空调系统采用风管式户式中央空调系统，一层、二层分别单独控制。本系统全部以空气作为输送冷/热量的介质来实现室内的空气调节。它利用室外风冷热泵主机集中产生冷/热量，将室内回风空气与室外引进的新风空气混合后进行冷却/加热处理后，再送入室内，实现房间的供冷和采暖。

表 8-2　各空调房间冷负荷与设备配置情况

层数	区域	空调面积/m^2	冷负荷标准/($kcal/m^2$)	冷负荷/kW	室内机	室外机
一层	餐厅	18	经过与业主沟通，选择 165$kcal/m^2$ 为计算标准	17.3	某品牌高静压暗藏式风管机 TWK060AA，风量 3200m^3/h	TWK060AD，制冷量 17.5kW，制热量 18kW
	客厅	32				
	起居室	14				
	书房	12				
	门厅	15				
二层	主卧	22	经过与业主沟通，选择 165$kcal/m^2$ 为计算标准	13.5	某品牌高静压暗藏式风管机 TWK050AA，风量 2200m^3/h	TWK050AD，制冷量 13.6kW，制热量 15.5kW
	卫生间	10				
	客卧 1	13				
	客卧 2	12				
	走廊	14				
小计		162				

注：1cal＝4.1868J。

(4) 空调情况

图 8-7 为一层空调系统平面图，图 8-8 为二层空调系统平面图，设备配置见表 8-2。

(5) 工程说明

在该风管式户式中央空调系统的气流组织设计中，一层采用侧送顶回的方式，二层采用顶送顶回的方式。送风口采用双层百叶格栅式风口，回风口采用单层百叶带过滤网，风管采用超薄、超轻、超强的复合风管，具有环保、保温、消声、防腐等良好性能，其价格远低于镀锌铁皮风管，为近年来中央空调风管系统制作常用的最新材料。

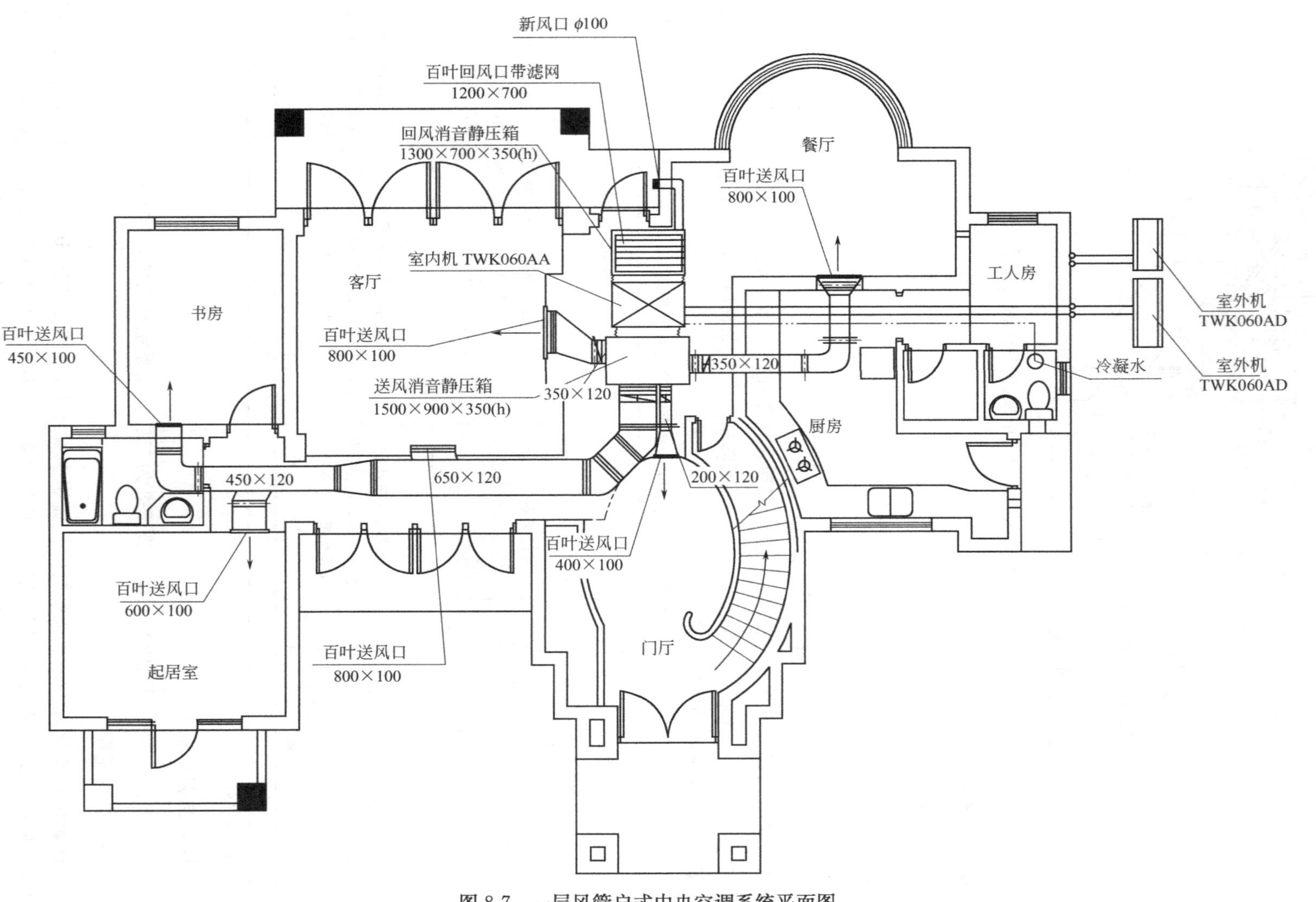

图 8-7 一层风管户式中央空调系统平面图

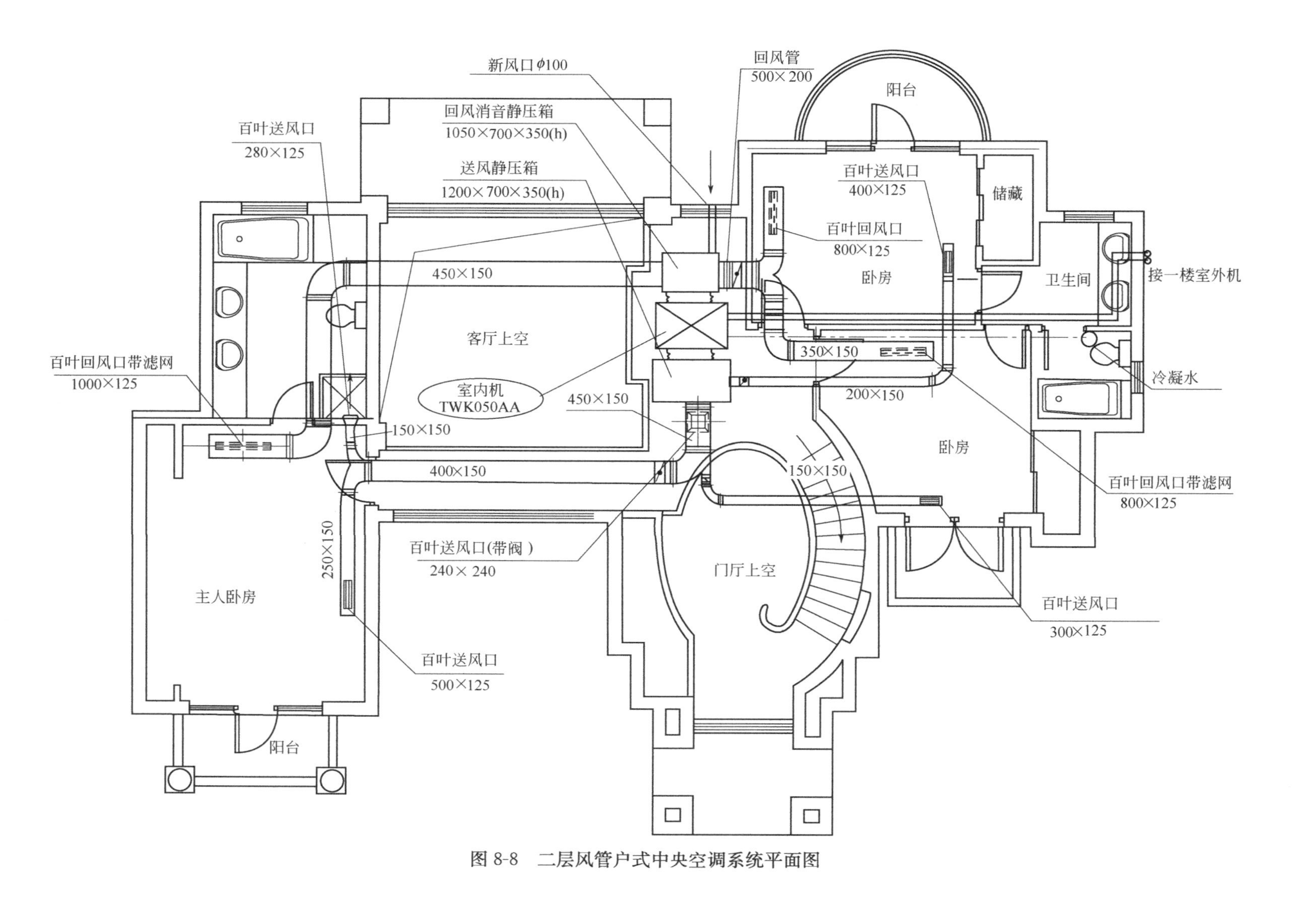

图 8-8　二层风管户式中央空调系统平面图

(6) 工程总结

噪声问题是风管机的主要问题。为此，本工程在设计中采用了以下措施，从而大大减少了噪声对居住者的影响。

① 室内机布置在辅助房间的吊顶内，一层室内机被安排在储藏室内，并设有送风静压箱；二层室内机安排在走廊处，送回风均设有静压箱，这样的安排大大减少了风机的运行对主要活动区域的直接影响。室内噪声实测控制在40dB（A）之内。

② 为了降低气流噪声，风管主管设计风速低于6m/s，支管设计风速低于4m/s，送、回风口设计风速取2m/s。

③ 本工程采用的复合风管具有良好的消声功能。接入每个空调区域的支风管均采用了消声风管，在空间允许的条件下，再加设消声弯头。这些措施同时可以防止多室之间通过风管的串声。

为了配合装潢，主风管布置在走廊里并顺墙走，这样可便于装饰处理，保证装潢的效果和美观。每个支管均设置了风量调节阀，保证了每个空调区域的必要风量。通过专门的新风管引入新风。这些设计可保证空调的良好效果和提高室内空气品质和舒适性。

该系统调试运行以来，冬夏两季空调制冷、采暖情况良好，均达到了室内设计温度，而且室内噪声较低，用户感到满意。

8.3 水管式户式中央空调系统设计实例

8.3.1 水管式中央空调系统

水管式中央空调系统（也称冷热水系统）是以水为输送介质，其室外主机实际上是一台风冷冷水机组或空气源热泵机组，末端装置则是各种风机盘管。主机与各风机盘管之间用水管相连，其工作原理与风机盘管系统的工作原理基本相同，如图8-9所示。该系统将经过室外主机降温或加热后的循环冷（热）水，通过水管输送到布置在各个房间里的风机盘管，再利用风机盘管与室内空气进行热湿交换，使房间内的空气参数达到控制要求。

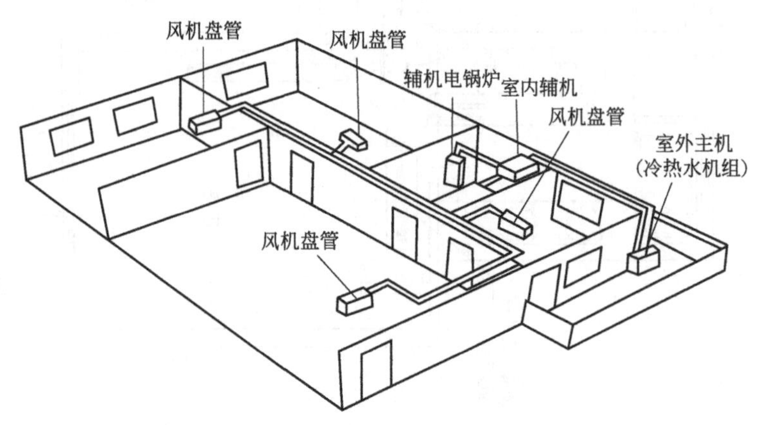

图8-9 水管式户式中央空调系统示意图

由于可以通过调节风机盘管的风机转速改变送风量，或调节旁通阀改变经过盘管的水量来达到调节室内空气温湿度的目的，因此该系统可以适应每个空调房间都能单独调节的要求，满足各个房间不同的空调需要，包括根据需要关机不用。因此其使用的灵活性和节能性比较好。此外，由于该系统室外主机与室内各风机盘管相连的输配管道为水管，占用建筑空间很小，又有水泵驱动水循环流动，因此一般可以不受房间层高的限制，同时受室内建筑构造梁的影响也不大。这种系统存在的主要缺点：一是不能引进新风，对于通常密闭的空调房间而言，其舒适性较差，因此需另配新风供应系统；二是水管施工安装麻烦，费时费工。

冬季供暖使用中，水管式中央空调系统易于和集中热水系统、电锅炉、燃气炉等结合，夏季制冷时只需切断相应连接即可。

8.3.2 水管式户式中央空调工程实例

(1) 工程概况

某市市郊某高档别墅区，总规划建筑面积 220000m²，分三期建设。一期建设建筑面积约 40000m²，每栋别墅 2～3 层不等，建筑面积在 300～500m² 之间。本空调工程是其中一栋三层别墅，空调房间面积为 140m²。

(2) 空调室内设计参数

夏季温度：24～28℃，冬季温度：18～22℃。

(3) 空调设计

该别墅选择水管式户式中央空调系统，一层、二层、三层共用某品牌户式冷水机组一台。冷水机组为双压缩机系列机组，用户运行时节能效果明显。供回水管路采用异程式，管材为 PPR 管，并用 20mm 厚橡塑管保温。凝结水每层就近排放至卫生间地漏，凝结水管材为 PVC 塑料管，用 8mm 厚橡塑管保温。在系统最高点设自动排气阀，由主机内密闭式膨胀水箱对系统进行定压和自动补水。风机盘管的安装与房内书柜、衣柜或吊柜配合，采用侧送上回方式。

表 8-3　水管式户式中央空调系统设备选型配置明细表

层数	房间名称	房间面积/m²	房间冷负荷/W	风机盘管型号	风盘数	风盘制冷量/W	冷负荷指标/(W/m²)
一层	客厅、餐厅	65	13650	FP-7.1 FP-8G	3 1	3681 3979	231
二层	卧室 1	13	2250	FP-5	1	2580	198
	卧室 2	17	2700	FP-6.3	1	2800	169
	卧室 3	17	2700	FP-6.3	1	2800	169
三层	书房、主卧	28	5460	FP-6.3	2	2800	206
小计		140	26760		9		
室外机	某品牌 HSR-17 型风冷热泵冷水机组，制冷量 15.6kW，水流量 2.7m³/h，380V 电源						

(4) 空调配置

图 8-10 为一层空调系统平面图，图 8-11 为二层空调系统平面图，图 8-12 为三层空调系统平面图，空调设备配置情况见表 8-3。

(5) 设计说明

水管式户式中央空调系统的室外机主机选型过大，会造成前期投资偏高，性价比下降；选型过小，又会使主机长期处于运转状态，影响主机寿命。该别墅居住空间大，入住家庭成员较少，同时使用率较低。经过与业主协商，以 60%的共用率来选择主机，即 26000×60%=15600W。

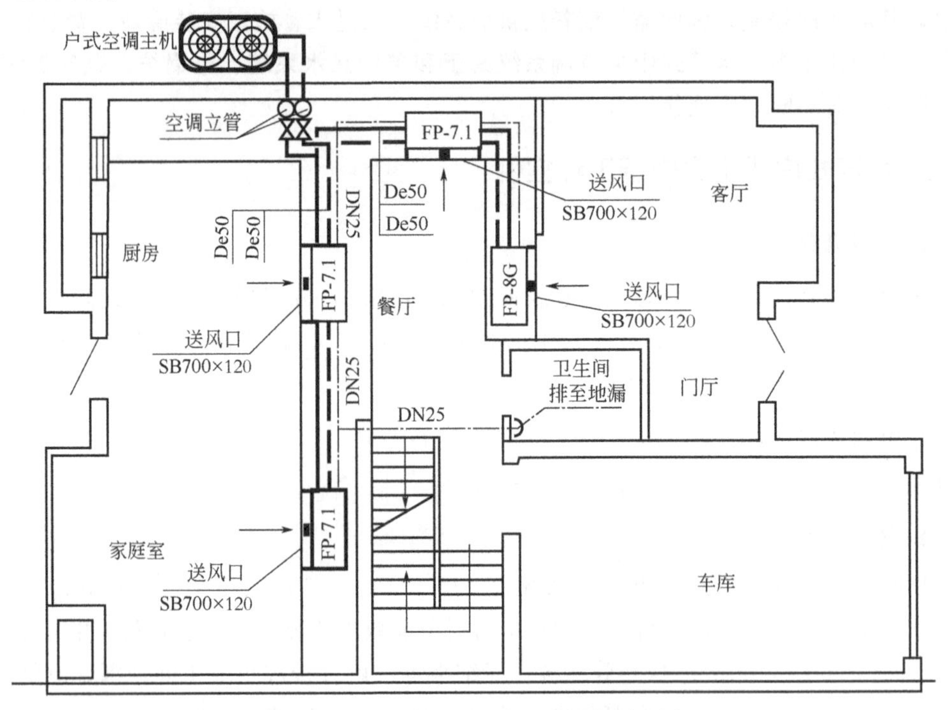

图 8-10 一层水管式户式空调系统平面图

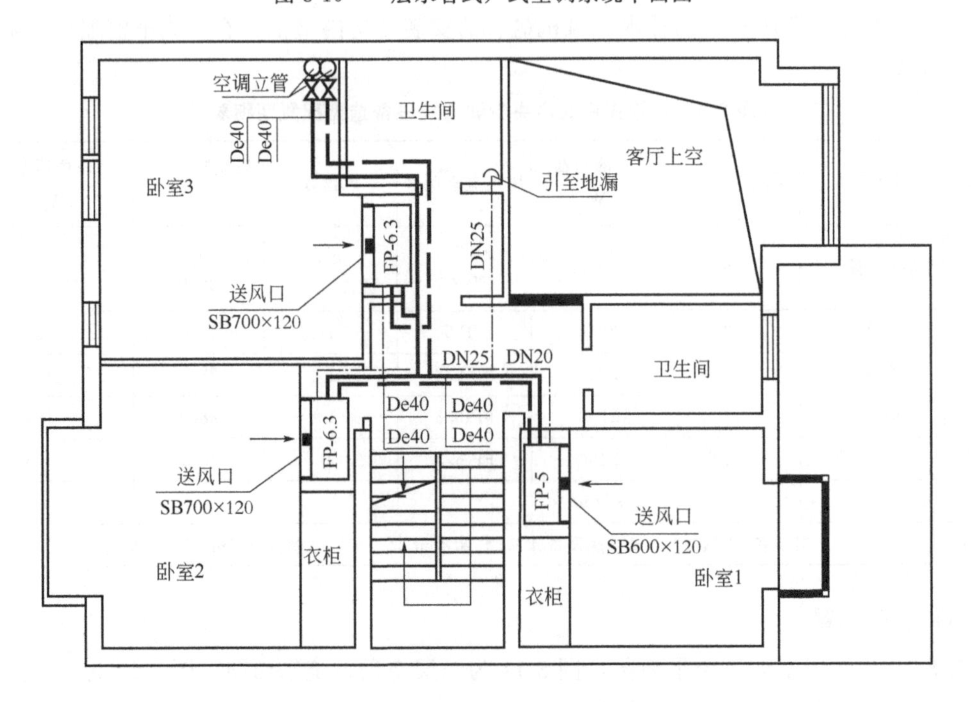

图 8-11 二层水管式户式空调系统平面图

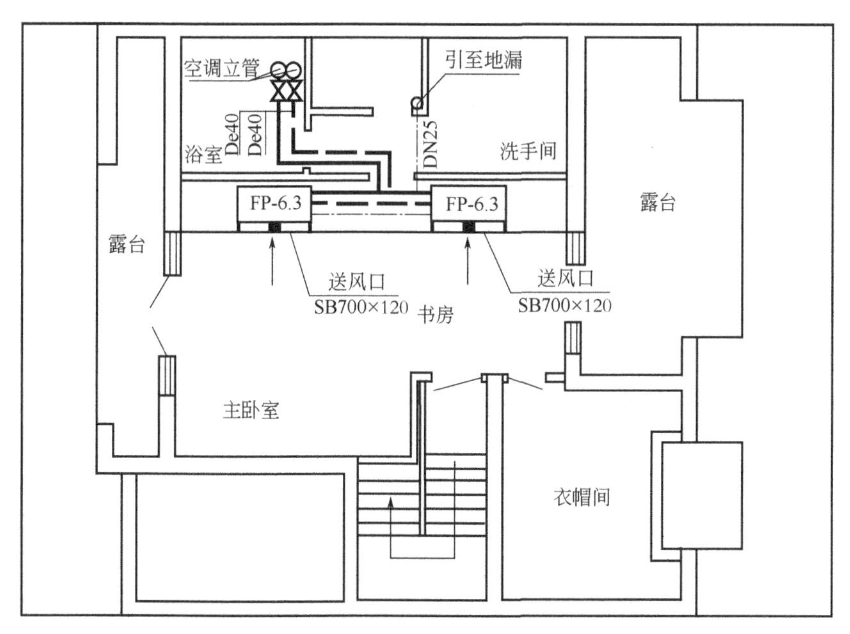

图 8-12 三层水管式户式空调系统平面图

水管式户式中央空调系统的水容量较小，供水温度易出现波动，引起定频压缩机的频繁启动，直接增加用户的空调运行费，降低空调主机的使用寿命。欲加大系统水容量，可增加密闭水箱容量或加大管径。该系统采用加大管径的方法，既增加了水容量，又减少了系统阻力损失。条件许可时，可以按照系统总水容量的 150%～200%增设储水箱。但储水箱一方面增加工程造价，另一方面减缓了系统的启动速度，增加了定压罐的负担。当然在业主初投资许可的情况下，选择使用变频压缩机的主机能解决频繁启动的问题。

为达到风机盘管与空调主机的联动控制，该设计中从 9 个风机盘管的电动阀上获取 220V 的电源信号，如图 8-13 所示，通过联机板“或门”的控制，实现任何一台风机盘管启动时，主机能自动启动；而当所有风机盘管均停止时，主机能自动停机，从而使户式中央空调的操作简单，无须任何专业培训。

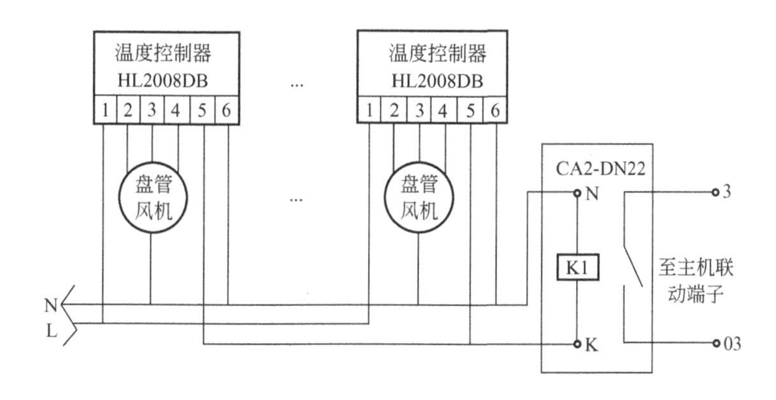

图 8-13 风机盘管与空调主机的联动控制

(6) 工程总结

该系统调试运行以来，冬夏两季情况良好，室内噪声较小，用户表示满意。冬季室温为

18℃以上，达到国家采暖温度要求，但略小于设计要求。

水管式户式中央空调的风机盘管的选型不同于大型中央空调系统。大型中央空调系统的使用率较高，几乎所有末端设备均同时开启。而户式中央空调系统的使用者为家庭，许多情况下空调房间的六面均为冷体或热体，这必然加大房间的负荷，因此，在负荷计算和风机盘管选型上，可以较常规大型中央空调放大约30%～40%。

在回水支管上安装电动两通阀可以控制风机盘管的开关。为保证最不利点处风机盘管的正常工作，可以考虑在最远端的2～4个风机盘管的回水支管上安装阻力非对称型电动三通阀。在机组出水管上安装止回阀的同时，也应在机组补水管上安装止回阀，防止空调水系统对自来水系统的污染。部分冷水机组在只有一两个风机盘管运行时，系统流量过小，容易出现低温保护，原因在于房间的温度控制是通过温控开关控制风机盘管回水管上的电动两通阀的通断来实现的。实际施工或调试时，可以减少电动两通阀的数量，采用无阀温控开关自动控制风机盘管的高速、中速、低速运行来控制室温。

风机盘管限制吊顶高度的主要原因就是冷凝水管的坡度，在实际安装中要严格按照国家规范要求的1%坡度很难，尤其在一些高层建筑中。实际操作中保证风机盘管集水盘到水平管道有30～40mm的高差，冷凝水主管道按不小于0.3%的坡度安装，可以满足户式中央空调系统的需要。

条件许可时，尽量采用新型装置可以增加系统的可靠性和维护的方便性。新型自动补水阀替代电接点压力表和电动水阀、只排气不跑水的自动排气阀等在水系统中的应用越来越广泛。

8.4 办公建筑空调工程实例

为保证员工热舒适，提高工作效率，现在办公建筑中普遍安装了各种各样的空调系统。近年来多联机技术日趋成熟，其环境适应性强、节省建筑空间，实测能耗强度处于较低水平因而节能效益显著，已成为许多中小型办公楼项目的首选空调方案。对于较大体量的办公建筑空调要求，多联机作为一种“积木式”空调系统，通过“台数组合+区域累加”的方式也能够实现。

作为一种“半分散式”空调系统，多联机在办公建筑内应用能够灵活实现分区域、分室内机控制。多联机的技术特点是能够满足局部空间的制冷、制热需求，运行时间灵活、便于控制，用户可以根据自己需求启动、关闭空调，使用过程中调低、调高设定温度。由于集中式中央空调系统有最低运行负荷要求，一般均设有机房，由专职人员负责机组运行与关闭，因此适用于负荷需求大且负荷相对较集中的场合。对我国办公建筑的调研统计结果表明，工作中绝大多数存在加班现象。对于工作时间不同、有一定加班需求的建筑，采用集中式空调系统，往往不能满足要求。多联机空调凭借其调节控制方便灵活的特点，在我国的办公建筑中得到了大量应用。

在我国《绿色建筑评价标准》（GB/T 50378—2019）中，采用多联机空调系统能效均优于现行国家标准能效限定值的要求，并且采用无蒸发耗水量的冷却技术及补水使用非传统水源，都是绿色建筑评价的优势得分项，因此，多联机空调系统在高层、高档类办公建筑中应用的比例越来越高。当然，当办公建筑的规模越来越大后，多联机空调方案的初投资大的弊端逐渐显现，传统集中式空调系统的经济性优势显著提高。

8.4.1　室内机、室外机与管道井设计

办公建筑内，不同朝向、使用时间不一的室内机宜组成一个独立系统；会议室、多功能厅以及设备用房等宜独立设置一个系统。经常使用房间和不经常使用房间最好分别设置系统；在高层办公建筑中，房间跨度比较大，空调系统设计时习惯划分内外区，这时内外区室内机必须分别设置系统。

冷媒管道井的位置设置，主要是考虑室外机系统的连接管方便且不宜过长。在高层办公建筑中，所有机电管道井大多集中在核心筒内，一般高层办公建筑外形接近正方形，冷媒管道井布置在核心筒内，可以满足管道井位置设置要求。若规模较大的建筑物，应尽量多设置冷媒管道井。冷媒管道井的大小应根据管道井内冷媒管大小和数量确定，同时安装方式不一样也会影响冷媒管道井的面积，应尽量优化。

多联机室外机在办公建筑物的应用中，需要考虑放置的位置通风条件良好、避免阳光直晒、连接管长度尽量短等各种因素，同时应考虑设备的安装及检修空间。避免室外机因为气流短路而降低系统能力，甚至停机；在高层办公建筑中室外机的放置位置多为以下几种方式。

(1) 设置在裙房屋面

一般高层办公建筑下面有商业裙房时，裙房范围内的室外机一般放置在裙房屋面上。多联机室外机集中摆放，可以避免占用每层建筑面积，集中管理方便，但机组的间距要满足要求，不宜太近，防止出现气流短路、换热条件差的情况，有条件时建议采用模拟软件对热环境进行模拟，给出最佳室外机摆放方式及间距。

(2) 设置在每一层设备平台

为避免连接管过长，影响室内外机的性能，降低多联机空调系统的经济性；同时为检修方便、分层管理等因素，大部分高层建筑办公标准层在每一层单独设置室外机设备平台。一般为了美观需要采用装饰遮挡物时，装饰遮挡物宜采用栏杆或百叶，不应采用孔板遮挡，百叶的开口率≥80%，百叶的水平倾角≤15°，室外机的导流风帽应紧贴百叶设置，不留缝隙。

需要注意避免的是，由于不同楼层的室外机经常放置在平面的相同位置上，楼层低的机组排出的热气流在热压作用下不断上升，最终被位于高楼层的机组吸入，使其工作环境温度升高，热气流与上层机组排出的热空气混合，逐层向上，层层影响，最终导致上层机组的工作环境温度过高，制冷量降低，严重时甚至会导致机组保护停机。

(3) 设置在避难层中

室外机集中摆放于避难层，节省了大量的空间，也从根本上解决了空调外机对建筑外观的破坏。但把室外机摆放在避难层不可避免会出现连接管过长的情况，这时在设计过程中，需要根据厂家提供的连接管修正系数，对室外机容量进行修正，同时按要求扩大连接管的管径。

8.4.2　新风系统设计

《民用建筑供暖通风与空气调节设计规范》中要求公共建筑中需满足最小新风量设计。在高层办公建筑中，外窗大多数不能自由开启，因此多联机空调系统中新风系统必不可少。一般在高层办公建筑中，新风的设置主要有以下常用的几种方式，可以根据具体项目选择合适的方式。

(1) 全热交换新风机

采用全热交换新风机不占用机房，有效节约室外机占用面积，同时我国《绿色建筑评价

标准》（GB/T 50378—2019）中，要求排风能量回收系统设计合理并运行可靠，因此全热交换系统在高层办公建筑中应用较多，一般设备设置在建筑内走道尽头的两端即可。但在热回收效率有限时，室内新风负荷无法全部由全热交换系统承担，室内机在选择时需要考虑这部分新风负荷；同时新风与排风口的设置需要与建筑外立面结合，不破坏建筑外立面的美观。

（2）新风处理机

新风处理机自带独立的室外机，把室外新风处理到室内等焓线上，承担全部的新风负荷。通常，新风处理机可以处理 1000～6000m^3/h 范围内的大风量新风，因此比全热交换新风机有更多的选择。但新风处理机的室外机需要单独放置位置，占用建筑面积，需与建筑、装修专业协商考虑。

（3）组合式新风机组

组合式新风机组可以避免出现每层新风处理机的室外机占用建筑面积的问题，也可以满足室内新风负荷的要求，但需要在建筑物内设置新风竖井，同时集中新风系统无法实现分散独立控制。组合式新风机组一般设置在建筑避难层的独立机房内或建筑物屋顶上，此种新风方式需要建筑冷热源本身具有冷水机组或风冷热泵系统，无特殊情况不采用此种方式。已有采用冷凝热回收热泵机组的集中式新风系统的应用。

8.4.3 办公楼空调工程实例

（1）工程概况

该办公楼位于市中心繁华地段，主要以总部办公功能为主，辅以咖啡、休闲、健身、接待等功能。该办公楼高 17.2m，建筑面积约 20000m^2。地下一层，地上三层。地下一层主要为汽车库，并设有咖啡、娱乐、厨房及机电用房等；地上部分由 8 栋独立的小楼组成（每栋小楼建筑面积约 1500m^2）。根据本建筑物特点，地面上各房间基本具备自然通风条件。

（2）设计参数

该地区夏季室外空调计算温度 33.2℃，空调计算湿球温度 26.4℃，通风计算温度 30.0℃；冬季空调计算温度－12℃，空调计算相对湿度 45%，通风计算温度－5℃，采暖计算温度－9℃。该办公楼的办公室、门厅、会议室等房间的夏季空调设计温度 26℃，相对湿度不超过 60%，冬季空调设计温度 18℃。经计算，该办公楼的夏季最大冷负荷为 1040kW，冬季最大热负荷为 746kW，建筑内单位空调面积冷负荷指标为 92W/m^2。

（3）工程说明

多联机系统室内、室外机可灵活布置，室内机款式多样、外形美观，放于隐蔽处的室外机，既不会影响和破坏建筑物外观，又可节省空间，这些特点正好符合业主办公楼对建筑立面美观程度的要求。本工程多联机空调系统设备以夏季供冷为主，选用冷暖型机组，干管利用建筑内电梯房后侧的管道井布置，标准层的空调设计如图 8-14 所示。

冬季地上建筑各房间采用低温地板辐射采暖系统作为多联机空调系统的辅助供热，在地下一层根据各栋小楼分设采暖用燃气壁挂炉作为低温地板辐射采暖系统的热源（每栋楼 2 台，位于地下一层各楼的设备间内），采暖供/回水温度为 50℃/40℃。这样的冷热源组合方式既保证冬夏季供热、供冷的要求，也节省了设备机房的空间，同时使得各楼空调和采暖系统做到了灵活使用和控制。个别房间（如无外窗的会议室以及餐饮等）设新风换气机供给新风。地下室厨房排气罩排风，经竖井由设在图 8-15 所示闷顶内的排风机排至大气。

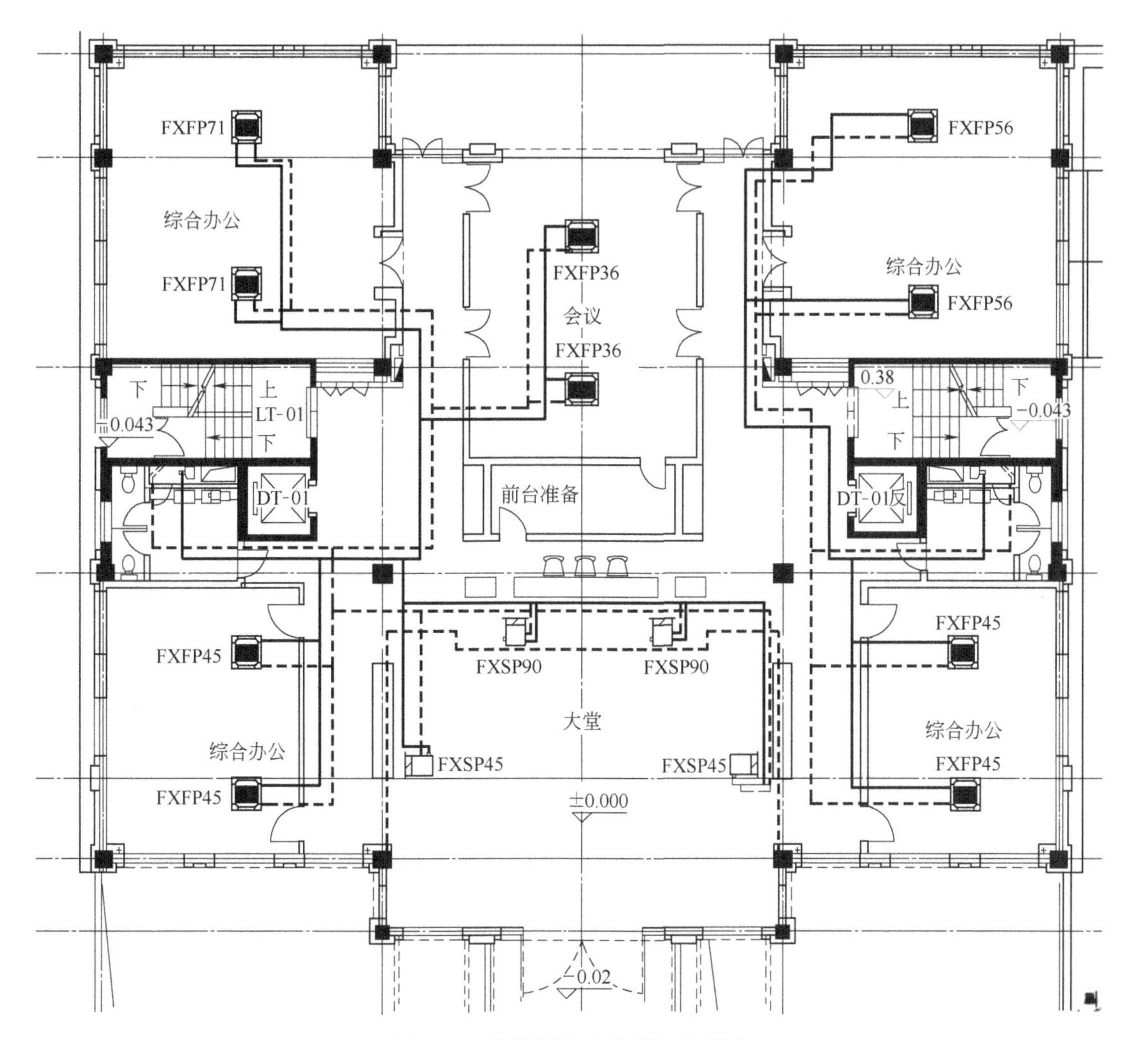

图 8-14　标准层室内机平面布置图

该工程室外机设在三层以上的屋面闷顶内，安装示意如图 8-15 所示。室外机布置在屋顶较空旷，排风顺畅，室外风速较小时热空气很快散发到高空，缺点是当众多室外机都布置在同一屋顶时，进风曲折且干扰多。鉴于该办公楼闷顶内通风环境的实际情况，为改善室外机的通风换热条件，采取以下措施：①室外机排风设置导风罩，接至闷顶内的窗户。②针对闷顶与三层相通的人孔及设备吊装孔采取隔声、封闭措施，以减少闷顶内的噪声及气味对三层空间的影响。③各楼闷顶层内增加一套补风系统，将室外新风通过风机引入闷顶。根据多联机室外机的风扇总风量选择送风机（考虑到节能要求，选择

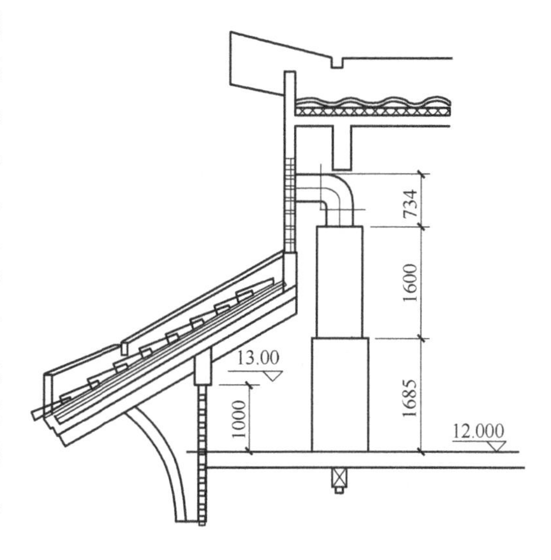

图 8-15　闷顶内的室外机安装示意图

双速风机)，新增双速风机由楼宇自控系统实现控制。

8.5 餐饮建筑空调工程实例

餐厅、宴会厅等餐饮建筑是建筑中的重要类型和组成部分，是提供餐饮服务、举办庆典酒会、举行各种会议的极为重要的场所。我国俗话说“民以食为天”，所以经营得当、菜肴名优、中西餐齐全、风味独特、格调高雅、价钱公道、服务周到的餐厅、宴会厅，往往可带来很高的经营收益。

餐饮建筑的正常运行离不开其空调系统的可靠工作。不难想象，如正当举行隆重宴会、召开国际会议或举行重要庆典仪式时，由于空调设计不当或设备运行不良，而使宾客夏季感觉出汗，或冬季阴冷不适，由此所造成的后果是无法弥补的。小则会使经济效益下降，大则甚至造成不良社会影响。即使空调设计无误、空调设备运行正常，使室内温湿度夏季凉爽宜人、冬季温暖如春，但如果新风和排风不良导致餐饮空间内人员聚集时空气污浊，汗味、异味和烟气不能及时排除，这种乌烟瘴气的不良空气环境，同样会造成不良后果。

因此，餐饮建筑内的空调工程从设计阶段开始就必须认真对待，不可有半点疏忽。其次在空调制冷设备选型、工程材料的质量，以及安装、调试和运行后的维护保养等方面，都要严肃对待，不可等闲视之。

8.5.1 餐饮建筑空调工程的特点

(1) 餐饮建筑空调的负荷特点

餐饮建筑的空调负荷可分为四部分：围护结构负荷、照明与人体散热量、菜品/酒水散热量、火锅/烧烤等设备散热量。负荷变化大是餐饮建筑空调负荷的主要特点，间歇运行、高峰负荷突出、新风量大。在非就餐时间，或不举行宴会、不举办各种庆典会议及活动时，室内的空调负荷很低甚至为0。但餐厅、宴会厅启用后，往往人员大增、座无虚席，有时甚至超员。人多发热量大，加上中餐中的热菜、热汤和酒品的散热，夏季往往数分钟内冷负荷上升到最高峰。

按照餐厅种类不同，人员密度在0.3～1.2人/m^2之间，照明容量的变化在30～70W/m^2之间变化，室内冷负荷（显热）变化在50～200W/(h·m^2)之间。因此在餐饮建筑内的空调冷负荷设计计算时，要充分考虑满员、超员的冷负荷余量。由于人员密集、吸烟及气味等多种因素影响，使空调系统新风百分比较大，故其新风负荷较大也是其负荷特点之一。

(2) 餐饮建筑空调的类型特点

各种大型餐饮建筑一般采用全空气低风速的组合式大风量空调机组，既可保证较大的新风量，又可保证过渡季节的全新风运行以充分利用室外空气自然冷量，并对负荷变化有良好的适应性。常用送回风方式有两种，一是只设送风道而不设回风道（只设集中回风口），二是既设送风道也设回风道的送回风方式。因低风速全空气方式占空间较大，采用此种方式的餐饮空间往往要有较高的空间可利用，才不致使管道布置有困难。豪华型宴会厅系统新风百分比较大，采用全空气系统可以在过渡季节全新风运行。

中小型餐厅、宴会厅等可以考虑采用风机盘管加新风系统。由于近年来高层建筑的层数屡见增高，但每层楼的层高却往往有所降低，所以餐厅、宴会厅往往因层高所限，难以装设全空气低风速形式的较大断面尺寸的送回风管道，因而对层高较低的中小型餐厅、宴会厅以采用风机盘管加新风系统的空调方式为好，但其新风量要加大。此外，还应设置排风系统，新风和排风系统应能满足过渡季节运行的要求。这种方式近年来工程设计中较为常见。

当餐饮建筑中存在规模大小不一、有时多达数十个的局部封闭空间时，为达到每个餐厅、宴会厅等的使用灵活性，满足每个空间单独控制的要求，条件许可的情况下可单设空调冷、热水环路或单设冷、热源。因此在实际工程中，除使用中央空调机组外，柜式空调器也广泛用于中小型餐厅。不同容量的柜式空调器使用比较灵活实用，机组紧靠使用房间，一般可以满足使用要求。

餐饮建筑内的气流组织大多采用上送下回，或上送侧回。对于高度不大而下部难以设回风口的建筑可用上回风方式。某些餐厅、宴会厅也有用侧墙喷口送风的方式。若餐厅、宴会厅建筑装修的艺术要求较高，送风形式必须照顾到与建筑装修的密切配合。另外，要保证厨房的气味不“串味”至餐厅，餐厅气味不“串味”至大堂等其他非餐饮空间，餐厅的气流组织要与厨房通风空调系统配合设计，以防止气味倒流。在餐厅、宴会厅等场所的空调设计中也要合理考虑吸烟的问题。新风和排风要按适当的吸烟情况进行校核。

一般餐饮场所对噪声要求不高，但在其执行其他使用功能（婚礼仪式、西餐等）时就应特别考虑其噪声影响。个别高档宴会厅对噪声要求较高时，应专门注意噪声问题。

8.5.2　某火锅店空调工程实例

火锅是中国独有的餐饮形式，味美而价廉，备受人们青睐而遍布大江南北。火锅就餐与加工合为一体，即灶具直接放在餐厅内，使得火锅产生的各种污染物、热量、湿量、各种气味全部释放到室内，室内空气污浊，处理不当易引起室内工作人员及就餐顾客抱怨。冷负荷设计不足和新风量引入不足，是目前制约火锅餐厅空调效果的主要因素。

(1) 工程概况

某火锅店位于我国四川省，建筑面积 1262m^2，空调面积 840m^2，包括包厢 17 个（8 人一桌，餐位 136 个），大厅 4 人一桌共计餐位 268 个。火锅采用天然气作燃料，餐厅外围护结构为全玻璃幕墙。

(2) 设计参数

该地区夏季空调室外计算干球温度为 31.60℃，湿球温度为 26.70℃；夏季空调室内设计干球温度为 24～26℃，相对湿度为 60%；冬季设计干球温度为 18～20℃。计算得到围护结构冷负荷为 60.678kW，冷负荷指标 48W/m^2；人员冷负荷为 66.081kW，冷负荷指标 52.2W/m^2；火锅发热量冷负荷为 197.4kW，冷负荷指标 156.4W/m^2；照明冷负荷为 25.24kW，冷负荷指标 20W/m^2；新风冷负荷为 453.0kW，冷负荷指标 359W/m^2。总计冷负荷 802.399kW，冷负荷指标 635.6W/m^2。

火锅餐厅的部分详细负荷计算结果见表 8-4。

(3) 工程说明

空调系统分包厢和大厅两部分设计，如图 8-16 所示。包厢采用新风加风机盘管的空调方式，并设置独立的排风系统。大厅采用全新风加热回收空调系统的方式，送、回风管根据餐桌布置间隔设置，成组布置的送、回风口将大厅分割成多个局部区域，在局部形成良好的气流组织。回风管将室内污染后的空气抽出，与新风在热回收器中进行换热。这样的气流组织，保证送风以最短距离送入客人座位区，回风口在火锅正上方直接将油烟和废气抽走，有效避免了火锅的烟气和水蒸气飘向就餐人员，避免了油烟四处飘散影响就餐情趣。

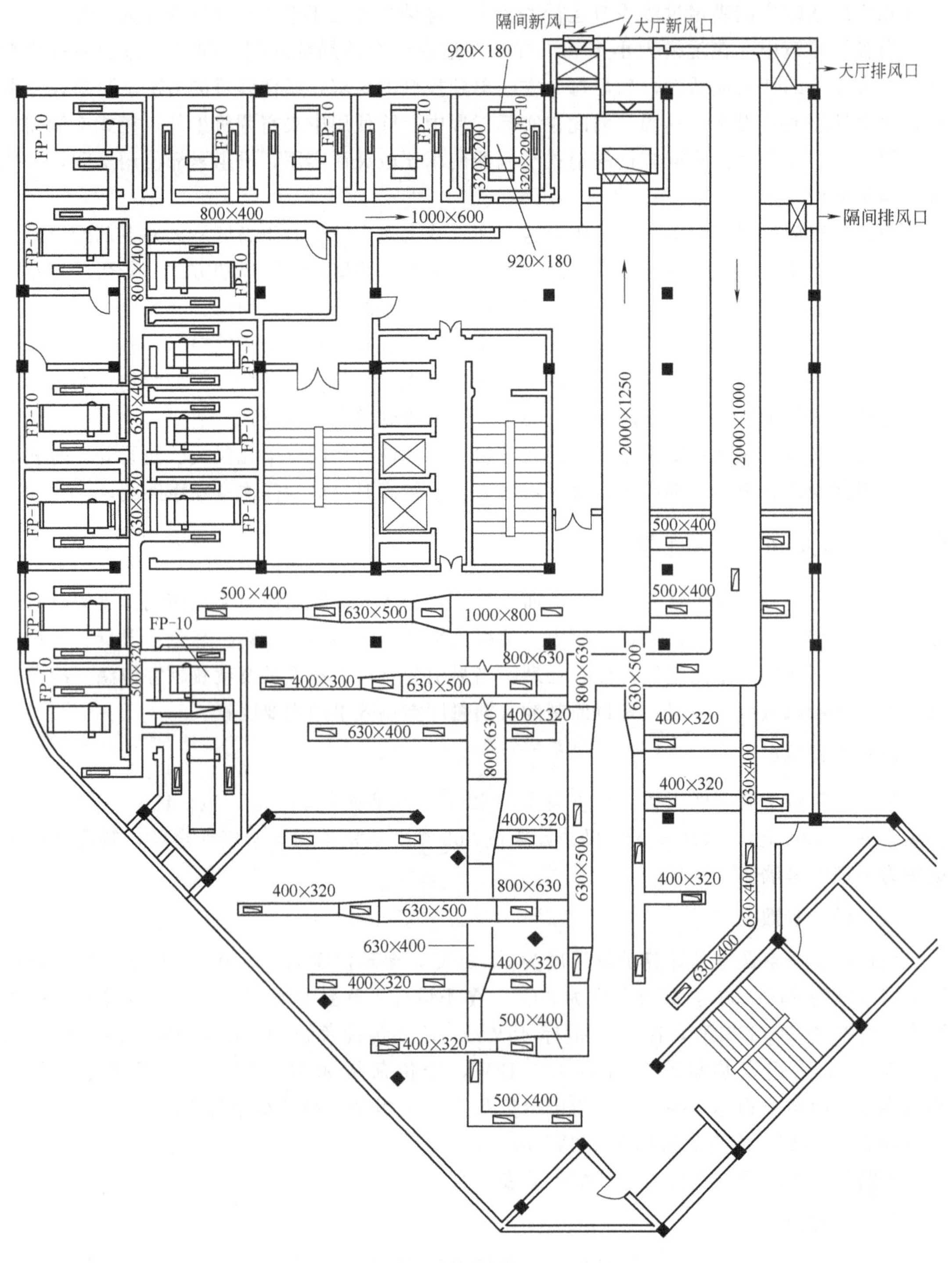

图 8-16 火锅餐厅空调布置平面图

表 8-4　火锅餐厅的部分详细负荷

对象	单桌火锅冷负荷/kW	单桌火锅湿负荷/(g/s)	人体散热量/(W/人)	人体散湿量/[g/(人·h)]	火锅及人体所造成的冷负荷/kW	火锅及人体所造成的湿负荷/(g/s)
大厅	2.35	1.043	182	167	206.2	82.3
包厢	2.35	1.043	182	167	62.7	24.0

主机采用 4 台风冷热泵螺杆式冷热水机组，安置于室外地坪上。空调机房中安置 1 台组合式空调柜，负责大厅的全新风全空气空调系统。包厢的新风和排风管上下布置于过道的吊顶内。新风自建筑东侧引入，排风集中于建筑物南侧。春、秋等过渡季节则根据室外空气条件进行运行调整，合适的工况下不开制冷机组而进行全新风通风。

工程完工使用以来，客户反馈该餐厅是该地区通风空调效果最好的火锅餐厅。后期火锅设置局部排气罩后，冷负荷、湿负荷均可以进一步有所降低。如果能够采用地板下空间作夹层风道，用下送上回的气流组织方式，更好地利用火锅的烟气热力特性，可更进一步减少通风量和空调负荷。

思考题与习题

8-1. 户式集中空调系统常见哪几种形式？各有何特点？

8-2. VRV 多联分体式空调系统的设计中应注意哪些问题？

8-3. 风管式户式中央空调系统的主要缺点是什么？如何克服？

8-4. 水管式户式中央空调系统的主要缺点是什么？如何克服？

8-5. 以身边某栋教学楼为对象，合理选择设计一套户式集中空调系统，给出简要的设计说明。

附 录

附录 1　湿空气焓湿图

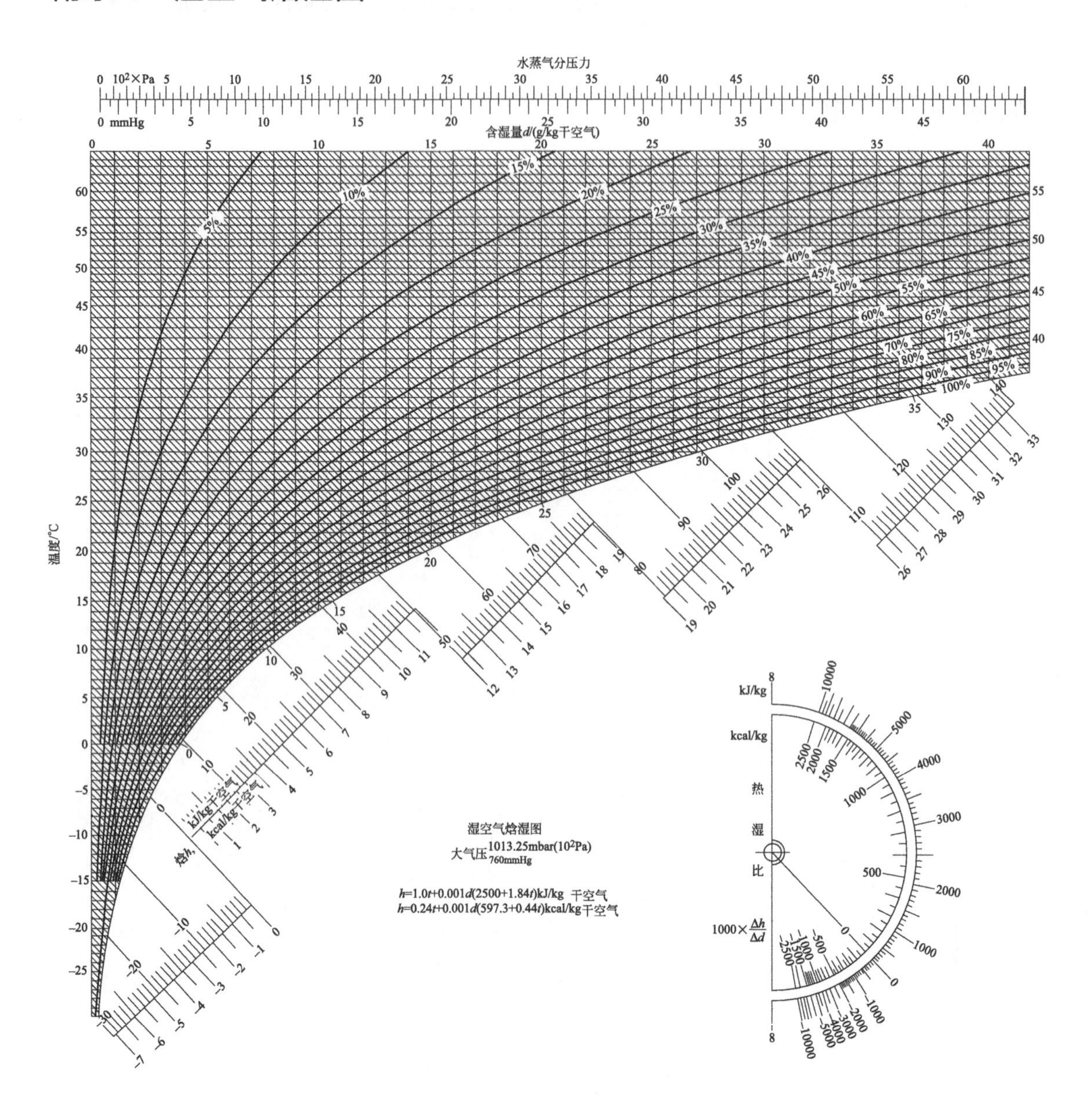

附录 2　空调设计用室外计算参数

省　份	北京	天津	河北	河北	河北	河北	山西	山西	内蒙古	内蒙古	辽宁	辽宁
站　名	北京	天津	石家庄	承德	邢台	饶阳	太原	大同	呼和浩特	满洲里	沈阳	大连
采暖室外计算温度/℃	−7.5	−7.0	−6.0	−13.3	−5.4	−7.9	−9.9	−16.3	−16.8	−28.6	−16.8	−9.5
冬季通风室外计算温度/℃	−7.6	−6.5	−5.9	−12.3	−5.2	−7.4	−8.8	−15.4	−16.1	−27.7	−16.2	−8.0
夏季通风室外计算温度/℃	29.9	29.9	30.8	28.8	31.0	30.5	27.8	26.5	26.6	24.3	28.2	26.3
夏季通风室外计算相对湿度/%	58	62	56	53	55	59	57	47	47	50	64	71
冬季空气调节室外计算温度/℃	−9.8	−9.4	−8.6	−15.8	−7.7	−10.6	−12.7	−19.1	−20.3	−31.9	−20.6	−12.9
冬季空气调节室外计算相对湿度/%	37	73	54	64	60	52	46	52	60	76	69	55
夏季空气调节室外计算干球温度/℃	33.6	33.9	35.2	32.8	35.2	34.8	31.6	31.0	30.7	29.3	31.4	29.0
夏季空气调节室外计算湿球温度/℃	26.3	26.9	26.8	24.0	26.9	26.9	23.8	21.1	21.0	19.9	25.2	24.8
夏季空气调节室外计算日平均温度/℃	29.1	29.3	30.1	27.2	30.2	29.6	26.0	25.3	25.8	23.7	27.3	26.4
冬季室外平均风速/(m/s)	2.7	2.1	1.4	1.0	1.5	1.8	1.8	2.4	1.1	3.5	2.0	5.0
冬季室外最多风向的平均风速/(m/s)	4.5	5.6	1.8	3.5	2.1	2.5	2.9	3.1	3.8	3.9	1.9	5.9
夏季室外平均风速/(m/s)	2.2	1.7	1.5	1.0	1.9	2.4	2.1	2.3	1.5	2.9	2.8	4.0
冬季最多风向	NNW	NNW	N	NW	NNE	NNE	NNW	NNW	NW	SW	ENE	N
冬季最多风向的频率/%	14	15	12	8	16	10	16	27	8	22	18	26
夏季最多风向	SE	S	SSE	S	S	SSW	NW	N	E	ENE	SSW	S
夏季最多风向的频率/%	12	11	16	8	15	14	16	15	8	9	23	28
年最多风向	SSW	SSW	SSE	WNW	S	SSW	NNW	N	NW	SW	SSW	N
年最多风向的频率/%	10	9	12	6	13	11	10	16	7	13	13	14
冬季室外大气压力/Pa	102573	102960	102020	98270	102057	102803	93467	90153	90307	94407	102333	101727
夏季室外大气压力/Pa	99987	100287	99390	96180	99463	100053	91847	88797	88837	92913	99850	99453

续表

省　份	北京	天津	河北	河北	河北	河北	山西	山西	内蒙古	内蒙古	辽宁	辽宁
站　名	北京	天津	石家庄	承德	邢台	饶阳	太原	大同	呼和浩特	满洲里	沈阳	大连
冬季日照百分率/%	57	48	52	64	42	61	51	61	48	76	42	67
设计计算用采暖期日数/日	122	121	111	148	105	121	141	161	164	218	151	132
设计计算用采暖期初日	11/14	11/15	11/17	11/02	11/21	11/14	11/08	10/27	10/23	10/01	11/02	11/18
设计计算用采暖期终日	03/15	03/15	03/07	03/29	03/05	03/14	03/28	04/05	40/04	05/06	04/01	03/29
极端最低温度/℃	−18.3	−17.8	−19.3	−24.9	−20.2	−22.6	−23.3	−28.1	−30.5	−42.5	−32.9	−18.8
极端最高温度/℃	41.9	40.5	42.9	43.3	41.1	42.1	37.4	37.2	38.5	38.0	36.1	35.3

省　份	辽宁	吉林	吉林	黑龙江	黑龙江	黑龙江	上海	江苏	江苏	浙江	浙江	安徽
站　名	锦州	长春	吉林	哈尔滨	齐齐哈尔	佳木斯	上海	南京	徐州	杭州	温州	合肥
采暖室外计算温度/℃	−13.0	−20.9	−18.3	−24.1	−23.7	−23.8	1.2	−1.6	−3.4	0.1	3.5	−1.4
冬季通风室外计算温度/℃	−12.5	−20.1	−17.6	−24.7	−24.0	−23.0	3.5	−1.1	−2.3	0.0	4.9	−0.9
夏季通风室外计算温度/℃	28.0	26.6	26.7	26.8	26.8	26.6	30.8	30.6	30.5	32.4	31.4	31.5
夏季通风室外计算相对湿度/%	64	64	61	61	57	60	69	65	65	62	71	65
冬季空气调节室外计算温度/℃	−15.7	−24.3	−21.3	−27.2	−27.2	−27.2	−1.2	−4.0	−5.6	−2.2	1.5	−4.0
冬季空气调节室外计算相对湿度/%	64	77	60	75	71	63	74	79	54	82	81	78
夏季空气调节室外计算干球温度/℃	31.4	30.4	31.2	30.6	31.2	30.8	34.6	34.8	34.4	35.7	34.1	35.1
夏季空气调节室外计算湿球温度/℃	25.1	24.0	23.6	23.8	23.5	23.5	28.2	28.1	27.6	27.9	28.4	28.1
夏季空气调节室外计算日平均温度/℃	26.9	26.1	25.4	26.1	26.5	25.9	31.3	31.2	30.4	31.6	29.8	31.7
冬季室外平均风速/(m/s)	2.1	3.1	2.2	3.2	1.8	2.5	3.3	2.7	2.1	2.6	2.2	2.6
冬季室外最多风向的平均风速/(m/s)	2.5	3.9	5.0	3.5	1.9	3.9	3.0	3.2	3.6	3.8	3.0	3.5
夏季室外平均风速/(m/s)	3.0	3.5	1.9	2.8	2.8	2.9	3.4	2.4	2.2	2.7	1.9	3.2
冬季最多风向	NE	SW	WNW	SSW	W	SW	N	ENE	ENE	NNW	NW	NNE
冬季最多风向的频率/%	17	23	22	17	11	23	13	13	11	23	27	12
夏季最多风向	S	SW	ENE	SW	SE	SW	S	SSE	SSE	SSW	ESE	S
夏季最多风向的频率/%	25	20	17	22	16	17	14	11	9	19	21	23
年最多风向	SSW	SW	W	S	NW	SW	ESE	NE	ENE	NNW	ESE	E

续表

省　份	辽宁	吉林	吉林	黑龙江	黑龙江	黑龙江	上海	江苏	江苏	浙江	浙江	安徽
站　名	锦州	长春	吉林	哈尔滨	齐齐哈尔	佳木斯	上海	南京	徐州	杭州	温州	合肥
年最多风向的频率/%	12	17	13	12	10	16	9	9	11	10	13	9
冬季室外大气压力/Pa	102113	99653	100383	100413	100830	101260	102647	102790	102510	102180	102540	102360
夏季室外大气压力/Pa	99623	97680	98550	98677	98653	99407	100573	100250	99853	99980	100450	99907
冬季日照百分率/%	62	63	56	59	72	53	38	35	43	23	21	28
设计计算用采暖期日数/日	144	168	170	175	180	179	40	79	97	43	0	72
设计计算用采暖期初日	11/07	10/23	10/22	10/20	10/18	10/19	12/31	12/11	11/29	12/31	—	12/14
设计计算用采暖期终日	03/30	04/08	04/09	04/12	04/15	04/15	02/08	02/27	03/05	02/11	—	02/23
极端最低温度/℃	−24.8	−33.7	−32.7	−37.7	−36.7	−39.5	−7.7	−13.1	−15.8	−8.6	−3.9	−13.5
极端最高温度/℃	41.8	36.7	37.7	39.2	40.8	38.1	39.6	40.0	40.6	40.3	39.6	40.3
省　份	安徽	福建	福建	江西	江西	山东	山东	河南	河南	湖北	湖北	湖南
站　名	安庆	福州	厦门	南昌	景德镇	济南	潍坊	郑州	安阳	武汉	宜昌	长沙
采暖室外计算温度/℃	−0.1	6.5	8.5	0.8	1.2	−5.2	−6.7	−3.8	−4.7	0.1	1.1	0.9
冬季通风室外计算温度/℃	−0.1	8.4	10.4	0.9	1.3	−3.6	−5.7	−3.2	−4.0	0.1	1.5	3.5
夏季通风室外计算温度/℃	31.9	33.2	31.4	32.8	33.1	30.9	30.1	30.9	30.9	32.0	31.8	32.2
夏季通风室外计算相对湿度/%	64	60	69	61	59	56	63	59	58	63	62	63
冬季空气调节室外计算温度/℃	−2.6	4.6	6.8	−1.3	−1.2	−7.7	−9.1	−5.7	−7.1	−2.4	−0.8	−0.8
冬季空气调节室外计算相对湿度/%	79	72	77	80	82	45	53	56	59	72	69	90
夏季空气调节室外计算干球温度/℃	35.3	36.0	33.6	35.6	36.0	34.8	34.2	35.0	34.8	35.3	35.6	36.5
夏季空气调节室外计算湿球温度/℃	28.1	28.1	27.6	28.3	27.8	27.0	27.1	27.5	27.4	28.4	27.8	29.0
夏季空气调节室外计算日平均温度/℃	32.2	30.7	29.6	32.2	31.5	31.2	28.8	30.1	30.0	32.2	31.0	32.1
冬季室外平均风速/(m/s)	3.8	2.2	4.2	3.4	1.9	2.7	3.6	2.4	2.0	2.6	1.4	2.4
冬季室外最多风向的平均风速/(m/s)	4.4	3.6	4.8	4.8	2.9	3.5	5.5	4.3	4.0	3.9	2.3	3.4
夏季室外平均风速/(m/s)	3.4	3.4	2.5	2.3	1.7	2.8	3.5	2.2	2.4	2.0	1.9	2.4
冬季最多风向	NE	NW	E	N	NNE	ENE	NNW	NE	N	NNE	SE	NNW
冬季最多风向的频率/%	35	10	33	30	23	18	14	16	12	20	17	25
夏季最多风向	SW	SE	SE	S	SW	SSW	SE	S	S	SE	SE	S
夏季最多风向的频率/%	28	28	16	18	11	19	20	17	24	9	12	22
年最多风向	NE	SE	E	NNE	NNE	SSW	S	NE	S	NE	SE	NW
年最多风向的频率/%	29	14	15	19	15	15	14	10	16	10	11	16
冬季室外大气压力/Pa	102357	101290	100450	101977	101863	101853	102473	101553	102080	102447	101133	101830

续表

省　　份	安徽	福建	福建	江西	江西	山东	山东	河南	河南	湖北	湖北	湖南
站　　名	安庆	福州	厦门	南昌	景德镇	济南	潍坊	郑州	安阳	武汉	宜昌	长沙
夏季室外大气压力/Pa	100127	99743	99667	99867	99853	99727	100210	98907	99487	99967	98830	99563
冬季日照百分率/%	28	14	26	25	25	53	57	32	42	31	25	9
设计计算用采暖期日数/日	47	0	0	38	38	100	118	96	102	49	38	31
设计计算用采暖期初日	12/27	—	—	12/031	12/31	11/26	11/18	11/28	11/24	12/24	12/31	12/31
设计计算用采暖期终日	02/11	—	—	02/06	02/06	03/05	03/15	03/03	03/05	02/10	02/06	01/30
极端最低温度/℃	−9.0	−1.7	1.5	−9.7	−9.6	−14.9	−17.9	−17.9	−17.3	−18.1	−9.8	−10.3
极端最高温度/℃	40.9	41.7	38.5	40.1	40.8	42.0	40.7	42.3	41.8	39.6	40.4	40.6
省　　份	湖南	湖南	广东	广东	广东	广西	海南	四川	四川	四川	重庆	重庆
站　　名	常德	株洲	广州	汕头	韶关	桂林	海口	成都	绵阳	西昌	重庆沙坪坝	酉阳
采暖室外计算温度/℃	0.7	1.3	8.2	9.6	5.1	3.3	12.9	2.8	2.6	5.0	5.1	0.2
冬季通风室外计算温度/℃	1.6	3.9	10.3	11.1	6.5	3.5	14.5	3.0	2.9	6.9	5.2	0.2
夏季通风室外计算温度/℃	31.9	32.7	31.9	31.0	32.9	31.8	32.2	28.6	29.3	26.3	32.4	29.2
夏季通风室外计算相对湿度/%	65	60	66	71	59	62	67	70	65	57	58	62
冬季空气调节室外计算温度/℃	−1.3	−0.4	5.3	7.3	2.9	1.1	10.5	1.2	0.8	2.2	3.5	−1.8
冬季空气调节室外计算相对湿度/%	73	89	74	77	76	78	85	84	82	63	82	72
夏季空气调节室外计算干球温度/℃	35.5	35.9	34.2	33.4	35.3	34.2	35.1	31.9	32.8	30.6	36.3	32.2
夏季空气调节室外计算湿球温度/℃	28.6	28.0	27.8	27.7	27.4	27.3	28.1	26.4	26.3	21.8	27.3	25.0
夏季空气调节室外计算日平均温度/℃	31.9	32.2	30.6	30.1	31.1	30.3	30.4	27.9	28.5	26.3	32.2	27.4
冬季室外平均风速/(m/s)	1.9	2.0	2.4	2.8	1.5	3.7	2.6	1.0	0.8	1.4	0.8	0.9
冬季室外最多风向的平均风速/(m/s)	3.2	2.9	3.4	4.1	2.8	4.4	3.2	1.9	2.5	1.7	2.0	1.7
夏季室外平均风速/(m/s)	2.2	2.6	1.5	2.7	2.3	1.8	2.6	1.4	1.3	2.2	2.1	0.9
冬季最多风向	NNE	NNW	N	ENE	NW	NNE	NE	NNE	ENE	NNW	N	N
冬季最多风向的频率/%	22	26	35	23	13	66	28	19	9	9	8	17
夏季最多风向	S	S	SE	WSW	S	NNE	SSE	NNW	WNW	S	NW	SE
夏季最多风向的频率/%	13	17	14	17	32	15	30	10	7	7	20	8
年最多风向	NNE	NNW	N	ENE	S	NNE	NE	NNE	ENE	N	NW	N
年最多风向的频率/%	12	17	11	19	8	34	13	10	6	9	10	9
冬季室外大气压力/Pa	102323	101763	102073	102040	101597	100323	101773	96513	96880	84067	99360	94567
夏季室外大气压力/Pa	99877	99500	100287	100743	99843	98613	100340	94770	95057	83423	97310	93090
冬季日照百分率/%	24	13	41	40	23	19	25	14	23	55	14	13

续表

省　份	湖南	湖南	广东	广东	广东	广西	海南	四川	四川	四川	重庆	重庆
站　名	常德	株洲	广州	汕头	韶关	桂林	海口	成都	绵阳	西昌	重庆沙坪坝	酉阳
设计计算用采暖期日数/日	39	30	0	0	0	0	0	0	0	0	0	48
设计计算用采暖期初日	12/31	12/31	—	—	—	—	—	—	—	—	—	12/27
设计计算用采暖期终日	02/07	01/29	—	—	—	—	—	—	—	—	—	02/12
极端最低温度/℃	−13.2	−11.5	0.0	0.3	−4.3	−3.6	4.9	−5.9	−7.3	−3.8	−1.7	−7.0
极端最高温度/℃	40.1	40.3	38.1	38.6		39.5	39.6	37.3	38.8	36.6	41.9	37.5

省　份	贵州	贵州	云南	云南	西藏	西藏	陕西	陕西	陕西	陕西	甘肃	甘肃
站　名	贵阳	遵义	昆明	丽江	拉萨	昌都	西安	延安	榆林	安康	兰州	敦煌
采暖室外计算温度/℃	−0.2	0.4	3.9	3.3	−4.9	−5.7	−3.2	−10.1	−14.9	1.0	−8.8	−12.6
冬季通风室外计算温度/℃	0.7	1.0	4.9	4.2	−5.1	−4.3	−4.0	−8.4	−14.4	0.9	−8.5	−12.2
夏季通风室外计算温度/℃	27.0	28.9	23.1	22.3	19.8	21.6	30.7	28.2	28.0	31.0	26.6	29.9
夏季通风室外计算相对湿度/%	62	60	65	58	41	44	54	51	44	59	43	30
冬季空气调节室外计算温度/℃	−2.5	−1.6	1.1	1.4	−7.2	−7.4	−5.6	−13.3	−19.2	−0.7	−11.4	−16.3
冬季空气调节室外计算相对湿度/%	83	80	72	51	50	38	66	56	69	66	70	62
夏季空气调节室外计算干球温度/℃	30.1	31.8	26.3	25.5	24.0	26.2	35.1	32.5	32.3	34.9	31.3	34.1
夏季空气调节室外计算湿球温度/℃	23.0	24.3	19.9	18.1	13.5	15.1	25.8	22.8	21.6	26.8	20.1	21.1
夏季空气调节室外计算日平均温度/℃	26.3	27.8	22.3	21.1	19.0	19.3	30.7	26.1	26.5	30.5	26.0	27.5
冬季室外平均风速/(m/s)	2.3	1.0	2.0	4.0	1.9	0.7	0.9	1.8	1.5	1.3	0.3	2.5
冬季室外最多风向的平均风速/(m/s)	2.6	2.0	3.8	5.9	2.5	2.5	1.7	2.8	2.3	3.3	2.2	4.1
夏季室外平均风速/(m/s)	2.1	1.3	1.8	4.0	2.2	1.5	1.6	1.6	2.3	1.6	1.3	1.9
冬季最多风向	NE	E	SW	WSW	E	SSW	ENE	WSW	NNW	ENE	ENE	WSW
冬季最多风向的频率/%	29	12	14	15	24	6	6	19	20	14	5	19
夏季最多风向	S	S	SW	W	E	WNW	NE	SW	SSE	E	E	NE
夏季最多风向的频率/%	22	11	13	17	14	13	18	19	21	10	12	13
年最多风向	NE	SE	SW	W	E	WNW	NE	SW	SSE	ENE	E	WSW
年最多风向的频率/%	15	6	16	15	12	6	11	18	11	10	7	9
冬季室外大气压力/Pa	89657	92320	81350	76350	65277	68113	98097	91497	90330	99090	85283	89533
夏季室外大气压力/Pa	88817	91093	80733	75987	65200	67997	95707	89893	88890	96923	84150	87797
冬季日照百分率/%	9	6	54	68	77	64	18	64	67	29	40	62
设计计算用采暖期日数/日	40	41	0	0	136	147	99	133	151	58	130	140
设计计算用采暖期初日	12/31	12/31	—	—	11/04	10/31	11/25	11/08	10/31	12/15	11/07	11/02

续表

省份	贵州	贵州	云南	云南	西藏	西藏	陕西	陕西	陕西	陕西	甘肃	甘肃
站名	贵阳	遵义	昆明	丽江	拉萨	昌都	西安	延安	榆林	安康	兰州	敦煌
设计计算用采暖期终日	02/08	02/09	—	—	03/19	03/26	03/03	03/20	03/30	02/10	03/16	03/21
极端最低温度/℃	−7.3	−7.1	−7.8	−10.3	−16.5	−20.7	−16.0	−23.0	−30.0	−9.7	−19.7	−30.5
极端最高温度/℃	35.1	37.4	30.4	32.3	29.9	33.4	41.8	38.5	38.6	41.3	39.8	41.7

省份	甘肃	甘肃	青海	青海	宁夏	宁夏	宁夏	新疆	新疆	新疆
站名	天水	酒泉	西宁	格尔木	银川	固原	盐池	乌鲁木齐	克拉玛依	吐鲁番
采暖室外计算温度/℃	−5.5	−14.3	−11.4	−12.6	−12.9	−12.9	−13.7	−19.5	−21.9	−12.5
冬季通风室外计算温度/℃	−4.7	−12.9	−10.0	−12.3	−11.9	−11.5	−12.0	−19.2	−22.7	−14.7
夏季通风室外计算温度/℃	27.0	26.4	21.9	21.8	27.7	23.3	27.4	27.4	30.5	36.2
夏季通风室外计算相对湿度/%	53	37	47	28	47	52	38	32	25	25
冬季空气调节室外计算温度/℃	−8.2	−18.4	−13.5	−15.5	−17.1	−17.1	−17.7	−23.4	−26.1	−16.8
冬季空气调节室外计算相对湿度/%	75	65	57	47	66	72	68	78	77	74
夏季空气调节室外计算干球温度/℃	30.9	30.4	26.4	27.0	31.3	27.7	31.8	33.4	36.4	40.3
夏季空气调节室外计算湿球温度/℃	21.8	19.5	16.6	13.5	22.2	19.0	20.2	18.3	19.8	24.2
夏季空气调节室外计算日平均温度/℃	25.9	24.8	20.7	21.3	26.2	22.2	26.1	28.3	32.1	35.1
冬季室外平均风速/(m/s)	1.2	2.1	0.7	2.2	1.4	2.2	1.9	1.4	1.1	0.5
冬季室外最多风向的平均风速/(m/s)	2.7	2.8	1.9	1.5	2.5	3.4	3.4	2.2	1.5	1.8
夏季室外平均风速/(m/s)	1.3	2.2	1.5	2.0	2.4	2.8	3.4	3.1	4.7	1.3
冬季最多风向	E	SW	SE	SW	NNE	NW	WNW	S	NNE	E
冬季最多风向的频率/%	16	10	6	12	12	11	15	15	8	6
夏季最多风向	E	E	SE	W	S	SE	SSE	S	NW	W
夏季最多风向的频率/%	13	10	14	17	12	17	12	13	32	8
年最多风向	E	SW	SE	W	N	ESE	W	NW	NW	E
年最多风向的频率/%	14	10	18	15	9	11	11	11	19	7
冬季室外大气压力/Pa	89343	85700	77340	72300	89733	82767	87063	93333	98380	103597
夏季室外大气压力/Pa	87973	84553	77057	72297	88137	81910	85810	93213	95573	99597
冬季日照百分率/%	37	69	62	72	69	66	65	28	48	49
设计计算用采暖期日数/日	118	155	164	174	144	163	146	153	147	118
设计计算用采暖期初日	11/14	10/27	10/22	10/18	11/05	10/24	11/05	10/30	11/2	11/9
设计计算用采暖期终日	03/11	03/30	04/03	04/09	03/28	04/04	03/30	3/31	3/28	3/6
极端最低温度/℃	−17.4	−29.8	−24.9	−26.9	−27.7	−30.9	−28.5	−32.8	−34.3	−25.2
极端最高温度/℃	38.2	36.6	36.5	35.5	38.7	34.6	37.5	42.1	42.7	47.7

附录3 外墙的构造类型

序号	构造	壁厚δ /mm	保温厚 /mm	导热热阻 /($m^2 \cdot K/W$)	传热系数 /[$W/(m^2 \cdot K)$]	质量 /(kg/m^2)	热容量 /[$kJ/(m^2 \cdot K)$]	类型
1	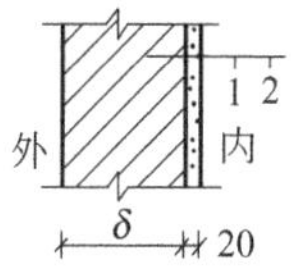 外 内 1 2 δ 20 1. 砖墙 2. 白灰粉刷	240 370 490		0.32 0.48 0.63	2.05 1.55 1.26	464 698 914	406 612 804	Ⅲ Ⅱ Ⅰ
2	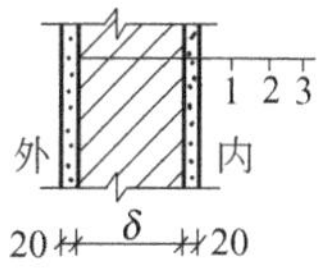 外 内 1 2 3 20 δ 20 1. 水泥砂浆 2. 砖墙 3. 白灰粉刷	240 370 490		0.34 0.50 0.65	1.97 1.50 1.22	500 734 950	436 645 834	Ⅲ Ⅱ Ⅰ
3	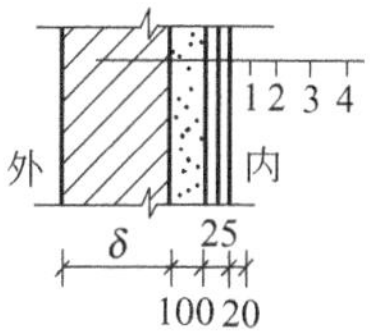 外 内 1 2 3 4 δ 25 100 20 1. 砖墙 2. 泡沫混凝土 3. 木丝板 4. 白灰粉刷	240 370 490		0.95 1.11 1.26	0.90 0.78 0.70	534 768 984	478 683 876	Ⅱ Ⅰ 0
4	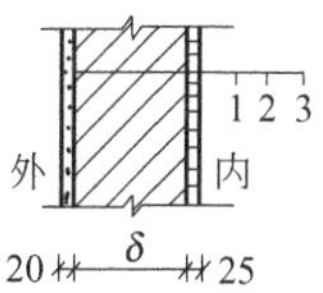 外 内 1 2 3 20 δ 25 1. 水泥砂浆 2. 砖墙 3. 木丝板	240 370		0.47 0.63	1.57 1.26	478 712	432 608	Ⅲ Ⅱ

附录 4　屋顶的构造类型

序号	构造	壁厚δ/mm	保温层 材料	保温层 厚度l	导热热阻/(m^2·K/W)	传热系数/[W/(m^2·K)]	质量/(kg/m^2)	热容量/[kJ/(m^2·K)]	类型
1	1. 预制细石混凝土板25mm，表面喷白色水泥浆 2. 通风层≥200mm 3. 卷材防水层 4. 水泥砂浆找平层20mm 5. 保温层 6. 隔汽层 7. 找平层 20mm 8. 预制钢筋混凝土板 9. 内粉刷	35	水泥膨胀珍珠岩	25	0.77	1.07	292	247	Ⅳ
				50	0.98	0.87	301	251	Ⅳ
				75	1.20	0.73	310	260	Ⅲ
				100	1.41	0.64	318	264	Ⅲ
				125	1.63	0.56	327	272	Ⅲ
				150	1.84	0.50	336	277	Ⅲ
				175	2.06	0.45	345	281	Ⅱ
				200	2.27	0.41	353	289	Ⅱ
			沥青膨胀珍珠岩	25	0.82	1.01	292	247	Ⅳ
				50	1.09	0.79	301	251	Ⅳ
				75	1.36	0.65	310	260	Ⅲ
				100	1.63	0.56	318	264	Ⅲ
				125	1.89	0.49	327	272	Ⅲ
				150	2.17	0.43	336	277	Ⅲ
				175	2.43	0.38	345	281	Ⅱ
				200	2.70	0.35	353	289	Ⅱ
			加气混凝土、泡沫混凝土	25	0.67	1.20	298	256	Ⅳ
				50	0.79	1.05	313	268	Ⅳ
				75	0.90	0.93	328	281	Ⅲ
				100	1.02	0.84	343	293	Ⅲ
				125	1.14	0.76	358	306	Ⅲ
				150	1.26	0.70	373	318	Ⅲ
				175	1.38	0.64	388	331	Ⅲ
				200	1.50	0.59	403	344	Ⅱ
2	1. 预制细石混凝土板25mm，表面喷白色水泥浆 2. 通风层≥200mm 3. 卷材防水层 4. 水泥砂浆找平层20mm 5. 保温层 6. 隔汽层 7. 现浇钢筋混凝土板 8. 内粉刷	70	水泥膨胀珍珠岩	25	0.78	1.05	376	318	Ⅲ
				50	1.00	0.86	385	323	Ⅲ
				75	1.21	0.72	394	331	Ⅲ
				100	1.43	0.63	402	335	Ⅱ
				125	1.64	0.55	411	339	Ⅱ
				150	1.86	0.49	420	348	Ⅱ
				175	2.07	0.44	429	352	Ⅱ
				200	2.29	0.41	437	360	Ⅰ
			沥青膨胀珍珠岩	25	0.83	1.00	376	318	Ⅲ
				50	1.11	0.78	385	323	Ⅲ
				75	1.38	0.65	394	331	Ⅲ
				100	1.64	0.55	402	335	Ⅱ
				125	1.91	0.48	411	339	Ⅱ
				150	2.18	0.43	420	348	Ⅱ
				175	2.45	0.38	429	352	Ⅱ
				200	2.72	0.35	437	360	Ⅰ
			加气混凝土、泡沫混凝土	25	0.69	1.16	382	323	
				50	0.81	1.02	397	335	Ⅲ
				75	0.93	0.91	412	348	Ⅲ
				100	1.05	0.83	427	360	Ⅲ
				125	1.17	0.74	442	373	Ⅱ
				150	1.29	0.69	457	385	Ⅰ
				175	1.41	0.64	472	398	Ⅰ
				200	1.53	0.59	487	411	

附录 5　北京地区气象条件为依据的外墙逐时冷负荷计算温度 t_{wl}

（单位：℃）

朝向 时间	Ⅰ型外墙				Ⅱ型外墙			
	S	W	N	E	S	W	N	E
0	34.7	36.6	32.2	37.5	36.1	38.5	33.1	38.5
1	34.9	36.9	32.3	37.6	36.2	38.9	33.2	38.4
2	35.1	37.2	32.4	37.7	36.2	39.1	33.2	38.2
3	35.2	37.4	32.5	39.2	36.1	38.0	33.2	38.0
4	35.3	37.6	32.6	37.7	35.9	39.1	33.1	37.6
5	35.3	37.8	32.6	37.6	35.6	38.9	33.0	37.3
6	35.3	37.9	32.7	37.5	35.3	33.6	32.8	36.9
7	35.3	37.9	32.6	37.4	35.0	38.2	32.6	36.4
8	35.2	37.9	32.6	37.3	34.6	37.8	32.3	36.0
9	35.1	37.8	32.5	37.1	34.2	37.3	32.1	35.5
10	34.9	37.7	32.5	36.8	33.9	36.8	31.8	35.2
11	34.8	37.5	32.4	36.6	33.5	36.3	31.0	35.0
12	34.6	37.3	32.2	36.9	33.2	35.9	31.4	35.0
13	34.4	37.1	32.1	36.2	32.9	35.5	31.3	35.2
14	34.2	36.9	32.0	36.1	32.8	35.2	31.2	35.6
15	34.0	36.6	31.9	36.1	32.9	34.9	31.2	36.1
16	33.9	36.4	31.8	36.2	33.1	34.8	31.3	36.6
17	33.8	36.2	31.8	36.3	33.4	34.8	31.4	37.1
18	33.8	36.1	31.8	36.4	33.9	34.9	31.6	37.5
19	33.9	36.0	31.8	36.6	34.4	35.3	31.8	37.9
20	34.0	35.9	31.8	36.8	34.9	35.8	32.1	38.2
21	34.1	36.0	31.9	37.0	35.3	36.5	32.4	38.4
22	34.3	36.1	32.0	37.2	35.7	37.3	32.6	38.5
23	34.5	36.3	32.1	37.3	36.0	38.0	32.9	38.6
最大值	35.5	37.9	32.7	37.7	36.2	37.9	33.2	38.8
最小值	33.8	35.9	31.8	36.1	32.8	34.8	31.2	35.0

附录 6 北京地区气象条件为依据的屋顶逐时冷负荷计算温度 t_{wl}

（单位：℃）

时间＼屋面类型	Ⅰ	Ⅱ	Ⅲ	Ⅳ	Ⅴ	Ⅵ
0	43.7	47.2	47.7	46.1	41.6	38.1
1	44.3	46.4	46.0	43.7	39.0	35.5
2	44.8	45.4	44.2	41.4	36.7	33.2
3	45.0	44.3	42.4	39.3	34.6	31.4
4	45.0	43.1	40.6	37.3	32.8	29.8
5	44.9	41.8	38.8	35.5	31.2	28.4
6	44.5	40.6	37.1	33.9	29.8	27.2
7	44.0	39.3	35.5	32.4	28.7	26.5
8	43.4	38.1	34.1	31.2	28.4	26.8
9	42.7	37.0	33.1	30.7	29.2	28.6
10	41.9	36.1	32.7	31.0	31.4	32.0
11	41.1	35.6	33.0	32.3	34.7	36.7
12	40.2	35.6	34.0	34.5	38.9	42.2
13	39.5	36.0	35.8	37.5	43.4	47.8
14	38.9	37.0	38.1	41.0	47.9	52.9
15	38.5	38.4	40.7	44.6	51.9	57.1
16	38.3	40.1	43.5	47.9	54.9	59.8
17	38.4	41.9	46.1	50.7	56.8	60.9
18	38.8	43.7	48.3	52.7	57.2	60.2
19	39.4	45.4	49.9	53.7	56.3	57.8
20	40.2	46.7	50.8	53.6	54.0	54.0
21	41.1	47.5	50.9	52.5	51.0	49.5
22	42.0	47.8	50.3	50.7	47.7	45.1
23	42.9	47.7	49.2	48.4	44.5	41.3
最大值	45.0	47.8	50.9	53.7	57.2	60.9
最小值	38.3	35.6	32.7	30.7	28.4	26.5

附录 7　Ⅰ~Ⅳ型构造的地点修正值 t_d

（单位:℃）

编号	城市	S	SW	W	NW	N	NE	E	SE	水平
1	北京	0.0	0.0	0.0	0.0	0.0	0.0	0.0	0.0	0.0
2	天津	−0.4	−0.3	−0.1	−0.1	−0.2	−0.3	−0.1	−0.3	−0.5
3	沈阳	−1.4	−1.7	−1.9	−1.9	−1.6	−2.0	−1.9	−1.7	−2.7
4	哈尔滨	−2.2	−2.8	−3.4	−3.7	−3.4	−3.8	−3.4	−2.8	−4.1
5	上海	−0.8	−0.2	0.5	1.2	1.2	1.0	0.5	−0.2	0.1
6	南京	1.0	1.5	2.1	2.7	2.7	2.5	2.1	1.5	2.0
7	武汉	0.4	1.0	1.7	2.4	2.2	2.3	1.7	1.0	1.3
8	广州	−1.9	−1.2	0.0	1.3	1.7	1.2	0.0	−1.2	−0.5
9	昆明	−8.5	−7.8	−6.7	−5.5	−5.2	−5.7	−6.7	−7.8	−7.2
10	西安	0.5	0.5	0.9	1.5	1.8	1.4	0.9	0.5	0.4
11	兰州	−4.8	−4.4	−4.0	−3.8	−3.9	−4.0	−4.0	−4.4	−4.0
12	乌鲁木齐	0.7	0.5	0.2	−0.3	−0.4	−0.4	0.2	0.5	0.1
13	重庆	0.4	1.1	2.0	2.7	2.8	2.6	2.0	1.1	1.7

参考文献

[1] 薛殿华. 空气调节. 北京：清华大学出版社，1991.
[2] 陆耀庆. 实用供热空调设计手册. 北京：中国建筑工业出版社，1993.
[3] 赵荣义，等. 空气调节：第 3 版. 北京：中国建筑工业出版社，1994.
[4] 周邦宁，等. 中央空调设备选型手册. 北京：中国建筑工业出版社，1999.
[5] 李岱森，等. 空气调节. 北京：中国建筑工业出版社，2000.
[6] 刑振禧，等. 空气调节技术. 北京：中国商业出版社，2001.
[7] 何天祺，等. 供暖通风与空气调节. 重庆：重庆大学出版社，2002.
[8] 王天富，等. 空调设备. 北京：科学出版社，2003.
[9] 戴路玲. 空调系统及设计实例. 北京：化学工业出版社，2013.
[10] 马最良，等. 民用建筑空调设计：第 3 版. 北京：化学工业出版社，2015.
[11] 殷浩. 空气调节技术. 北京：机械工业出版社，2016.
[12] 付小平. 空调技术：第 2 版. 北京：机械工业出版社，2016.
[13] 黄翔. 空调工程：第 3 版. 北京：机械工业出版社，2017.
[14] 全国勘察设计注册工程师公用设备专业管理委员会秘书处. 全国勘察设计注册公用设备工程师暖通空调专业考试复习教材：第 3 版. 北京：中国建筑工业出版社，2019.